基于Swift语言的iOS App商业实战教程

黑马程序员 ◎ 编著

人 民 邮 电 出 版 社

北 京

图书在版编目（CIP）数据

基于Swift语言的iOS App 商业实战教程 / 黑马程序员编著. -- 北京 : 人民邮电出版社, 2017.3(2019.1重印)
ISBN 978-7-115-44093-8

Ⅰ. ①基… Ⅱ. ①黑… Ⅲ. ①移动终端－应用程序－程序设计－教材 Ⅳ. ①TN929.53

中国版本图书馆CIP数据核字(2017)第000847号

内容提要

Swift 是苹果公司于 2014 年推出的一种全新语言，它正在逐步替代 Objective-C 语言进行 iOS 应用开发。基于 Swift 的市场份额越来越大，广大开发者使用 Swift 语言开发 iOS 应用势在必行。

本书以 OS X 10.11 为平台，以 Xcode 7.3.1 为开发工具，采用理论加实战的方式，循序渐进地带领大家开发了一个微博项目。该项目基于新浪微博官方提供的 API 进行开发，可以更好地帮助大家学习和理解项目结构、新浪微博的认证授权以及新浪 API 的调用。

本书共分为 15 章，其中第 1 章讲解项目搭接的准备工作，包括项目相关介绍、项目的创建、架构的搭接等。第 2~14 章从项目架构搭接开始，带领大家开发了微博项目的核心功能。第 15 章介绍了项目测试以及发布的流程。通过本书的学习，相信读者能够具备独自开发 iOS 应用的能力，成为 Swift 开发人才。

本书附有配套视频、源代码、教学课件等资源，为了帮助读者更好地学习本书内容，还提供了在线答疑，希望可以帮助更多读者。

本书既可作为高等院校本、专科计算机相关专业的教学用书，也可作为社会培训机构的参考用书，还可作为 iOS 开发爱好者的自学读物。

◆ 编　　著　黑马程序员
　责任编辑　范博涛
　责任印制　焦志炜
◆ 人民邮电出版社出版发行　　北京市丰台区成寿寺路 11 号
　邮编　100164　　电子邮件　315@ptpress.com.cn
　网址　http://www.ptpress.com.cn
　北京市艺辉印刷有限公司印刷
◆ 开本：787×1092　1/16
　印张：28.75　　　　2017 年 3 月第 1 版
　字数：722 千字　　　2019 年 1 月北京第 2 次印刷

定价：74.00 元

读者服务热线：(010)81055256　印装质量热线：(010)81055316
反盗版热线：(010)81055315
广告经营许可证：京东工商广字第 20170147 号

序言 PREFACE

江苏传智播客教育科技股份有限公司（简称传智播客）是一家致力于培养高素质软件开发人才的科技公司，“黑马程序员”是传智播客旗下高端 IT 教育品牌。

“黑马程序员”的学员多为大学毕业后，想从事 IT 行业，但各方面条件还不成熟的年轻人。“黑马程序员”的学员筛选制度非常严格，包括了严格的技术测试、自学能力测试，还包括性格测试、压力测试、品德测试等。百里挑一的残酷筛选制度确保学员质量，并降低企业的用人风险。

自“黑马程序员”成立以来，教学研发团队一直致力于打造精品课程资源，不断在产、学、研三个层面创新自己的执教理念与教学方针，并集中“黑马程序员”的优势力量，有针对性地出版了计算机系列教材 60 多册，制作教学视频数十套，发表各类技术文章数百篇。

“黑马程序员”不仅斥资研发 IT 系列教材，还为高校师生提供以下配套学习资源与服务。

为大学生提供的配套服务

1. 请登录在线平台：http://yx.boxuegu.com，免费获取海量学习资源，还有专业老师在线为您答疑解惑。

2. 针对高校学生在学习过程中存在的压力等问题，我们还面向大学生量身打造了“IT 技术女神”——“播妞”，可提供教材配套源码和习题答案，以及更多 IT 学习资源。同学们快来添加“播妞”微信：208695827、“播妞”QQ：3231342131。

“播妞”微信

“播妞”QQ

为教师提供的配套服务

针对高校教学，“黑马程序员”为 IT 系列教材精心设计了“教案+授课资源+考试系统+题库+教学辅助案例”的系列教学资源，高校老师请登录在线平台：http://yx.boxuegu.com 或关注码大牛老师微信/QQ：2011168841，获取配套资源，也可以扫描下方二维码，加入专为 IT 教师打造的师资服务平台——“教学好助手”，获取教师的教学辅助资源。

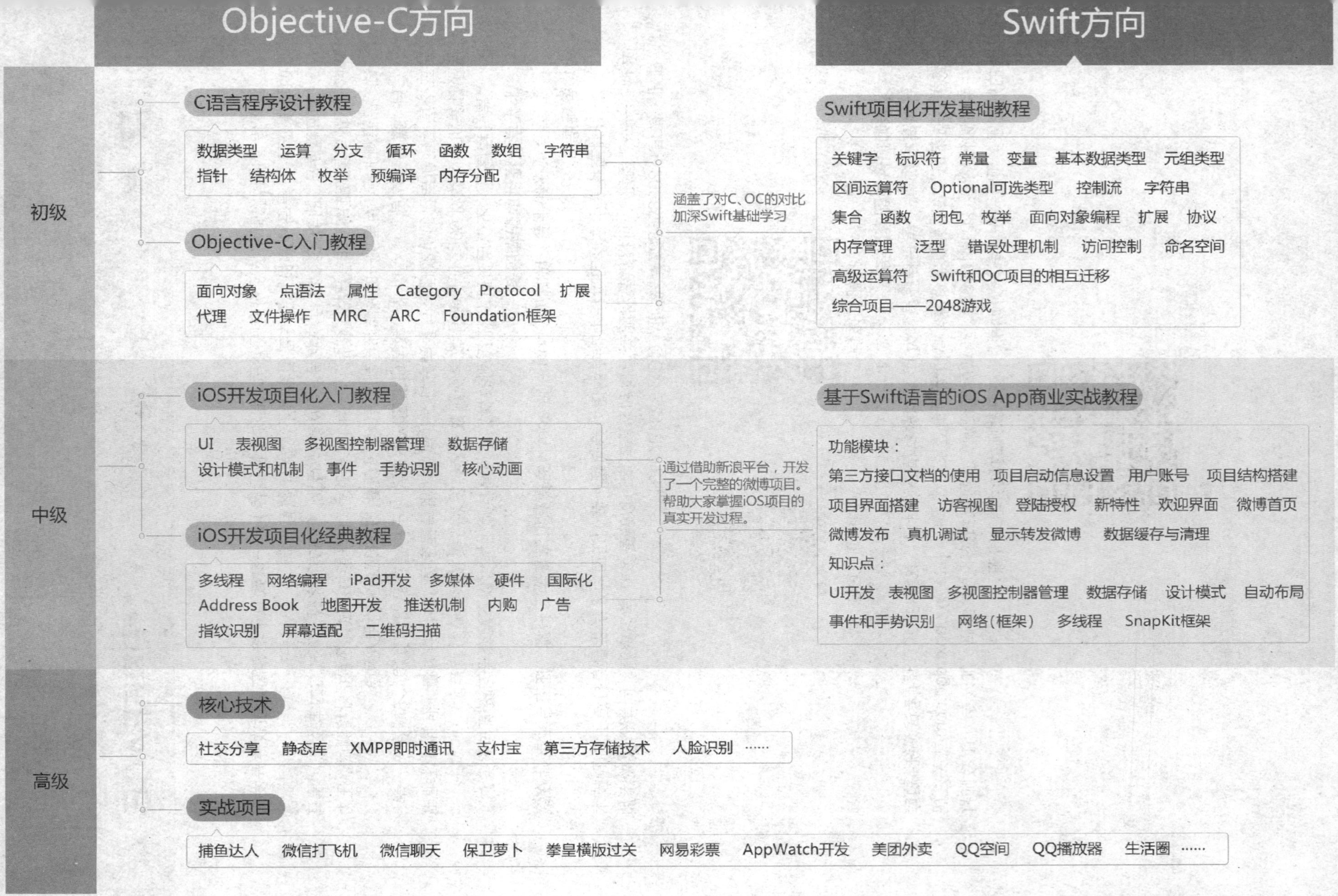

Objective-C方向

Swift方向

初级

C语言程序设计教程

数据类型　运算　分支　循环　函数　数组　字符串
指针　结构体　枚举　预编译　内存分配

Objective-C入门教程

面向对象　点语法　属性　Category　Protocol　扩展
代理　文件操作　MRC　ARC　Foundation框架

涵盖了对C、OC的对比
加深Swift基础学习

Swift项目化开发基础教程

关键字　标识符　常量　变量　基本数据类型　元组类型
区间运算符　Optional可选类型　控制流　字符串
集合　函数　闭包　枚举　面向对象编程　扩展　协议
内存管理　泛型　错误处理机制　访问控制　命名空间
高级运算符　Swift和OC项目的相互迁移
综合项目——2048游戏

中级

iOS开发项目化入门教程

UI　表视图　多视图控制器管理　数据存储
设计模式和机制　事件　手势识别　核心动画

iOS开发项目化经典教程

多线程　网络编程　iPad开发　多媒体　硬件　国际化
Address Book　地图开发　推送机制　内购　广告
指纹识别　屏幕适配　二维码扫描

通过借助新浪平台，开发了一个完整的微博项目。帮助大家掌握iOS项目的真实开发过程。

基于Swift语言的iOS App商业实战教程

功能模块：
第三方接口文档的使用　项目启动信息设置　用户账号　项目结构搭建
项目界面搭建　访客视图　登陆授权　新特性　欢迎界面　微博首页
微博发布　真机调试　显示转发微博　数据缓存与清理
知识点：
UI开发　表视图　多视图控制器管理　数据存储　设计模式　自动布局
事件和手势识别　网络（框架）　多线程　SnapKit框架

高级

核心技术

社交分享　静态库　XMPP即时通讯　支付宝　第三方存储技术　人脸识别　……

实战项目

捕鱼达人　微信打飞机　微信聊天　保卫萝卜　拳皇横版过关　网易彩票　AppWatch开发　美团外卖　QQ空间　QQ播放器　生活圈　……

前 言　FOREWORD

Swift 是苹果公司于 2014 年 WWDC（苹果开发者大会）发布的一种新的开发语言，它可以与 Objective-C 共同运行在 Mac OS 和 iOS 平台上，用于搭建基于苹果平台的应用程序。相比 Objective-C，Swift 的特点是快速、高效、安全、互动。目前，运用 Swift 来开发 iOS App 已进入成熟阶段，未来 Swift 将逐步取代 Objective-C。

为什么学习本书

Swift 语言自问世以来就一直受到广大开发者的关注，市面上不断涌现出各种 Swift 相关图书，但其中多数侧重于讲解 Swift 语法和一些初级内容，而开发级内容讲解得很少。应广大读者的要求，我们编写了这本运用 Swift 语言来开发 iOS App 的图书。本书借助新微博开发平台提供的接口，开发一个有趣的微博项目，给大家分享 App 开发的真实经验。不管是菜鸟还是老手，学习完本书，即可熟悉项目开发的所有流程，掌握相关的开发技术，具备大型项目的系统开发能力。

如何学习本书

本书以 OS X 10.11.4 为平台，以 Xcode7.3 为开发工具，从项目需求入手，循序渐进地带领大家完成了一个微博项目，直至项目发布。全书共分为 15 章，接下来分别对每个章节进行简单的介绍，具体如下。

第 1 章是项目的介绍，内容包括项目开发背景、项目注册方式、微博 API 的查看、项目开发环境的搭接以及项目可实现的目标。

第 2～3 章主要介绍项目的搭接，内容包括设置应用图标、启动页面、项目架构，以及界面的搭接。通过本章的学习，大家可以独立设置应用的启动信息，搭接项目架构。

第 4 章主要讲解登录视图的相关内容，内容包括添加登录视图、设计登录视图。通过本章的学习，读者可以学会分析程序界面，并可以在现有架构上扩展新功能。

第 5 章主要讲解项目中用到的第三方框架，内容包括 AFNetworking 框架、SnapKit 框架、SDWebImage 框架、SVProgressHUD 框架以及管理第三方框架的 CocoaPods 工具。本章讲解的框架都是后续项目中用到的，读者要掌握每个框架的作用。

第 6 章主要讲解网络工具的封装，内容包括网络编程的工作原理、HTTP 协议，网络工具类的封装。在实际的开发中，每个应用都会封装网络工具类，所以需要读者认真学习。

第 7 章主要讲解登录授权，读者要掌握 OAuth 授权的机制和流程。

第 8 章主要讲解如何开发微博的新特性和欢迎界面，内容包括流水布局的开发、SDWebImage 框架的使用、通知机制的运用、界面切换以及多个控制器的管理等。

第 9 章主要讲解如何开发微博首页，内容包括首页数据的获取、首页中文字和图片的处理等。首页的相关数据都是通过接口文档获取，这和企业中的开发模式完全一致，希望读者掌握独立分析接口文档的能力，打通应用程序的数据通道。

第 10 章主要讲解如何完善微博首页，内容包括转发微博的数据模型分析、界面布局，微博的刷新以及表情键盘的开发。

第 11 章主要讲解如何开发微博的发布功能，内容包括发布纯文本微博、图文混排微博和图片微博。

第 12 章主要讲解如何开发一个照片查看器，该照片查看器具有浏览、缩放、显示图片、加载进度等功能。当用户浏览微博图片时，照片查看器可以提高、优化用户体验。

第 13 章主要讲解如何在项目中借助于第三方框架 FMDB 导入本地数据，以及如何清理缓存的数据。希望读者学完本章，可以理解数据缓存的原理，掌握数据访问层的使用技巧，在今后使用 FMDB 框架时，可以单独封装数据库。

第 14 章主要讲解对微博的进一步优化，内容包括微博日期的处理、微博信息来源的处理，微博表情功能的开发等。

第 15 章主要讲解项目完成后的操作，内容包括真机测试、发布 App 到 App Store 的流程等。

致谢

本书的编写和整理工作由传智播客教育科技有限公司完成，主要参与人员有吕春林、高美云、王晓娟、刘传梅等，全体人员在这近一年的编写过程中付出了很多辛勤的汗水，在此一并表示衷心的感谢。

意见反馈

尽管我们尽了最大的努力，但书中难免会有不妥之处，欢迎读者朋友们来信给予宝贵意见，我们将不胜感激。您在阅读本书时，如发现任何问题或有不认同之处可以通过电子邮件与我们取得联系。

请发送电子邮件至 itcast_book@vip.sina.com。

2016年11月1日

黑马程序员

目 录 CONTENTS

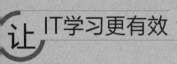

1

第 1 章 项目简介——“开门见山”

Swift 是苹果公司于 2014 年推出的一种新的编程语言，用于编写 iOS、OS X、watchOS 和 tvOS 环境下的应用程序。它采用安全的编程模式并添加了很多新特性，这使编程更简单、更灵活，也更有趣。Swift 语言是苹果公司力推的开发语言，旨在替代 Objective-C，一经推出，就迅速发展了起来，因此学习 Swift 语言是非常有必要的。

学习 Swift 编程语言，是为了能够使用 Swift 开发项目，尤其是 iOS 项目。本书从零开始一步步引导大家开发一个微博项目，并在项目实现的过程中学习 iOS 开发的相关知识。

学习目标

- 了解项目开发背景及其在新浪官方网站的注册方式
- 了解 Swift 语言的特点
- 能够独立搭建开发环境

1.1 项目介绍

1.1.1 项目背景介绍

新浪微博是一款为大众提供娱乐、休闲、生活服务的信息分享和交流平台，用户可以通过网页、WAP 页面、手机客户端、手机短信、彩信发布消息或上传图片。我们可以把新浪微博理解为“微型博客”或者“一句话博客”。用户可以将看到的、听到的、想到的事情写成一句话，或发一张图片，通过计算机或者手机随时随地分享给朋友，一起分享、讨论；还可以关注朋友，即时看到朋友们发布的信息。

新浪微博由新浪公司于 2009 年正式推出。截至 2016 年 3 月，微博月活跃用户 2.61 亿，日活跃用户 1.2 亿，拥有庞大的用户群，是国内最有影响力、最受瞩目的微博运营商之一。

2010 年初，新浪微博推出 API 开放平台，通过它的开放接口，其他网站或者 App 纷纷推出“分享到新浪微博”功能，更加速了新浪微博的发展。图 1-1 展示了百度和淘宝的分享功能。

图 1-1 百度分享和淘宝分享

新浪微博是中国移动互联网的代表性产品之一，它涵盖了大量的移动互联网元素。通过对新浪微博的研究及模仿实现，可以获得如下收获。

- 对这些元素在实际产品中的应用有深入的了解和认识。
- 知道如何在一个真实的项目中运用相关技术点。
- 对大型项目的架构、开发及掌控有更全面的认识和理解。

本书借助新浪微博开放平台，通过开发一个微博项目，让大家从零开始了解开发一个大型项目的各个阶段，具备一个大型项目系统开发的能力。

1.1.2 项目注册

要想使用新浪公司的接口开发项目，首先要注册一个新浪账号成为新浪的用户，然后登陆微博开放平台（open.weibo.com），注册和管理要使用新浪微博接口的项目。在新浪平台注册 App，绑定项目的步骤具体如下。

（1）访问新浪微博开放平台，平台的主界面如图 1-2 所示。

图 1-2　新浪开放平台主界面

（2）单击主界面上的“登录”按钮，页面上弹出登录界面，如图 1-3 所示。输入新浪用户名和密码，即可登录并成为它的开发者。

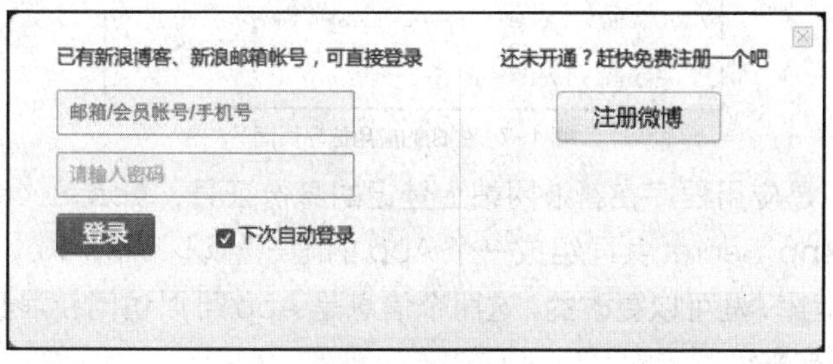

图 1-3　登录界面

（3）登录成功以后，单击主页面顶部菜单上的【微连接】→【移动应用】命令，进入微连接页面，如图 1-4 所示。

图 1-4　“微连接”页面

（4）单击“立即接入”按钮，然后在系统弹出的提示框中单击“继续创建”按钮，即可进入创建移动应用的页面，具体如图 1-5 所示。

（5）创建移动应用的页面如图 1-6 所示。输入应用名称，如我们的项目名称“黑马微博”。要注意，应用不能重名。然后在应用平台上选择“iPhone”，最后单击“创建”按钮进行创建。

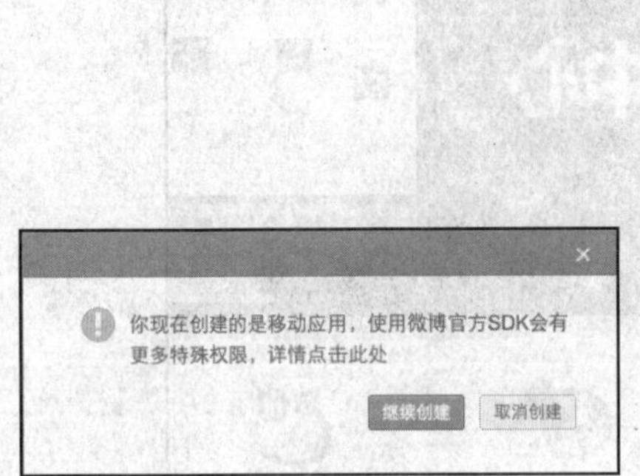

图 1-5　弹出的提示框

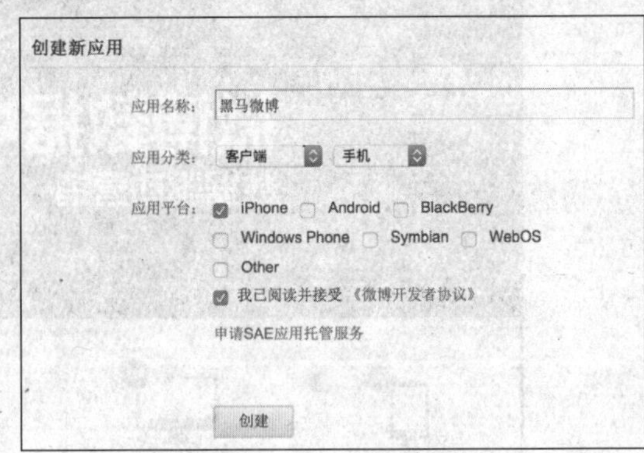

图 1-6　创建移动应用的页面

（6）创建完应用以后，页面自动跳转到【我的应用】→【应用信息】→【基本信息】页面。在该页面中可以看到开放平台为应用生成的 App Key 和 App Secret 信息，如图 1-7 所示。

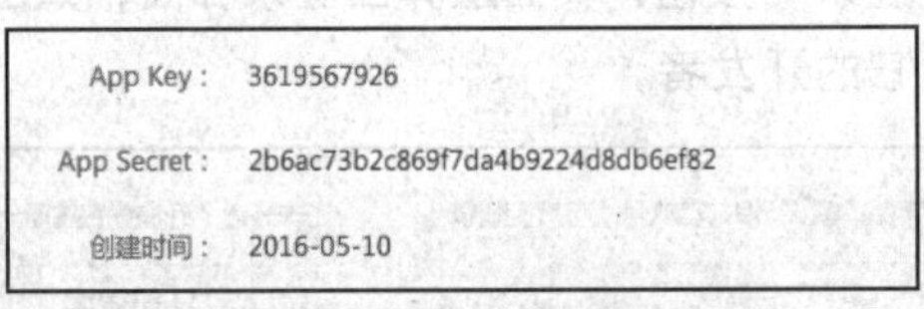

图 1-7　生成的应用信息页面

其中，App Key 是应用程序在新浪网站上登记的身份证号，App Secret 是用于识别应用程序的，App Key 和 App Secret 共同组成一个 App 的唯一标识。App Key 是不可更改的，但是如果 App Secret 被泄露，是可以更改的。这两个信息是 App 可以访问新浪开放接口的关键信息，非常重要，建议保存起来。

（7）在【我的应用】→【高级信息】菜单中，单击【OAuth2.0 授权设置】行尾的【编辑】，可添加授权回调页信息，这是必填项目，如图 1-8 所示。

图 1-8　授权设置页面

（8）进入编辑页面，填入网站信息以后，单击“提交”按钮就可以了，如图 1-9 所示。

图 1-9　添加授权回调页

至此，我们的项目已经在新浪微博开放平台上登记完成，可以在项目中使用生成的信息进行用户验证、获取数据等操作了。

1.1.3　接口文档的获取和查看

如果要开发微博应用，微博开发平台开放了包括微博、用户在内的二十余类接口，供我们实现丰富齐全的功能。首先，打开新浪开放平台的首页，单击页面上方的“文档”，进入开发文档页面，如图 1-10 所示。

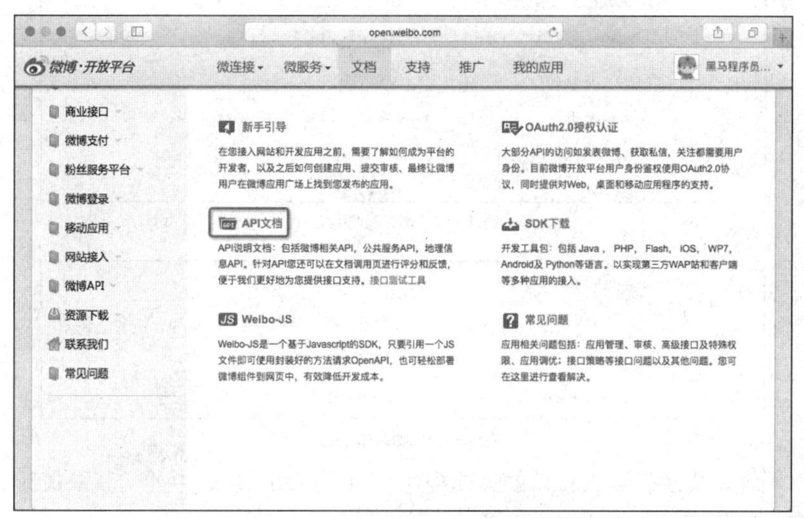

图 1-10　开发文档页面

然后，单击图 1-10 中的【API 文档】，进入“微博 API”页面，如图 1-11 所示。我们看到新浪微博将所有开放的接口文档按照功能模块进行分类。

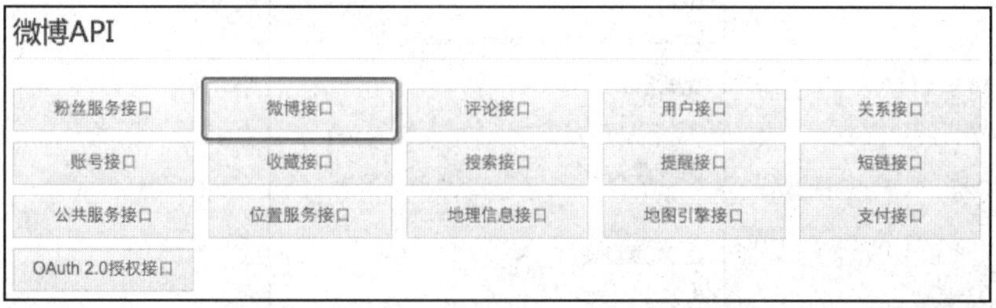

微博API

粉丝服务接口	微博接口	评论接口	用户接口	关系接口
账号接口	收藏接口	搜索接口	提醒接口	短链接口
公共服务接口	位置服务接口	地理信息接口	地图引擎接口	支付接口
OAuth 2.0授权接口				

图 1-11　微博接口分类

单击某个功能模块，会定位到该功能模块下的接口列表。以图 1-11 中的“微博接口”为例，它有两个子分类，分别是读取接口和写入接口，每个子分类下又有若干接口，包括接口地址和描述，如图 1-12 和图 1-13 所示。

微博		
读取接口	statuses/public_timeline	获取最新的公共微博
	statuses/friends_timeline	获取当前登录用户及其所关注用户的最新微博
	statuses/home_timeline	获取当前登录用户及其所关注用户的最新微博
	statuses/friends_timeline/ids	获取当前登录用户及其所关注用户的最新微博的ID
	statuses/user_timeline	获取用户发布的微博
	statuses/user_timeline/ids	获取用户发布的微博的ID
	statuses/timeline_batch	批量获取指定的一批用户的微博列表
	statuses/repost_timeline	返回一条原创微博的最新转发微博
	statuses/repost_timeline/ids	获取一条原创微博的最新转发微博的ID
	statuses/mentions	获取@当前用户的最新微博
	statuses/mentions/ids	获取@当前用户的最新微博的ID
	statuses/bilateral_timeline	获取双向关注用户的最新微博
	statuses/show	根据ID获取单条微博信息
	statuses/show_batch	根据微博ID批量获取微博信息
	statuses/querymid	通过id获取mid
	statuses/queryid	通过mid获取id
	statuses/count	批量获取指定微博的转发数评论数
	statuses/go	根据ID跳转到单条微博页
	emotions	获取官方表情

图 1-12　微博读取接口

写入接口	comments/create	评论一条微博
	comments/destroy	删除一条评论
	comments/destroy_batch	批量删除评论
	comments/reply	回复一条评论

图 1-13　微博写入接口

单击接口地址，会跳转到该接口的具体描述页面。以图 1-12 中的“获取最新的公共微博”接口为例，它的部分描述如图 1-14 和图 1-15 所示。

statuses/public_timeline

返回最新的公共微博

URL

https://api.weibo.com/2/statuses/public_timeline.json

支持格式

JSON

HTTP请求方式

GET

是否需要登录

是

关于登录授权，参见 如何登录授权

访问授权限制

访问级别：普通接口

频次限制：是

关于频次限制，参见 接口访问权限说明

图 1-14　最新公共微博的部分信息（1）

请求参数

	必选	类型及范围	说明
access_token	true	string	采用OAuth授权方式为必填参数，OAuth授权后获得
count	false	int	单页返回的记录条数，默认为50
page	false	int	返回结果的页码，默认为1
base_app	false	int	是否只获取当前应用的数据。0为否（所有数据），1为是（仅当前应用），默认为0

图 1-15　最新公共微博的部分信息（2）

上述页面描述的具体内容包括以下要素。

（1）URL：访问接口的 URL 地址。

（2）支持格式：支持的数据格式，如 XML 或者 JSON。

（3）HTTP 请求方式：如 GET 或者 POST。

（4）是否需要登录：是否需要用户登录才能访问接口，新浪微博开放的接口都需要登录。在“是否需要登录”下方有一个“如何登录授权”的链接，单击该链接就会跳转到如何进行登录授权的说明页面。

（5）访问授权限制：微博开放接口限制每段时间只能请求一定的次数。限制的单位时间有每小时、每天；限制的维度有单授权用户和单 IP；部分特殊接口有单独的请求次数限制。

（6）请求参数：发送请求要带的参数，包括参数名称、是否必选、参数类型和范围，以及参数说明。从图 1-15 可以看出，有一个必选参数 access_token，类型是字符串类型，并说明是 OAuth 授权后获得。如果要查询如何登录授权，可以单击图 1-14 中“是否需要登录下”中的“如何登录授权”链接。

（7）注意事项：使用接口时的注意事项。

（8）调用样例及调试工具：调用接口的样例或者调试工具。

（9）返回结果：调用接口后返回的结果，以下是“获取最新的公共微博”接口的部分返回结果，如图 1-16 所示。

返回结果

JSON示例

```
1  {
2      "statuses": [
3          {
4              "created_at": "Tue May 31 17:46:55 +0800 2011",
5              "id": 11488058246,
6              "text": "求关注。",
7              "source": "<a href="http://weibo.com" rel="nofollow">新浪微博</a>",
8              "favorited": false,
9              "truncated": false,
10             "in_reply_to_status_id": "",
11             "in_reply_to_user_id": "",
12             "in_reply_to_screen_name": "",
13             "geo": null,
14             "mid": "5612814510546515491",
15             "reposts_count": 8,
16             "comments_count": 9,
```

图 1-16　“返回结果”部分示例

（10）返回字段说明：对接口返回的字段进行详细说明。以下是“获取最新的公共微博”接口的返回字段，如图 1–17 所示。

返回字段说明

返回值字段	字段类型	字段说明
created_at	string	微博创建时间
id	int64	微博ID
mid	int64	微博MID
idstr	string	字符串型的微博ID
text	string	微博信息内容
source	string	微博来源
favorited	boolean	是否已收藏，true：是，false：否
truncated	boolean	是否被截断，true：是，false：否
in_reply_to_status_id	string	（暂未支持）回复ID
in_reply_to_user_id	string	（暂未支持）回复人UID
in_reply_to_screen_name	string	（暂未支持）回复人昵称
thumbnail_pic	string	缩略图片地址，没有时不返回此字段
bmiddle_pic	string	中等尺寸图片地址，没有时不返回此字段
original_pic	string	原始图片地址，没有时不返回此字段
geo	object	地理信息字段 详细
user	object	微博作者的用户信息字段 详细
retweeted_status	object	被转发的原微博信息字段，当该微博为转发微博时返回 详细
reposts_count	int	转发数
comments_count	int	评论数
attitudes_count	int	表态数
mlevel	int	暂未支持
visible	object	微博的可见性及指定可见分组信息。该object中type取值，0：普通微博，1：私密微博，3：指定分组微博，4：密友微博；list_id为分组的组号
pic_ids	object	微博配图ID。多图时返回多图ID，用来拼接图片url。用返回字段thumbnail_pic的地址配上该返回字段的图片ID，即可得到多个图片url。
ad	object array	微博流内的推广微博ID

图 1–17 “返回字段说明”示例

（11）其他：其他事项。

（12）相关问题：相互关联的其他问题。

1.1.4 项目功能介绍

新浪微博官方 App 包含的功能非常丰富。考虑到很多功能实现的方式类似，本书仅实现最常用的若干功能，希望大家能够掌握其中的技巧和方法，举一反三。下面是本书将要带大家实现的功能。

1. 用户登录

要调用新浪微博的开放接口，多数都需要获取用户身份认证。本书在项目中采用 OAuth2.0 协议授权登录的方式，在这种授权方式下，由新浪微博官方提供的接口负责用户授权验证，而本项目作为第三方 App 无法获得用户的用户名或密码等信息。授权成功后，新浪微博会返回一个令牌 access_token，第三方 App 可以使用这个令牌从新浪微博的服务器获取用户的相关信息，以及获取微博等。用户登录的过程如图 1–18 所示。

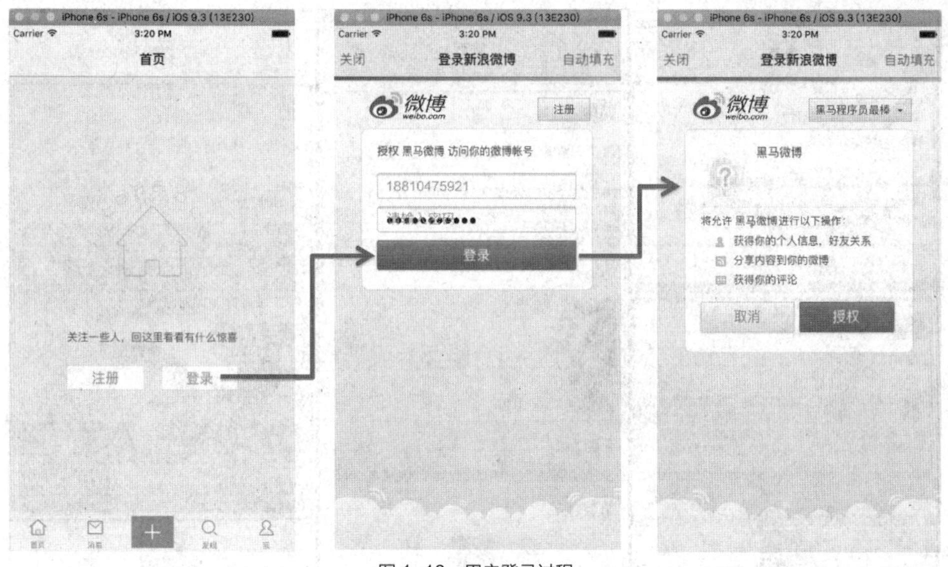

图 1-18 用户登录过程

2. 显示原创微博

用户登录成功后，就可以查看关注的人发布的微博。这些微博信息都是从新浪微博的服务器中获取的，所以与新浪微博的显示数据是一致的。作为学习项目，本书微博项目的显示界面模仿了新浪微博官方 App 的显示界面和风格，可以显示文字微博、单图微博和多图微博。显示原创微博的界面如图 1-19 所示。

图 1-19 显示原创微博的界面

3. 显示转发微博

用户登录成功以后，不仅可以显示原创微博，还可以显示转发微博。转发微博的显示样式与新浪微博官方 App 是一样的。显示转发微博的界面如图 1-20 所示。

图 1-20　显示转发微博的界面

4. 发布微博

用户登录成功后，还可以通过本项目发布自己的原创微博，发布的微博被发送到新浪微博官方的服务器上，所以在新浪微博官方 App 上也可以看到。发布微博时，可以添加文字、表情和图片等。发布微博的界面如图 1-21 所示。

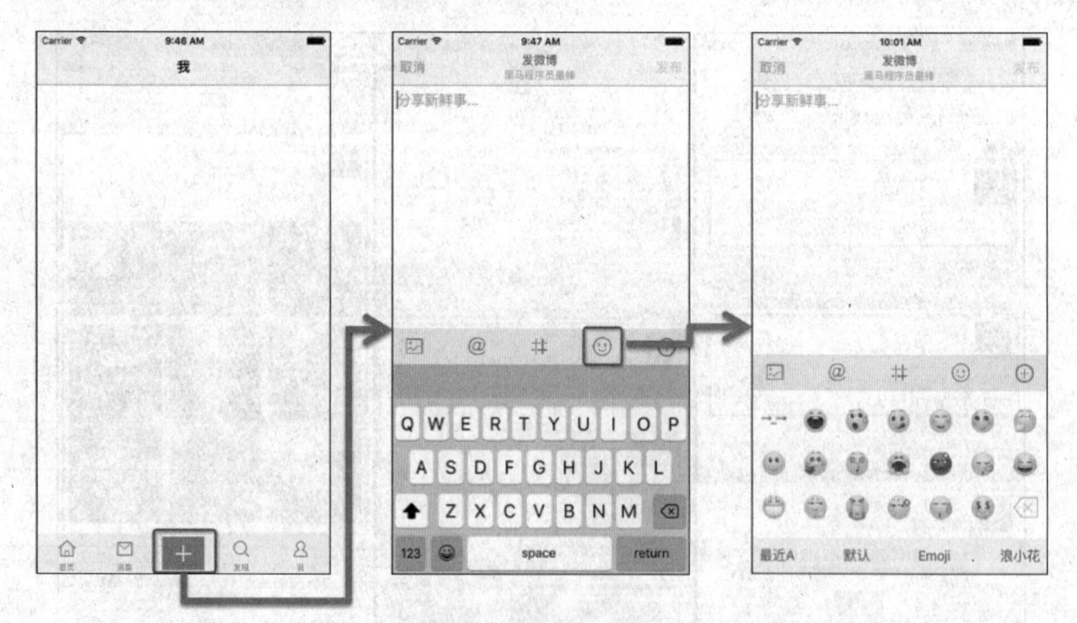

图 1-21　发布微博的界面

5. 照片选择和查看

在发布微博时，可以从本地相册中选择照片放在微博上。本项目提供了从本地相册选择照片和发布照片的功能。与新浪微博一致，最多可以从本地相册中选择 9 张图片。从本地相册选择照片的界面如图 1-22 所示。

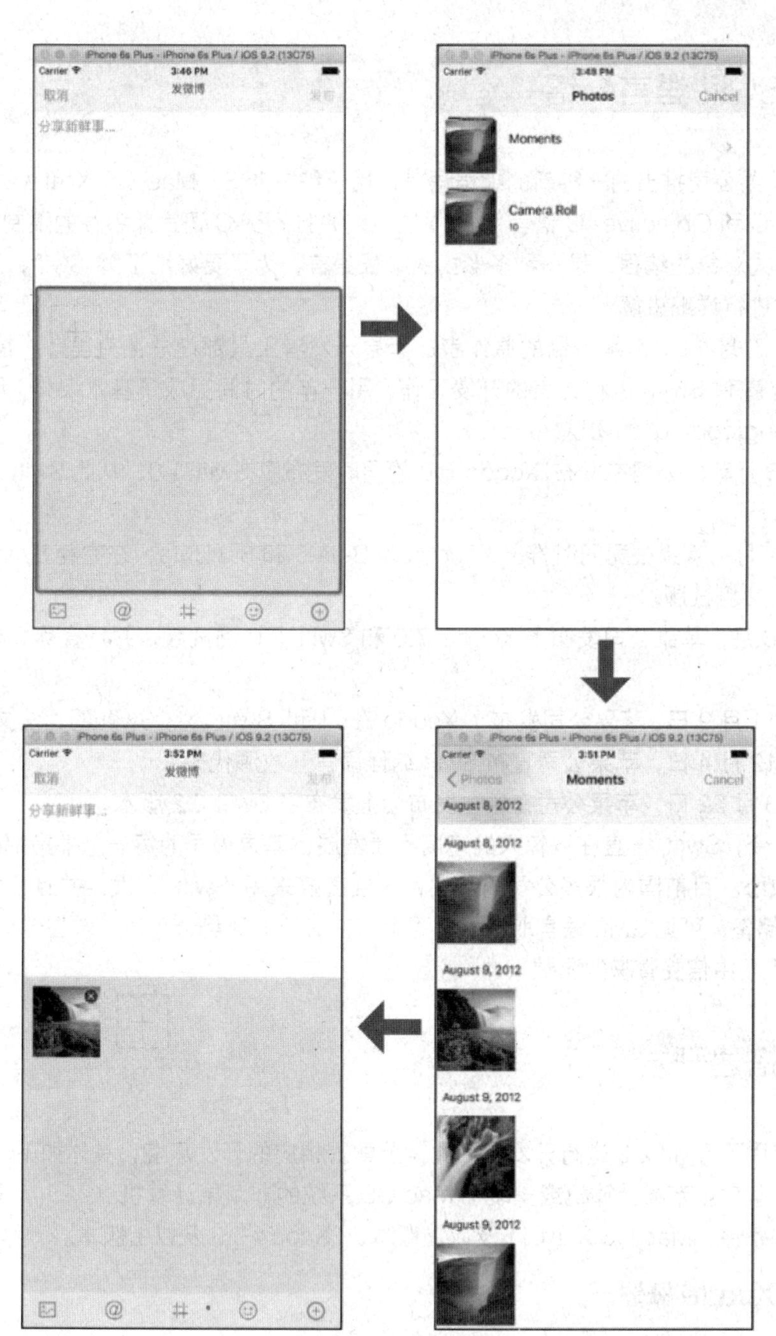

图 1-22 照片选择过程

6. 数据缓存

用户查看过的微博数据会缓存在本地，以提高下次查看微博的速度。为了控制本地数据的大小，不让缓存数据无限制地膨胀，还会将早期的缓存数据定期清空，只保留近期的特定时间段的数据。

1.2 Swift 语言介绍

Swift 是苹果公司推出的一种新的编程语言，用于编写 iOS、Mac OS X 和 watchOS 应用程序，它结合了 C 和 Objective-C 语言（OC）的优点并且不受 C 语言兼容性的限制，同时支持过程式编程和面向对象的编程，是一种多形式的编程语言。为了更好地了解 Swift，下面针对其发展历程及变化进行详细讲解。

2010 年 7 月 LLVM 编译器的原作者、苹果开发者工具部门总监克里斯・拉特纳（Chris Lattner）开始着手 Swift 编程语言的开发工作，用一年的时间完成了基本架构，同时参与的还有一个叫作 dogfooding 的团队。

2014 年 6 月苹果公司在发布 Xcode 6.0 的同时发布了 Swift 1.0，从此 Swift 语言走进了程序员的生活。

2015 年 2 月，苹果公司同时推出 Xcode 6.2 Beta 5 和 6.3 Beta，在完善 Swift 1.1 的同时，推出了 Swift 1.2 测试版。

2015 年 6 月，苹果公司发布了 Xcode 7.0 和 Swift 2.0 测试版，并且宣称 Swift 会在 2015 年底开源。

2015 年 11 月 9 日，苹果公司发布了 Xcode 7.1.1 和 Swift 2.1，Swift 的语法文档也有更新。

2015 年 12 月 4 日，苹果公司宣布 Swift 编程语言开放源代码。

2016 年 3 月 22 日，苹果公司在春季发布会上发布了 Swift 2.2 版本。

从发布至今，Swift 一直在以惊人的速度不断发展，苹果公司的每一个举措都彰显其大力推广 Swift 的决心。目前国内很多公司的新项目已经直接采用 Swift 开发，并且公司内部也在做 Swift 的人才储备，可见 Swift 语言取代 OC 语言势在必行。时势造英雄，掌握 Swift 语言的开发人员将是 IT 职场中倍受青睐的稀缺人才。

1.3 搭建开发环境

本项目使用了 Swift 2.2 进行开发，因此需要配置相应的开发环境，具体如下。

（1）硬件条件：苹果计算机或安装了 Mac OS 系统的非苹果计算机。

（2）软件条件：Mac OS X 10.11 及以上版本， Xcode 7.3 及以上版本。

1.3.1 Xcode 概述

为了方便实际开发，苹果公司向开发人员提供了免费的开发工具——Xcode，它可以用于编辑、编译、运行及调试代码。为了更好地认识 Xcode，下面从 Xcode 的适用性、辅助设计、开发文档支持三方面进行详细讲解。

1. 适用性方面

Xcode 中所包含的编译器除了支持 Swift 以外，还支持 Objective-C、C、C++、Fortran、Objective-C++、Java、AppleScript、Python 及 Ruby 等，同时还提供 Cocoa、Carbon 及 Java 等编程模式。

2. 辅助设计方面

使用 Xcode 工具开发应用程序时，只需要选择应用程序对应的类型或者要编写代码的部分，然后 Xcode 工具中的模型和设计系统会自动创建分类图表，帮助开发人员轻松定位并访问相应的代码片段。另外，Xcode 工具还可以为开发人员的应用程序自动创建数据结构，开发人员无需编写任何代码就可以自动撤销、保存应用程序。

3. 开发文档支持方面

Xcode 提供了高级文档阅读工具，它用于阅读、搜索文档，这些文档可以是来自苹果公司网站的在线文件，也可以是存放在开发人员计算机上的文件。

1.3.2 Xcode 工具的下载安装

俗话说，工欲善其事，必先利其器。要想在 iOS 系统开发应用程序，需要在 Mac OS X 计算机上配备一个 Xcode 工具。默认情况下， Mac OS X 系统没有安装 Xcode 软件，可以从网上下载 dmg 安装包进行安装，也可以从 App Store 上直接下载。这里以安装 Xcode 7.3.1 为例，针对这两种安装方式进行讲解。

1. 使用 dmg 安装包

在 Mac 上安装软件很简单，双击 dmg 文件可以看到“Drag to install Xcode in your Applications folder”，这时，可以直接拖动 Xcode 到右边应用程序文件夹里，实现 Xcode 安装和自动拷贝，具体如图 1-23 和图 1-24 所示。

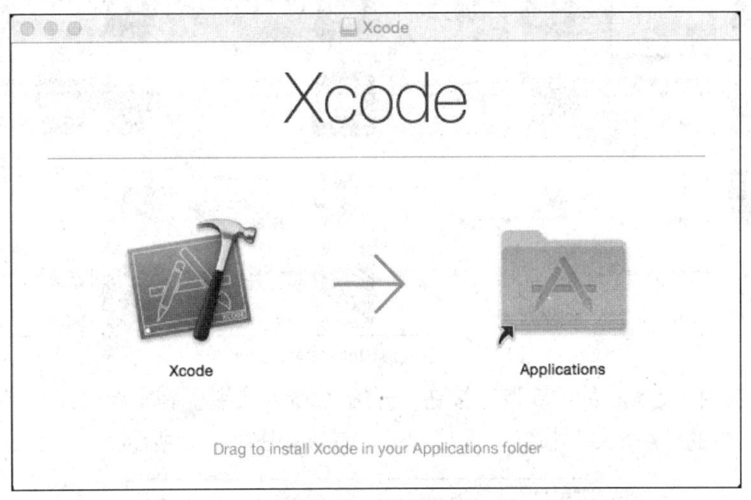

图 1-23 打开安装包

图 1-24 拖动 Xcode 到应用程序

拷贝完成后，在应用程序目录中就可以看到安装的 Xcode 了，如图 1-25 所示。

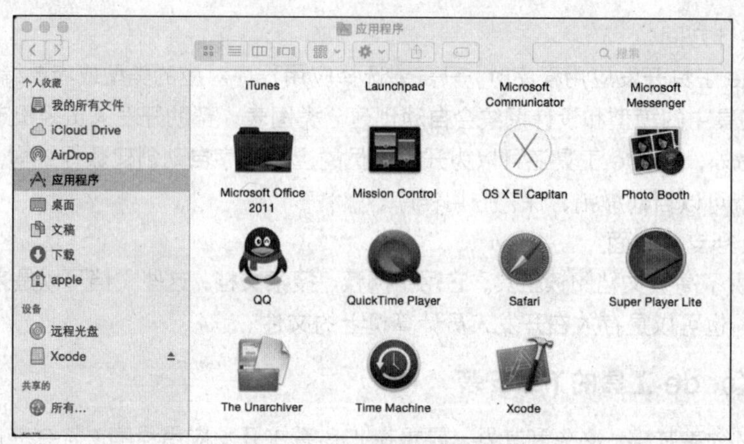

图 1-25　Xcode 安装后窗口

2. 从 App Store 下载 Xcode 工具

单击 Dock 栏上的 App Store 图标，会弹出一个 App Store 窗口。在右上角的搜索框中输入 Xcode 进行搜索，第一个位置出现的就是 Xcode，如图 1-26 所示。

图 1-26　在 App Store 搜索 Xcode

单击图 1-26 中 Xcode 的“获取”按钮，开始 Xcode 安装。在安装 Xcode 时，会弹出一个窗口，单击窗口中的“Agree”按钮，完成安装，具体如图 1-27 所示。

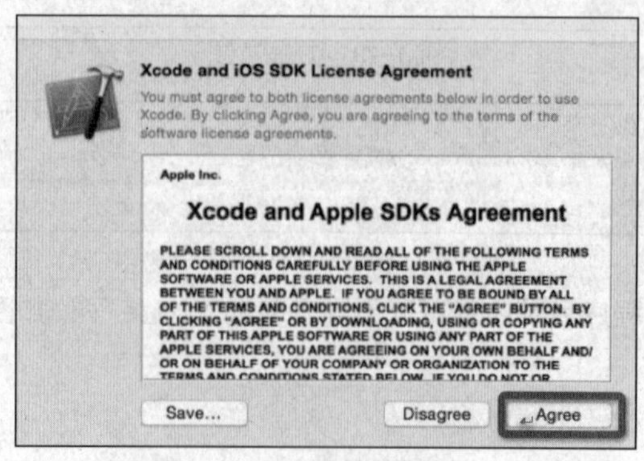

图 1-27　Xcode 安装弹出窗口

注意：

在App Store下载应用程序，如果还没有登录，会弹出图1-28所示的窗口提示用户登录。如果已经有Apple ID账号，输入账号密码直接登录即可，如果还没有Apple ID账号，单击“创建Apple ID”按钮就可以跳转到Apple Id的注册页面，根据提示自行注册即可，Apple ID账号是免费注册的。

图 1-28　提示登录界面

1.4　项目目标

本书所讲述的黑马微博项目是一个大型的综合性项目，涵盖了 iOS 的常用开发技术和技巧，以及网络流行元素。在按照本书的指导学习并实现微博项目以后，可以达到如下目标。

（1）具备一定的项目掌控能力，即如何驾驭一个项目。当在工作中从零开始一个项目时，知道该如何一步步对项目进行构建，不会无所适从。当工作中面对一个已经进行到中后期的大型项目时，能尽快熟悉项目的架构，定位到要工作的位置。

（2）具备一定的工具使用能力，包括第三方框架、项目管理的工具、第三方框架的管理工具等。“工欲善其事，必先利其器”，好的工具能够极大地帮助项目构建工作。通过本书的学习，能够接触和熟悉常用的第三方框架，例如 AFNetworking、SDWebImage、SnapKit 等，以及常用的工具，包括项目管理工具 GitHub、第三方框架管理工具 CocoaPods 等。

（3）掌握一定的开发技巧。在实际项目开发中，总有一些开发技巧，是在长期丰富的开发经验中总结出来的，通过本书的学习，可以知道常用的开发技巧，从而帮助我们积累开发经验。

（4）具备一定的阅读文档的能力。在大型项目中，项目的需求和设计都落实成文档，开发人员需要根据文档进行开发。尤其是要与其他部门或者公司协作时，文档就是很重要的沟通桥梁。通过本书的学习，能够学习如何使用文档进行开发，为将来的实际工作做好准备。

同样的项目，实际的收获因人而异。衷心希望读者能认真学习本书的内容，并从中受益。

1.5　本章小结

通过本章的学习，我们对整个微博项目有了大致的印象，为后续的项目开发明确了目标。了解了 Swift 语言的优势，安装了 Xcode 开发工具，下一章会带领你步入项目开发的世界。

2

第 2 章

微博开发准备——“工欲善其事，必先利其器”

在实际产品中，一款完整的应用无论是发布到 App Store 上，还是安装到用户的手机上，都要有一个标志性的图标，也需要有一个启动界面，否则在应用启动时，将会是一个黑色的屏幕。接下来，本章将针对项目名称、项目图标和项目启动界面的设置进行详细讲解。

学习目标

- 掌握如何设置项目图标和启动图片
- 会修改项目的名称和应用的方向
- 理解标签控制器和导航控制器
- 理解 MVVM 模式的使用

iOS App of Swift

2.1 创建微博工程

2.1.1 新建项目

在学习之初，我们有必要使用 Xcode 创建一个 iOS 工程，创建项目可以帮助大家更好地管理代码文件和资源文件，接下来，分步骤带大家创建一个项目，具体如下。

（1）在 Dock 中单击 Xcode 快捷图标启动 Xcode，弹出欢迎使用 Xcode 的对话框，具体如图 2-1 所示。

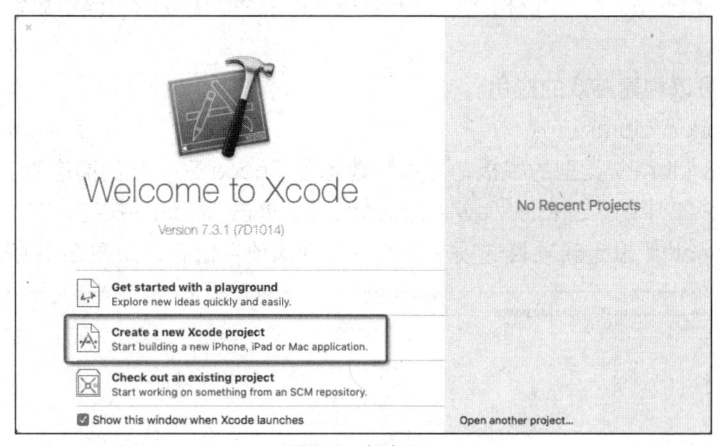

图 2-1　新建项目

在图 2-1 的左侧中，共包含如下 3 个选项。

- Get started with a playground：表示创建一个带有playground的工程，用于编写、运行Swift程序。
- Create a new Xcode project：表示创建一个新的Xcode工程。
- Check out an existing project：表示打开一个现有的工程。

（2）选择“Create a new Xcodeproject”选项，弹出项目模板窗口，如图 2-2 所示。

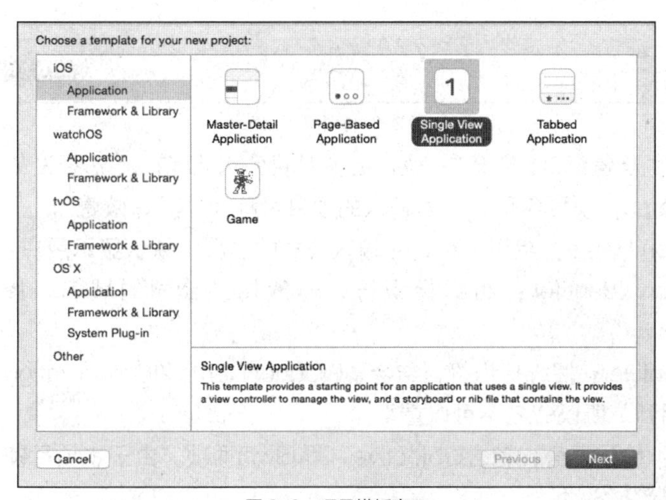

图 2-2　项目模板窗口

图 2-2 列出了很多项目模板供选择，不同的项目模板会在新建项目时创建不同的源文件与默认的代码结构。从窗口左侧看出，iOS 工程模板分为两类，分别为 Application、Framework & Library。

① Application

- Master-Detail Application：可以构建树形结构导航模式应用，生成的代码中包含了导航控制器和表视图控制器等。
- Page-Based Application：可以构建类似于电子书效果的应用，这是一种平铺导航。
- Single View Application：可以构建简单的单个视图应用。
- Tabbed Application：可以构建标签导航模式的应用，生成的代码中包含了标签控制器和标签栏等。
- Game：可以构建游戏的应用。

② Framework & Library

Framework & Library 类型的模板，可以构建基于 Cocoa Touch 的静态库。

（3）选择图 2-2 中的“Single View Application”，单击“Next”按钮，在“Choose options for your new project”（设定新项目选项）中填入详细的项目信息，如图 2-3 所示。

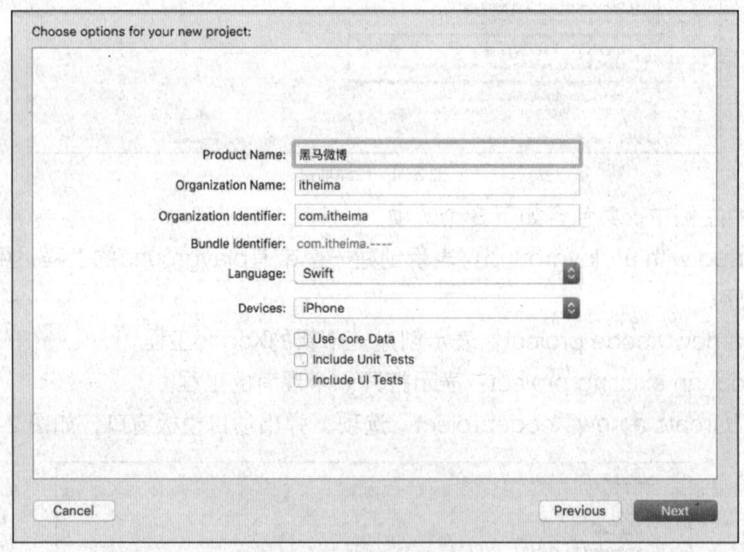

图 2-3　填写项目信息

图 2-3 是项目的配置窗口，它允许命名、定义项目的包 ID 前缀、选择设备等，具体介绍如下。

- Product Name：项目名称，这里输入的项目名称为“黑马微博”。
- Organization Name：组织名称，应输入公司的名称，默认显示用户名。
- Organization Identifer：组织标识符，一般输入公司的域名，图中的公司域名为“com.itheima”。
- Bundle Identifier：捆绑标识符，结合了Product Name和Organization Identifier，在发布程序时会用到，所以命名不可以重复。
- Language：编程语言，包含Objective-C和Swift两项。由于本项目使用Siwft语言开发，所以在这里选择Swift。

● Devices：设备类型，可以选择“iPhone”“ iPad”或者“Universal”(通用，同时支持iPhone和iPad)。

单击图 2-3 中所示的“Next”按钮，进入到选取项目保存位置的窗口，选择项目存储的位置，单击“Create”按钮，即可完成项目创建。

2.1.2 默认项目架构

2.1.1 节创建了一个单一视图的项目，默认情况下，该项目的框架结构如图 2-4 所示。

图 2-4 项目默认的架构

关于图 2-4 中各个文件的相关介绍如下。

1. AppDelegate.swift 文件

AppDelegate 文件是整个应用的一个代理。在 AppDelegate 中可以做应用退出后台或从后台返回到前台的一些处理。

进入该文件，可以看到文件中包含语句@UIApplicationMain，这是整个程序的入口。这个标签做的事情就是将被标注的类作为委托，去创建一个 UIApplication 并启动整个程序。在编译的时候，编译器将寻找这个标记的类，并自动插入像 main 函数这样的模板代码。当应用启动后，最先执行的就是文件里面的函数，该函数的定义如下所示。

```
func application(application: UIApplication, didFinishLaunchingWithOptions
launchOptions: [NSObject: AnyObject]?) -> Bool {
      // Override point for customization after application launch.
      return true
}
```

2. ViewController.swift 文件

该文件是一个视图控制器文件。在开发的时候，可以根据项目需要，创建多个视图控制器。这里，我们借助该控制器文件，给大家分析一下代码的构成，该控制器文件中自动创建的代码如下所示。

```
1  //  ViewController.swift
2  //  SwiftApp
3  //  Created by itcast on 16/6/20.
4  //  Copyright © 2016年 itcast. All rights reserved.
5  import UIKit
```

```
6   class ViewController: UIViewController {
7     override func viewDidLoad() {
8        super.viewDidLoad()
9     }
10    override func didReceiveMemoryWarning() {
11       super.didReceiveMemoryWarning()
12       // Dispose of any resources that can be recreated.
13    }
14  }
```

Swift 代码一般由代码签名、头文件、执行部分组成。上述代码中，第 1 ~ 4 行代码是签名部分，第 5 行代码是头文件，6 ~ 14 行代码是执行部分。

3. Main.storyboard 文件

Main.storyboard 是苹果推出的故事板，它提供了一个完整的 iOS 开发者创建和设计用户界面的新途径。

4. Assets.xcassets 文件

Assets.xcassets 是资源管理器，开发中像 icon 图标、图片资源、音频资源、视频资源，都可以放在这里进行管理。

5. LaunchScreen.storyboard 文件

LaunchScreen.storyboard 是程序启动页面的文件。

6. Info.plist 文件

Info.plist 文件用来存储 App 向系统提供的自己的元信息。苹果公司为了提供更好的用户体验，iOS 和 OS X 的每个 App 或 bundle 都依赖于特殊的元信息。通过一种特殊的信息属性列表存储元信息，Info.plist 就是以上提到的“属性列表”。该文件对工程做一些运行期的配置，非常重要，不能删除。

2.1.3 了解程序启动的原理

在 OC 创建的项目中，一定会有一个 main.m 文件，里面有一个 main 函数，可以在这个函数中启动 App。但是在创建的 Swift 项目中，我们会发现，并没有名为 main.swift 的文件。这是因为 Swift 项目中添加了@UIApplictationMain 到 Swift 文件中，使得编译器默认生成了一个 main 函数，所以不需要 main.swift 文件。

Swift 应用程序的启动原理如图 2-5 所示。

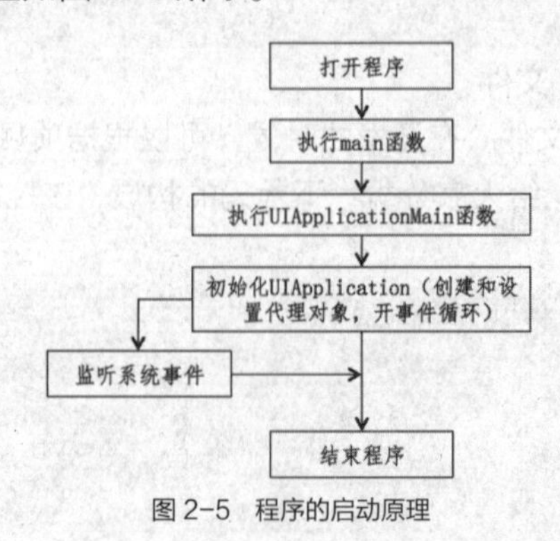

图 2-5 程序的启动原理

从图 2-5 中可以看出，程序启动的完整过程如下。

（1）Swift 应用程序在打开时，@UIApplictationMain 会自动生成 main 函数。

（2）main 函数会调用 UIApplicationMain，创建 UIApplication 对象和 UIApplication 的代理对象。

（3）启动项目，分为两种情况：

① 不使用 storyboard 时，代理对象开始监听系统事件，在程序启动完毕时，调用代理的 application:didFinishLaunchingWithOptions:方法，在方法中创建 UIWindow，并创建和设置 UIWindow 的 rootViewController，最后显示窗口。

② 使用 storyboard 时，会直接创建 UIWindow，并创建 UIWindow 的 rootViewController，然后显示窗口。

2.2　设置项目启动信息

2.2.1　设置应用名称

使用过 iPhone 的读者都知道，在 iPhone 桌面上，每个应用都对应一个名称。设置名称的方式比较简单，只需要打开编辑区的 Info 选项，可以看到在 Custom iOS Target Properties 下有一个 Bundle name，Bundle name 是指应用程序在桌面上的显示名称。这里，我们以项目“黑马微博”为例，为其设置项目名称，具体如图 2-6 所示。

General　Capabilities　Resource Tags　Info　Build Settings　Build Phases　Build Rules

PROJECT
黑马微博
TARGETS
黑马微博

▼ Custom iOS Target Properties

Key	Type	Value
Bundle versions string, short	String	1.0
Bundle identifier	String	$(PRODUCT_BUNDLE_IDENTIF
InfoDictionary version	String	6.0
Main storyboard file base name	String	Main
Bundle version	String	1
Launch screen interface file base name	String	LaunchScreen
Executable file	String	$(EXECUTABLE_NAME)
Application requires iPhone environm...	Boolean	YES
Bundle name	String	黑马微博
▶ Supported interface orientations	Array	(3 items)
Bundle creator OS Type code	String	????
Bundle OS Type code	String	APPL
Localization native development region	String	en
▶ Required device capabilities	Array	(1 item)

图 2-6　修改项目名称

运行程序，用快捷键“shift+command+H”回到模拟器桌面，可以看到应用程序在桌面的名称已经设置成功，具体如图 2-7 所示。

2.2.2　设置应用图标

对于 iOS 应用程序来说，所添加的应用图标将显示在设备的主屏幕上和 App Store 中。一款好的应用程序图标，不仅会给用户留下良好的第一印象，而且可以帮助用户在众多桌面图标中快速发现你的应用程序。接下来，看一些知名应用的图标设计，如图 2-8 所示。

图 2-7　微博项目名称

图 2-8　流行应用的图标

图 2-8 展示了微信、QQ、微博这几款流行应用的图标，这些图标都可以吸引用户眼球，快速让用户把眼光定位于这些应用程序。接下来，分步骤给大家演示如何把设计好的图标添加到应用程序上，具体如下。

（1）在“Assets.xcassets”的图像资源文件中选择“AppIcon”，展开添加应用图标的编辑面板，如图 2-9 所示。

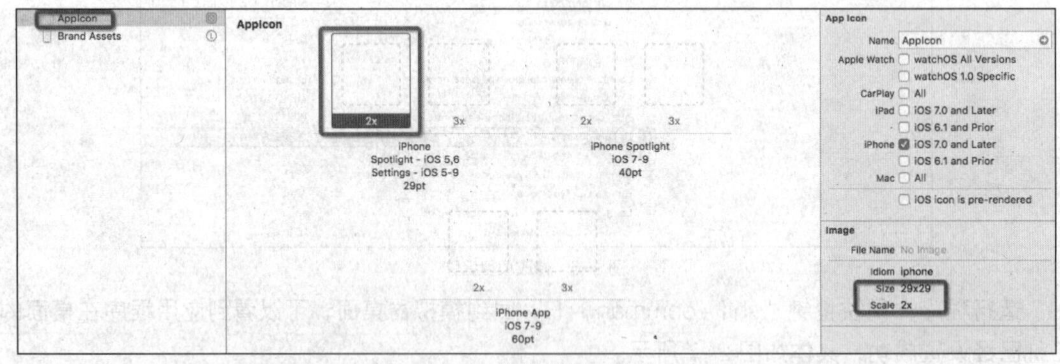

图 2-9　启动图片的资源文件

从图 2-9 中可以看到，启动图片的尺寸分为很多种。图中选中的是一个 29pt 的 2x 的图，29pt 指的是 29×29 像素，29pt 的 2x 是指 29 像素 ×2，所以我们需要在这个位置插入一张 58×58 像素的图。同样，在其他图标位置上都要加入对应尺寸的图标。

（2）将设计好的图标拖入 AppIcon 中，放置后的效果如图 2-10 所示。

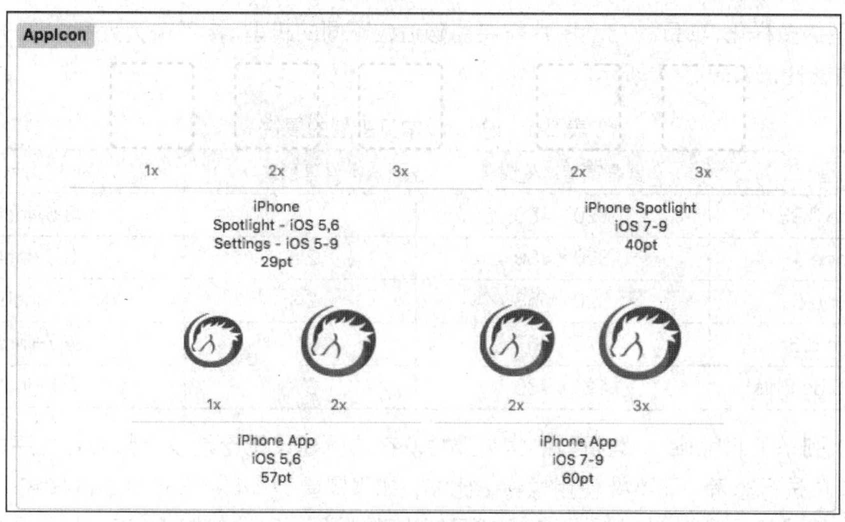

图 2-10　图标的资源文件

（3）这样 AppIcon 就添加完成了，接下来运行模拟器，使用快捷键“shift+command+H”回到模拟器桌面，可以看到应用程序的图标已经添加完成，如图 2-11 所示。

图 2-11　微博项目图标

2.2.3　设置启动图片

应用在启动时需要有启动的画面，否则在启动时屏幕将是黑色的。启动图片设计的目的仅仅是让用户觉得你的 App 已准备好给用户使用，减少用户打开启动到正常使用的焦虑感。随着

iPhone 机型的多样化，项目的启动图片需要能够适应不同的机型。接下来为大家介绍一下 iPhone 常见机型的属性，如表 2-1 所示。

表 2-1　iPhone 常见机型的属性

机型	屏幕宽高，单位点	屏幕模式	对角线
iPhone 3GS	320 × 480	1 ×	3.5-inch
iPhone 4	320 × 480	2 ×	3.5-inch
iPhone 5	320 × 568	2 ×	4-inch
iPhone 6/6s	375 × 667	2 ×	4.7-inch
iPhone 6/6s Plus	414 × 736	3 ×	5.5-inch

表 2-1 列举了 iPhone 一些机型的常见属性。在这里建议无论是设计师或者程序员，尽量使用点这个单位进行思考，而不要使用像素，比如，如果需要做 44 × 66 这个点的按钮，2x 模式就乘以 2，3x 模式就乘以 3。这样的思考方式可以大致估计到真实的物理长度。假如用像素思考，容易导致美工做出的图片过大或过小。

LaunchScreen 是 Xcode 6 以后新加的功能，在创建项目的时候自动生成，可以用于设置程序的启动界面。由于本项目使用纯代码开发，所以这里我们将文件目录中的 LaunchScreen.stroyboard 删除。接下来，我们通过纯代码的方式来演示如何为项目设置启动图片，具体步骤如下。

（1）选中项目，在 TARGETS 中 General 下的 App Icon and Launch Images 下设置启动图片来源。在 Launch Screen File 后删除 LaunchScreen，然后单击 Launch Image Source，在弹出的对话框中单击“Migrate”按钮。如图 2-12 所示。

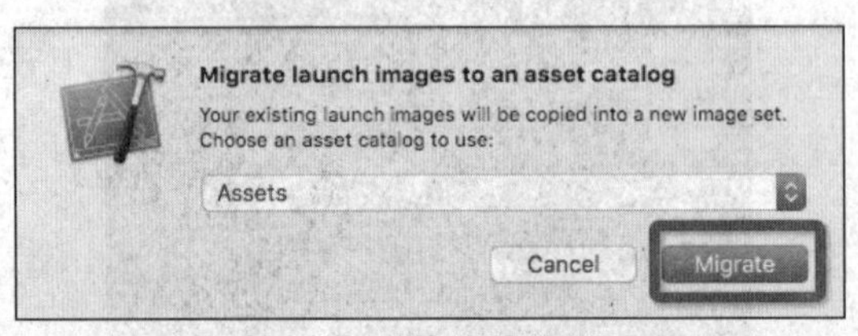

图 2-12　设置启动图片来源

（2）单击“Migrate”按钮后，在 Launch Image Source 后面会生成一个向右的箭头，单击这个向右的箭头，跳转到 Assets.xcassets 文件中，每一个虚线框都需要对应一个指定尺寸的图片，具体如图 2-13 所示。

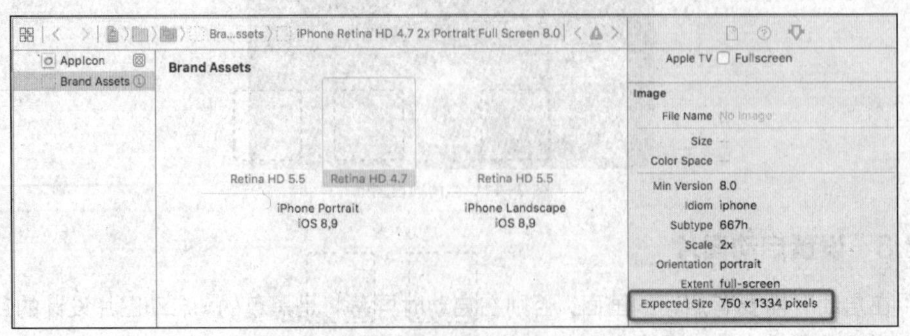

图 2-13　查看图片尺寸

（3）将设计好的图片拖入到 Brand Assets 中，并将最下面的 Unassigned 删除，否则会出现警告。添加好的界面如图 2-14 所示。

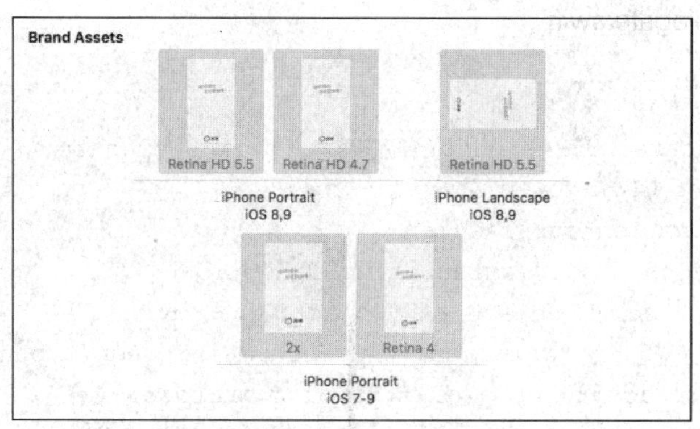

图 2-14　拖入启动图片

（4）使用快捷键“shift+command+K”清除一下项目，然后运行程序，可以看到启动图片已经设置完成，如图 2-15 所示。

图 2-15　启动界面

（5）在 TARGETS 中，去掉 General 下 Main Interface 中的 Main，并将版本设置为 8.0，Devices 设置为只支持 iPhone，且屏幕方向只支持竖屏，如图 2-16 所示。

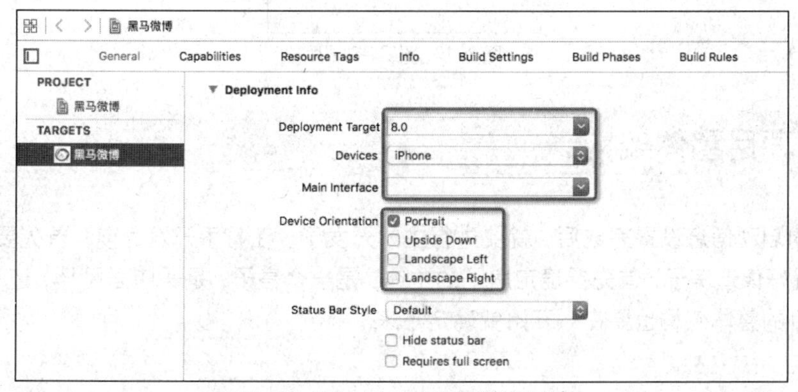

图 2-16　删除 Main 并设置屏幕方向和版本

运行程序会发现模拟器是黑的，接下来，修改 AppDelegate 中的代码，将其 RootView Controller 暂时设置为 ViewController，如例 2-1 所示。

例 2-1 AppDelegate.swift

```
1  import UIKit
2  @UIApplicationMain
3  class AppDelegate: UIResponder, UIApplicationDelegate {
4      var window: UIWindow?
5      func application(application:
6      UIApplication,didFinishLaunchingWithOptions
7      launchOptions: [NSObject: AnyObject]?) -> Bool {
8          window = UIWindow(frame: UIScreen.mainScreen().bounds)
9          window?.backgroundColor = UIColor.whiteColor()
10         window?.rootViewController = ViewController()
11         window?.makeKeyAndVisible()
12         return true
13     }
14 }
```

至此，项目的启动信息设置完毕，具体如图 2-17 所示。

图 2-17 设置启动图片

2.3 项目整体架构

在项目的启动信息设置完成后，就要进行主体开发了。在着手开发之前，首先要确定项目的整体架构，就好像造房子，首先要确定房子的主体，是一个亭子，是一座居民楼，还是一栋楼房。类似的，项目的整体架构也要在一开始就确定下来。

2.3.1　了解什么是视图（UIView）

在 iOS 开发中，UIView 表示视图，它是应用程序界面的基本组成元素，用户在界面上看到的所有内容都是由 UIView 及其子控件展示的。曾经有人这么说过，在 iPhone 中，你看到的、摸到的都是 UIView，比如按钮、图片、文字等。UIView 是界面上所有控件的父控件，它拥有很多子控件，接下来，通过一张图来描述 UIView 的继承体系，如图 2-18 所示。

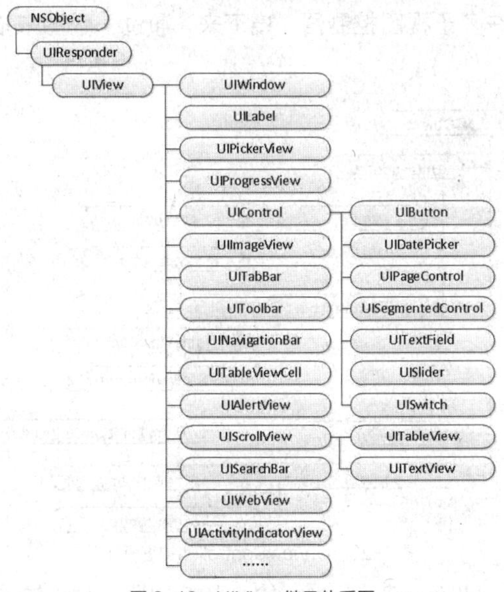

图 2-18　UIView 继承体系图

从图 2-18 中可以看出，UIView 继承体系中的类具有不同的层次关系。其中，UIView 继承自 UIResponder，它提供了许多子类，如表示标签的 UILabel、表示图片的 UIImageView、表示可交互控件的 UIControl 等。同样，UIControl 类也提供了很多子类，比如表示按钮的 UIButton、表示文本框的 UITextField 等。

每个应用程序的界面都是由一个个 UIView 及其子类组成的，为了让大家更好地理解应用程序的界面组成，接下来，通过一个应用程序界面来讲解，如图 2-19 所示。

图 2-19　应用程序界面

从图 2-19 可以看出，应用程序的界面由多个不同的控件组成，这些控件对应的是不同的视图类型，在后面的学习中，我们将会针对这些控件进行详细讲解，这里大家有个大致印象即可。

2.3.2 了解视图控制器（UIViewController）

在 iOS 开发中，视图控制器使用 UIViewController 类表示，它提供了一个显示用的 View 界面（根视图），同时负责 View 界面上元素及其内容的控制和调度。UIViewController 作为视图控制器的父类，可以延伸出许多子视图控制器，接下来，通过一张图来描述 UIViewController 的继承体系，如图 2-20 所示。

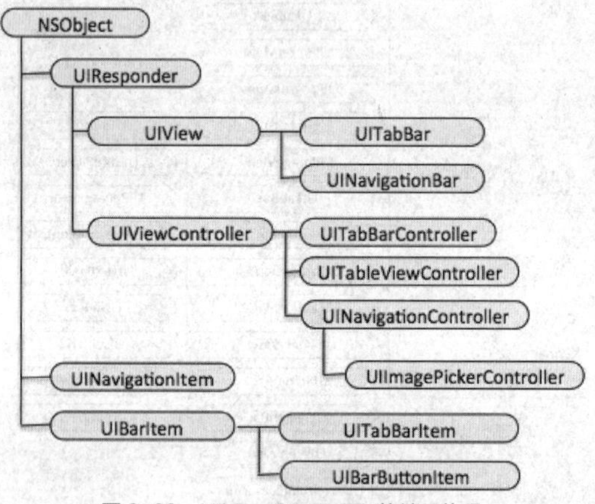

图 2-20 UIViewController 的继承体系

图 2-20 展示了继承自 UIViewController 的一些控制器组件，这些组件能够使应用程序的界面切换更加合理。目前，最流行的两种多视图控制器分别是导航控制器和标签页视图控制器。

2.3.3 导航控制器的使用场景

在 iOS 应用中，导航控制器用 UINavigationController 表示，它可以管理一系列具有层次结构的场景，例如，第一个场景用于显示特定的主题，第二个场景用于进一步描述，第三个场景继续进一步描述，依此类推。例如，iPhone 应用的设置选项，就是由导航控制器实现的，具体如图 2-21 所示。

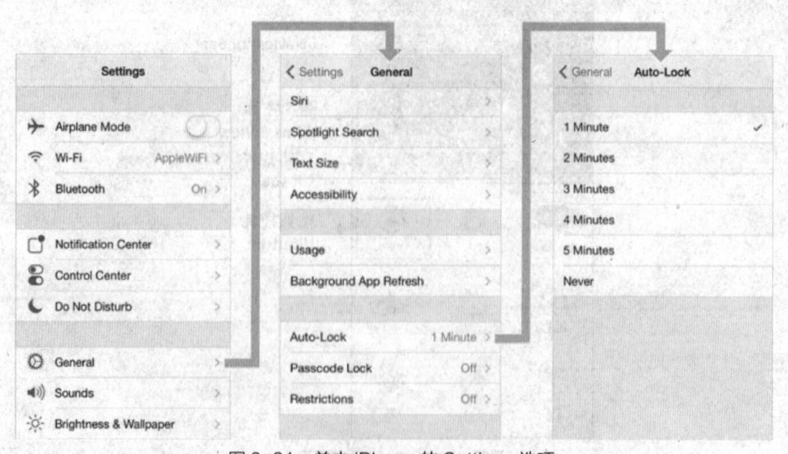

图 2-21 单击 iPhone 的 Settings 选项

图2-21显示的是依次单击【Setting】->【General】->【Auto-Lock】选项的界面，这些界面都包含一个导航条，并且导航条上有标题和一个带箭头的按钮。单击带箭头的按钮，应用程序会依次返回上一级界面，这个过程类似于栈的操作。

2.3.4　标签控制器的使用场景

在iOS开发中，标签页控制器使用UITabBarController类表示，它不像导航控制器那样以栈的形式压入和弹出控制器，而是组建一系列控制器，并将这些控制器添加到标签中，使得每个标签对应一个视图控制器。例如，苹果手机自带时钟的应用就是使用标签页控制器实现的，如图2-22所示。

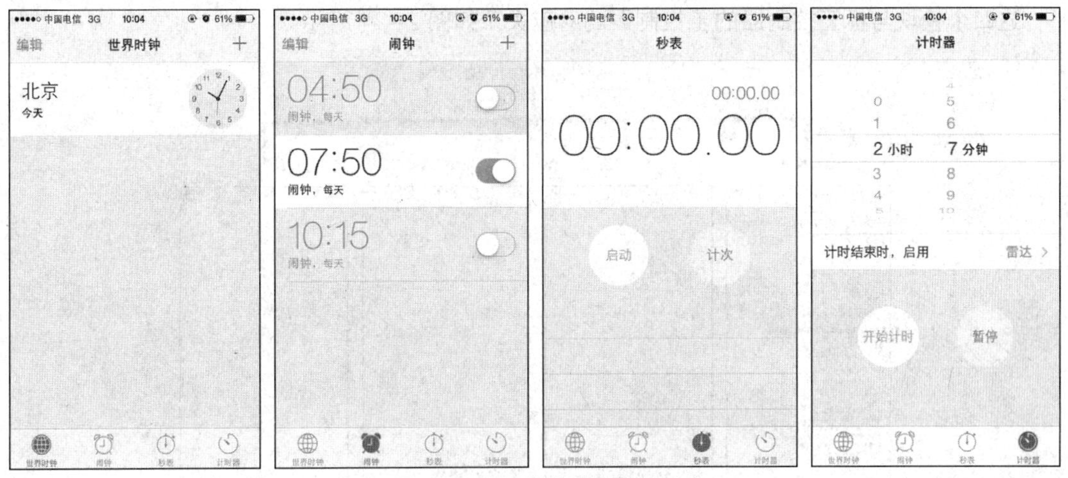

图2-22　苹果手机的时钟应用界面

图2-22显示的四个界面分别是时钟底部四个标签对应的界面，当单击屏幕底部四个标签时，这些页面会自由切换。

2.3.5　确定项目整体架构

微博项目的架构是通过搭建控制器来完成的，它采用的是大中型移动应用的主流框架，即项目的主体是一个TabBar Controller（标签控制器），标签控制器的每个标签都对应一个大的功能模块，每个模块都是一个Navigation Controller（导航控制器），根据具体内容，每个导航控制器内又包含了若干个子控制器。整个项目的架构图如图2-23所示。

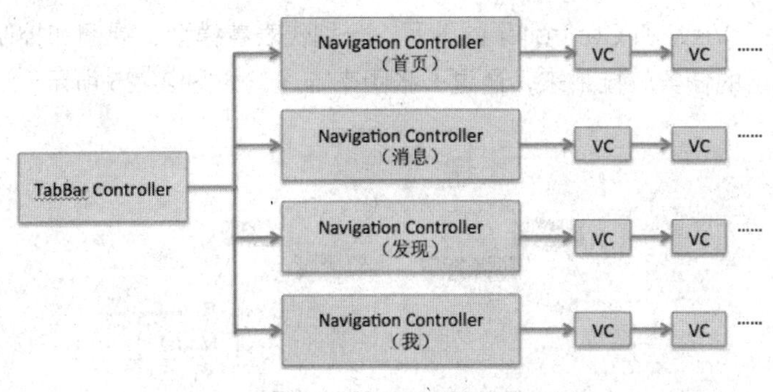

图2-23　微博项目架构图

从图 2-23 可以看出，微博项目的架构设计采用的是标签控制器和导航控制器相结合的方式，这两个控制器的意义如下所示。

（1）主视图控制器是一个 UITabBarController（标签控制器）。

（2）主视图控制器包含四个 UINavigationController 类型的子控制器，每个子控制器对应一个功能模块，这些功能模块分别是：

① 首页模块

② 消息模块

③ 发现模块

④ 我模块

这四个模块与标签控制器的子控制器的对应关系如图 2-24 所示。

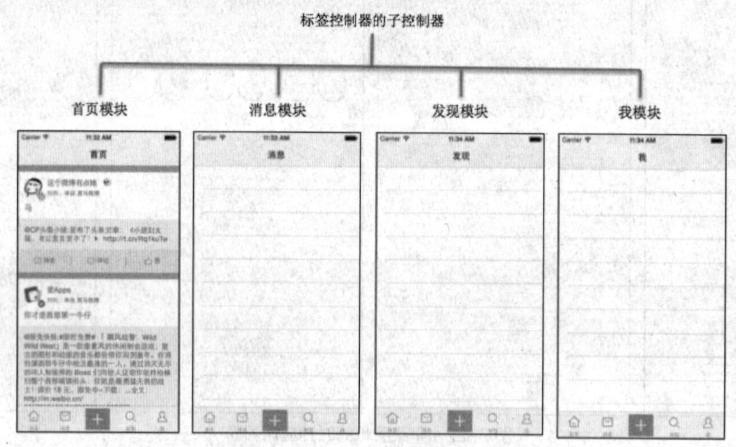

图 2-24 微博项目架构图

需要注意的是，在设计项目架构时，有两个特殊之处，具体如下。

（1）标签控制器的标签栏中间有一个“+”按钮，单击该按钮能够显示微博类型选择界面，方便用户选择自己需要的微博类型。这个界面不属于标签控制器的子控制器，而是一个单独的用于写微博的控制器。

（2）四个导航控制器在用户登录前后显示的界面格式是不一样的，在登录之前，显示的是登录界面；登录以后，显示微博的具体内容。

2.3.6 MVC 与 MVVM 模式

MVC 是 Model、View 和 Controller 的缩写，分别代表着模型、视图和控制器，它们被强制分开，各自处理自己的任务。接下来，通过一张图来描述，如图 2-25 所示。

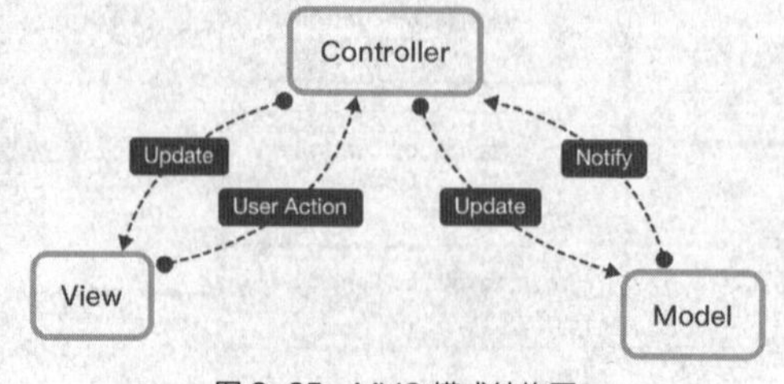

图 2-25 MVC 模式结构图

从图 2-25 可以看出，MVC 模式主要由三部分组成，具体如下。

- ❑ **模型（Model）**：保存应用数据的状态，回应视图对状态的查询，处理应用的业务逻辑，完成应用的功能，将状态的变化通知给视图。
- ❑ **视图（View）**：为用户展示信息，并提供接口，用户通过视图向控制器发出动作请求，然后向模型发出查询状态的申请，而模型状态的变化会通知给视图。
- ❑ **控制器（Controller）**：接收用户请求，根据请求更新模型。另外，控制器还会更新所选择的视图作为对用户请求的回应。控制器是视图和模型的媒介，可降低视图与模型的耦合度，使视图和模型的权责更加清晰，从而提高开发效率。

因为 MVC 模式存在模型的代码很少，控制器的代码容易越来越多，不便于测试的问题，在开发中一般不采用 MVC 模式，而是采用 MVVM 模式。

MVVM 是 Model-View-ViewModel 的简写，它可以将视图（View）和模型（Model）进行分离。接下来，用一张图来描述，具体如图 2-26 所示。

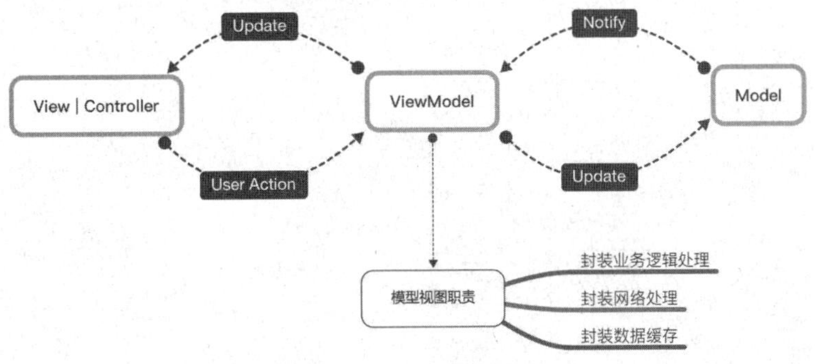

图 2-26　MVVM 结构图

从图 2-26 可以看出，MVVM 模式主要由三部分组成，具体如下。

- ❑ **模型（Model）**：保存应用数据的状态，回应视图模型对状态的查询，将状态的变化通知给视图模型。
- ❑ **View | Controller**：View和View Controller联系在一起，可以作为一个组件。不能直接引用Model，可以引用视图模型。
- ❑ **视图模型（ViewModel）**：放置用户输入验证逻辑，视图显示逻辑，发起网络请求和其他代码。可以直接引用Model。

与 MVC 模式相比，MVVM 具备下列优点。

- **低耦合**：View可以独立于Model变化和修改，一个ViewModel可以绑定到不同的View上。
- **可重用性**：可以把一些视图逻辑放在一个ViewModel里面，让很多View重用这段视图逻辑。
- **独立开发**：开发人员可以专注于业务逻辑和数据的开发ViewModel，设计人员可以专注于页面设计。
- **可测试**：通常界面是比较难于测试的，而MVVM模式可以针对ViewModel来进行测试。

2.4 本章小结

本章主要介绍了开发前的准备工作，包括设置应用图标、设置启动页面及项目的架构。通过本章的学习，大家应该掌握如下开发技巧。

（1）了解不同设备的应用图标和启动界面的尺寸。

（2）知道程序启动的入口和过程。

（3）会设置应用的启动信息。

（4）在搭建项目以前，先要确定整个项目的架构。

3

第3章 微博项目搭建——“万丈高楼平地起”

如同高层建筑需要搭框架来承重一样，我们的项目同样需要框架来支撑结构。搭建 iOS 项目架构的方式有两种，一种是使用 Storyboard 拖曳的方式搭建项目，另一种是使用纯代码的方式搭建项目。黑马微博采用纯代码方式搭建项目主体框架结构。

学习目标

- 会在项目中添加目录
- 会在项目中添加资源
- 熟悉导航控制器的组成和工作原理
- 熟悉标签控制器的组成和工作原理

3.1 设置项目目录结构

3.1.1 设置目录结构

由于我们使用纯代码的方式搭接项目，因此必然需要新建很多类文件。微博项目的主目录是 Classes，它用于存放所有的类文件，根据 MVVM 的特点，该文件夹包含 4 个子文件夹，分别是 View、ViewModel、Model、Tools。相关说明如表 3-1 所示。

表 3-1 4 个子文件夹的相关说明

目录名	说明
View	在此目录下添加控制器和视图
ViewModel	在此目录下添加视图模型
Model	在此目录下添加数据模型
Tools	在此目录下添加工具类

在 View 目录下，还需要创建一些子目录，这些子目录的相关说明如表 3-2 所示。

表 3-2 View 目录下需创建的子目录

目录名	说明
Main	用于保存根控制器、欢迎界面、新特性界面
Home	用于开发“首页”模块的相关代码
Message	用于开发“消息”模块的核心代码
Discover	用于开发“发现” 模块的核心代码
Profile	用于开发“我”模块的核心代码

接下来，分步骤为大家讲解如何为项目“黑马微博”创建目录结构，具体如下。

（1）在 Xcode 中选中项目“黑马微博”，单击鼠标右键，选择“Show in Finder”命令，如图 3-1 所示。

图 3-1 选择“Show in Finder”命令

（2）在黑马微博文件夹下面，创建文件夹 Classes。按照表 3-1 和表 3-2 中的思路，创建二级文件夹和 View 的子目录，创建好的文件夹结构如图 3-2 所示。

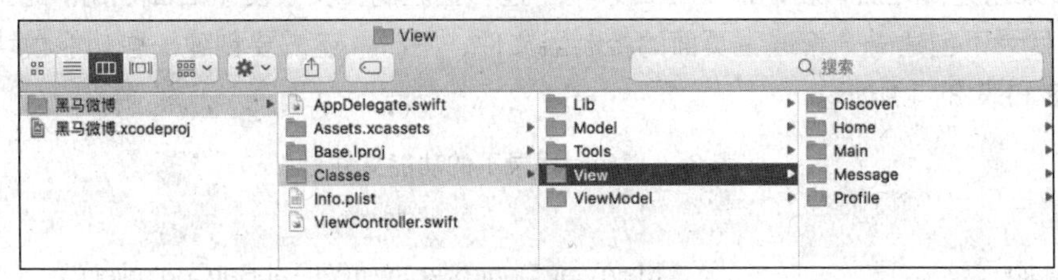

图 3-2 创建好的文件夹结构

（3）将 Classes 文件夹拖曳到 Xcode 项目中的“黑马微博”目录下，会弹出一个窗口，在该窗口中按照下列方式勾选，具体如图 3-3 所示。

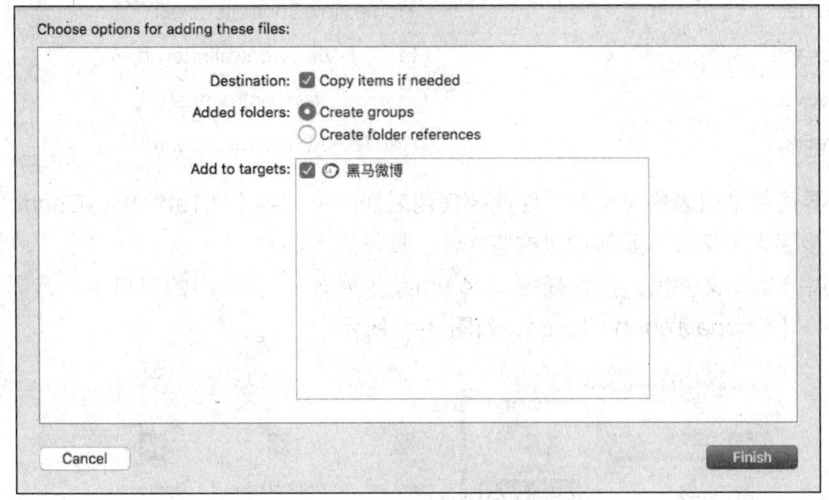

图 3-3 拖曳文件夹到 Xcode 中

（4）单击“Finish”按钮，完成项目结构的创建，创建好的项目结构如图 3-4 所示。

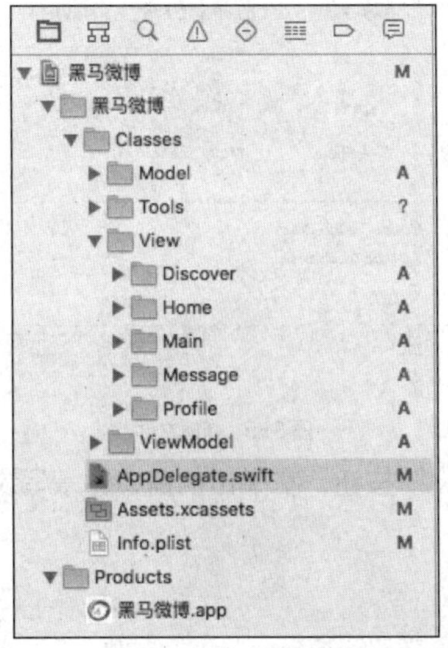

图 3-4 创建好的项目结构

3.1.2 创建各个控制器模板文件

项目目录创建好之后，我们需要在目录中创建一些控制器类，便于后面使用。这里，我们需要在 Main 目录下创建一个管理主页面的控制器文件，同时，还需要创建一些功能模块文件，具体如表 3-3 和表 3-4 所示。

表 3-3 Main 目录下的功能文件

目录	文件名
Main	MainViewController.swift(:UITabBarController)

表 3-4 其他目录下的功能模块文件

目录	文件名
Home	HomeViewController.swift
Message	MessageViewController.swift
Discover	DiscoverViewController.swift
Profile	ProfileViewController.swift

这四个界面都是以表格显示的，因此要使用表视图控制器（UITableViewController）实现。接下来，分步骤为大家演示如何创建这些文件，具体如下。

（1）选中 Main 文件夹，按快捷键“command + N”，在弹出的窗口中，选择【iOS】->【Source】->【Cocoa Touch Class】，如图 3-5 所示。

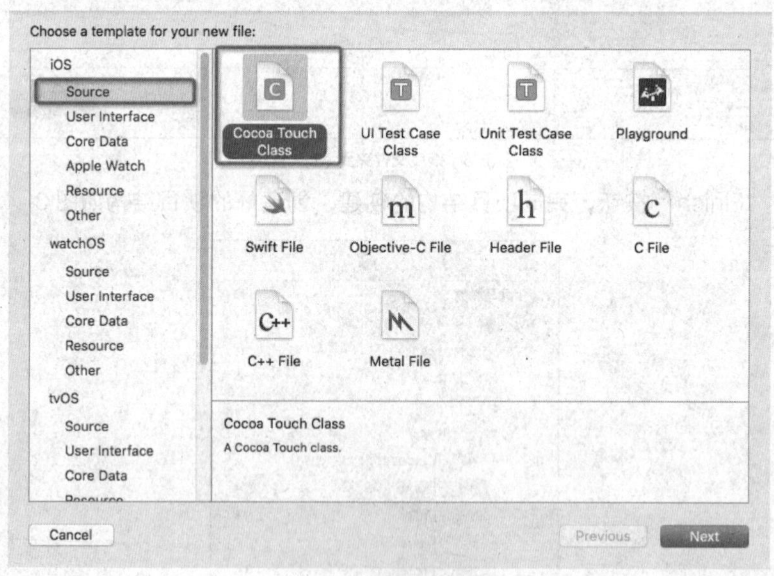

图 3-5 新建文件

（2）单击图 3-5 中的“Next”按钮，在弹出的窗口中填写文件信息，如图 3-6 所示。

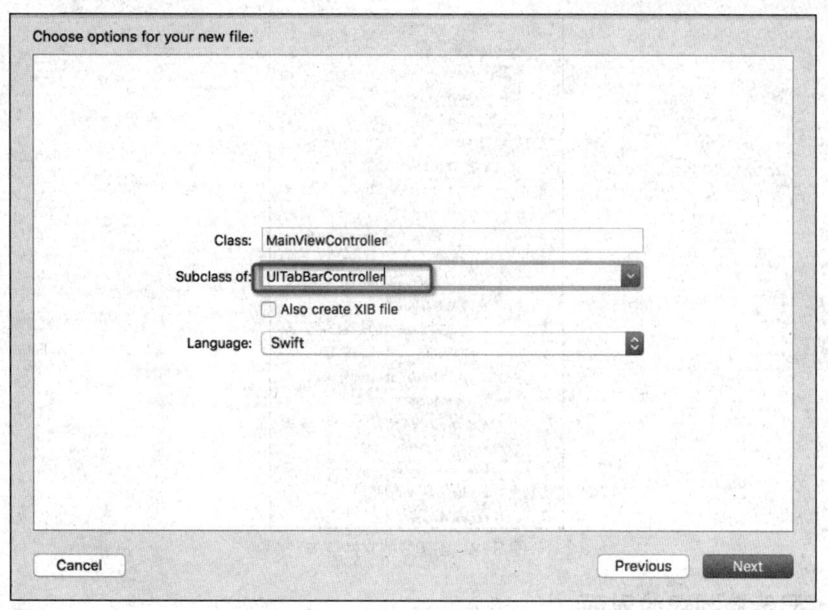

图 3-6 填写文件信息

在图 3-6 中，Class 表示新建的文件名，Subclass of 表示新建文件的父类，Language 表示所使用的开发语言。这里，我们新建的文件名称为“MainViewController”，继承自 UITabBarController，选择使用的语言是 Swift。

（3）单击图 3-6 中的“Next”按钮，在弹出的窗口中直接单击“Create”按钮。至此，MainViewController 文件成功创建了，具体如图 3-7 所示。

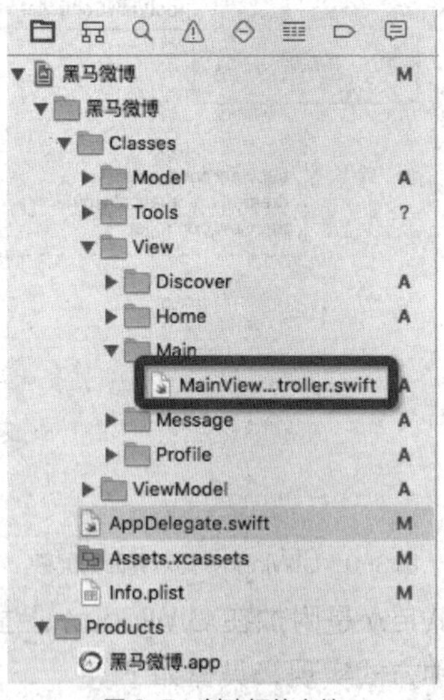

图 3-7 创建好的文件

（4）按照上述步骤，继续在 Home、Discover、Message 和 Profile 文件夹目录下创建 HomeTableViewController、DiscoverTableViewController、MessageTableViewController 和 ProfileTableViewController 文件，它们都继承自 UITableViewController，最终创建好的项目结构如图 3-8 所示。

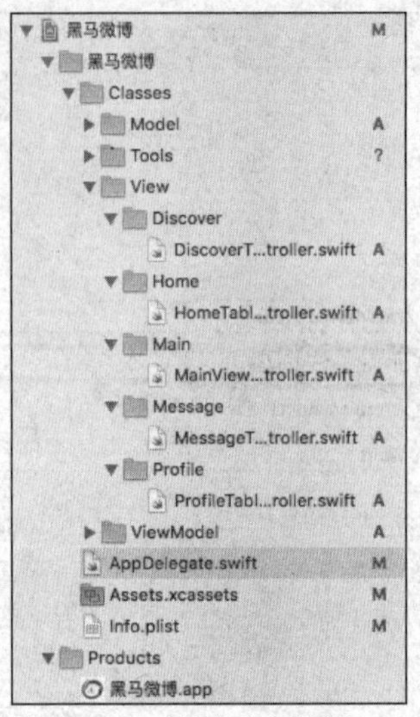

图 3-8 创建好的文件结构

3.1.3 显示控制器的界面

iOS 程序启动后，UIApplicationMain 函数做的事情不止是创建 UIApplication 对象和设置代理。其实，它还为应用程序创建一个 UIWindow 对象。UIWindow 继承自 UIView，是程序创建的第一个视图控件，换句话说，如果没有 UIWindow，程序就没有任何 UI 界面。接下来，通过一张图来描述 UIWindow 如何将程序界面显示在屏幕上，如图 3-9 所示。

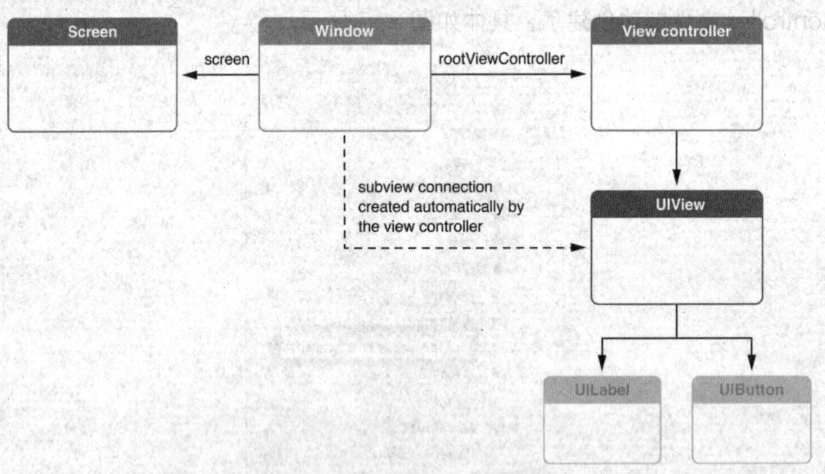

图 3-9 UIWindow 显示界面到屏幕

在图 3-9 中，应用程序的 UIView 是附加在 UIWindow 上显示的。但是，要想将 UIView 添加到 UIWindow 上，可以通过两种方式实现，具体如下。

1. 调用 addSubView 方法直接添加

直接将 view 通过 addSubview 方法添加到 window 中，程序负责维护 view 的生命周期以及刷新，但是并不会去理会 view 对应的 ViewController，因此采用这种方法将 view 添加到 window 以后，我们还要保持 view 对应的 ViewController 的有效性，不能过早释放。

2. 设置 UIWindow 的 rootViewController 属性

通过设置 rootViewController 属性为要添加 view 对应的 ViewController，UIWindow 将会自动将其 view 添加到当前 window 中，同时负责 ViewController 和 view 的生命周期的维护，防止其过早释放。

由于 ViewController.swift 文件被删除了，所以，我们需要在 AppDelegate.swift 文件中将标签控制器改为启动控制器，修改方式如下所示。

```
window?.rootViewController = MainViewController()
```

运行程序，可以看到界面下方多了一栏，这就是我们创建的 TabBar，具体如图 3-10 所示。

图 3-10 程序运行的结果

3.2 添加子控制器

3.2.1 标签控制器的组成

标签页控制器是由标签栏（Tab bar）、标签页控制器的视图（Tab bar controller view）和内容视图（Custom content）组成的，具体结构如图 3-11 所示。

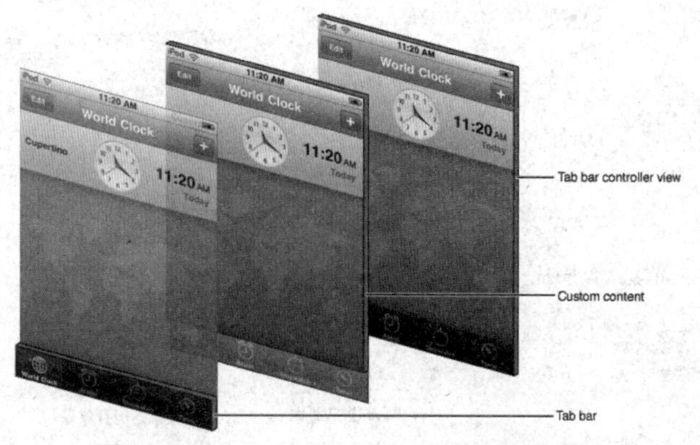

图 3-11 Tab Bar Controller 的组成部分及层级关系

在图 3-11 中，标签页控制器的标签栏位于屏幕的底部，它包含了 4 个标签项，通过单击不同的标签项，就可以实现不同页面的自由切换。

在 iOS 开发中，标签栏使用 UITabBar 类表示，它的尺寸是不可以被修改的，并且默认高度为 49。一个标签栏可以包含多个标签项，标签项使用 UITabBarItem 类表示，它提供了许多可以设置样式的属性，常见的如表 3-5 所示。

表 3-5　UITabBarItem 类常见属性

属性名称	功能描述
var title: String?	标签项显示的标题
var image: UIImage?	标签项未被选中显示的图片
var selectedImage: UIImage?	标签项被选中显示的图片
var badgeValue: String?	标签项的提醒文字
var tag: Int	表示标识

表 3-5 列举的是 UITabBarItem 的常用属性，其中 tag 属性用于标识标签项，其他属性分别用于设置标签项的不同位置，以 QQ 应用为例，这些属性可作用于标签项的位置如图 3-12 所示。

图 3-12 描述了属性对应的标签栏位置。其中，badgeValue 属性用于设置提示的消息数，title 属性用于设置标签项的标题，image 属性用于设置标签项的图片，selectedImage 属性用于设置选中标签项的图片，默认情况下，选中图片的颜色为蓝色。

需要注意的是，一个标签栏中最多可显示 5 个标签项，如果超过 5 个标签项，则会在最右边出现一个 More 标签项，点开 More 标签项后，会出现一个表视图，用于列举那些不能在标签栏中直接显示的内容，具体如图 3-13 所示。

在图 3-13 中，当点击标题为 More 的标签项时，将会弹出一个标准的 UINavigation Controller，UINavigationController 里面嵌套了一个 UITableViewController，其它未显示的 TabBarItem 在 UITableViewController 中以单元格的形式存储，单击单元格则会跳转至相应的控制器的视图。

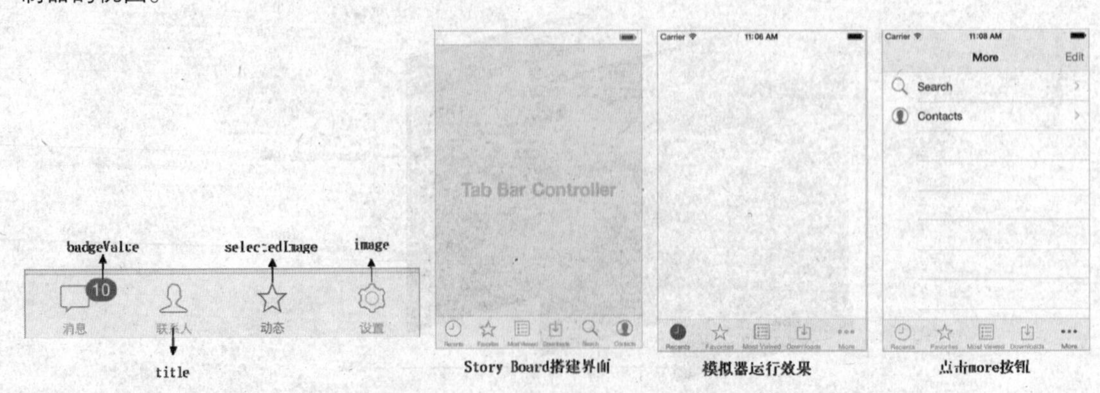

图 3-12　UITabBarItem 属性对应的标签位置　　图 3-13　多于 5 个标签项显示方式

3.2.2　导航控制器的组成

在 iOS 中，导航控制器主要由导航条（Navigation bar）、工具条（Navigation toolbar）、显示视图（Navigation view）和内容视图（Custom content）组成，具体结构如图 3-14 所示。

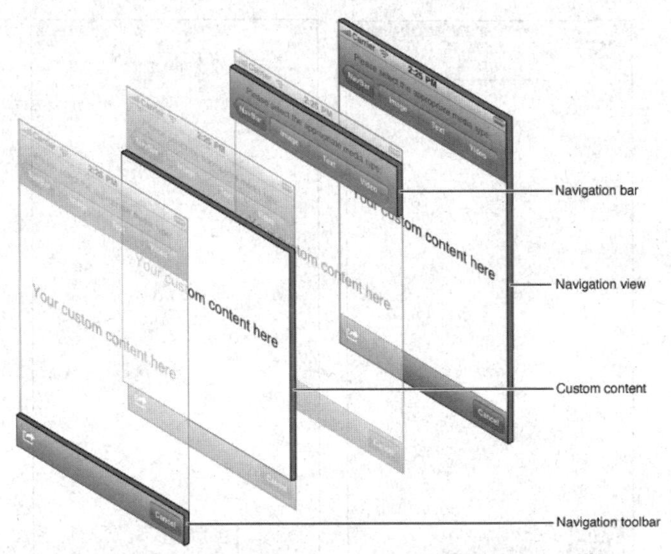

图 3-14　UINavigationController 的组成结构

从图 3-14 中可以看出，导航控制器的导航条位于屏幕顶端、工具条位于屏幕底部，显示视图指的是屏幕可以看到的所有内容，而内容视图包含导航控制器中要展示的所有视图。

需要注意的是，Navigation bar 是一个栈结构的容器，它可容纳多个 UINavigationItem。一个 UINavigationItem 是由标题、左边 N 个按钮、右边 N 个按钮组成的，并且每个按钮都是一个 UIBarButtonItem 控件，接下来，通过一张图来剖析 UINavigationBar 的结构，具体如图 3-15 所示。

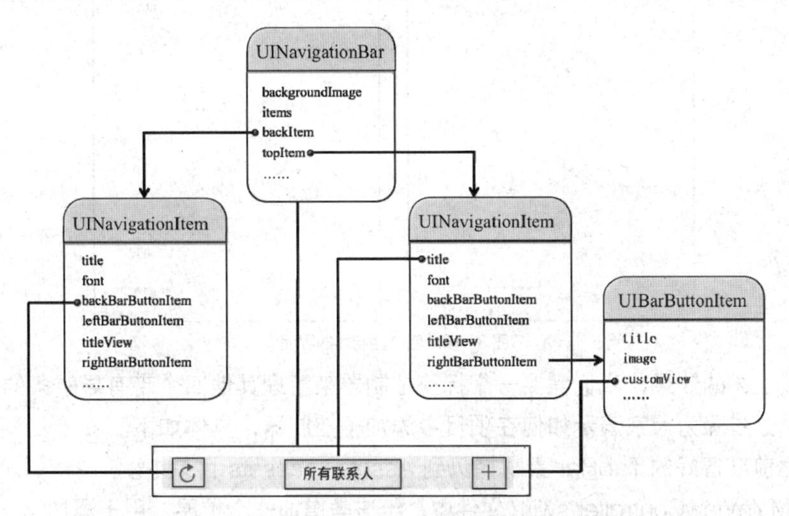

图 3-15　UINavigationBar 结构类型

图 3-15 针对通讯录的导航条进行剖析，从图中可以看出，导航条是使用 UINavigationItem 对象来填充的，默认情况下，该对象包含一个标题和一个 Back 按钮，且其内部的按钮均是 UIBarButtonItem 类型的。

3.2.3 设置标签和标题

前面创建了五个空的控制器文件，其中，MainViewController 用于管理其他四个控制器，这四个控制器是并列关系，可以通过标签来切换，要实现的效果如图 3-16 所示。

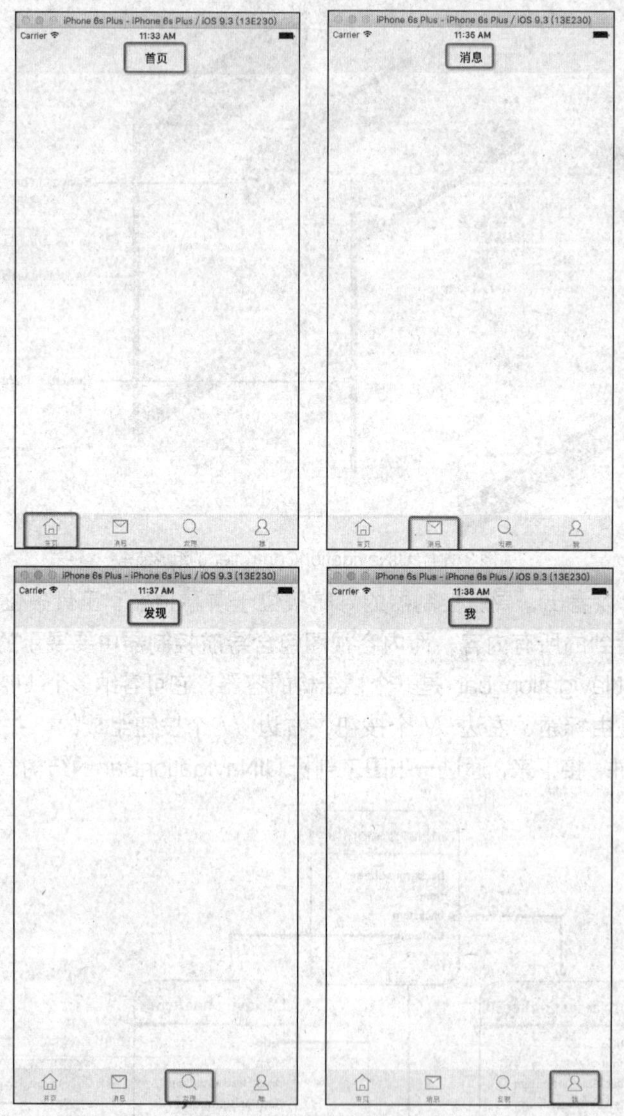

图 3-16 四个控制器的界面

要想完成上述的效果，我们需要一个标签控制器来管理其他四个带有导航条的控制器。

接下来，分步骤为大家演示如何在项目中添加子控制器，具体如下。

（1）将之前准备好的 TabBar 素材拷贝到 Assets.xcassets 目录中。

（2）在 MainViewController.swift 文件中，给该类增加一个扩展，用于添加 4 个控制器。在 MainViewController 类的扩展中，抽取创建子控制器的方法，只要传入某个控制器、标题和图片，就能够创建出包装了导航条的控制器，并且使用该方法来添加 4 个子控制器，具体代码如例 3-1 所示。

例 3-1 MainViewController.swift 的扩展

```
1 // MARK: - 设置界面
2 extension MainViewController {
3     /// 添加所有的控制器
4     private func addChildViewControllers() {
5         // 设置 tintColor-渲染颜色
6         tabBar.tintColor = UIColor.orangeColor()
7         addChildViewController(HomeTableViewController(), title: "首页",
8         imageName: "tabbar_home")
9         addChildViewController(MessageTableViewController(), title: "消息",
10         imageName: "tabbar_message_center")
11        addChildViewController(DiscoverTableViewController(),
12          title: "发现", imageName: "tabbar_discover")
13        addChildViewController(ProfileTableViewController(), title: "我",
14          imageName: "tabbar_profile")
15    }
16    /// 添加控制器
17    /// - parameter vc:        vc
18    /// - parameter title:     标题
19    /// - parameter imageName: 图像名称
20    private func addChildViewController(vc: UIViewController,
21    title: String,imageName: String) {
22        // 设置标题——由内至外设置的
23        vc.title = title
24        // 设置图像
25        vc.tabBarItem.image = UIImage(named: imageName)
26        // 导航控制器
27        let nav = UINavigationController(rootViewController: vc)
28        addChildViewController(nav)
29    }
30 }
```

在上述代码中，第 4~15 行封装了添加全部子控制器的代码，其中：

第 6 行代码设置了标签栏的 tintColor 为橙色。

第 7~14 行依次调用 addChildViewController(vc: title: imageName:)方法，给标签控制器添加了 4 个子控制器。

第 20~29 行代码是封装的添加特定样式的控制器的方法，该方法需要传递 3 个参数，第 1 个参数表示需要包装的控制器，第 2 个参数是标题，第 3 个参数是标签项的图标，其中：

第 22 行代码设置了 title；

第 25 行代码设置了标签项的图标；

第 27 行代码给控制器包装了一个导航条；

第 28 行代码调用 addChildViewController 方法给标签控制器增加了一个子控制器。

（3）在 viewDidLoad 方法中，调用添加全部控制器的方法，具体代码如下。

```
// MARK: - 视图生命周期函数
override func viewDidLoad() {
    super.viewDidLoad()
    addChildViewControllers()
}
```

（4）运行程序测试，查看标签控制器是否增加了 4 个子控制器，如图 3-17 所示。

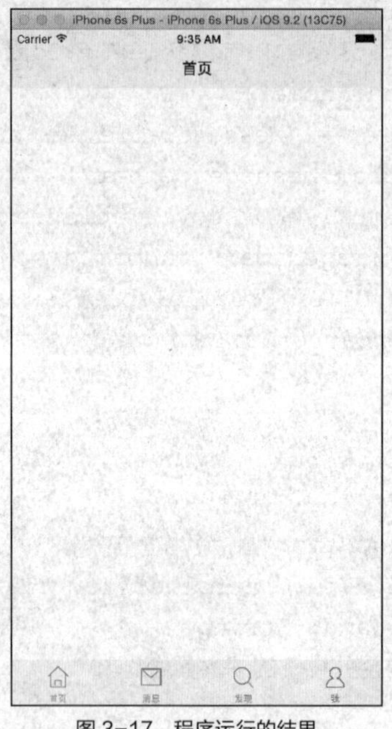

图 3-17　程序运行的结果

3.3 添加撰写按钮

3.3.1 了解什么是按钮控件（UIButton）

在 iOS 开发中，按钮控件使用 UIButton 表示，它直接继承自 UIControl:UIView，是一个既能显示文字，又能显示图片，还能随时调整内部图片和文字位置的按钮。例如，播放器界面有很多按钮控件，具体如图 3-18 所示。

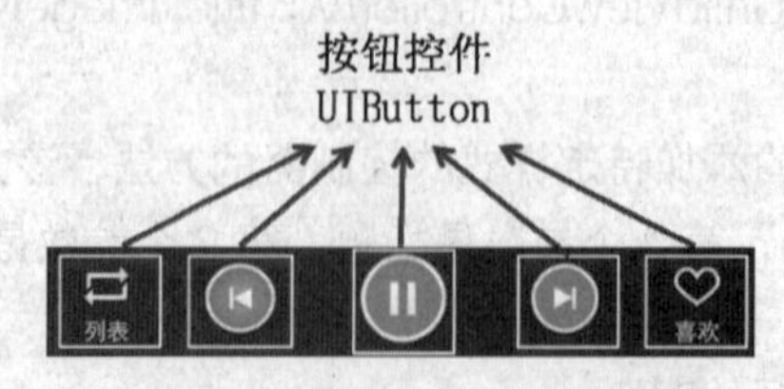

图 3-18　播放器界面中的按钮

从图 3-18 中可以看出，如果按钮没有标题，图片会自动居中显示。

UIControl 是诸如 UIButton、UISwitch、UITextField 等控件的父类，它本身也包含了一些属性和方法，但是不能直接使用 UIControl 类，它只是定义了子类都需要使用的方法。

UIControl 类提供了一个标准机制，用于进行事件登记和接收，当某个指定的控件发生特定事件的时候，通知代理类的一个方法。如果要注册一个事件，可以使用 addTarget 方法实现，代码如下。

```
public func addTarget(target: AnyObject?, action: Selector, forControlEvents
    controlEvents: UIControlEvents)
```

在上述代码中，参数 target 是消息的接收者，一般是 self，指的是实例化控件对象的控制器；参数 action 是事件响应的方法；controlEvents 是事件的类型。当发生某个特定的事件后，通知 target 的 action 方法。UIControlEvents 是一个枚举类型，包含如下几个常用选项。

- TouchDown：单点触摸按下事件，用户点触屏幕，或者又有新手指落下的时候。
- TouchDragInside：当一次触摸在控件窗口内拖动时。
- TouchDragOutside：当一次触摸在控件窗口之外拖动时。
- TouchDragEnter：当一次触摸从控件窗口之外拖动到内部时。
- TouchDragExit：当一次触摸从控件窗口内部拖动到外部时。
- TouchUpInside：所有在控件之内触摸抬起事件。
- TouchUpOutside：所有在控件之外触摸抬起事件(点触必须开始于控件内部才会发送通知)。
- TouchCancel：所有触摸取消事件，即一次触摸因为放上了太多手指而被取消，或者被上锁或者电话呼叫打断。

3.3.2　自定义 Tab Bar

完成四个子控制器的添加后，我们还需要在 4 个控制器切换按钮中间增加一个撰写按钮，单击撰写按钮能够弹出对话框撰写微博。由于加号按钮的效果要看起来跟其他标签的大小一样，所以，我们可以先添加一个空标签在中间扩充位置，再在该位置上放置一个遮挡按钮，示意图如图 3-19 所示。

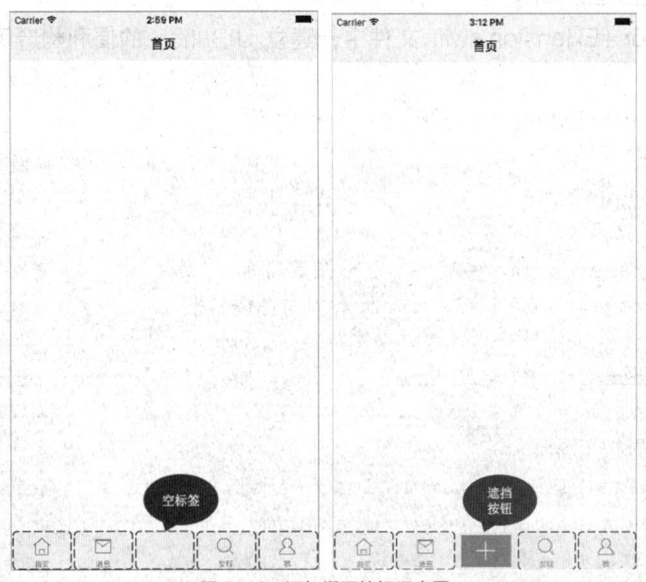

图 3-19　添加撰写按钮示意图

接下来，分步骤为大家演示如何自定义 Tab Bar，具体如下。

（1）首先，添加一个空的视图控制器，增加占位标签。在 addChildViewControllers()方法的中间部分，调用 addChildViewController 方法添加一个子控制器，修改后的代码如下所示。

```
1  /// 添加所有的控制器
2  private func addChildViewControllers() {
3      // 设置 tintColor-渲染颜色
4      tabBar.tintColor = UIColor.orangeColor()
5      addChildViewController(HomeTableViewController(), title: "首页",
6        imageName: "tabbar_home")
7      addChildViewController(MessageTableViewController(), title: "消息",
8        imageName: "tabbar_message_center")
9      // 添加空视图控制器
10     addChildViewController(UIViewController())
11     addChildViewController(DiscoverTableViewController(), title: "发现",
12       imageName: "tabbar_discover")
13     addChildViewController(ProfileTableViewController(), title: "我",
14       imageName: "tabbar_profile")
15 }
```

在上述代码中，第 10 行代码新增加了空的视图控制器，这样就在标签栏添加了一个空标签。需要注意的是，标签栏中每个标签的位置与添加子控制器的顺序是一一对应的，空视图控制器必须位于中间的位置。

（2）由于加号按钮既有图像也有背景图像，因此，可以给 UIButton 类添加扩展，增加创建有图像和背景图像的按钮的便利构造方法，提高代码的复用性。在 Tools 目录下增加 Extension 目录，选中 Extension 目录，新建一个名称为 UIButton+Extension 的 Swift 文件，如图 3-20 所示。

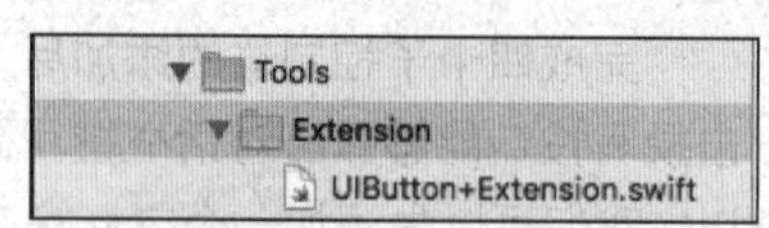

图 3-20 增加 UIButton 扩展类

（3）在 UIButton+Extension.swift 文件中，建立 UIButton 的便利构造函数，代码如例 3-2 所示。

例 3-2 UIButton+Extension.swift

```
1  import UIKit
2  extension UIButton {
3      /// 便利构造函数
4      /// - parameter imageName:     图像名称
5      /// - parameter backImageName: 背景图像名称
6      /// - returns: UIButton
7      convenience init(imageName: String, backImageName: String?) {
8          self.init()
9          // 设置按钮图像
10         setImage(UIImage(named: imageName), forState: .Normal)
11         setImage(UIImage(named: imageName + "_highlighted"),
12           forState: .Highlighted)
13         // 设置按钮背景图像
14         setBackgroundImage(UIImage(named: backImageName!),
```

```
15          forState: .Normal)
16        setBackgroundImage(UIImage(named: backImageName! +
17          "_highlighted"), forState: .Highlighted)
18        // 会根据背景图片的大小调整尺寸
19        sizeToFit()
20    }
21 }
```

在例 3-2 中，第 7~20 行是 UIButton 扩展的便利构造函数。其中：

第 10~12 行代码调用 setImage 方法给按钮设置了普通和高亮状态的图像；

第 14~17 行代码调用 setBackgroundImage 方法给按钮设置了普通和高亮状态下的背景图像；第 19 行代码调用 sizeToFit()方法调整图像的尺寸。

（4）进入 MainViewController.swift 文件，使用上述构造函数创建表示撰写按钮的属性，并且通过懒加载的方式初始化，具体代码如下所示。

```
// MARK: - 懒加载控件
private lazy var composedButton: UIButton = UIButton(
    imageName: "tabbar_compose_icon_add",
    backImageName: "tabbar_compose_button")
```

（5）要想展示撰写按钮，除了实例化以外，还需要确定按钮的位置和大小，并且添加到父视图中。在 MainViewController 的类扩展中，抽取添加撰写按钮的方法，具体代码如下。

```
1  /// 设置撰写按钮
2  private func setupComposedButton() {
3      // 添加按钮
4      tabBar.addSubview(composedButton)
5      // 调整按钮
6      let count = childViewControllers.count
7      // 让按钮宽一点点，能够解决手指触摸的容差问题
8      let w = tabBar.bounds.width / CGFloat(count) - 1
9      composedButton.frame = CGRectInset(tabBar.bounds, 2 * w, 0)
10 }
```

在上述代码中，第 4 行代码调用了 addSubview 方法，将撰写按钮添加到标签栏中。

第 8~9 行代码通过标签栏确定了按钮的大小和位置，稍微增加了按钮的宽度，避免手指触摸按钮边缘弹出空标签的页面，做一些容差处理。

（6）值得一提的是，所有的控件都是懒加载的。当添加子控制器的时候，还没有创建标签栏里面的按钮，当调用 viewWillAppear 方法的时候，才会创建所有控制器的按钮。因此，需要重写 viewWillAppear 方法，把撰写按钮的图层移到顶层，具体代码如下。

```
override func viewWillAppear(animated: Bool) {
    // 会创建 tabBar 中的所有控制器对应的按钮
    super.viewWillAppear(animated)
    // 将撰写按钮移到最前面
    tabBar.bringSubviewToFront(composedButton)
}
```

（7）在 viewDidLoad 方法的末尾位置，调用 setupComposedButton()方法添加撰写按钮，具体代码如下。

```
setupComposedButton()
```

至此，我们成功在界面上添加了一个自定义的 Tab Bar。

3.3.3 按钮监听方法

给加号按钮添加监听方法，即一旦单击了加号按钮，就能够响应某个方法。在 setup ComposedButton()方法的末尾，添加监听按钮单击的方法，具体代码如下。

```
// 添加监听方法
composedButton.addTarget(self, action:
#selector(MainViewController.clickComposedButton),
forControlEvents: .TouchUpInside)
```

为了验证单击按钮是否响应了 clickComposedButton()方法，在该方法中进行打印输出。如果控制台输出了信息，证明成功监听到按钮的单击事件；反之，则证明失败，具体代码如下。

```
1  // MARK: - 监听方法
2  /// 单击撰写按钮
3  /// 如果"单纯"使用"privat" 运行循环将无法正确发送消息，导致崩溃
4  /// 如果使用@objc 修饰符号，可以保证运行循环能够发送此消息，即使函数被标记为 private
5  @objc private func clickComposedButton() {
6      print("点我嘞")
7  }
```

需要注意的是，按钮的监听方法不能单纯地使用 private 关键字修饰，这是因为程序在运行的过程中会一直循环监听，一旦监听到按钮被点击，就会把触发的事件以消息机制的形式进行传递。因此只要设置为 private，就必须添加@objc 修饰符。

此时运行程序，标签控制器在中间位置增加了加号按钮，单击按钮后，控制台输出了打印信息，如图 3-21 所示。

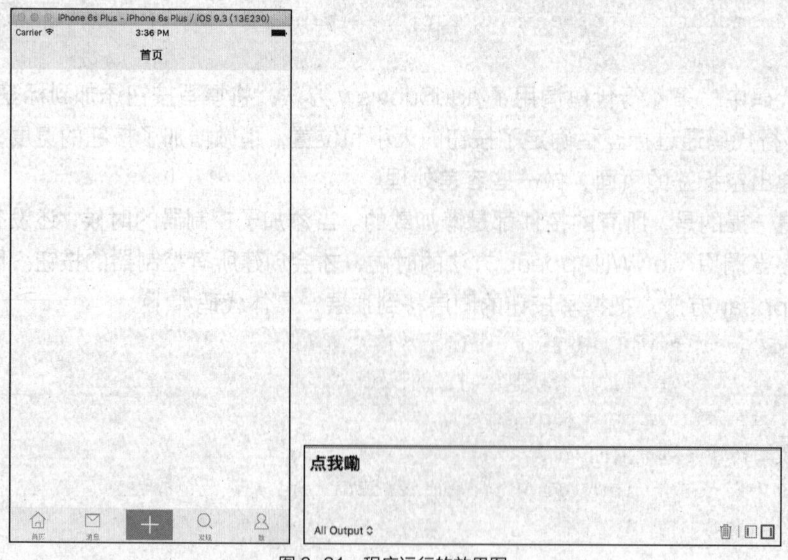

图 3-21 程序运行的效果图

3.4 本章小结

本章主要按照项目的架构，先创建了项目的目录，再搭建了项目的界面。通过本章的学习，大家应该掌握如下开发技巧。

（1）会在项目中添加目录。

（2）会在项目中添加资源。

（3）理解项目的架构，会结合导航控制器和标签控制器来搭建项目。

iOS App of Swift

4

第 4 章 访客视图

在实际应用开发中，有可能会出现这样的情况：功能框架已经构建完成，产品经理提出新的功能需求，会对已有的架构产生影响。例如，在微博开发中，如果用户没有登录，则显示访客视图，提示用户注册或者登录，而已经搭建好程序架构，则如何应对用户登录的处理呢？接下来，本章将针对访客视图的开发进行详细讲解。

学习目标

- 理解视图的加载机制
- 会使用自动布局
- 会使用基本动画
- 掌握 UI 控件的使用：UILabel 和 UIImageView

4.1 分析访客视图与现有架构的关系

在分析访客视图与现有架构的关系之前，我们先来看一下访客视图的原型图，如图 4-1 所示。

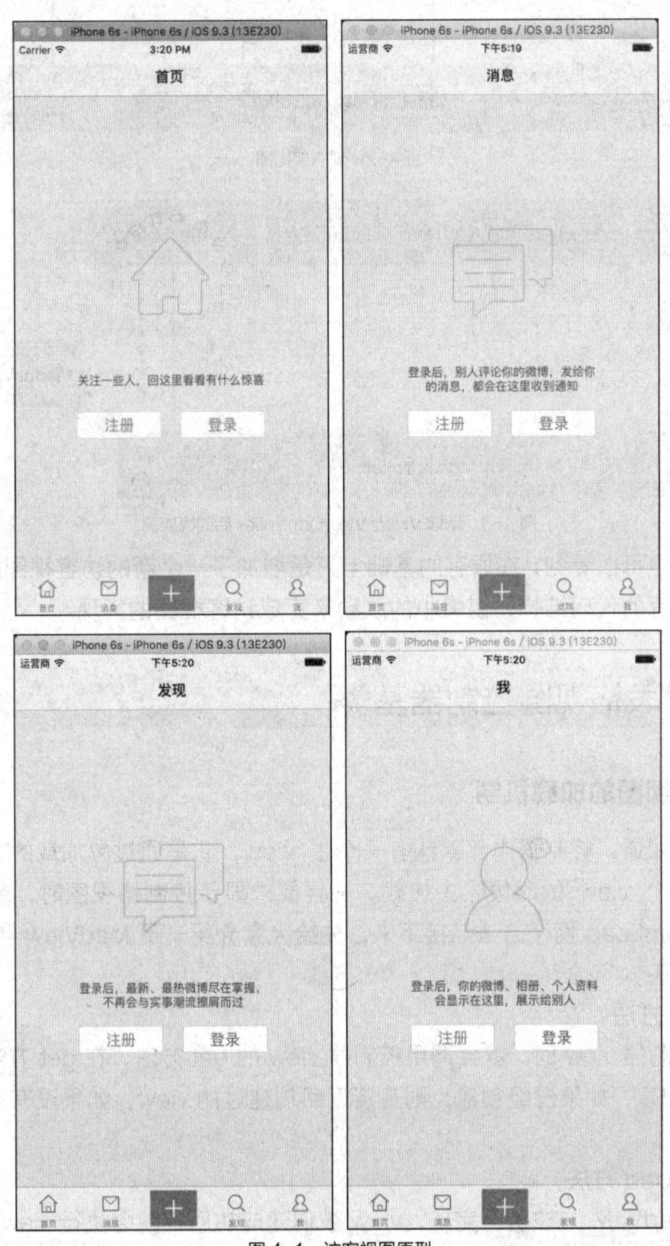

图 4-1　访客视图原型

当用户没有登录的情况下，默认 4 个控制器的视图为上述界面。基于这种需求，我们可以在原有代码的基础上设计一个基类，专门用于显示访客视图。现有的架构图和增加访客视图之后的架构图，分别如图 4-2 和图 4-3 所示。

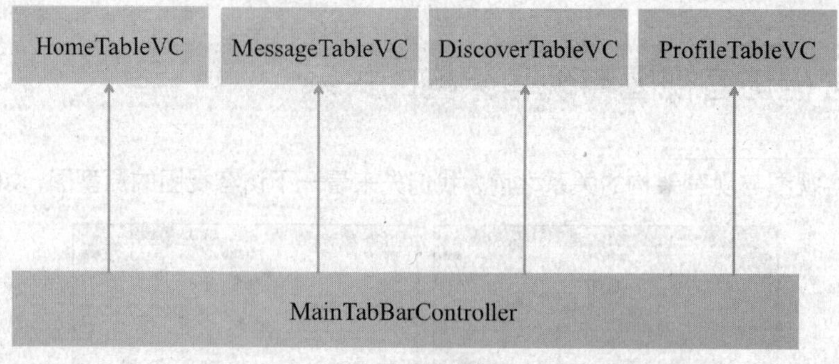

图 4-2 现有架构图

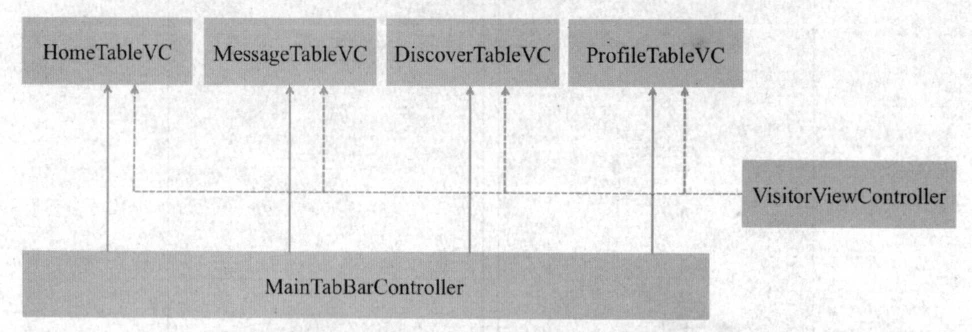

图 4-3 新增 VisitorViewController 后的框架图

在上面的架构中可以看到，在原有的基础上只是增加了一个新的访客视图的视图控制器。这样可以不必改变原有的代码结构，以最小的改动来完成访客视图的实现。

4.2 创建表格视图控制器基类

4.2.1 了解视图的加载机制

首先我们需要知道，控制器内部默认有一个主 view，它是通过懒加载的方式进行加载的，即当我们用到了这个 view 的时候才去加载。一旦要求显示控制器视图时，就会响应控制器的 loadView 和 viewDidLoad 两个方法。接下来，先给大家介绍一下 loadView 和 viewDidLoad 这两个方法，具体如下。

1. loadView 方法

当我们用到控制器 view 时，就会调用控制器 view 的 get 方法，在 get 方法的内部，首先判断 view 是否已经创建，如果已经创建，则直接返回创建过的 view，如果没有创建，则调用控制器的 loadView 方法。

2. viewDidLoad 方法

当控制器的 loadView 方法执行完毕，view 被创建成功后，就会执行 viewDidLoad 方法。

接下来，通过一张图来描述创建控制器 view 的优先级，具体如图 4-4 所示。

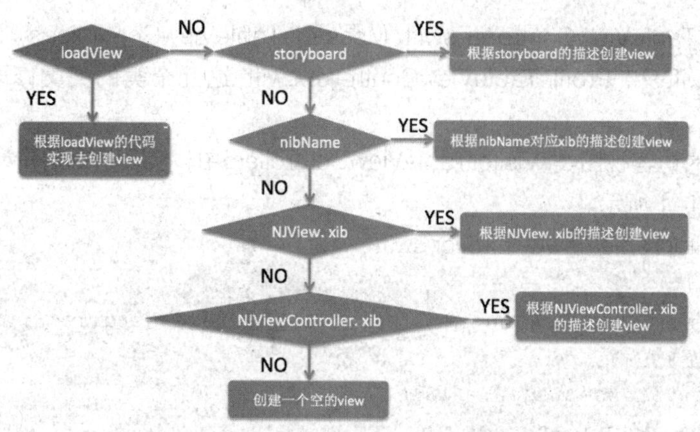

图 4-4　控制器 view 的优先级

从图 4-4 中可以看出：

（1）如果重写了 loadView 方法，则根据重写的 loadView 方法创建 view；

（2）若控制器通过 storyboard 加载，则根据 storyboard 的描述去创建 view；

（3）若控制器通过 xib 加载，则根据 nibName 对应的 xib 创建 view；

（4）若没有指定的 nibName，则根据与控制器名前缀相同不带 controller 的 xib 创建 view；

（5）若没有同名的 xib，则根据控制器同名的 xib 创建 view；

（6）如果都没有，则创建一个空白的 xib。

注意：

storyboard加载的是控制器及控制器view，而xib加载的仅仅是控制器的view。

4.2.2 添加表视图控制器基类

在上一章搭建项目框架时，添加了四个子控制器，这些控制器都继承自 UITableView Controller。由于这些控制器管理的页面有共同的地方，所以我们可以新建一个表格视图控制器的基类 VisitorTableViewController，该基类增加用户登录标记，根据用户登录标记判断是否加载默认视图，具体步骤如下。

（1）在 Main 目录下创建一个新的文件夹 Visitor 用来放置访客视图的类。

（2）在 Visitor 文件夹下创建一个继承自 UITableViewController 的基类 VisitorTableView Controller，如图 4-5 所示。

图 4-5　创建好的目录结构

（3）将 HomeTableViewController.swift、MessageTableViewController.swift、DiscoverTableViewController.swift 和 ProfileTableViewController.swift 这几个类的父类修改为 VisitorTableViewController。

（4）在新建的访客视图类 VisitorTableViewController 中，实现根据用户标记切换根视图的代码，代码如例 4-1 所示。

例 4-1　VisitorTableViewController.swift

```
1  import UIKit
2  class VisitorTableViewContåroller: UITableViewController{
3      /// 用户登录标记
4      private var userLogon = false
5      override func loadView() {
6          userLogon ? super.loadView() : setupVisitorView()
7      }
8      ///设置访客视图
9      private func setupVisitorView(){
10         view = UIView()
11         view.backgroundColor = UIColor.orangeColor()
12     }
13 }
```

上述代码中，第 4 行代码创建了一个用户登录标记的变量 userLogon，用来记录用户是否登录过；第 9~12 行，声明了一个 setupVisitorView()方法用于设置访客视图。由于在 loadView 方法中使用三目运算判断用户登录情况，决定要显示的根视图，因此，若用户没有登录成功就会调用 setupVisitorView()，进入访客视图。

4.3 分析访客视图界面

4.3.1 标签控件（UILabel）

在 iOS 开发中，标签控件使用 UILabel 类表示，它直接继承自 UIView 类，是一个用于显示文字的静态控件。默认情况下，标签控件是不能接受用户输入，也不能与用户交互的。为了大家更好地理解什么是标签控件，接下来，通过一张图来描述标签控件的应用场景，如图 4-6 所示。

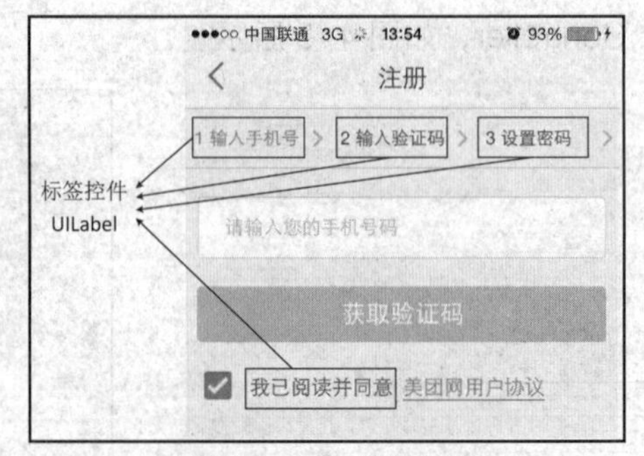

图 4-6　标签控件的应用

图 4-6 是一个用户注册的界面，该图使用了多个标签控件用于显示固定的文字，在 iOS 应用中，标签控件的使用频率是非常高的。

UILabel 类提供了很多属性来改变它的显示状态，接下来通过一张表来列举 UILabel 控件的常见属性，如表 4-1 所示。

表 4-1　UILabel的常见属性

属性声明	功能描述
var text: String?	设置显示的文本内容，默认为 nil
var font: UIFont!	设置字体和字体大小，默认为系统字体 17 号
var textColor: UIColor!	设置文本的颜色，默认为黑色
var textAlignment: NSTextAlignment	设置文本在标签内部的对齐方式，默认为 NSTextAlignmentLeft，即为居左对齐
var lineBreakMode: NSLineBreakMode	指定换行模式，模式为枚举类型
var numberOfLines: Int	指定文本行数，为 0 时没有最大行数限制

其中，text 属性支持两种文本设置方式，分别是 Plain 和 Attributed；font 属性用于设置 UILabel 显示的字体样式及大小。

4.3.2　图片控件（UIImageView）

友好的用户界面离不开丰富的图片。图片控件是用 UIImageView 类表示的，它直接继承于 UIView 类，是一个用于显示图片的静态控件。例如，应用程序的下载界面包含了多个图片控件，具体如图 4-7 所示。

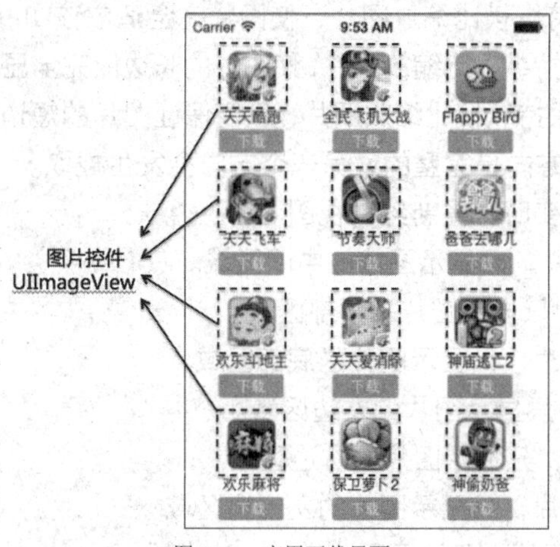

图 4-7　应用下载界面

图 4-7 是一个应用程序下载的界面，该界面包含了多个图片控件，这些图片控件都只有展示的功能，并不能实现与用户的交互功能。

UIImageView 类定义了属性用于设置它的图片显示，接下来，通过一张表来列举 UIImageView 的常见属性，如表 4-2 所示。

表 4-2 UIImageView 的常见属性

属性声明	功能描述
var image: UIImage?	访问或设置控件显示的图片
var highlightedImage: UIImage?	设置高亮状态下显示的图片
var userInteractionEnabled: Bool	设置是否允许用户交互，默认不允许用户交互
var highlighted: Bool	设置是否高亮状态，默认为普通状态
var animationImages: [UIImage]?	设置序列帧动画的图片数组
var highlightedAnimationImages: [UIImage]?	设置高亮状态下序列帧动画的图片数组
var animationDuration: NSTimeInterval	设置序列帧动画播放的时长
var animationRepeatCount: Int	设置序列帧动画播放的次数
var contentMode: UIViewContentMode	用于控制 UIImageView 显示图片的缩放模式

表 4-2 列举了 UIImageView 常见的属性，其中，前四个属性是用来设置图片状态的，接下来的四个属性是用来设置图片动画的。最后一个属性 contentMode 是继承自 UIView 的，用于控制 UIImageView 中图片的缩放模式。contentMode 是一个枚举类型 UIViewContentMode 的实例，该类型的可能取值以及含义如下。

- scaleToFill：不保持纵横比缩放图片，使图片完全适应该UIImageView控件。
- scaleAspectFit：保持纵横比缩放图片，使图片的长边能完全显示，即可以完整地展示图片。
- scaleAspectFill：保持纵横比缩放图片，只能保证图片的短边能完整显示出来，即图片只能在水平或者垂直方向是完整的，另一个方向会发生截取。
- redraw：当尺寸改变时，重新绘制视图。
- center：不缩放图片，只显示图片的中间区域。
- top：不缩放图片，只显示图片的顶部区域。
- bottom：不缩放图片，只显示图片的底部区域。
- left：不缩放图片，只显示图片的左边区域。
- right：不缩放图片，只显示图片的右边区域。
- topLeft：不缩放图片，只显示图片的左上边区域。
- topRight：不缩放图片，只显示图片的右上边区域。
- bottomLeft：不缩放图片，只显示图片的左下边区域。
- bottomRight：不缩放图片，只显示图片的右下边区域。

4.3.3 分析访客视图界面元素

4.2 小节已经添加了一个访客视图，只不过该视图是空白的，没有任何元素。接下来，我们需要对访客视图的界面进行设计。由于每个功能模块都对应一个访客视图，因此，我们要设计的访客视图共有四个。接下来，通过一张图来描述这四个登录视图界面，具体如图 4-8 所示。

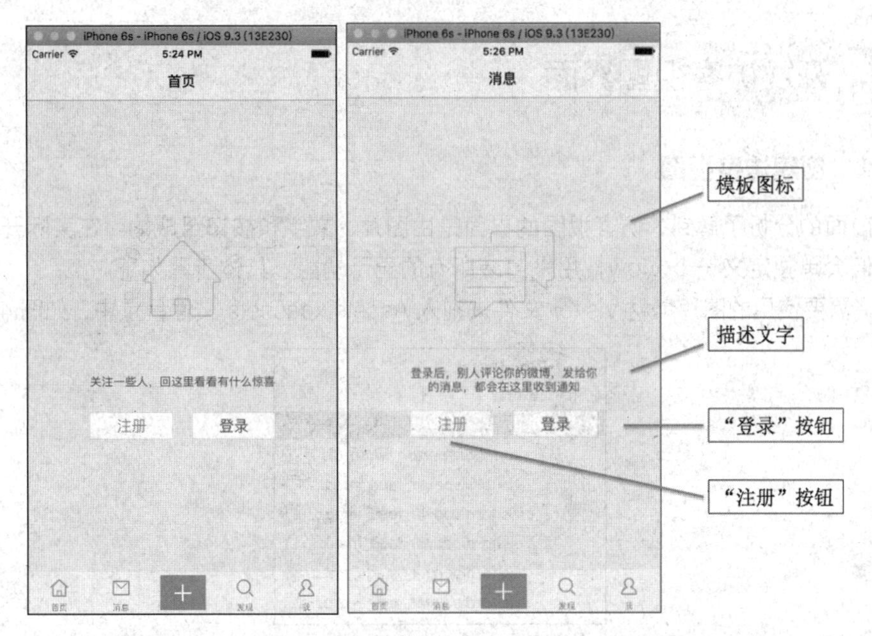

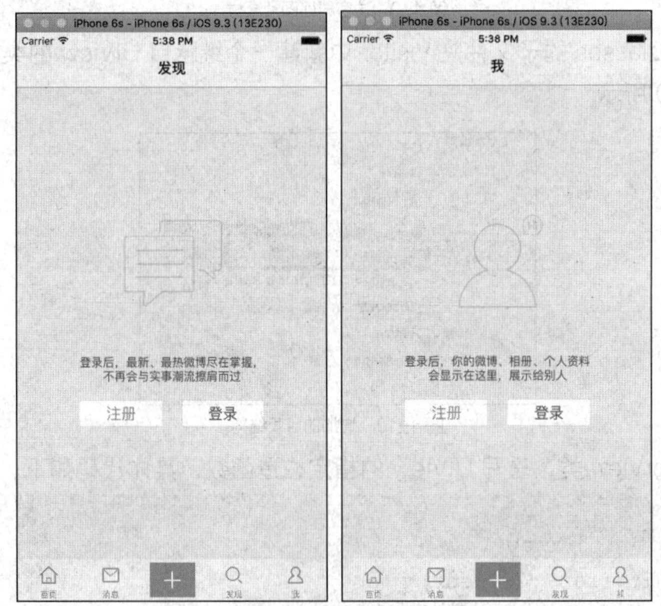

图 4-8　登录视图界面

图 4-8 分别列出了这 4 个登录视图的界面，从图中可以看出，这些登录视图都包含以下四个控件。

（1）模块图标：使用 UIImageView 控件显示。

（2）描述文字：使用 UILabel 控件显示。

（3）“注册”按钮：使用 UIButton 控件显示。

（4）“登录”按钮：使用 UIButton 控件显示。

但是有一个特例，在首页的访客视图上有一个小的转轮图片，会不停地旋转。当完成访客视图界面的开发后，我们会针对这个旋转的动画进行单独讲解。

4.4 开发访客视图界面

4.4.1 创建访客视图

根据前面的分析了解到，访客视图的界面是由图片、文字和按钮组成的。在实际开发中，这种情况我们会单独定义一个 View，用来封装所有的显示功能。具体步骤如下。

（1）将需要使用的图片素材 Visitor 文件夹拖入 Assets.xcassets 文件目录中，如图 4-9 所示。

图 4-9 访客界面图片素材

（2）在文件夹 Classes 的子文件夹 Visitor 中新建一个继承自 UIView 的类 VisitorView，创建好的文件如图 4-10 所示。

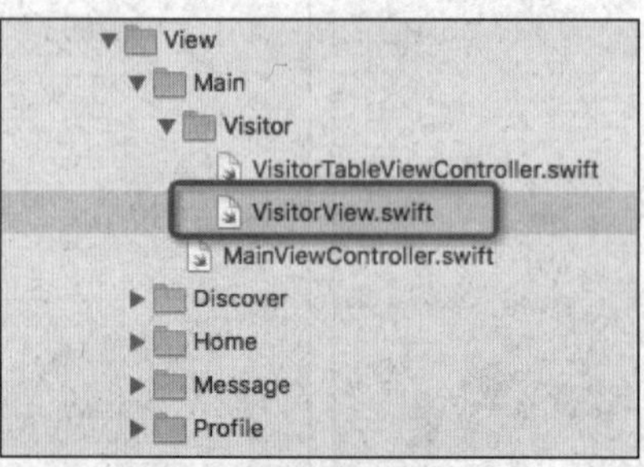

图 4-10 增加的目录结构

（3）进入 VisitorView 类，重写 UIView 的指定构造函数，具体代码如下。

```
import UIKit
class VisitorView: UIView {
    override init(frame: CGRect) {
        super.init(frame: frame)
    }
    // initWithCoder - 使用 StoryBoard & XIB 开发加载的函数
    required init?(coder aDecoder: NSCoder) {
        fatalError("init(coder:) has not been implemented")
    }
}
```

（4）声明一个 VisitorView 类的扩展，并在扩展中声明一个方法 setupUI()用来设置 UI 界面，具体代码如下。

```
extension VisitorView{
  ///设置界面
  private func setupUI(){ }
}
```

到这里，我们添加了一个空白的访客视图。

4.4.2　添加图片控件

接下来，在空白的访客视图中添加模块图标（包括小房子和圆圈）。图片控件可以通过 UIImageView 的构造函数来创建，使用构造函数创建的 imageView 默认就是 image 的大小，无须再指定宽高。这里，我们在 VisitorView 类中添加代码，代码如下。

```
// MARK: - 懒加载控件
/// 图标，使用 image: 构造函数创建的 imageView 默认就是 image 的大小
private lazy var iconView: UIImageView = UIImageView(image:
UIImage(named:"visitordiscover_feed_image_smallicon"))
/// 小房子
private lazy var homeIconView: UIImageView = UIImageView(image:
UIImage(named: "visitordiscover_feed_image_house"))
```

在设置界面的 setupUI()方法中，将上面使用懒加载的 imageView 控件添加到底层视图上，具体代码如下。

```
addSubview(iconView)
addSubview(homeIconView)
```

在 VisitorView 的构造函数中调用 setupUI()方法，具体代码如下。

```
// MARK: - 构造函数
// initWithFrame 是 UIView 的指定构造函数
// 使用纯代码开发使用的
override init(frame: CGRect) {
   super.init(frame: frame)
   setupUI()
}
// initWithCoder - 使用 StoryBoard & XIB 开发加载的函数
required init?(coder aDecoder: NSCoder) {
   super.init(coder: aDecoder)
   setupUI()
}
```

将 VisitorTableViewController 之前设置的空白视图 UIView 替换为 VisitorView 视图，并将设置背景颜色的代码注释掉。此时，运行程序，可以看到程序已经将图片添加到视图上，如图 4-11 所示。

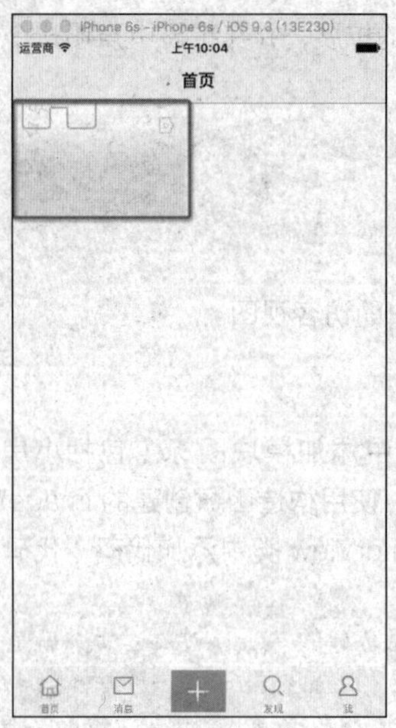

图 4-11　添加图片

4.4.3　了解自动布局（Auto Layout）

随着 iPhone 5、iPhone 6 和 iPhone 7 系列设备的相继发布，iOS 设备屏幕越来越多样化，给开发者在应用程序的界面布局上带来了不小的麻烦。为了适配大小不同的 iOS 设备屏幕，iOS 相继推出了 Autoresizing，自动布局（Auto Layout）和 Size Class 技术帮助开发者进行界面自动布局，它们的相关说明如表 4-3 所示。

表 4-3　三种布局技术对比

布局技术	布局方式
Autoresizing	通过设置控件与父控件的相对关系来决定如何显示控件
Auto Layout	通过设置某控件与任意其他控件间的关系来决定如何显示这个控件
Size Class	基于 Auto Layout，通过 Size Class + Auto Layout 实现针对不同屏幕为控件设置不同的约束

其中，Autoresizing 技术由于只能设置控件与父控件之间的位置关系，不能设置兄弟控件之间的位置关系，已不能适应多屏幕之间的适配需求，因而已被淘汰。而 Auto Layout 在 iPhone 开发中应用最为普遍。

Auto Layout 是一种专门用来布局 UI 界面的自动布局技术。它自 2012 年 iOS 6 发布开始引入，自 iOS 7 开始得到广泛应用，苹果官方也推荐开发者使用 Auto Layout 来布局 UI 界面。Auto Layout 通过设置某控件与任意其他控件间的关系来决定如何显示这个控件，不仅仅局限于父子控件，还包括兄弟控件，很轻松地解决了屏幕适配的问题。

Auto Layout 的两个核心概念分别如下。

（1）参照

通过参照其他控件或父控件来设置当前控件的位置和大小。

（2）约束（Constraint）

通过添加约束限制控件的位置和大小。一般来说，一个控件需要4个约束来分别确定它的位置和大小，从而保证控件的正确显示。

为控件添加约束可用一个公式表示，公式的具体定义如下所示。

```
firstItem.属性（X，Y，Width，Height） Relation（==，<=，>=） secondItem.属性*
multiplier + constant
```

上述定义中，控件的约束属性（x值、y值、宽度、高度）等于（或者大于等于、小于等于）参照控件的属性值乘以一个倍数，再增加一个常量值。

为了让大家更好地理解如何使用约束确定控件的显示位置，接下来以微博访客视图界面上的图片控件为例，介绍如何在代码中使用自动布局。该图片控件的位置如图4-12所示。

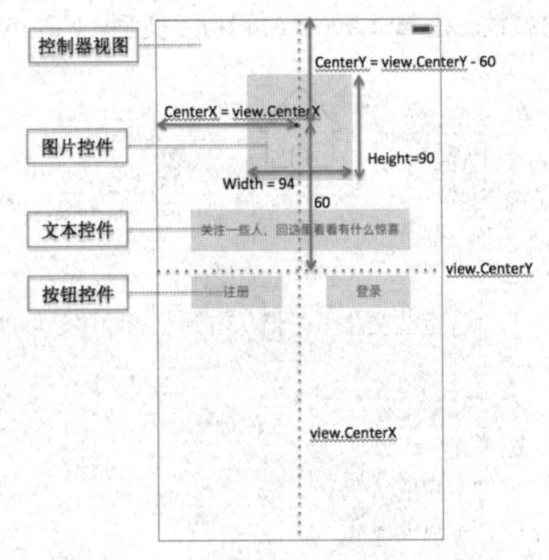

图4-12　自动布局示例

在图4-12所示的界面中，图片控件的自动布局可以通过4条约束实现，分别如下（其中空控件表示没有参照物）。

（1）宽度为94，用公式表达为：图片控件.Width = 空控件* 0 + 94。

（2）高度为90，用公式表达为：图片控件.Height = 空控件* 0 + 90。

（3）图片控件的中点的X值等于控制器视图的中点X值，其中控制器视图作为参照物。用公式表达为：图片控件.CenterX = 控制器视图.CenterX * 1.0 + 0。

（4）图片控件的中点的Y值等于控制器视图的中点Y值减去60，其中控制器视图作为参照物。用公式表达为：图片控件.CenterY = 控制器视图.CenterY * 1.0 – 60。

这四条约束中，第（1）条和第（2）条约束确定了图片控件的尺寸，第（3）条和第（4）条约束确定了图片控件在控制器视图中的位置。

4.4.4　使用自动布局（Auto Layout）

在代码中使用NSLayoutConstraint类为控件添加约束，一个NSLayoutConstraint对象就代表一个约束。在代码中实现自动布局，只需要创建约束对象，然后将约束对象添加到指定的控件上即可。添加完约束以后，还可以对约束进行查询和移除等管理。接下来就对这些操作分别进行介绍。

1. 创建约束对象

创建约束对象的常用方法的定义如下。

```
convenience init(item view1: AnyObject,
    attribute attr1: NSLayoutAttribute,
    relatedBy relation: NSLayoutRelation,
    toItem view2: AnyObject?,
    attribute attr2: NSLayoutAttribute,
    multiplier multiplier: a href="" CGFloat /a ,
    constant c: a href="" CGFloat /a )
```

从方法定义可知，它有 7 个参数，参数的含义如下。

（1）view1：表示要添加约束的视图，是 AnyObject 类型。

（2）attr1：表示约束的属性，是 NSLayoutAttribute 类型。NSLayoutAttribute 是一个枚举类型，它的常用取值如下。

```
enum NSLayoutAttribute : Int {
    case Left          //左边界
    case Right         //右边界
    case Top           //顶部
    case Bottom        //底部
    case Leading       //头部（有些文化里习惯从右到左的顺序，可以使用头部和尾部设置）
    case Trailing      //尾部
    case Width         //控件宽度
    case Height        //控件高度
    case CenterX       //控件中点的 X 值
    case CenterY       //控件中点的 Y 值
    ………
    case NotAnAttribute    //空属性（在没有参照物时使用）
}
```

（3）relation：表示控件与参照控件之间的关系，是 NSLayoutRelation 类型。NSLayoutRelation 是一个枚举类型，它的定义如下。

```
enum NSLayoutRelation : Int {
    case LessThanOrEqual          //表示小于或等于
    case Equal                    //表示相等
    case GreaterThanOrEqual       //表示大于或等于
}
```

（4）view2：表示要参照的视图，是 AnyObject 类型。

（5）attr2：表示参照视图的属性，也是 NSLayoutAttribute 类型的。

（6）multiplier：表示约束属性值的乘数

（7）c：表示在参照控件的约束属性值的基础上添加的常量。

2. 添加约束

约束创建完后，就要添加到合适的视图上。一般将约束添加到约束双方共同的父视图上。UIView 提供了管理约束的方法，包括添加约束和移除约束的方法，如表 4-4 所示。

表 4-4　UIView 的管理约束的方法

方法声明	功能描述
var constraints: [NSLayoutConstraint] { get }	返回视图上添加的所有约束
func addConstraint(_ constraint: NSLayoutConstraint)	添加一个约束
func addConstraints(_ constraints: [NSLayoutConstraint])	添加一个或多个约束
func removeConstraint(_ constraint: NSLayoutConstraint)	移除一个约束
func removeConstraints(_ constraints: [NSLayoutConstraint])	移除一个或多个约束

可以使用代码为图 4-12 中的图片控件添加约束，假设图片控件的名称为 iconView，它作为控制器视图的子视图被直接添加到控制器视图上，则在控制器视图类中为图片控件添加约束的示例代码如下。

```
//图片控件的中点的 Y 值等于父视图的中点 Y 值减去 60
addConstraint(NSLayoutConstraint(item: iconView, attribute: .CenterY,
relatedBy: .Equal, toItem: self, attribute: .CenterY, multiplier: 1.0,
constant: -60))
//图片控件的中点的 X 值等于父视图的中点 X 值
addConstraint(NSLayoutConstraint(item: iconView, attribute: .CenterX,
relatedBy: .Equal, toItem: self, attribute: .CenterX, multiplier: 1.0,
constant: 0))
```

上述代码为图片控件添加了 2 个约束，分别是图片控件的中点的 X 值和 Y 值与父视图的关系，这两个约束确定了图片控件的显示位置。而图片控件的宽和高没有设置约束，会自动使用控件之前设定的具体宽高值。这样图片控件的位置和大小就都确定好了。

在使用代码添加约束时，需要注意以下几点。

（1）Autoresizing 和 Auto Layout 二者是互斥的，同时只能使用其中一种，当使用 Autoresizing 的时候，必须禁用 Auto Layout，当使用 Auto Layout 的时候，就无法使用 Autoresizing 了。

（2）无论是通过 Autoresizing 还是 Auto Layout，其实只是间接设置了控件的 frame，所以一旦使用了 Autoresizing 或者 Auto Layout，就不要再直接设置 frame 了，否则可能产生混乱。

（3）在代码中实现 Auto Layout 时，要先禁止 Autoresizing 功能，方法是将 view 设置为不使用 Autoresizing，代码如下。

```
view.translatesAutoresizingMaskIntoConstraints = NO;
```

添加约束之前，一定要保证相关控件都已经在各自的父控件上。

4.4.5　使用自动布局设置图片的位置

在 4.4.2 节中，我们已经将图片添加到了访客视图上，但是图片都堆在了左上角，所以我们需要对图片添加约束。使用纯代码设置自动布局时，首先需要把 translatesAutoresizingMaskIntoConstraints 属性设置为 false，表示支持使用自动布局来设置控件位置。通过循环的方式，在 setupUI()方法中将 subviews 中的控件的 translatesAutoresizingMaskIntoConstraints 属性设置为 false，代码如下。

```
for v in subviews {
    v.translatesAutoresizingMaskIntoConstraints = false
}
```

更改完属性之后，在 setupUI()方法中为图像添加约束，代码如下。

```
// 1> 图标
addConstraint(NSLayoutConstraint(item: iconView, attribute:
.CenterX, relatedBy: .Equal, toItem: self, attribute: .CenterX,
multiplier: 1.0, constant: 0))
addConstraint(NSLayoutConstraint(item: iconView, attribute:
.CenterY, relatedBy: .Equal, toItem: self, attribute: .CenterY,
multiplier: 1.0, constant: -60))
// 2> 小房子
addConstraint(NSLayoutConstraint(item: homeIconView, attribute:
.CenterX, relatedBy: .Equal, toItem: iconView, attribute: .CenterX,
multiplier: 1.0, constant: 0))
addConstraint(NSLayoutConstraint(item: homeIconView, attribute: .CenterY,
relatedBy: .Equal, toItem: iconView, attribute: .CenterY, multiplier: 1.0,
constant: 0))
```

运行程序，可以看到图片的约束已经设置完成，如图 4-13 所示。

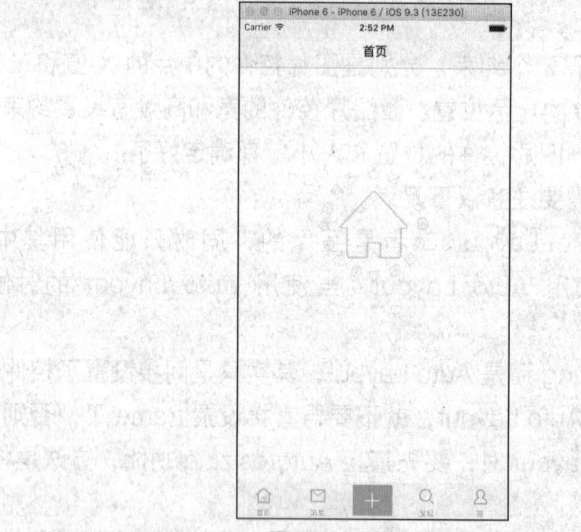

图 4-13　调整好的图片

4.4.6　添加其他控件

完成图片的添加后，继续在 VisitorView 类中添加表示消息文字的懒加载控件 label，代码如下。

```
/// 消息文字
private lazy var messageLabel: UILabel = {
    let label = UILabel()
    label.text = "关注一些人，回这里看看有什么惊喜"
    // 界面设计上，避免使用纯黑色
```

```
        //设置 label 文字颜色
        label.textColor = UIColor.darkGrayColor()
        //设置 label 字体大小
        label.font = UIFont.systemFontOfSize(14)
        //label 文字不限制行数
        label.numberOfLines = 0
        //设置文字的对其方式
        label.textAlignment = NSTextAlignment.Center
        return label
    }()
```

在设置界面方法 setupUI()中，首先通过 addSubview 方法添加 messageLabel 控件，具体代码如下。

```
addSubview(messageLabel)
```

另外，还需要为 messageLabel 添加约束，代码如下。

```
// 3> 消息文字
addConstraint(NSLayoutConstraint(item: messageLabel, attribute:
.CenterX, relatedBy: .Equal, toItem: iconView, attribute: .CenterX,
multiplier: 1.0, constant: 0))
addConstraint(NSLayoutConstraint(item: messageLabel, attribute:
.Top, relatedBy: .Equal, toItem: iconView, attribute: .Bottom,
multiplier: 1.0, constant: 16))
addConstraint(NSLayoutConstraint(item: messageLabel, attribute:
.Width, relatedBy: .Equal, toItem: nil, attribute: .NotAnAttribute,
multiplier: 1.0, constant: 224))
addConstraint(NSLayoutConstraint(item: messageLabel, attribute:
.Height, relatedBy: .Equal, toItem: nil, attribute: .NotAnAttribute,
multiplier: 1.0, constant: 36))
```

运行程序，可以看到消息文字已经设置完成，如图 4-14 所示。

图 4-14　添加文字消息 label

接下来，在消息文字 label 下面添加“登录”和“注册”按钮，代码如下。

```
/// 注册按钮
private lazy var registerButton: UIButton = {
    let button = UIButton()
    //设置普通状态下按钮文字
    button.setTitle("注册", forState: UIControlState.Normal)
    //设置普通状态下按钮文字颜色
    button.setTitleColor(UIColor.orangeColor(), forState: UIControlState.Normal)
    //设置普通状态下按钮背景图片
    button.setBackgroundImage(UIImage(named: "common_button_white_disable"),
    forState: UIControlState.Normal)
    return button
}()
/// 登录按钮
private lazy var loginButton: UIButton = {
    let button = UIButton()
    button.setTitle("登录", forState: UIControlState.Normal)
    button.setTitleColor(UIColor.orangeColor(),
    forState: UIControlState.Normal)
    button.setBackgroundImage(UIImage(named: "common_button_white_disable"),
    forState: UIControlState.Normal)
    return button
}()
```

同样在设置界面方法 setupUI()中添加控件，代码如下。

```
addSubview(registerButton)
addSubview(loginButton)
```

在 setupUI()中为注册和登录添加约束，代码如下。

```
// 4> 注册按钮
addConstraint(NSLayoutConstraint(item: registerButton, attribute: .Left,
relatedBy: .Equal, toItem: messageLabel, attribute: .Left,
multiplier: 1.0, constant: 0))
addConstraint(NSLayoutConstraint(item: registerButton,
attribute: .Top, relatedBy: .Equal, toItem: messageLabel, attribute: .Bottom,
multiplier: 1.0, constant: 16))
addConstraint(NSLayoutConstraint(item: registerButton,
attribute: .Width, relatedBy: .Equal, toItem: nil, attribute: .NotAnAttribute,
multiplier: 1.0, constant: 100))
addConstraint(NSLayoutConstraint(item: registerButton,
attribute: .Height, relatedBy: .Equal, toItem: nil, attribute: .NotAnAttribute,
multiplier: 1.0, constant: 36))
// 5> 登录按钮
addConstraint(NSLayoutConstraint(item: loginButton,
attribute: .Right, relatedBy: .Equal, toItem: messageLabel, attribute: .Right,
```

```
multiplier: 1.0, constant: 0))
addConstraint(NSLayoutConstraint(item: loginButton,
attribute: .Top, relatedBy: .Equal, toItem: messageLabel, attribute: .Bottom,
multiplier: 1.0, constant: 16))
addConstraint(NSLayoutConstraint(item: loginButton,
attribute: .Width, relatedBy: .Equal, toItem: nil, attribute: .NotAnAttribute,
multiplier: 1.0, constant: 100))
addConstraint(NSLayoutConstraint(item: loginButton,
attribute: .Height, relatedBy: .Equal, toItem: nil, attribute: .NotAnAttribute,
multiplier: 1.0, constant: 36))
```

运行程序，可以看到“注册”和“登录”按钮添加完成，如图 4-15 所示。

图 4-15 “注册”和“登录”按钮

4.4.7 VFL 语言

VFL 全称是 Visual Format Language，译为“可视化格式语言”，它是苹果公司为了简化 Autolayout 的编码而推出的抽象语言。

NSLayoutConstraint 类有一个使用 VFL 语句来创建约束的类方法，其定义格式如下。

```
class func constraintsWithVisualFormat(
_ format: String,
options opts: NSLayoutFormatOptions,
metrics metrics: [String : AnyObject]?,
views views: [String : AnyObject])
-> [NSLayoutConstraint]
```

从方法格式可以看出，它返回了一个数组，里面包含一个或多个约束对象。该方法有 4 个参数，分别介绍如下。

（1）format ：VFL 语句，组成 VFL 语句的常用符号如表 4-5 所示。

表 4-5　VFL 语言的常用符号

符号	含义
H	代表水平方向
V	代表垂直方向
|	代表边界
[]	用于包含控件的名称字符串，对应关系在 views 字典中定义
()	用于定义控件的宽/高，可以在 metrics 中指定

（2）opts ：约束类型。

（3）metrics ：VFL 语句中用到的约束数值字典。

（4）views ：VFL 语句中用到的视图字典。

为了让大家更好地理解 VFL 语言的使用，接下来使用微博访客视图页面作为示例，介绍如何使用 VFL 语言设置页面上的遮罩控件的布局。访客视图的页面布局如图 4-16 所示，其中以虚线为边界的就是遮罩视图。

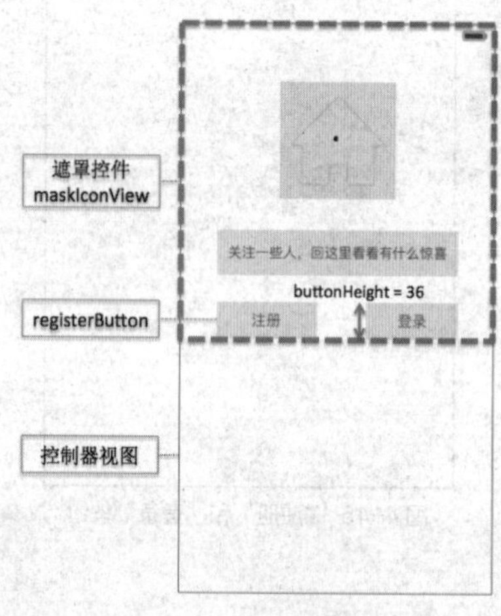

图 4-16　自动布局示例

从图 4-16 可以看出，遮罩控件的左边、顶部、右边都与父控件（也就是控制器视图）一致，底部与“注册”按钮和“登录”按钮的底部一致。使用 VFL 语言为遮罩控件添加约束的代码如下。

```
1  //添加水平方向上的约束
2  addConstraints(NSLayoutConstraint.constraintsWithVisualFormat(
3  "H:|-0-[maskView]-0-|",
4  options: [],
5  metrics: nil,
6  views: ["maskView":maskIconView]))
7  //添加垂直方向上的约束
8  addConstraints(NSLayoutConstraint.constraintsWithVisualFormat(
9  "V:|-0-[maskView]-(buttonHeight)-[regButton]",
10 options: [],
```

```
11 metrics: ["buttonHeight":-36],
12 views: ["maskView":maskIconView,"regButton":registerButton]))
```

在上述代码中，第 2~6 行代码添加了遮罩控件在水平方向上的约束，在第 3 行的 VFL 语句"H:|-0-[maskView]-0-|"中，H 表示水平方向，|代表父视图的边界，“maskView”表示遮罩控件，它与遮罩控件 maskIconView 的对应关系在第 6 行代码的 views 参数中确定，数值 0 代表在水平方向上遮罩控件与父控件的边界中间的间距为 0。这些代码产生了 2 条约束，分别确定了遮罩控件的左边界和右边界，并使用 addConstraints 方法将这两条约束添加到父视图上。

第 8~12 行代码添加了遮罩控件在垂直方向上的约束，在第 9 行的 VFL 语句"V:|-0-[maskView]-(buttonHeight)-[regButton]"中，“regButton”代表“注册”按钮 registerButton，它与“注册”按钮的对应关系在第 12 行代码的 views 参数中确定，buttonHeight 代表一个数值，它的具体数值在第 11 行代码的 metrics 参数中确定。这些代码产生了两条约束，确定了遮罩控件的顶部与父控件一致，底部与“注册”按钮的底部一致，并通过 addConstraints 方法将这两条约束添加到父视图上。

上述代码通过两条 VFL 语句就产生了 4 条约束，完成了对遮罩控件的自动布局。从代码可以看出，VFL 语言在一定程度上减少了自动布局的代码量。

4.4.8 添加遮罩视图，并使用 VFL 布局位置

在 4.3.3 节分析的界面可以看到，圆圈的下半部分是隐藏起来的，实际上这个效果的实现是在这个位置摆了一张图片，所以在这里我们需要做一个遮罩图像，在导入的素材中，可以看到一个名为“visitordiscover_feed_mask_smallicon”的图片，接下来我们使用这个图片来实现遮盖的效果。同样先在懒加载控件处添加遮罩图片控件，代码如下。

```
/// 遮罩图像
private lazy var maskIconView: UIImageView = UIImageView(image:
UIImage(named: "visitordiscover_feed_mask_smallicon"))
```

接下来在 setupUI()方法中添加遮罩视图控件，需要注意的是，由于添加视图控件时，后添加的视图会位于之前添加的视图之上，这里，我们需要将添加遮罩视图的代码放在添加 homeIconView 和 iconView 之间，具体代码如下。

```
addSubview(maskIconView)
```

下面使用 addConstraints 为遮罩视图添加约束，代码如下。

```
addConstraints(NSLayoutConstraint.constraintsWithVisualFormat
("H:|-0-[mask]-0-|", options: [], metrics: nil, views: ["mask":
maskIconView]))
addConstraints(NSLayoutConstraint.constraintsWithVisualFormat
("V:|-0-[mask]-(btnHeight)-[regButton]", options: [], metrics:
["btnHeight": -36], views: ["mask": maskIconView, "regButton":
registerButton]))
```

上面的这种添加控件的方法叫作 VFL（可视化格式语言），在这个方法中，“H”表示水平方向，“V”表示垂直方向，“|”表示边界，“|”和“H”或“V 连用”表示水平方向或者垂直方向的边界，“[]”表示包装控件。views 是一个字典[名字：控件名]，名字对应的是“[]”中的字符串。

运行程序，可以看到遮罩视图添加完成，如图 4-17 所示。

图 4-17　添加遮罩图片

从图 4-17 中可以看出，在遮罩视图下方会有白色的空白地带，如果调整约束为全屏，会导致遮罩图片无法遮挡圆圈的下半部分，那么在这里，我们可以通过修改访客视图的背景颜色用来达到同样的效果。在遮罩视图约束下面添加修改背景颜色的代码，代码如下。

```
// 设置背景颜色 - 灰度图 R = G = B，在 UI 元素中，大多数都使用灰度图，或者纯色图(安全色)
backgroundColor = UIColor(white: 237.0 / 255.0, alpha: 1.0)
```

运行程序，可以看到遮罩图像设置完成，如图 4-18 所示。

图 4-18　设置背景颜色

4.4.9　设置未登录信息

根据前面描述的界面得知，各个控制器的图标和文字各不相同，所以我们需要设置视图信息，在 VisitorView 类中新建一个设置视图信息的方法 setupInfo()，具体代码如下。

```
func setupInfo(imageName: String?, title: String) {
  //设置消息 label 的文字
  messageLabel.text = title
  // 如果图片名称为 nil，说明是首页，直接返回
  guard let imgName = imageName else {
    return
  }
  iconView.image = UIImage(named: imgName)
}
```

在上面的方法中，可以通过 imageName 参数传入每个控制需要显示的图片，通过 title 传入每个控制器需要显示的消息文字。设置视图的方法完成之后，我们可以看到，setupInfo 是准备在 VisitorView 中的，而 VisitorView 则是在 VisitorTableViewController 中定义的，所以在别的控制器中无法拿到 VisitorView，那么，接下来修改 VisitorTableViewController 中的代码，修改后的代码如下。

```
1  class VisitorTableViewController: UITableViewController {
2      /// 用户登录标记
3      private var userLogon = false
4      /// 访客视图
5      var visitorView: VisitorView?
6      override func loadView() {
7          // 根据用户登录情况，决定显示的根视图
8          userLogon ? super.loadView() : setupVisitorView()
9      }
10     /// 设置访客视图
11     private func setupVisitorView() {
12         // 替换根视图
13         visitorView = VisitorView()
14         view = visitorView
15     }
```

在上面的代码中，首先在第 5 行声明一个访客视图，接下来在第 13 行接收 VisitorView，最后在第 14 行将 view 替换成 visitorView。接下来分别在其他控制器中访问 VisitorView 的 setupInfo 方法设置各个控制器的图片和消息文字。四个控制器中的代码分别如下。

HomeTableViewController.swift

```
class HomeTableViewController: VisitorTableViewController {
    override func viewDidLoad() {
        super.viewDidLoad()
        visitorView?.setupInfo(nil, title: "关注一些人，回这里看看有什么惊喜")
    }
}
```

DiscoverTableViewController.swift

```
class MessageTableViewController: VisitorTableViewController {
    override func viewDidLoad() {
        super.viewDidLoad()
        visitorView?.setupInfo("visitordiscover_image_message", title: "登录
        后，最新、最热微博尽在掌握，不再会与实事潮流擦肩而过")
    }
}
```

MessageTableViewController.swift

```
class MessageTableViewController: VisitorTableViewController {
    override func viewDidLoad() {
        super.viewDidLoad()
        visitorView?.setupInfo("visitordiscover_image_message", title: "登录
后，别人评论你的微博，发给你的消息，都会在这里收到通知")
    }
}
```

ProfileTableViewController.swift

```
class ProfileTableViewController: VisitorTableViewController {
    override func viewDidLoad() {
        super.viewDidLoad()
        visitorView?.setupInfo("visitordiscover_image_profile", title: "登录
        后，你的微博、相册、个人资料会显示在这里，展示给别人")
    }
}
```

运行程序，可以看到各个控制的图片和消息文字已经设置完成，如图 4-19 所示。

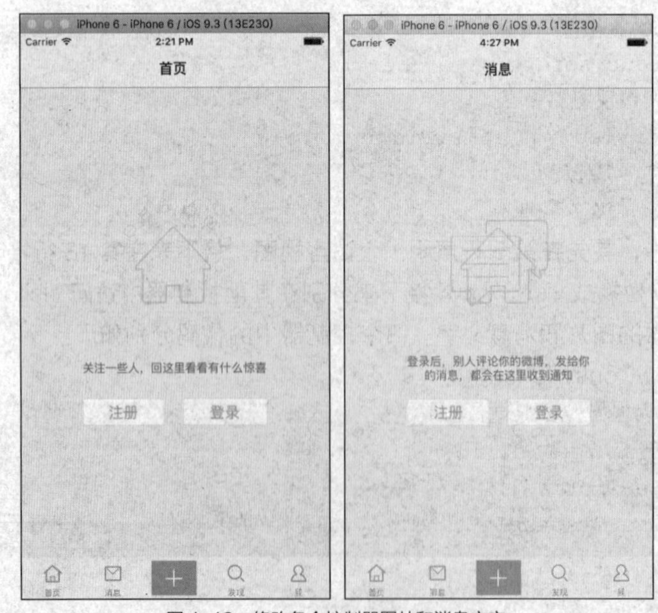

图 4-19　修改各个控制器图片和消息文字

图 4-19　修改各个控制器图片和消息文字（续）

从图 4-19 中可以看到，虽然图片已经设置完成，但是后面的界面中仍然显示了小房子图片和遮罩图像，这是因为在 VisitorView 中默认添加了小房子图片和遮罩图像，所以在这里如果不是首页，可以将小房子图片隐藏，并将遮罩图像移动到底层，在设置视图信息的方法 setupInfo() 中，在 guard let 后面添加代码，代码如下。

```
// 隐藏小房子
homeIconView.hidden = true
// 将遮罩图像移动到底层
sendSubviewToBack(maskIconView)
```

再次运行程序，可以看到小房子图片已经被隐藏，且遮罩图像移动到了底层，如图 4-20 所示。

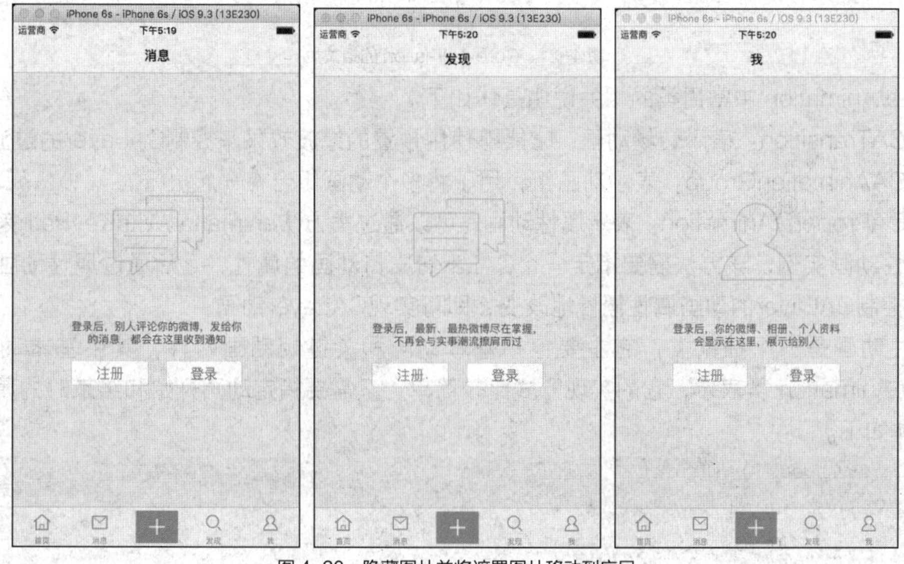

图 4-20　隐藏图片并将遮罩图片移动到底层

4.5 首页动画

4.5.1 了解 iOS 中的基本动画

优美的动画可以获取更好的用户体验，iPhone 支持许多动画效果，它提供了一组强大的动画处理 API，即 Core Animation，它不仅可以实现炫丽的动画效果，而且可以使编程更加简单。

Core Animation 属于 Quanz Core 框架，是一个基于图层、支持跨平台和后台操作的动画 API。Core Animation 提供了一个 CAAnimation 抽象类，它是所有动画类的基类，因此，它延展出了许多具体的动画类，接下来，通过一张图描述 CAAnimation 类的继承体系，如图 4-21 所示。

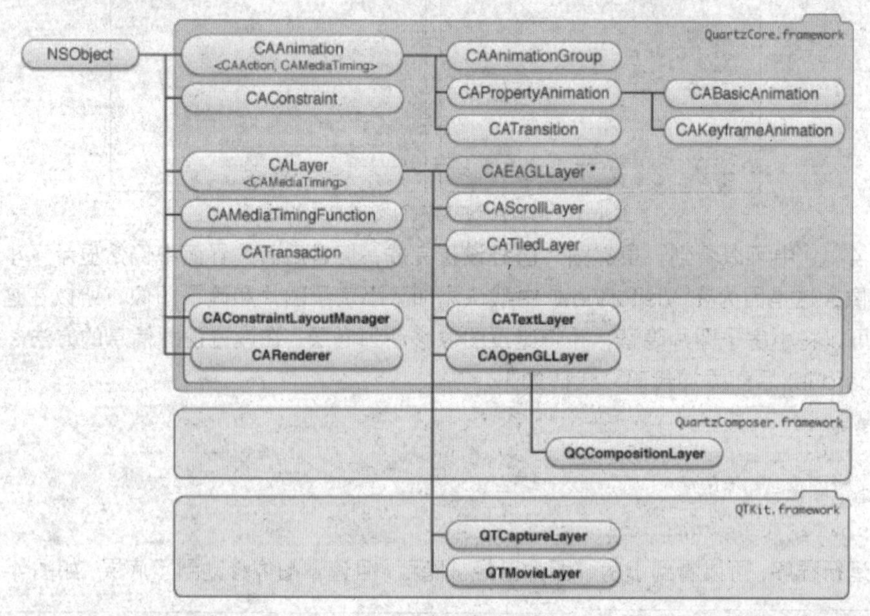

图 4-21 Core Animation 的相关类

Core Animation 中常用类的相关说明具体如下。

- CATransition：表示转场动画，它能够使用预置的过渡效果来控制CALayer的过渡动画。
- CAAnimationGroup：表示动画组，用于将多个动画组合在一起执行。
- CAPropertyAnimation：表示属性动画，可以通过类方法animationWithKeyPath来创建属性动画实例，该方法需要指定一个CALayer支持动画的属性，之后通过属性动画的子类控制CALayer的动画属性慢慢地改变，即可实现CALayer动画。

属性动画是一个抽象类，它主要包括基本动画和关键帧动画两种，其中基本动画使用 CABasicAnimation 类表示，它的实现方式比较简单，只需要指定动画开始和结束时的属性值即可，具体如下。

```
var fromValue: AnyObject?
var toValue: AnyObject?
var byValue: AnyObject?
```

上述代码表示 CABasicAnimation 支持的三个属性，其中，fromValue 用于指定动画属性开始时的属性值，toValue 用于指定动画属性结束时的属性值，byValue 表示一个相对值。

4.5.2　为首页转轮图片设置动画

前面我们介绍过首页的转轮图片会一直转动，这种转动的效果是通过动画来实现的。接下来，在 VisitorView 类中声明一个开启首页转轮动画的方法 startAnim()，代码如下。

```
1     /// 开启首页转轮动画
2     private func startAnim() {
3         let anim = CABasicAnimation(keyPath: "transform.rotation")
4         anim.toValue = 2 * M_PI
5         anim.repeatCount = MAXFLOAT
6         anim.duration = 20
7         anim.removedOnCompletion = false
8         // 添加到图层
9         iconView.layer.addAnimation(anim, forKey: nil)
10    }
```

在上面的代码中，第 3 行的 CABasicAnimation 指的是核心动画，如果想让图片旋转需要指定的 keyPath 为"transform.rotation"，基本动画是从开始值到结束值，所以第 4 行的 toValue 设置为一圈。第 5 行的 repeatCount 设置为 MAXFLOAT，可以让它不停地旋转，接下来在第 6 行设置动画旋转一圈的时长。第 7 行代码用在不断重复的动画上，当动画绑定的图层对应的视图被销毁，动画会自动被销毁。最后第 9 行代码将动画添加到转轮图片上。

接下来在 setupInfo 方法的 guard let 中 return 之前调用转轮动画的方法，代码如下。

```
guard let imgName = imageName else {
    // 播放动画
    startAnim()
    return
}
```

运行代码，可以看到动画效果已经设置完成。

4.6　本章小结

本章主要介绍了登录视图的逻辑，包括添加登录视图，以及设计登录视图。通过本章的学习，大家应该掌握如下开发技巧。

（1）理解如何在现有的架构基础上，以最小的改动添加新功能。

（2）懂得如何抽取基类。

（3）会分析界面，懂得如何用 UI 控件来搭建界面，并且使用约束布局界面。

（4）添加子控件三部曲：创建控件、添加控件、布局界面。

5

第5章 第三方框架介绍

所谓第三方框架，就是网络高手编写的框架程序，针对某一个具体的技术问题，提供完善的解决方案，它具有功能强大、良好的错误处理能力、可持续升级维护的特点。自本章开始，微博项目会用到很多第三方框架，来提高程序的开发效率，并且通过 CocoaPods 工具管理所有的第三方框架。本章主要负责安装 CocoaPods 工具，并且针对项目中使用到的框架进行详细的介绍，包括 AFNetworking、SnapKit、SDWebImage 和 SVProgressHUD。

学习目标

- 掌握 CocoaPods 工具的安装
- 会使用 CocoaPods 工具管理第三方库
- 掌握 AFNetworking（网络编程）框架的使用
- 掌握 SnapKit（自动布局）框架的使用
- 掌握 SDWebImage（网络图片处理）框架的使用
- 了解 SVProgressHUD（弹出提示层）框架的使用

iOS App of Swift

5.1 CocoaPods 工具

在 iOS 开发中，总是免不了使用到第三方库，在使用的时候需要做如下操作。

（1）下载开源库的源代码，并且引入到工程。

（2）向工程中添加开源库使用的 Framework。

（3）解决开源库和开源库或者开源库和工程之间的依赖关系。

（4）管理开源库的更新。

为了解决这些烦琐的问题，出现了 CocoaPods 管理工具，它帮助开发者管理第三方依赖库，通过创建一个 Xcode 的 workspace 将这些第三方库和工程连接起来供开发使用。

5.1.1 CocoaPods 工具简介

CocoaPods 是开发 OS X 和 iOS 应用程序的一个第三方库的依赖管理工具。利用 CocoaPods，可以定义自己的依赖关系（称作 Pods），并且随着时间的变化，在整个开发环境中对第三方库的版本管理非常方便。

CocoaPods 背后的理念主要体现在如下两个方面。

（1）在工程中引入第三方代码会涉及许多内容。对于初级开发者来说，工程文件的配置会让人很沮丧，配置过程中可能会引起许多人为因素的错误。所以 CocoaPods 工具简化了这一切操作，它能够自动配置编译选项。

（2）通过 CocoaPods 可以很方便地查找到新的第三方库，让你能够找到真正好用的库，便于缩短程序开发的周期和提升软件的质量。

CocoaPods 是用 Ruby 写的，并由若干个 Ruby 包（gems）构成。在解析整合过程中，共包括如下几个核心组件。

● CocoaPods/CocoaPod

这是一个面向用户的组件，每当执行一个 pod 命令时，这个组件都将被激活。该组件包括了所有使用 CocoaPods 涉及的功能，并且还能通过调用所有其他的 gems 来执行任务。

● CocoaPods/Core

Core 组件提供了处理 CocoaPods 相关文件的处理，文件主要是 Podfile 和 Podspecs。

● Podfile

Podfile 是一个文件，用于定义项目所需要使用的第三方库。该文件支持高度定制，用户可以根据个人喜好对其做出定制。

● Podspec

Podspec 也是一个文件，该文件用于描述一个库如何被添加到工程中。它支持的功能有：列出源文件、framework、编译选项和某个库所需要的依赖等。

● CocoaPods/Xcodeproj

这个 gem 组件负责所有工程文件的整合，它既能够创建并修改.xcodeproj 和.xcworkspace 文件，也能够作为单独的一个 gem 包使用。

5.1.2 安装 CocoaPods 工具

CocoaPods 是最常用、最有名的类库管理工具，掌握它的使用是一名 iOS 开发人员必备的技能。要想使用 CocoaPods 工具，前提是要在终端安装，按照顺序输入如下命令行（$符号直接忽略）即可。

```
# 添加源
$ sudo gem sources -a https://ruby.taobao.org/
# 删除源
$ sudo gem sources -r https://rubygems.org/
# 安装
$ sudo gem install CocoaPods
# 设置
$ pod setup
```

需要注意的是，输入每个命令以后，后台都会进行相应的下载或者部署操作，因此会耗费一些时间，耐心等待即可。当终端出现“setup completed”信息时，表示初始化成功。

5.2 AFNetworking 框架

AFNetworking 是 iOS 中使用非常多的一个网络开源库，它是基于 OC 语言编写的，构建于 NSURLConnection 和 NSURLSession 技术之上，拥有良好的架构、丰富的 API 以及模块化的构建方式，使用起来更加轻松。

在 iOS 8 以后，CocoaPods 增加了对 Swift 语言所编写库的支持，使用 Frameworks 来取代 Static Libraries。因此，在桥接头文件中不用引入头文件，只要在 Swift 文件中使用 import 导入相应的库就行。接下来，针对 AFNetworking 框架的使用进行简单的介绍。

1. AFHTTPSessionManager

AFHTTPSessionManager 代表请求管理者，它封装了通过 HTTP 协议与 Web 应用程序进行通信的常用方法，包括创建请求、响应序列化、网络连接监控、数据安全等。要想创建一个请求管理者，可通过如下构造方法实现。

```
public convenience init(baseURL url: NSURL?)
public init(baseURL url: NSURL?, sessionConfiguration
    configuration: NSURLSessionConfiguration?)
```

在上述代码中，第一个方法需要 NSURL 路径参数，第二个方法多了 sessionConfiguration 参数，用于定义和配置会话。

2. GET 请求

AFHTTPSessionManager 类提供了用于发送 GET 请求的方法，它的定义格式如下。

```
public func GET(URLString: String, parameters: AnyObject?,
    progress downloadProgress: ((NSProgress) -> Void)?,
    success: ((NSURLSessionDataTask, AnyObject?) -> Void)?,
    failure: ((NSURLSessionDataTask?, NSError) -> Void)?) ->
    NSURLSessionDataTask?
```

上述定义的方法中包含多个参数，其中，URLString 表示路径字符串，parameters 表示设置请求的参数，progress 表示下载进度，success 表示请求成功后回调的代码块，用于处理返回的数据，failure 表示请求失败后回调的代码块，用于处理 error。

值得一提的是，该方法仅需要传递一个表示 URL 的字符串，无须再关心 URL 或者 URLRequest 的概念，最重要的是返回的二进制数据，默认会反序列化为 NSDictionary 和 NSArray 类型，无须再做任何反序列化的处理。完成回调的线程是主线程，无须再考虑线程间通信的问题。

3. POST 请求

AFHTTPSessionManager 类同样提供了用于发送 POST 请求的方法，它的定义格式如下。

```
public func POST(URLString: String, parameters: AnyObject?,
    progress uploadProgress: ((NSProgress) -> Void)?,
    success: ((NSURLSessionDataTask, AnyObject?) -> Void)?,
    failure: ((NSURLSessionDataTask?, NSError) -> Void)?) ->
    NSURLSessionDataTask?
```

上述定义格式中，同样需要传递 5 个参数，并且这 5 个参数表示的意义与上面的方法都一样，只是请求的方法不同，而且请求体一般通过 parameters 参数传递。下面是一个 OC 的示例代码。

```
1 // 创建请求管理者
2 AFHTTPSessionManager *manager = [AFHTTPSessionManager manager];
3 // 设置参数
4 NSDictionary *parameters = @{@"foo": @"bar"};
5 [manager POST:@"http://example.com/resources.json"
6     parameters:parameters progress:nil
7     success:^(NSURLSessionDataTask *_Nonnull task,
8     id _Nullable responseObject) {
9        NSLog(@"JSON: %@", responseObject);
10        } failure:^(NSURLSessionDataTask * _Nullable task,
11        NSError * _Nonnull error) {
12           NSLog(@"Error: %@", error);
13    }];
```

在上述代码中，首先创建了请求管理者 manager 对象，接着创建了 NSDictionary 包装的请求参数。由此看出，开发者就无须再关注 URL 的格式了，也不必再设置请求方法和请求体了。需要注意的是，针对参数中的特殊字符或者中文字符，不必再考虑百分号转义。

通常情况下，开发者很少直接使用 AFNetworking 中提供的方法，而是使用再次封装的方法，同时涵盖了 GET 和 POST 这两种情况。

5.3 SnapKit 框架

为了能够适应各种屏幕的尺寸，iOS 6 以后引入了自动布局（Auto Layout）的概念，通过使用各种 Constraint（约束）来实现页面自适应弹性布局。但是使用纯代码设置约束是非常麻烦的，因此这里向大家推荐一个好用的第三方布局库 SnapKit。

SnapKit 是一个第三方框架，用于为 Swift 项目设置自动布局，与 iOS 提供的自动布局方法相比，SnapKit 框架具有功能强大、使用简单等优点，因此在实际开发中使用比较广泛，在我们的微博项目中，也使用了 SnapKit 框架。值得一提的是，SnapKit 框架是由开发 Masonry 框架的同一个团队开发的 Swift 版本。

SnapKit 框架是一个轻量级的布局框架，拥有自己的描述语法，采用更优雅的链式语法封装自动布局，简洁明了，并具有很高可读性。示例代码如下。

```
1 iconView.snp_makeConstraints { (make) -> Void in
2     make.centerX.equalTo(self.snp_centerX)
3     make.centerY.equalTo(self.snp_centerY).offset(-60)
4 }
```

上述代码为微博项目的访客视图上的图标控件添加了约束，其中第 2 行代码使得图标控件的中点 X 值等于父视图的中点 X 值，第 3 行代码使得图标控件的中点 Y 值等于父视图的中点 Y 值减去 60 个点。

同样的功能，使用 iOS 自带的方式添加约束的代码如下。

```
// 图标
addConstraint(NSLayoutConstraint(item: iconView, attribute: .CenterX,
relatedBy: .Equal, toItem: self, attribute: .CenterX, multiplier: 1.0,
constant: 0))
addConstraint(NSLayoutConstraint(item: iconView, attribute: .CenterY,
relatedBy: .Equal, toItem: self, attribute: .CenterY, multiplier: 1.0,
constant: -60))
```

将使用 SnapKit 框架实现和使用自带方式实现进行对比，可以看出，SnapKit 的链式语法与自然语言很接近，简单易用。

SnapKit 使用 ConstraintMaker 类负责创建约束，ConstraintMaker 类的常用属性如表 5-1 所示。

表 5-1　ConstraintMaker 类的常用属性

属性声明	功能描述
public var left: ConstraintDescriptionExtendable	用于定义左侧约束
public var top: ConstraintDescriptionExtendable	用于定义上侧约束
public var right: ConstraintDescriptionExtendable	用于定义右侧约束
public var bottom: ConstraintDescriptionExtendable	用于定义下侧约束
public var leading: ConstraintDescriptionExtendable	用于定义首部约束
public var trailing: ConstraintDescriptionExtendable	用于定义尾部约束
public var width: ConstraintDescriptionExtendable	用于定义宽度约束
public var height: ConstraintDescriptionExtendable	用于定义高度约束

续表

属性声明	功能描述
public var centerX: ConstraintDescriptionExtendable	用于定义横向中点约束
public var centerY: ConstraintDescriptionExtendable	用于定义纵向中点约束
public var baseline: ConstraintDescriptionExtendable	用于定义文本基线约束

从表 5-1 可以看出，这些属性都是 ConstraintDescriptionExtendable 类型，Constraint DescriptionExtendable 是一个协议，它提供了若干用于比较的方法，如表 5-2 所示。由于表 5-1 中的属性都采纳了 ConstraintDescriptionExtendable 协议，所以可以使用这些方法进行比较。

表 5-2　ConstraintDescriptionExtendable 协议的常用方法

方法名称	功能描述
func equalTo(other: ConstraintItem) -> ConstraintDescriptionEditable	用于判断左边的值是否与右边相等
func greaterThanOrEqualTo(other: ConstraintItem) -> ConstraintDescriptionEditable	用于判断左边的值是否大于或等于右边
func lessThanOrEqualTo(other: ConstraintItem) -> ConstraintDescriptionEditable	表示左边的值小于或等于右边

从表 5-2 可以看出，ConstraintDescriptionExtendable 协议提供了相等、大于等于、小于等于这三种比较方法。除了表中列出的 ConstraintItem 类型之外，还可以对其他多种类型的对象进行比较，从而使得使用更灵活、功能更强大。这些比较方法能接受的全部参数类型如下。

- ConstraintItem
- View
- LayoutSupport
- Float
- Double
- CGFloat
- Int
- UInt
- CGSize
- CGPoint
- EdgeInsets

从表 5-2 中还可以看出，这些比较方法的返回结果全都是 ConstraintDescriptionEditable 类型，ConstraintDescriptionEditable 是一个协议类型，提供了对比较结果进行倍数和常量操作的方法，如表 5-3 所示。

表 5-3 ConstraintDescriptionEditable 协议的常用方法

方法名称	功能描述
func multipliedBy(amount: Float) -> ConstraintDescriptionEditable	用于将比较结果乘以一个倍数
func dividedBy(amount: Float) -> ConstraintDescriptionEditable	用于将比较结果除以一个倍数
func offset(amount: Float) -> ConstraintDescriptionEditable	表示在比较结果的基础上增加一个偏移量
func inset(amount: Float) -> ConstraintDescriptionEditable	表示在比较结果的基础上增加一个内偏移量

表 5-3 中所列的方法除了接收 Float 类型外，还可以接收 Double、CGFloat、Int、UInt 等多种类型。另外，由于方法的返回结果也是 ConstraintDescriptionEditable 类型，所以这些方法可以在一个约束表达式中连续多次使用。

使用 ConstraintMaker 类创建的约束，由 SnapKit 框架提供的方法添加到控件上。用于 iOS 时，这些方法在 UIView 的分类中定义，所以可作为 UIView 的方法使用。这些方法的具体介绍如下。

➢ snp_makeConstraints：用于添加新的约束，不能同时存在两条重复定义的约束，否则会报错。方法定义如下。

```
public func snp_makeConstraints(file: String = __FILE__,
line: UInt = __LINE__,
@noescape closure: (make: ConstraintMaker) -> Void) -> Void
```

从方法定义可以看出，在调用时只需要传入一个闭包类型的参数 closure 即可。closure 有一个 ConstraintMaker 类型的参数 make，是将调用该方法的视图进行封装后的对象。在 closure 闭包中可使用 make 参数创建约束。

➢ snp_updateConstraints：用于更新现有的符合条件约束，因此不会出现重复的约束。对于符合条件的约束，只能更改约束的常量值。方法定义如下。

```
public func snp_updateConstraints(file: String = __FILE__,
line: UInt = __LINE__,
@noescape closure: (make: ConstraintMaker) -> Void) -> Void
```

从方法定义可以看出，该方法在调用时也只需要传入一个闭包类型的参数 closure 即可。

➢ snp_remakeConstraints：用于清除之前的所有约束，并添加新的约束，方法定义如下。

```
public func snp_remakeConstraints(file: String = __FILE__,
line: UInt = __LINE__,
@noescape closure: (make: ConstraintMaker) -> Void) -> Void
```

➢ snp_removeConstraints：用于删除调用该方法的视图上现有的所有约束，方法定义如下。

```
public func snp_removeConstraints()
```

使用 SnapKit 的语法示意图如图 5-1 所示。

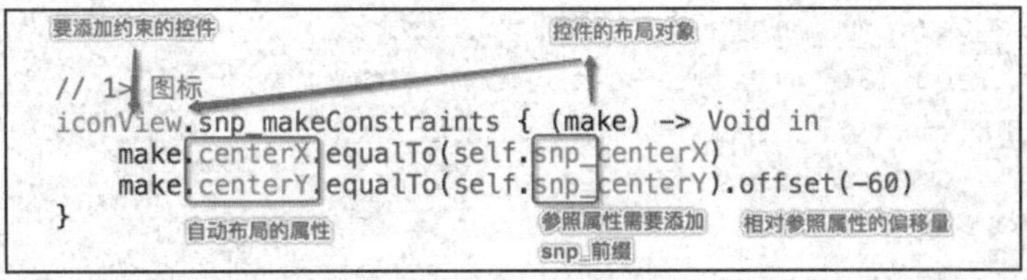

要添加约束的控件　控件的布局对象

```
// 1> 图标
iconView.snp_makeConstraints { (make) -> Void in
    make.centerX.equalTo(self.snp_centerX)
    make.centerY.equalTo(self.snp_centerY).offset(-60)
}
```

自动布局的属性　参照属性需要添加snp_前缀　相对参照属性的偏移量

图5-1 集合视图的布局

为了让大家更好地学习如何使用SnapKit框架，接下来使用SnapKit框架对访客视图的控件约束进行重构，具体如下。

（1）首先在项目中导入SnapKit框架。在Xcode中打开Podfile文件，在文件中添加“pod 'SnapKit'”，然后从计算机的Launchpad中启动终端，使用“cd”命令切换到项目目录，然后使用“pod install --no-repo-update”命令下载和安装SnapKit框架。

（2）然后打开VisitorView.swift文件，在setupUI()方法里，将各个控件的约束代码进行重写，重写后的代码如下。

```
// 设置自动布局
// 1> 图标
// make 理解为要添加的约束对象
iconView.snp_makeConstraints { (make) -> Void in
    // 指定 centerX 属性 等于 `参照对象`.`snp_`参照属性值
    // offset 就是指定相对视图约束的偏移量
    make.centerX.equalTo(self.snp_centerX)
    make.centerY.equalTo(self.snp_centerY).offset(-60)
}
// 2> 小房子
homeIconView.snp_makeConstraints { (make) -> Void in
    make.center.equalTo(iconView.snp_center)
}
// 3> 消息文字
messageLabel.snp_makeConstraints { (make) -> Void in
    make.centerX.equalTo(iconView.snp_centerX)
    make.top.equalTo(iconView.snp_bottom).offset(16)
    make.width.equalTo(224)
    make.height.equalTo(36)
}
// 4> 注册按钮
registerButton.snp_makeConstraints { (make) -> Void in
    make.left.equalTo(messageLabel.snp_left)
    make.top.equalTo(messageLabel.snp_bottom).offset(16)
    make.width.equalTo(100)
    make.height.equalTo(36)
}
// 5> 登录按钮
loginButton.snp_makeConstraints { (make) -> Void in
    make.right.equalTo(messageLabel.snp_right)
```

```
    make.top.equalTo(registerButton.snp_top)
    make.width.equalTo(registerButton.snp_width)
    make.height.equalTo(registerButton.snp_height)
}
// 6> 遮罩图像
maskIconView.snp_makeConstraints { (make) -> Void in
    make.top.equalTo(self.snp_top)
    make.left.equalTo(self.snp_left)
    make.right.equalTo(self.snp_right)
    make.bottom.equalTo(registerButton.snp_bottom)
}
```

接下来将启动页面切换到访客视图，运行程序，可以看到访客视图上的控件位置并没有发生变化，说明使用 SnapKit 框架重构后正确地定位了控件的位置。

如果大家要查询 SnapKit 的详细资料，可以到以下网址查询。

- 官方网站：http://snapkit.io。
- GitHub网站：https://github.com/SnapKit/SnapKit。
- 文档地址：http://snapkit.io/docs/。

5.4 SDWebImage 框架

5.4.1 SDWebImage 框架的安装

SDWebImage 是一个网络图片处理框架，该类库提供了一个 UIImageView 的分类，支持加载来自网络的远程图片，具有缓存管理、异步下载、同一个 URL 下载次数的控制和优化、支持 GIF 动态图等特征。接下来，针对该框架的重要功能进行详细的介绍，具体内容如下。

要想使用 SDWebImage 框架，首先要从 GitHub 上下载。Git 是一个分布式的版本控制系统，用于高效地处理任何大大小小的项目。GitHub 是一个基于版本控制的社交网站，作为开源的代码库和版本控制系统，它拥有了越来越多的用户，已经成为了管理软件开发以及发现已有代码的首选方法。

（1）打开 GitHub 的官方网站，该网站的网址为 https://github.com，如图 5-2 所示。

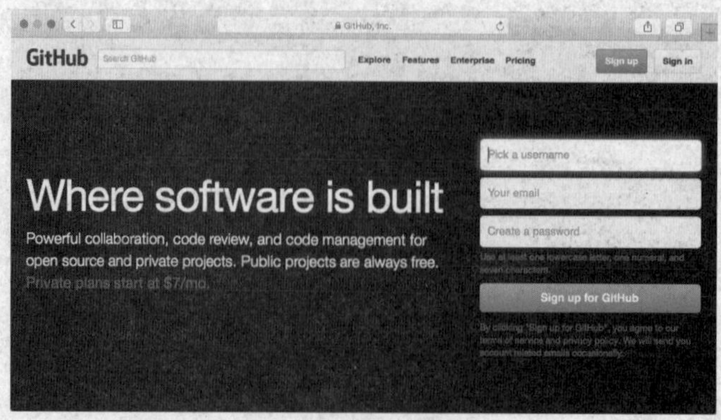

图 5-2 GitHub 的官方网站

（2）在图 5-2 的顶部输入搜索的文字“SDWebImage”，按“return”键，跳入到搜索完成的界面，如图 5-3 所示。

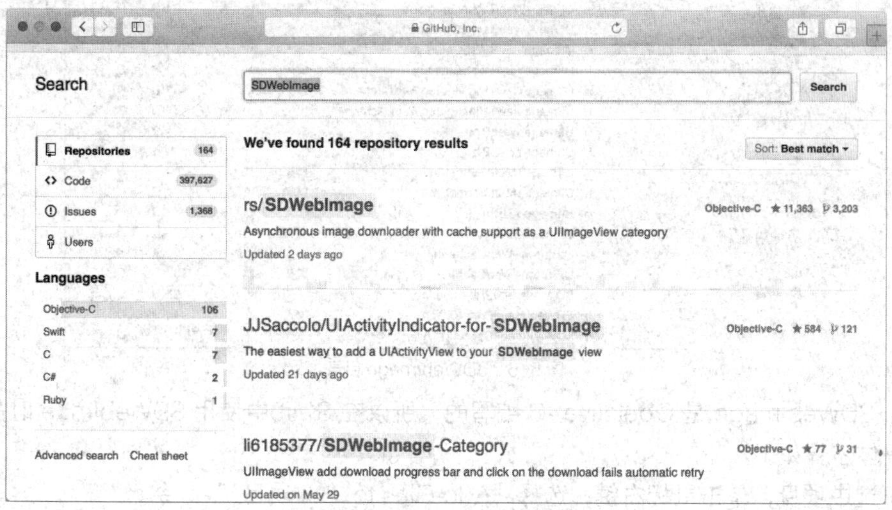

图 5-3　搜索 SDWebImage 完成的界面

从图 5-3 中可以看出，第 1 个选项“rs/ SDWebImage”对应的小星星最多，代表它是口碑极好的。

（3）单击“rs/ SDWebImage”选项，切换到该框架的详细介绍和下载页面，如图 5-4 所示。

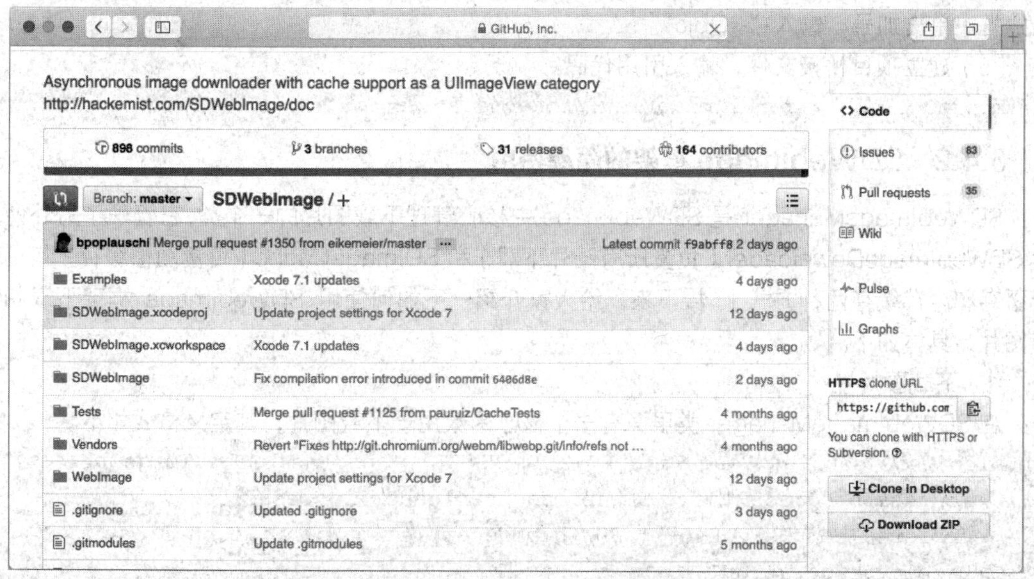

图 5-4　SDWebImage 的详细文档

（4）单击图 5-4 中的“Download ZIP”按钮，下载源码到 Finder 中的“下载” 文件夹，在该目录中打开刚刚下载的文件夹，这时会看到“SDWebImage”文件夹，双击打开该文件夹，如图 5-5 所示。

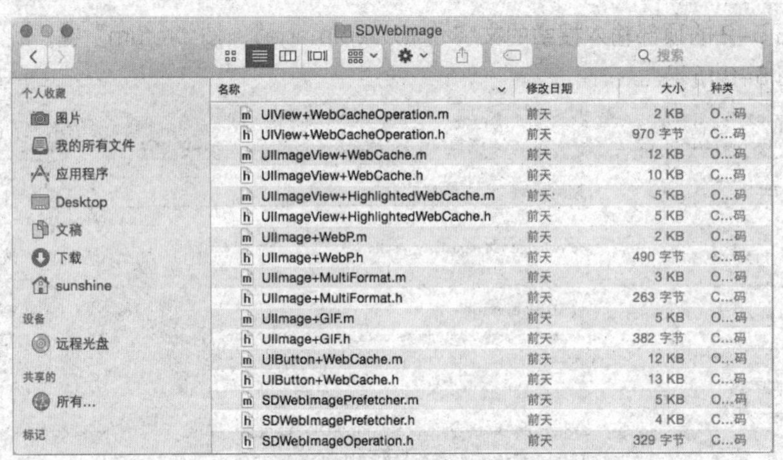

图 5-5　SDWebImage 目录

由于 SDWebImage 是 Obejctive-C 编写的，所以在 Swift 中使用 SDWebImge 时需要建立桥接，具体步骤如下。

（1）选中项目，单击鼠标右键，选择“Add Files to ‘xx 项目’”命令。

（2）找到 SDWebImage.xcodeproj，加入到项目中。

（3）在 Bulid Phases 中的 Link Binary With Libraries 选项卡中，加入 ImageIO.framework、libSDWebImage.a。

（4）在 Build Settings 中的 Linking 选项卡中找到 Other Linker Flags，双击右边区域，在弹出的框中单击加号，输入“-Objc”。

（5）建立项目桥接文件，输入引用代码。

```
#import <SDWebImage/UIImageView+WebCache.h>
```

5.4.2　SDWebImage 框架的简单使用

SDWebImageManager 是 SDWebImage 中核心管理下载图片的一个类，它管理了另外两个类 SDWebImageDownloader（负责所有图片下载）和 SDImageCache（负责图像缓存，包括磁盘缓存和内存缓存两种方式）。接下来，给大家介绍一下如何使用 SDWebImage 框架下载和缓存图片，具体如下。

1. 下载图片

在 SDWebImageManager 类里面有一个核心函数用于下载图片，其定义格式如下。

```
public func downloadImageWithURL(url: NSURL!, options: SDWebImageOptions,
    progress progressBlock: SDWebImageDownloaderProgressBlock!,
    completed completedBlock: SDWebImageCompletionWithFinishedBlock!) ->
    SDWebImageOperation!
```

上述方法共有五个参数，url 表示要下载的图片的地址，options 是 SDWebImageOptions 类型的，可以选择对下载的图片进行处理，progressBlock 表示图片的下载进度，completedBlock 表示完成回调。

通过调用 sharedManager 方法创建一个 SDWebImageManager 对象，该对象为单例对象。因此，通过单例调用核心函数进行下载图片的操作，调用代码如下。

```
SDWebImageManager.sharedManager().downloadImageWithURL()
```

2. 检查本地缓存图片

对于缓存在本地的图片，SDWebImage 提供了检查缓存图片的函数，这样就可以获得图片的大小。该函数定义在 SDImageCache 类中，定义格式如下。

```
public func imageFromDiskCacheForKey(key: String!) -> UIImage!
```

由于 SDWebImageManager 负责管理 SDImageCache 类，所以仍然可以通过单例访问检查缓存图片的函数，调用代码如下。

```
SDWebImageManager.sharedManager().imageCache.imageFromDiskCacheForKey()
```

5.5 SVProgressHUD 框架

5.5.1 SVProgressHUD 框架介绍

SVProgressHUD 是简单易用的显示器，用于指示一个持续进行的任务的进度。下面通过一张图来描述它的使用场景，如图 5-6 所示。

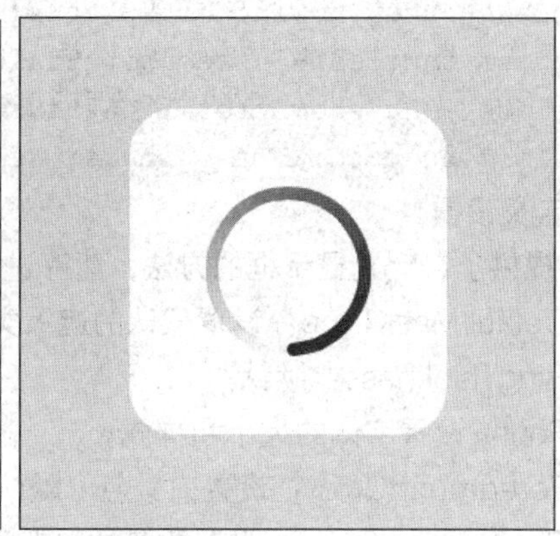

图 5-6　SVProgressHUD 框架的使用场景

除了显示上述等待的显示器以外，还能够显示任务执行成功或者失败的显示器。官方提供了两种安装方式，具体如下。

1. 通过 CocoaPods 工具导入

使用 pod 导入框架，具体代码如下。

```
pod 'SVProgressHUD'
```

2. 手动拖曳到项目中

若要手动添加框架到项目里面，需要按照如下三个步骤。

（1）拖曳 SVProgressHUD 文件到项目。

（2）注意把 SVProgressHUD.bundle 添加进【Targets】→【Build Phases】→【Copy Bundle Resources】里面。

（3）添加 QuartzCore framework 到项目中。

5.5.2 使用 SVProgressHUD 框架

SVProgressHUD 作为一个单例对象，它无须再进行创建和初始化，直接调用就行。该框架提供了丰富的功能进行设置，既能够显示或者隐藏 HUD，同时又能满足我们的自定义需求。下面对这些功能进行详细的介绍。

1. 显示 HUD

使用下面任意一个方法，显示 HUD 并且指示任务的状态，代码如下。

```
public class func show()
public class func showWithStatus(status: String!)
```

如果要在 HUD 中提示当前任务执行的进度，可以使用如下方法。

```
public class func showProgress(progress: Float)
public class func showProgress(progress: Float, status: String!)
```

2. 隐藏 HUD

HUD 可以使用如下方法进行隐藏。

```
public class func dismiss()
```

3. 显示一个提示消息

在 HUD 中可以显示提示消息，显示的时间取决于给定字符串的长度（0.5 至 5 秒），具体如下。

```
public class func showInfoWithStatus(string: String!)
public class func showSuccessWithStatus(string: String!)
public class func showErrorWithStatus(string: String!)
public class func showImage(image: UIImage!, status: String!)
```

4. 自定义设置

该框架提供了自定义显示框的方法，能够进行个性化定制，具体如下。

- setDefaultMaskType：设置默认的遮罩类型，默认为None。
- setRingThickness：默认为4。
- setFont：设置字体的大小和样式。
- setForegroundColor：设置前景色，默认为黑色。
- setBackgroundColor：设置背景色，默认为白色。
- setInfoImage：默认是bundle文件夹中的提示图片。
- setSuccessImage：默认是bundle文件夹中的成功图片。
- setErrorImage：默认是bundle文件夹中的错误图片。

5.6 本章小结

本章围绕着项目用到的第三方框架进行了简单的介绍，包括 AFNetworking、SnapKit、SDWebImage、SVProgressHUD 框架，并且使用 CocoaPods 工具管理这些类库，极大地提高了开发的效率。通过对本章内容的学习，大家应该会安装类库管理工具，并且掌握这些框架的简单使用。

6

第6章 封装网络工具类

新浪微博提供了很多接口让开发者拿到数据，这些操作完全交由网络框架完成。一旦网络框架要替换，凡是使用到的代码都要改，代码结构不够分明。因此，可以把网络请求的代码封装起来，只要用到接口的地方，就通过网络工具类操作。接下来，本章将讲解如何封装一个网络工具类。

学习目标

- 理解网络请求的原理，掌握 GET 请求和 POST 请求
- 理解单例设计模式，会使用单例设计模式
- 理解封装网络框架的必要性，会封装网络框架

6.1 网络编程基础知识

6.1.1 网络编程简单工作原理

在移动互联网时代，几乎所有的应用程序都离不开网络，例如 QQ、微博、百度地图等，这些应用持续地跟网络进行数据更新，使应用保持着新鲜与活力。一旦没有了网络，应用就缺失了数据的变化，即便外观再过华丽，终将只是一潭死水。接下来，通过一张图来描述网络编程的简单工作机制，具体如图 6-1 所示。

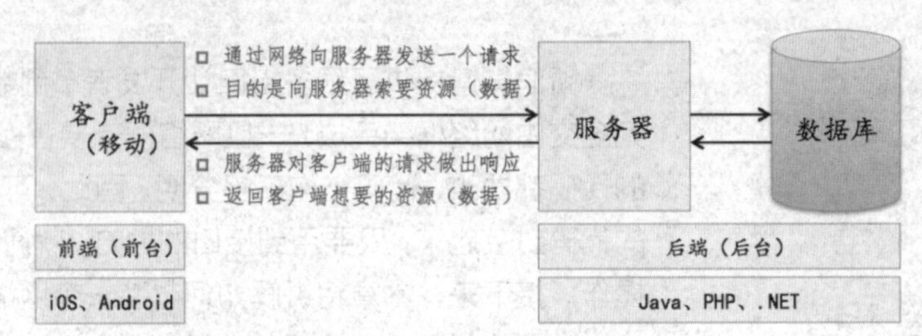

图 6-1　网络编程简单工作原理

图 6-1 展示了网络编程的工作原理。在网络编程中，有如下几个比较重要的概念。

- 客户端（Client）：这里通常指的是移动应用（iOS、Android）。
- 服务器（Server）：为客户端提供服务、提供数据、提供资源的机器。
- 请求（Request）：客户端向服务器索取数据的一种行为。
- 响应（Response）：服务器对客户端的请求做出的反应，一般指返回数据给客户端。

由图 6-1 可知，客户端要想访问数据，首先要提交一个请求，用于告知服务器想要的数据。服务器接收到请求后，根据这个请求到数据库查找相应的资源，无论服务器是否成功拿到资源，都会将结果返回给客户端，这个过程就是响应。

需要注意的是，网络上所有的数据都是二进制数据，并且以二进制流的形式从一个节点传输到另一个节点。

6.1.2 URL 介绍

URL 的全称是 Uniform Resource Locator（统一资源定位器），通过一个 URL 可以找到互联网上唯一的资源，它类似于计算机上一个文件的路径。为了大家更好地理解，接下来通过一张图来描述，如图 6-2 所示。

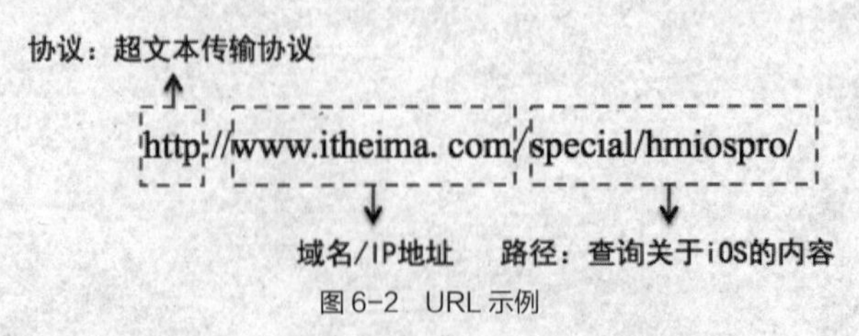

图 6-2　URL 示例

图 6-2 是一个省略端口号的 URL 示例。实际上，一个完整的 URL 主要由协议、IP 地址、端口和路径 4 部分组成，它们的详细介绍如下。

1. 协议（Protocol）

指定使用的传输协议，用于告诉浏览器如何处理将要打开的文件。不同的协议表示不同的资源查找以及传输方式，最常用的协议如表 6-1 所示。

表 6-1　URL 常见的协议

常见协议	代表类型	示例
File	访问本地计算机的资源	file:///Users/Desktop/ book/basic.html
FTP	访问共享主机的文件资源	ftp://ftp.baidu.com/movies
HTTP	超文本传输协议，访问远程网络资源	http://image.baidu.com/channel/wallpaper
HTTPS	安全的 SSL 加密传输协议，访问远程网络资源	https://image.baidu.com/channel/wallpaper
Mailto	访问电子邮件地址	mailto:null@itheima.com

表 6-1 列举了一些常见的协议，最常用的就是 HTTP 协议，它规定了客户端和服务器之间的数据传输格式，使客户端和服务器能够有效地进行数据沟通。值得一提的是，File 后面无须添加主机地址。

2. IP 地址（IP）

IP 地址用于给 Internet 上的每台计算机分配一个逻辑地址，但是 IP 地址不容易记忆。例如，打开 Safari，在地址栏中输入“http://180.97.33.107”，回车后打开百度的首页。这表明该地址是百度的 IP 地址，只是这个地址不易被人们记忆，因此用域名 www.baidu.com 来替代以访问网站，相当于一个速记符号。

3. 端口（Port）

在网络技术中，可以认为是设备与外界通信交流的出口。端口可分为物理意义上的端口和逻辑意义上的端口，物理意义上的端口（常见的比如交换机、路由器等）用于连接其他网络设备的接口。逻辑意义上的端口指计算机内部或交换机路由器内的端口，不可见。一般是指 TCP/IP 协议中的端口，端口号的范围从 0 到 65535，比如用于浏览网页服务的 80 端口，用于 FTP 服务的 21 端口等。表 6-2 列举了一些服务器的常见端口，这些端口都属于逻辑意义上的端口。

表 6-2　服务器的常见端口号

协议	端口	说明	全拼
HTTP	80	超文本传输协议	HyperText Transfer Protocol
HTTPS	443	超文本传输安全协议	Hyper Text Transfer Protocol over Secure Socket Layer
FTP	20，21，990	文件传输协议	File Transfer Protocol
POP3	110	邮局协议（版本 3）	Post Office Protocol – Version 3
SMTP	25	简单邮件传输协议	Simple Mail Transfer Protocol
Telnet	23	远程终端协议	Telecommunication Network Protocol

表 6-2 列举了一些常见的端口号，每个传输协议都有默认的端口号，它是一个整数，如果输入时省略，则会使用方案的默认端口。若要采用非标准的端口号，这时的 URL 是不能省略端口号一项的。

4. 路径（Path）

路径是由 0 或者多个“/”符号隔开的字符串，一般用于表示主机上的一个目录或者文件的地址。

6.1.3 HTTP 协议

HTTP 是 HyperText Transfer Protocol 的缩写，即超文本传输协议。网络中使用的基本协议是 TCP/IP 协议，目前广泛采用的 HTTP、HTTPS、FTP、Archie 和 Gopher 等是建立在 TCP/IP 协议之上的应用层协议，不同的协议对应着不同的应用。

HTTP 协议共定义了 8 种请求方法，分别是 OPTIONS、HEAD、GET、POST、PUT、DELETE、TRACE 和 CONNECT，作为 Web Service，其中，必须要实现 GET 和 HEAD 方法，其他方法都是可选的。

GET 是向指定的资源发出请求，发送的显式信息跟在 URL 后面。GET 请求通常只用于读取数据，例如，从服务器端读取静态图片等。GET 方法有点像使用明信片给别人写信，信的内容写在外面，接触到的人都可以看到，因此它是不安全的。

POST 是向指定资源提交数据，请求服务器进行处理，例如，提交表单或者上传内容文件等，数据被包含在请求体中。POST 请求像是把“信内容”装入信封中，接触到的人都看不到，因此它是安全的。

6.1.4 GET 和 POST 方法

基于 HTTP 协议的请求，最常用的两个方法是 GET 和 POST，它们存在着很大的不同，下面通过数据传递、缓存、数据大小和参数格式这些方面进行比较，具体内容如下。

1. 数据传递

以某个用户的登录为例，该用户的账号跟密码分别为 zhangsan 和 zhang。分别采用 GET 和 POST 方法登录，具体区别如图 6-3 所示。

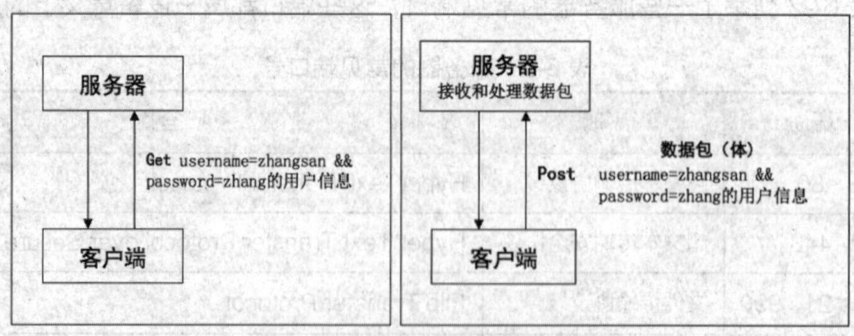

图 6-3 GET 和 POST 比较示意图

由图 6-3 可知，采用 GET 方法发送请求时，账号和密码以参数形式跟到 URL 末尾，安全性非常不高。而采用 POST 方法发送请求时，账号和密码被包装成二进制的数据包，服务器只能通过解包的形式查看，才会响应正确的信息。这样就提高了安全性，不易被外界所捕获。

2. 缓存

GET 字面上代表获取，效率更高。只要路径相同，拿到的资源永远只会是同一份，因此 GET 请求能够被缓存。

POST 字面上代表发送，效率相对不高。由于数据体的不同，导致同一个路径访问到的资源可能会不同，因此 POST 请求不会被缓存。

3. 数据大小

GET 没有明确对请求的数据限制大小，不过因为浏览器不同，一般限制在 2~8 KB 之间。POST 提交的数据比较大，大小由服务器的设定值限制，PHP 通常限定为 2MB。

4. 参数格式

GET 请求的 URL 需要拼接参数，下面是一个带有参数的示例。

```
http://www.test.com/login?username=123&pwd=234&type=JSON
```

在上述示例中，参数有如下几点要求。

- 资源路径末尾添加一个“？”（问号），表示追加参数。
- 每一个变量和值按照“变量名=变量值”方式设定，中间不能包含空格或者中文，如果要包含中文或者空格等，需要添加百分号转义。
- 多个参数之间需要使用“&”连接。

POST 的参数被包装成二进制的数据体，格式与上面基本一致，只是不包含“？”。

综上所述，GET 和 POST 请求各有所长，根据不同的使用场合，选取合适的请求方式即可。如果要传递大量的数据，只能使用 POST 请求；如果是要传递包含机密或者敏感的信息，建议使用 POST 请求；如果仅是索取数据，建议使用 GET 请求；如果需要增加、修改、删除数据，建议使用 POST 请求。

6.2 封装网络工具类

6.2.1 网络封装原理

应用在开发过程中不免要用到第三方框架，它不仅提供了很多实用的功能，而且提高了开发效率。其中网络请求是最频繁的操作，经常会用到 AFNetworking 框架。要想封装一个工具类，就要让应用程序隔离 AFNetworking 框架，网络工具类的作用如图 6-4 所示。

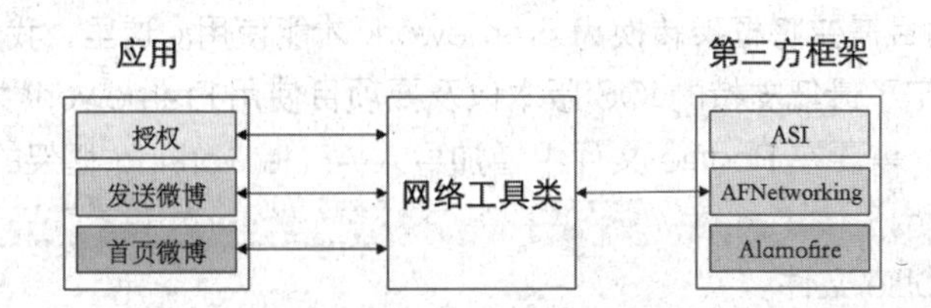

图 6-4　网络工具类示意图

从图 6-4 中可以看出，封装网络工具类后，第三方框架和 App 是通过网络工具类交互的。应用若是要执行授权请求，直接调用的是网络工具类的方法，若要使用 Alamofire 网络框架，只需要改动网络工具类的代码。

常见的网络框架包括以下三个。

- AFNetworking：GitHub上非常有名的网络框架，也是当下使用最多的网络框架。
- Alamofire：AFNetworking团队开发的Swift版的网络请求框架。
- ASI：早期使用的网络框架，由于无人维护更新，已经逐渐被丢弃。

本章负责封装 AFNetworking 框架，数据来源是新浪微博服务器。

6.2.2 使用 CocoaPods 工具导入 AFNetworking 框架

安装好 CocoaPods 工具后，在微博项目中使用 CocoaPods 工具导入 AFNetworking 框架，具体步骤如下。

1. 进入项目目录

打开终端程序，使用 cd 命令进入黑马微博所在路径，具体如下。

```
cd /Users/apple/Desktop/黑马微博
```

2. 操作 Podfile 文件

进入项目路径后，在终端输入 pod 命令，创建默认的 Podfile 文件，具体如下。

```
pod init
```

此时，在项目所在的文件夹中，会自动生成一个 Podfile 文件，如图 6-5 所示。

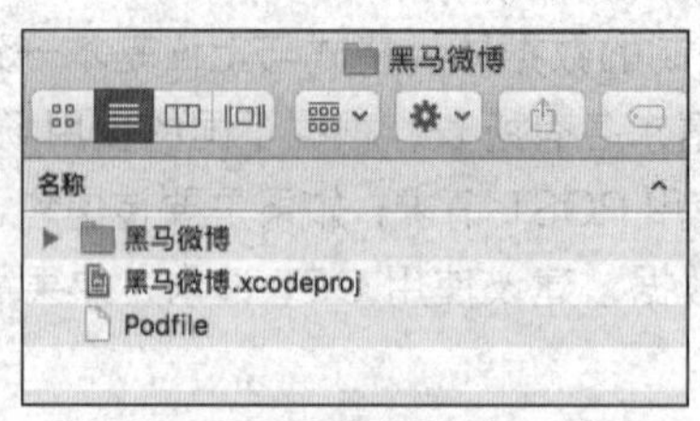

图 6-5　项目目录增加的 Podfile 文件

使用 Xcode 打开 Podfile 文件，文件内容如下。

```
1 # Uncomment this line to define a global platform for your project
2 # platform :ios, '8.0'
3 # Uncomment this line if you're using Swift
4 # use_frameworks!
5 target '黑马微博' do
6 end
```

在上述内容中，第 1 行是对第 2 行的说明，表示最低支持的 iOS 版本。第 3 行是对第 4 行的说明，表示 Swift 项目需要将框架转换为 Framework 才能使用。这里，我们去掉第 2 行和第 4 行前的“#”，表示指定了最低支持的 iOS 版本以及要项目使用 Framework 框架。

如果要导入框架，需要在 Podfile 文件中增加导入 AFNetworking 框架的代码，具体如下。

```
pod 'AFNetworking'
```

保存并且关闭 Profile 文件。

3. 使用 pod 命令导入 AFNetworking 框架

在终端中输入 pod 命令导入 AFNetworking 框架，具体如下。

```
# 第一次使用安装框架
$ pod install
```

上述命令会更新本地版本库，速度很慢，可以直接使用如下命令替换。

```
# 安装框架，不更新本地索引，速度快
$ pod install --no-repo-update
```

上述命令仅供第一次安装框架时使用，当后面出现增加或者删除框架时，需要使用 update 命令更新，具体如下。

```
# 今后升级、添加、删除框架，或者框架不好用
$ pod update
# 更新框架，不更新本地索引，速度快
$ pod update --no-repo-update
```

此时，在 Podfile 所在的目录中增加了 Pod 文件夹，如图 6-6 所示。

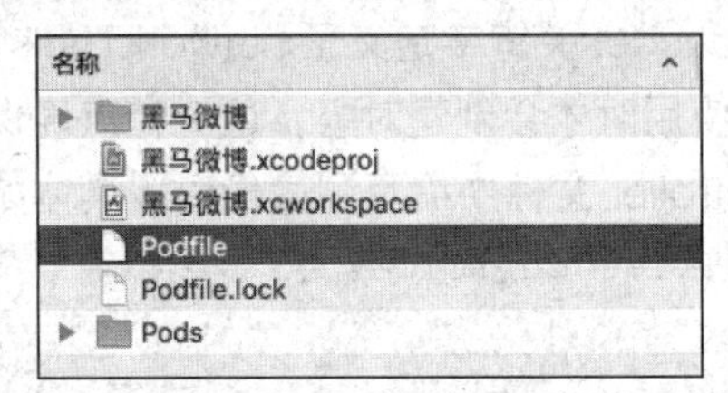

图 6-6　项目目录增加的 Pod 文件夹

需要注意的是，如果当前项目是打开的，最好关闭，然后通过“黑马微博.xworkspace”打开项目。在以后的开发中，都要通过“黑马微博.xworkspace”打开项目。

打开项目后，在左侧的导航面板中增加了 Pod 分组，目录结构如图 6-7 所示。

图 6-7　新的目录结构

6.2.3　了解什么是单例模式

单例模式顾名思义就是只有一个实例，也就是内存地址唯一，通过全局的一个入口点对这个实例对象进行访问，实现在不同的窗口之间传递数据。为了大家更好地理解，接下来通过一张图来描述，具体如图 6-8 所示。

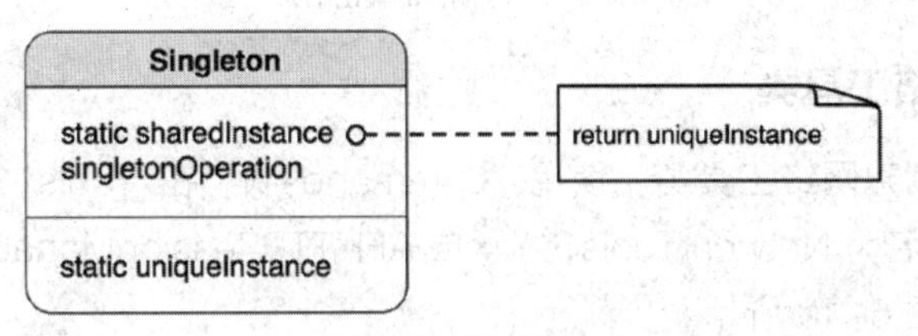

图 6-8　单例模式

由图 6-8 可知，单例模式提供了一个标准的实例访问接口，用于封装一份共享的资源。一般情况下，单例模式会封装一个静态属性，并提供获取该静态属性的一个方法。

为了让大家更好地理解，接下来通过一个案例，演示如何使用 Swift 语言实现单例模式，具体步骤如下。

（1）新建一个项目，命名为“单例演练”。

（2）新建一个文件“NetworkTools”，它继承自 NSObject。

（3）在 NetworkTools.swift 中实现单例模式，示例代码如下。

```
// 静态区的对象只能设置一次数值
static let networkTools: NetworkTools = {
    print("创建网络对象")
    return NetworkTools ()
}()
```

在上述代码中，使用了 static let 关键字定义了 networkTools 静态常量。静态常量只有一次被赋值的机会，而且在第一次使用时才会创建对象，这个特点确保了单例的实现。

（4）接下来，在 ViewController 文件中编写测试代码，具体如下。

```
class ViewController: UIViewController {
    override func viewDidLoad() {
        super.viewDidLoad()
        print(NetworkTools.networkTools)
    }
    override func touchesBegan(touches: Set<UITouch>, withEvent event:
        UIEvent?) {
        print("单击了模拟器")
        print(NetworkTools.networkTools)
    }
}
```

在上述代码中，重写 touchesBegan 方法来响应屏幕的单击操作，并且使用 print 语句输出了单例的地址。

（5）运行程序，接着单击模拟器，发现输出的是同一个地址，控制台的输出结果如图 6-9 所示。

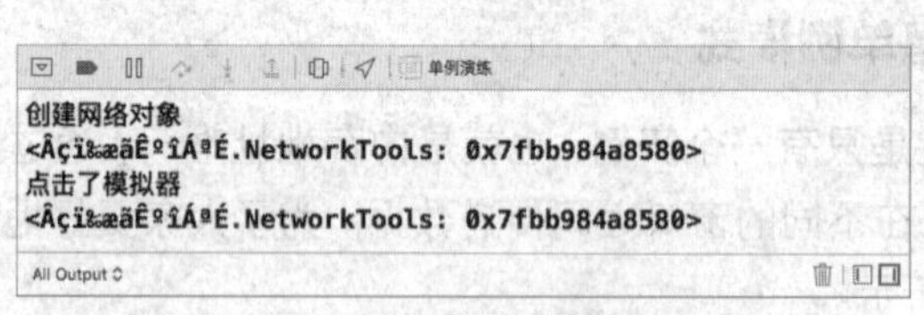

图 6-9 控制台的输出结果

6.2.4 创建网络工具类

黑马微博项目中创建网络工具类。使用“command+N”在 Tools 分组中新建一个 Cocoa Touch Class 文件，类名为 NetworkTools，继承自 AFHTTPSessionManager 类，语言选择 Swift，创建好的文件位置如图 6-10 所示。

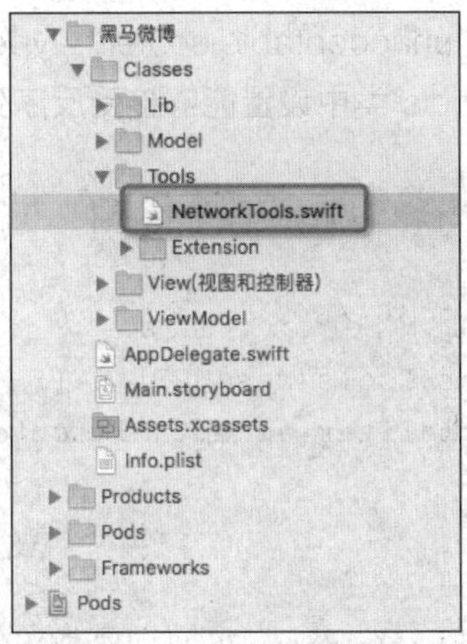

图6-10 创建好的文件结构

创建好网络工具类文件后，需要在文件中编写网络工具类的具体代码，具体步骤如下。

1. 新增静态常量

为了确保只有一个 NetworkTools 实例，需要为其添加静态常量。在 NetworkTools.swift 文件中增加下列代码。

```
class NetworkTools: AFHTTPSessionManager {
    //单例
    static let sharedTools: NetworkTools = {
        let tools = NetworkTools(baseURL: nil)
        return tools
    }()
}
```

2. 导入 AFNetworking 框架，封装网络方法并测试

首先，在 NetworkTools.swift 文件中导入 AFNetworking 框架，代码如下。

```
import AFNetworking
```

然后，在 NetworkTools 类的扩展中添加发送 GET 请求的方法，并且根据 AFNetworking 框架的 GET 请求决定该方法的参数，代码如下。

```
extension NetworkTools{
    func request(URLString:String, parameters:[String: AnyObject]?) {
        GET(URLString, parameters: parameters, success:
            { (_, result) in
                print(result)
            }) { (_, error) in
                print(error)
        }
    }
}
```

最后，在 MainViewController 类的 viewDidLoad()方法中添加测试请求的代码，具体如下。

```
NetworkTools.sharedTools.request("http://www.weather.com.cn/data/sk/1010101
00.html", parameters: nil)
```

此时运行程序，控制台输出“unacceptable content-type: text/html”信息，表示不支持反序列化的数据格式。在 NetworkTools 类中设置能够接受反序列化的数据格式，具体代码（加粗部分）如下。

```
class NetworkTools: AFHTTPSessionManager {
    //单例
    static let sharedTools: NetworkTools = {
        let tools = NetworkTools(baseURL: nil)
        tools.responseSerializer.acceptableContentTypes?.insert(
            "text/html")
        return tools
    }()
}
```

再次运行程序，控制台输出了天气预报接口的数据，证明封装的方法能够拿到数据，具体如图 6-11 所示。

```
Optional({
    weatherinfo =     {
        Radar = "JC_RADAR_AZ9010_JB";
        SD = "17%";
        WD = "\U4e1c\U5357\U98ce";
        WS = "1\U7ea7";
        WSE = 1;
        city = "\U5317\U4eac";
        cityid = 101010100;
        isRadar = 1;
        njd = "\U6682\U65e0\U5b9e\U51b5";
        qy = 1011;
        rain = 0;
        temp = 18;
        time = "17:05";
    };
})
```

图 6-11　天气预报接口返回的数据

3. 增加请求方法的枚举

首先，在 NetworkTools 类中定义 HTTP 请求的枚举，包含 GET 和 POST 两个枚举值，具体代码如下。

```
/// HTTP 请求方法枚举
enum HMRequestMethod: String {
    case GET = "GET"
    case POST = "POST"
}
```

然后修改 request 方法，为其增加 method 变量和 finished 变量。method 变量是 HMRequestMethod 类型的，它使得 request 方法既可以访问 GET 请求也可以访问 POST 请求。finished 是一个闭包(result: AnyObject?, error: NSError?) -> ()，用于完成回调，并在方法中实现 POST 请求，代码如下。

```
//MARK: 网络请求的核心方法以后所有的 get 和 post 都走这个方法
extension NetworkTools{
    func request(method:HMRequestMethod, URLString:String,
    parameters:[String: AnyObject]?,
    finished:(result:AnyObject?,error:NSError?)->()){
```

```
        if method == HMRequestMethod.GET{
            GET(URLString, parameters: parameters, progress: nil,
            success:{ (_,result) in
                finished(result: result, error: nil)
             }) { (_, error) in
                finished(result: nil, error: error)
             }
        }else{
            POST(URLString, parameters: parameters, progress: nil,
            success: { (_, result) in
                finished(result: result, error: nil)
            }) { (_, error) in
                finished(result: nil, error: error)
            }
        }
    }
}
```

4. 测试 GET 和 POST 请求

在 MainViewController 类的 viewDidLoad()方法中，对 GET 和 POST 请求进行测试。

- 添加测试GET请求的代码，具体如下。

```
NetworkTools.sharedTools.request(HMRequestMethod.GET, URLString:
    "http://httpbin.org/get", parameters:["name": "zhangsan",
    "age": 18]){(result, error) ->() in
        print(result)
}
```

运行程序，控制台打印的信息如图 6-12 所示。

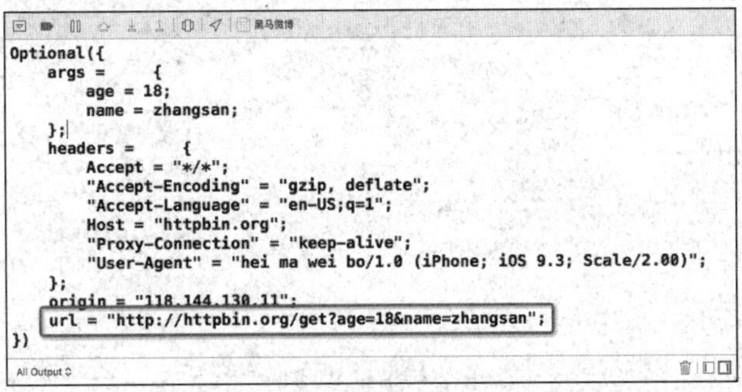

```
Optional({
    args =     {
        age = 18;
        name = zhangsan;
    };
    headers =     {
        Accept = "*/*";
        "Accept-Encoding" = "gzip, deflate";
        "Accept-Language" = "en-US;q=1";
        Host = "httpbin.org";
        "Proxy-Connection" = "keep-alive";
        "User-Agent" = "hei ma wei bo/1.0 (iPhone; iOS 9.3; Scale/2.00)";
    };
    origin = "118.144.130.11";
    url = "http://httpbin.org/get?age=18&name=zhangsan";
})
```

图 6-12　控制台输出的结果（1）

从图 6-12 的结果看出，url 是 GET 类型的拼接，证明 GET 请求成功。

- 添加测试POST请求的代码，具体如下。

```
NetworkTools.sharedTools.request(HMRequestMethod.POST,
    URLString: "http://httpbin.org/post", parameters:["name":
    "zhangsan","age": 18]){(result, error) ->() in
        print(result)
}
```

运行程序，控制台打印的信息如图 6-13 所示。

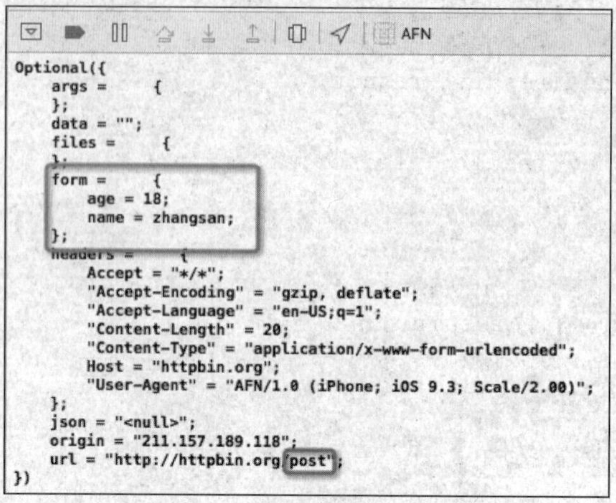

```
AFN
Optional({
    args =     {
    };
    data = "";
    files =     {
    };
    form =     {
        age = 18;
        name = zhangsan;
    };
    headers =     {
        Accept = "*/*";
        "Accept-Encoding" = "gzip, deflate";
        "Accept-Language" = "en-US;q=1";
        "Content-Length" = 20;
        "Content-Type" = "application/x-www-form-urlencoded";
        Host = "httpbin.org";
        "User-Agent" = "AFN/1.0 (iPhone; iOS 9.3; Scale/2.00)";
    };
    json = "<null>";
    origin = "211.157.189.118";
    url = "http://httpbin.org/post";
})
```

图 6-13　控制台输出的结果（2）

从图 6-13 的结果看出，url 是 POST 类型，参数无法进行拼接，并且返回数据的类型是 form 表单形式，证明 POST 请求成功。

5. 定义完成和失败回调

为了使代码更加简洁，定义完成回调和失败回调，重新构造 request 方法。在 NetworkTools 类中定义网络请求完成回调，具体如下。

```
/// 网络请求完成回调
typealias HMRequestCallBack = (result: AnyObject?, error: NSError?)->()
```

在扩展中 finished 的类型用 HMRequestCallBack 代替。定义成功回调 success 和失败回调 failured，分别在 GET 和 POST 方法中，使用 success 和 failured 代替之前的闭包。

```
extension NetworkTools{
    //封装所有的网络请求方法，所有的网络请求都是通过这个方法和 AFN 进行联系
    func request(method:HMRequestMethod, URLString:String,
        parameters:[String: AnyObject]?,
        finished: HMRequestCallBack){
        // 定义成功回调
        let success = {(task:NSURLSessionDataTask?, result:AnyObject?) ->in
            finished(result: result, error: nil)
        }
        // 定义失败回调
        let failure = {(task:NSURLSessionDataTask?, error: NSError?) -> in
           finished(result: nil, error: error)
        }
        if  method == HMRequestMethod.GET {
           GET(URLString, parameters: parameters, progress: nil,
           success: success, failure: failure)
        }else{
           POST(URLString, parameters: parameters, progress: nil,
           success: success, failure: failure)
```

```
        }
    }
}
```

再次运行程序，控制台仍然输出了相应的信息，证明封装网络框架成功。

注意：

ATS全称为App Transport Security，它是iOS 9的一个新特性，旨在提高iOS设备与服务器交互的安全性。简单地说，ATS会阻止未注册的网络请求，通过在info.plist文件中注册相应的host，这样该host的网络请求就不会被阻止。

因此进行网络请求时，需要设置ATS，即在info.plist文件中配置字段。在Xcode中选中info.plist文件，单击鼠标右键，选择【Open As】→【Source Code】命令，如图6-14所示。

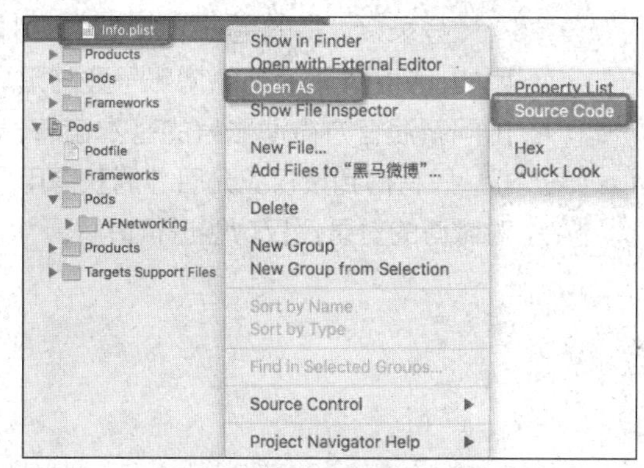

图6-14　打开info.plist文件

在打开的文件中添加如下字段，如图6-15所示。

```
33    <key>UISupportedInterfaceOrientations~ipad</key>
34    <array>
35        <string>UIInterfaceOrientationPortrait</string>
36        <string>UIInterfaceOrientationPortraitUpsideDown</string>
37        <string>UIInterfaceOrientationLandscapeLeft</string>
38        <string>UIInterfaceOrientationLandscapeRight</string>
39    </array>
40    <key>NSAppTransportSecurity</key>
41    <dict>
42        <!--Include to allow all connections (DANGER)-->
43        <key>NSAllowsArbitraryLoads</key>
44        <true/>
45    </dict>
46 </dict>
47 </plist>
```

图6-15　添加的字段

6.3 本章小结

本章首先介绍了网络编程的知识，包括工作原理、URL和HTTP协议及GET和POST请求方法，然后介绍了单例模式的使用，最后封装了网络工具类。通过本章的学习，大家应该掌握如下开发技巧。

（1）理解网络编程的工作原理。

（2）会创建单例对象。

（3）理解封装网络工具类的思想，会封装网络工具类。

7

第 7 章 登录授权

登录授权指的是一个账号可以登录多个软件或者应用，比如，使用新浪官方微博账号登陆黑马微博，黑马微博需要访问新浪官方微博账号的基本信息，这就需要新浪官方授权，只有得到授权应允后才能获得用户账号信息。本章将针对微博的登录授权功能进行讲解。

学习目标

- 了解 OAuth 机制的工作原理
- 会使用 JS 填充用户名和密码
- 会使用 Web View 控件加载网页
- 了解 JSON 文档的结构，会解析 JSON 文档
- 了解沙盒机制，会使用归档技术保存用户信息

7.1 OAuth 机制

7.1.1 OAuth 机制介绍

当某个客户开车到酒店去赴宴，他会因为找停车位而耽误很多的时间。为了解决这个问题，通常豪车会配备两种钥匙：主钥匙和泊车钥匙。到达酒店后，直接将泊车钥匙交给服务生停车就行。

与主钥匙相比较，泊车钥匙的使用功能是受到限制的。它只能启动发动机让车行驶一段有限的距离，能够锁车，无法打开后备箱或者使用其他设备。这样，通过一把泊车钥匙，车主便能够将汽车的部分使用功能授权给服务生。这就体现了一种简单的“开放授权”思想，如图 7-1 所示。

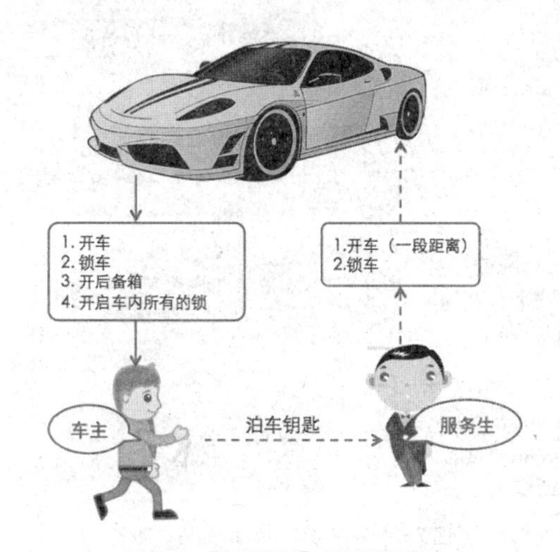

图 7-1　“开放授权”思想的示意图

OAuth（开放授权）是一个安全、开放的简单标准，它允许用户提供一个令牌，让第三方应用程序访问该用户在某一网站上存储的私密的资源，例如照片、视频、联系人列表等，而无须将用户名和密码提供给第三方应用。每一个令牌授权某个网站，在某个特定的时段内访问特定的资源。

7.1.2 OAuth 机制的使用流程

OAuth 在全世界使用极其广泛，目前比较流行的版本是 2.0 版，它有着自己的一套使用规范。OAuth 2.0 主要涉及 4 个重要的角色，分别为客户端 App、用户、授权服务器、资源服务器，具体介绍如下。

- 客户端App：要访问服务提供方资源的第三方应用。
- 用户：存放在服务提供方的受保护的资源的拥有者。
- 授权服务器：它认证用户的身份，为用户提供授权审批流程，并且最终颁发授权令牌（Access Token）。
- 资源服务器：用户使用服务提供方来存储受保护的资源，如照片、视频、联系人列表。

客户端 App 首先要到服务提供方注册一个应用账号，当需要操作用户在服务提供方存放的数据时，提供应用账号和密码申请授权。服务提供方将用户引导到授权页面，当授权成功后，服务提供方将对应该用户的访问令牌发给 App，随后 App 就使用这个令牌来操作用户数据。

7.1.3 新浪微博的 Oauth 2.0 授权机制

目前，新浪微博平台用户身份鉴权采用的是 OAuth 2.0 授权机制，相对更加简单、更加安全。为了更好地理解 OAuth 2.0 授权机制及其在新浪微博平台的使用，下面通过一张图来描述，如图 7-2 所示。

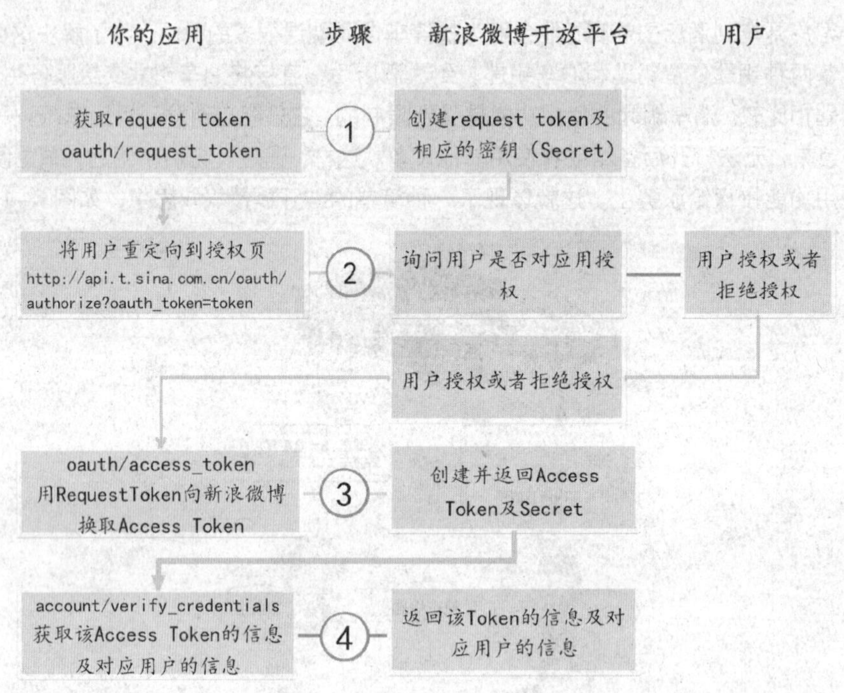

图 7-2　新浪微博 OAuth 的基本流程

图 7-2 是新浪微博 OAuth 的使用流程。由图可知，要从微博的服务器获取到用户的信息，例如头像和名称，需要经历如下 4 个步骤。

第 1 步：

应用向服务提供方申请请求令牌（Request Token），服务提供方验证通过后将令牌返回。这个步骤由于涉及应用账号密码，在应用的服务端发起，所以这个步骤对用户透明。

第 2 步：

应用使用请求令牌让浏览器重定向到服务提供方进行登录验证和授权。服务提供方校验请求令牌，将第三方的资料显示给用户，提示用户选择同意或拒绝此次授权。如果用户同意授权，发放已授权令牌并将用户引导到当前应用的注册地址。

第 3 步：

用已授权令牌向服务提供方换取访问令牌。第三方应用需在服务端发起请求，用账号密码和上一步的令牌换取访问令牌，这个步骤对用户而言也是透明的。

第 4 步：

用 ATOK 作为令牌访问受保护资源。在这一步，除了校验 ATOK 的合法性之外，服务提供方还需对该 ATOK 是否拥有足够的权限执行被保护操作进行判断。

7.2 获取访问令牌

用户单击访客视图的“登录”按钮，会弹出登录新浪微博的界面。在登录界面输入账号和密码后，会弹出用户授权的界面，具体流程如图 7-3 所示。

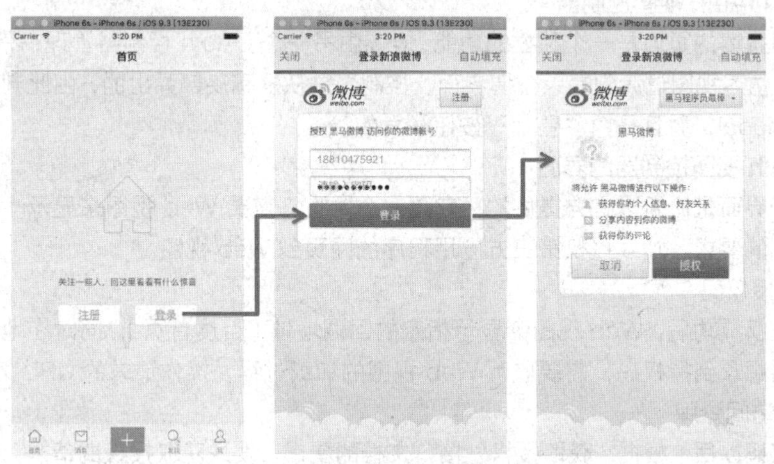

图 7-3 用户登录授权的流程

关于图 7-3 的流程介绍如下。

（1）单击访客视图的“登录”按钮，屏幕底部弹出微博官方提供的登录界面。

（2）单击左上角的“关闭”按钮，“登录新浪微博”的窗口缩回到屏幕底部，返回到访客视图。

（3）单击右上角的“自动填充”按钮，可以自动填充账号和密码，也可以手动输入注册的微博账号和密码。

（4）在“登录新浪微博”的界面，微博官方会自行根据注册过的信息，核对账号和密码的正确性，开发者无须处理这块的逻辑。

（5）如果账号和密码全部正确，单击底部的“登录”按钮，会显示授权第三方应用的界面。

（6）单击“取消”按钮，控制台输出“取消授权”的提示信息；单击“授权”按钮，控制台会输出访问令牌的信息。

7.2.1 分析如何获取访问令牌

要想拿到新浪服务器上的用户信息，需要经过用户授权，允许第三方应用程序获取该用户的信息，同时获得访问令牌。关于 OAuth 授权机制的操作，新浪开发平台提供了相关的接口文档，如图 7-4 所示。

OAuth2（开发指南）		
请求授权	oauth2/authorize	请求用户授权Token
获取授权	oauth2/access_token	获取授权过的Access Token
授权查询	oauth2/get_token_info	查询用户access_token的授权相关信息
替换授权	oauth2/get_oauth2_token	OAuth1.0的Access Token更换至OAuth2.0的Access Token
授权回收	OAuth2/revokeoauth2	授权回收接口，帮助开发者主动取消用户的授权

图 7-4 OAuth2 开发指南

图 7-4 是新浪开发平台提供的 OAuth 接口文档。由图可知，OAuth 授权主要有请求授权和获取授权两个过程。请求授权是指第三方应用程序发送请求，用户需要登录新浪微博官方网站，授权该应用程序能够访问用户信息，同时交出一个授权码；获取授权是指第三方应用程序发送获取请求，通过前面获得的授权码，拿到访问令牌。

要完成上述两个过程，可以按照如下步骤实现。

1. 加载 OAuth 视图控制器

登录新浪微博的页面是一个独立的功能，应该由另一个 OAuth 控制器管理，需要新建 OAuth 视图控制器。访客视图过渡到登录微博界面，控制器是从屏幕底部弹出的，由此判断出控制器的跳转方式为 Modal，并且是由“登录”按钮触发的。

2. OAuth 视图控制器的界面

登录微博界面是由新浪官方提供的，它是一个网页，需要 Web 视图来显示。根据“请求授权”接口文档的要求，加载授权第三方应用程序的网页到 Web 视图。

3. 提取授权码

当用户授权成功后，Web 视图会显示指定的回调地址（百度首页），同时在地址的后面附带着授权码。要想拿到授权码，需要监听 Web 视图的加载过程，操作请求的 URL 路径信息。

4. 获取访问令牌

拿到授权码以后，根据“获取授权”接口文档的要求，发送获取授权的请求。如果没有出现任何网络错误，会出现如接口文档展示的返回数据，里面包含了访问令牌。

7.2.2 了解什么是 Web 视图

在 iOS 中，Web 视图使用 UIWebView 类表示，它是一个内置浏览器控件，用于浏览网页或者文档。UIWebView 可以在应用中嵌入网页的内容，通常情况下是 HTML 格式，它也支持加载 PDF、DOCX、TXT 等格式的文件。接下来，通过一张图来描述 UIWebView 的使用场景，如图 7-5 所示。

图 7-5 微信的帮助文档

图 7-5 显示的是微信应用的帮助文档，由图可知，UIWebView 主要用于加载静态页面，这是应用程序显示内容的一种方式，iPhone 的 Safari 浏览器就是通过 UIWebView 实现的。

要想在程序中使用 UIWebView 加载网页，最简单的方式是直接将对象库中的 Web View 拖曳到程序界面中，还可以通过代码创建 UIWebView 类的对象实现，UIWebView 类定义了一些常用的属性，如表 7-1 所示。

表 7-1　UIWebView 的常用属性

属性声明	功能描述
unowned(unsafe) public var delegate:UIWebViewDelegate?	设置代理
public var request: NSURLRequest? { get }	请求的网址
public var dataDetectorTypes: UIDataDetectorTypes	需要进行检测的数据类型
public var canGoBack: Bool { get }	是否能够回退
public var canGoForward: Bool { get }	是否能够前进
public var loading: Bool { get }	是否正在加载
public var scalesPageToFit: Bool	是否缩放内容至适应屏幕当前的尺寸

表 7-1 中列举了 UIWebView 一些常见的属性。其中，delegate 为代理属性，如果一个对象想要监听 Web 视图的加载过程，例如 Web 视图完成加载，该对象可以成为 Web 视图的代理来实现监听，但是前提是要遵守 UIWebViewDelegate 协议，该协议的定义格式如下。

```
public protocol UIWebViewDelegate : NSObjectProtocol {
    // 当 Web 视图被指示载入内容时会得到通知
    @available(iOS 2.0, *)
    optional public func webView(webView: UIWebView,
    shouldStartLoadWithRequest request: NSURLRequest, navigationType:
    UIWebViewNavigationType) -> Bool
    // 当 Web 视图已经开始发送一个请求后会得到通知
    @available(iOS 2.0, *)
    optional public func webViewDidStartLoad(webView: UIWebView)
    // 当 Web 视图请求完毕时会得到通知
    @available(iOS 2.0, *)
    optional public func webViewDidFinishLoad(webView: UIWebView)
    // 当 Web 视图在请求加载中发生错误时会得到通知
    @available(iOS 2.0, *)
    optional public func webView(webView: UIWebView, didFailLoadWithError
    error: NSError?)
}
```

从上述代码可以看出，UIWebViewDelegate 声明了 4 个供代理监听的方法，这些方法会在不同的状态下被调用。例如，webViewDidFinishLoad:方法是 Web 视图完成一个请求的加载时调用的方法。

7.2.3 使用 Web 视图加载登录授权页面

根据前面介绍的授权界面得知，它是由新浪官方提供的网页，需要使用 Web 视图呈现。为此，我们先要为界面布置控制器，并且让控制器的 view 是 Web 视图，然后按照接口文档加载页面，具体内容如下。

1. 加载 OAuth 视图控制器

在 View 目录下添加一个“OAuth”分组，选中 OAuth 分组，新建一个处理授权的 OAuthView Controller 类，继承自 UIViewController。添加完的目录结构如图 7-6 所示。

图 7-6 此时的目录结构

单击访客视图的“登录”按钮，跳转到登录新浪微博的界面。在 VisitorTableViewController 的 setupVisitorView()方法的末尾，为“登录”按钮设置单击的监听方法，具体代码如下。

```
// 添加监听方法
visitorView?.registerButton.addTarget(self,
    action:#selector(VisitorTableViewController.visitorViewDidRegister),
    forControlEvents: UIControlEvents.TouchUpInside)
visitorView?.loginButton.addTarget(self, action:
    #selector(VisitorTableViewController.visitorViewDidLogin),
    forControlEvents: UIControlEvents.TouchUpInside)
```

值得一提的是，由于登录按钮限制在外界使用，需要把 private 删除。授权界面只会使用一次，这里采用 Modal 的形式展示出来，作为一个临时窗口来使用。在 VisitorTableViewController 类的扩展中，实现 visitorViewDidLogin()方法，代码如下。

```
// MARK: - 访客视图监听方法
extension VisitorTableViewController {
    func visitorViewDidRegister() {
        print("注册")
    }
    func visitorViewDidLogin() {
        let vc = OAuthViewController()
        let nav = UINavigationController(rootViewController: vc)
        presentViewController(nav, animated: true, completion: nil)
    }
}
```

2. 替换主视图为 UIWebView

在 OAuthViewController.swift 文件中，定义一个 UIWebView 属性，将它设置为控制器的主视图，加载新浪微博的登录页面。在左上角设置一个“关闭”按钮，用于返回至访客视图，具体代码如下。

```
1 import UIKit
2 class OAuthViewController: UIViewController {
3     private lazy var webView = UIWebView()
4     // MARK: - 监听方法
5     @objc private func close() {
6         dismissViewControllerAnimated(true, completion: nil)
7     }
8     override func loadView() {
9         view = webView
10         // 设置导航栏
11         title = "登录新浪微博"
12         navigationItem.leftBarButtonItem = UIBarButtonItem(title: "关闭",
13         style: .Plain, target: self, action:
14         #selector(OAuthViewController.close))
15     }
16 }
```

在上述代码中，第 3 行定义了懒存储属性 webView，并在第 9 行把它替换为主视图，第 11~14 行代码设置了导航栏的标题、左上角按钮，并且绑定了响应的 close 方法。只要单击“关闭”按钮，就会执行第 5~7 行的代码，调用 dismissViewControllerAnimated 方法返回到访客视图。

3. 拼接请求授权的路径

第三方应用程序要想跳转到微博官方登录的网页，需要发送授权的请求。打开微博开放平台的 API 文档，查看“请求授权”接口的详细信息，如图 7-7 所示。

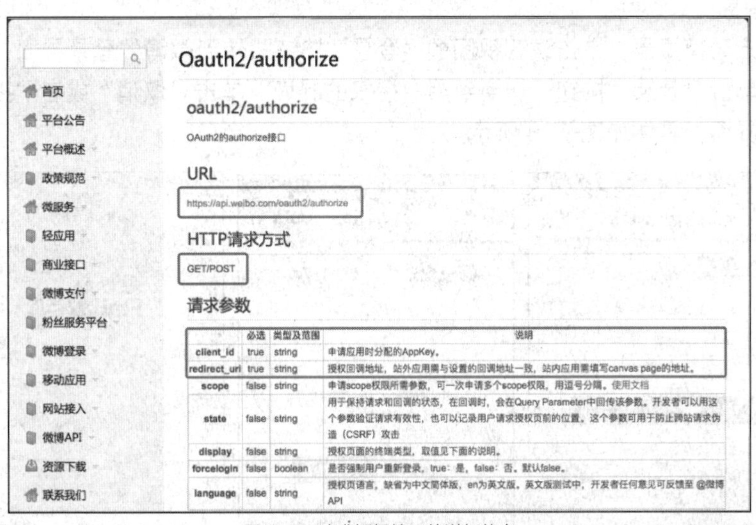

Oauth2/authorize

oauth2/authorize

OAuth2的authorize接口

URL

https://api.weibo.com/oauth2/authorize

HTTP请求方式

GET/POST

请求参数

	必选	类型及范围	说明
client_id	true	string	申请应用时分配的AppKey。
redirect_uri	true	string	授权回调地址，站外应用需与设置的回调地址一致，站内应用需填写canvas page的地址。
scope	false	string	申请scope权限所需参数，可一次申请多个scope权限，用逗号分隔。使用文档
state	false	string	用于保持请求和回调的状态，在回调时，会在Query Parameter中回传该参数。开发者可以用这个参数验证请求有效性，也可以记录用户请求授权页前的位置。这个参数可用于防止跨站请求伪造（CSRF）攻击
display	false	string	授权页面的终端类型，取值见下面的说明。
forcelogin	false	boolean	是否强制用户重新登录，true：是，false：否。默认false。
language	false	string	授权页语言，缺省为中文简体版，en为英文版。英文版测试中，开发者任何意见可反馈至 @微博API

图 7-7　请求授权接口的详细信息

图 7-7 展示了请求授权接口的详细信息。由图可知，URL 是请求授权的基本 URL，它的后面要拼接 client_id 和 redirect_uri 两个参数。

首先，在 NetworkTools.swift 文件中，定义请求令牌时需要的 3 个重要的属性，分别为 AppKey、AppSecret 和回调地址，具体代码如下。

```
// MARK: - 应用程序信息
private let appKey = "3863118655"
private let appSecret = "b94c088ad2cdae8c3b9641852359d28c"
private let redirectUrl = "http://www.baidu.com"
```

然后在 NetworkTools.swift 文件中，通过一个扩展类来拼接请求授权的路径，代码如下。

```
// MARK: - OAuth 相关方法
extension NetworkTools {
    /// OAuth 授权 URL
    var OAuthURL: NSURL {
        let urlString = "https://api.weibo.com/OAuth2/authorize?
                    client_id=\(appKey)&redirect_uri=\(redirectUrl)"
        return NSURL(string: urlString)!
    }
}
```

4. 加载登录微博界面

切换到 OAuthViewController.swift 文件中，在 viewDidLoad()方法中，调用 loadRequest 方法加载微博登录页面，具体代码如下。

```
override func viewDidLoad() {
    super.viewDidLoad()
    // 加载页面
    self.webView.loadRequest(NSURLRequest(URL:
    NetworkTools.sharedTools.OAuthURL))
}
```

5. 运行程序

运行并且启动模拟器，单击访客视图的“登录”按钮跳转到微博的登录界面，输入用户的账号和密码后，单击“登录”按钮，切换到用户授权的界面。单击“取消”或者“授权”按钮，都会跳转到百度界面，具体如图 7-8 所示。

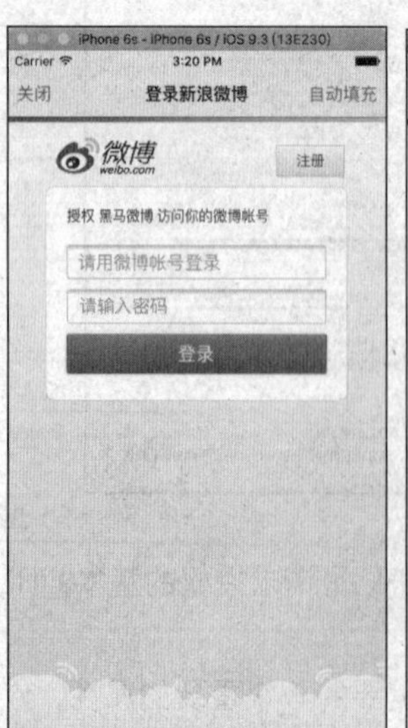

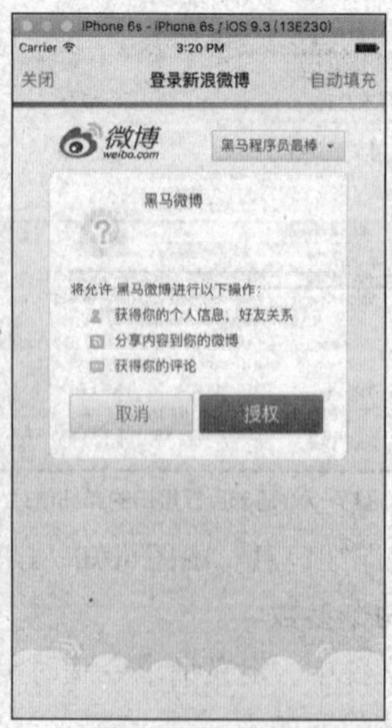

图 7-8 程序的运行结果

7.2.4　利用 JS 注入填充用户名和密码

登录新浪微博的时候，需要频繁地输入账号和密码，而且也没有智能提示或者记住密码的功能，相对而言是相当烦琐的。为了解决这个问题，可以利用 JavaScript 语言，通过 Web 注入的方式填充账号和密码。下面通过 Safari 演示 JavaScript 注入的技巧，具体流程如下。

（1）根据 URL 路径的格式要求，在“请求授权”的路径后面拼接 client_id 和 redirect_uri 两个参数。在 Safari 地址栏中输入 https://api.weibo. com/ OAuth2/authorize?client_id=3794366188&redirect_uri=http://www.baidu.com 地址，按回车键后显示的页面如图 7-9 所示。

图 7-9　Safari 显示微博登录和授权页面

（2）在 Safari 对应的菜单栏中，选择【开发】→【显示网页检查器】命令，窗口的底部显示当前网页对应的 HTML 文件，它是使用 JavaScript 语言编写的，如图 7-10 所示。

图 7-10　Safari 显示授权微博页面

（3）要想自动填充账号和密码，需要找到编写两个输入框的代码。单击图 7-10 中的 [图标] 图标，将鼠标移动到输入框的位置，会看到编写输入框的代码。单击“账号”对应的输入框，定位到编写该输入框的代码位置，如图 7-11 所示。

图 7-11　定位到“账号”输入框的代码位置

（4）图 7-11 中的“id”就是该输入框的名称。在最下面的右箭头位置输入“document.getElementById('userId')”，按回车键后如图 7-12 所示。

图 7-12　输入代码后的界面

（5）图7–12的控制台显示了“userId”元素的信息，说明拿到了“账号”输入框。依然在最下面输入“document.getElementById('userId').value = '账号名称';”，按回车键后，“账号”文本框自动填充了设定的账号名称，如图7–13所示。

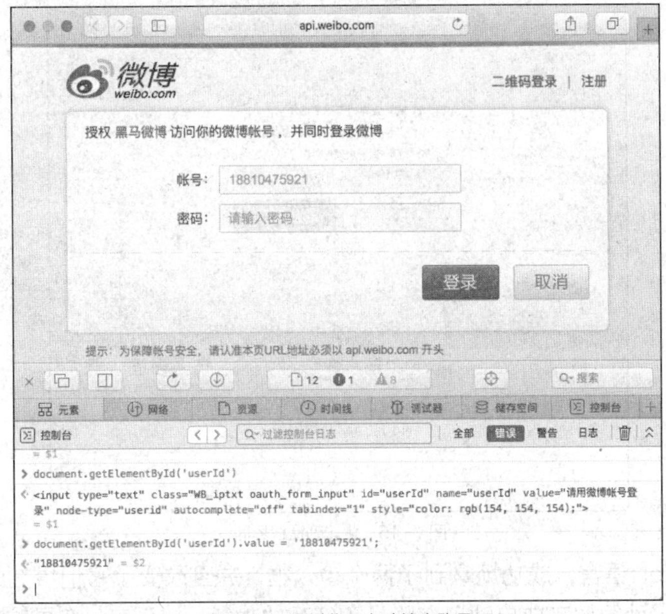

图7–13　通过代码自动填充账号

（6）图7–13自动填充了账号，这说明实现了自动填充账号的功能。按照同样的方式，在最下面的位置输入“document.getElementById('passwd').value = '密码';”，实现“密码”文本框的自动填充效果，如图7–14所示。

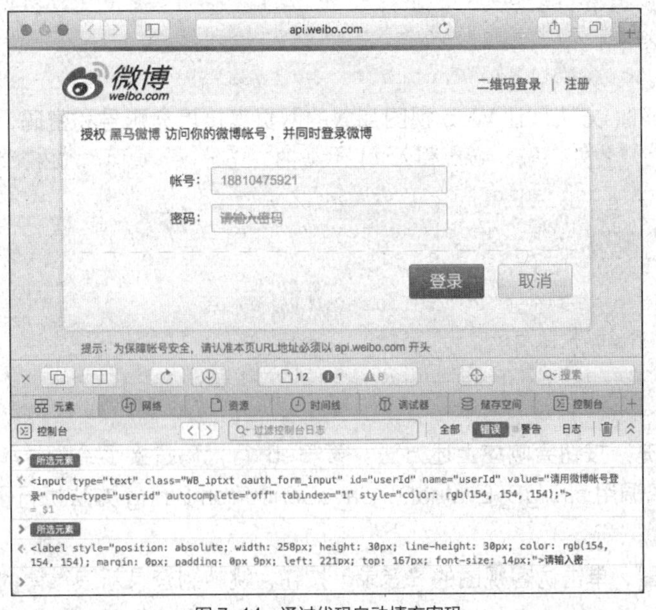

图7–14　通过代码自动填充密码

（7）只有手动输入密码的时候，占位文字才会隐藏。单击图7–14的“登录”按钮，成功地跳转到授权的页面，如图 7-15 所示。

图 7-15 跳转到授权界面

通过 JavaScript 语言，成功地拿到了两个输入框，并且改变了它们填充的内容。因此，可以借助这门语言，帮助微博完成自动填充账号和密码的功能。接下来，在导航栏右上角增加“自动填充”按钮，单击后会在输入框插入账号和密码，具体步骤如下。

（1）切换至 OAuthViewController.swift 文件，在 loadView()方法的末尾位置，给导航栏增加右上角的按钮，并且给按钮添加响应方法，具体代码如下。

```
navigationItem.rightBarButtonItem = UIBarButtonItem(title: "自动填充",
style: .Plain, target: self,
action: #selector(OAuthViewController.autoFill))
```

（2）实现 autoFill()方法，让 Web 视图加载的网页直接填充账号和密码，具体代码如下。

```
1 /// 自动填充用户名和密码— web 注入（以代码的方式向 web 页面添加内容）
2 @objc private func autoFill() {
3     let js = "document.getElementById('userId').value =
4     '18810475921';" +
5     "document.getElementById('passwd').value = '******';" // *代表密码
6     // 让 webView 执行 js
7     webView.stringByEvaluatingJavaScriptFromString(js)
8 }
```

单击“自动填充”按钮会响应上述方法。第 3~5 行代码拼接了给账号和密码文本框赋值的字符串，第 7 行代码调用 stringByEvaluatingJavaScriptFromString 方法执行了 JavaScript 语句，替换了输入框的值。

（3）启动模拟器，单击访客视图的“登录”按钮，跳转到登录新浪微博的界面，这时输入文本框是没有内容的。单击右上角的“自动填充”按钮，两个文本框同时插入了账号和密码，如图 7-16 所示。

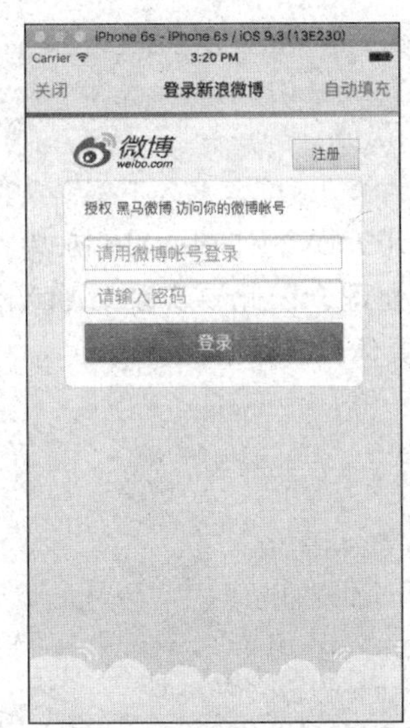

图 7-16　程序的运行结果

7.2.5　获取授权码（code）

用户授权成功后，无论是取消或者允许授权，都会重定向跳转到指定回调的百度网页。唯一不同的是，授权后的百度网址后面会附带授权码的参数，可以从 API 文档的返回数据看到，如图 7-17 所示。

返回数据

返回值字段	字段类型	字段说明
code	string	用于第二步调用oauth2/access_token接口，获取授权后的access token。
state	string	如果传递参数，会回传该参数。

示例

```
//请求
https://api.weibo.com/oauth2/authorize?client_id=123050457758183&redirect_uri=http://www.example.com/response&response_type=code

//同意授权后会重定向
http://www.example.com/response&code=CODE
```

图 7-17　接口返回的数据

图 7-17 是请求授权后的返回数据。由图可知，code 字段以参数的格式拼接到回调地址的后面。接下来，我们需要拦截回调的请求，截取出后面的 CODE（授权码），具体的实现步骤如下。

1. 监听 Web 视图

要想监听 Web 视图加载的状态，OAuthViewController 类需要遵守 UIWebViewDelegate 协议，成为 Web 视图的代理。切换到 OAuthViewController.swift 文件，在 loadView()方法中设置 webView 的代理对象为 OAuthViewController 类，更改后的代码如下。

```
1 // MARK: - 设置界面
2 override func loadView() {
3     view = webView
4     // 设置代理
5     webView.delegate = self
6     // 设置导航栏
7     title = "登录新浪微博"
```

```
8        navigationItem.leftBarButtonItem = UIBarButtonItem(title: "关闭",
9        style: .Plain, target: self, action:
10       #selector(OAuthViewController.close))
11   }
```

增加 OAuthViewController 类的扩展，遵守 UIWebViewDelegate 协议。当 Web 视图将要加载请求的时候，需要拦截请求的路径信息筛选处理，因此要实现 webView(webView:shouldStartLoadWithRequest: navigationType:)方法，具体代码如下。

```
1 // MARK: - UIWebViewDelegate
2 extension OAuthViewController: UIWebViewDelegate {
3     /// 将要加载请求的代理方法
4     /// - parameter webView:        webView
5     /// - parameter request:        将要加载的请求
6     /// - parameter navigationType: navigationType，页面跳转的方式
7     /// - returns: 返回 false 不加载，返回 true 继续加载
8     /// 如果 iOS 的代理方法中有返回 bool，通常返回 true 很正常
9     /// 返回 false 不能正常工作
10    func webView(webView: UIWebView, shouldStartLoadWithRequest request:
11    NSURLRequest, navigationType: UIWebViewNavigationType) -> Bool {
12        return true
13    }
14 }
```

在上述代码中，第 10~12 行代码是 Web 视图将要加载请求时激发的方法，该方法共有 3 个参数，其中 request 表示 Web 视图加载网页时发送的请求信息，它里面包含着 URL 信息。

2. 筛选 URL，提取授权码

在将要加载请求的方法中，判断访问的主机地址是否为“www.baidu.com”，进而再判断路径里面是否带有 code 参数。如果有 code 参数，就截取 code 字符串。对 OAuthViewController 类扩展中的 webView 进行修改，修改后的代码如下。

```
1  /// 将要加载请求的代理方法
2  func webView(webView: UIWebView, shouldStartLoadWithRequest request:
3  NSURLRequest, navigationType: UIWebViewNavigationType) -> Bool {
4      // 目标：如果地址是 www.baidu.com，就不加载请求
5      // 1. 判断访问的主机是否是 www.baidu.com
6      guard let url = request.URL where url.host == "www.baidu.com" else{
7          return true
8      }
9      // 2. 从 url 中提取“code=”是否存在
10     guard let query = url.query where query.hasPrefix("code=") else{
11         print("取消授权")
12         return false
13     }
14     // 3. 从 query 字符串中提取“code=”后面的授权码
15     let code = query.substringFromIndex("code=".endIndex)
```

```
16     print("授权码是 " + code)
17     return false
18 }
```

当 Web 视图将要加载网络请求的时候，会激发上述代码。其中：

第 6 行代码使用 guard 语句守护 URL 的主机地址，如果它不是以“www.baidu.com”开头，执行第 7 行代码继续加载，反之就继续向下一步判断。

第 10 行同样使用 guard 语句守护 URL 后面的查询字符串，如果该字符串不是以“code=”开头，表示用户取消了授权，执行第 11~12 行代码停止加载，反之继续下一步提取授权码的操作。

第 15 行代码调用 substringFromIndex 方法，截取了查询部分中“code=”后面的字符串，使用 print 函数打印输出，返回 false 终止加载请求。

3. 查看授权码信息

运行程序，在控制台打印了 code 的信息，如图 7-18 所示。

图 7-18 控制台输出的结果

7.2.6 获取访问令牌（access_token）

拿到授权码，就可以到授权服务器请求访问令牌。再次打开获取授权的 API 文档，进入详细接口信息的页面，如图 7-19 所示。

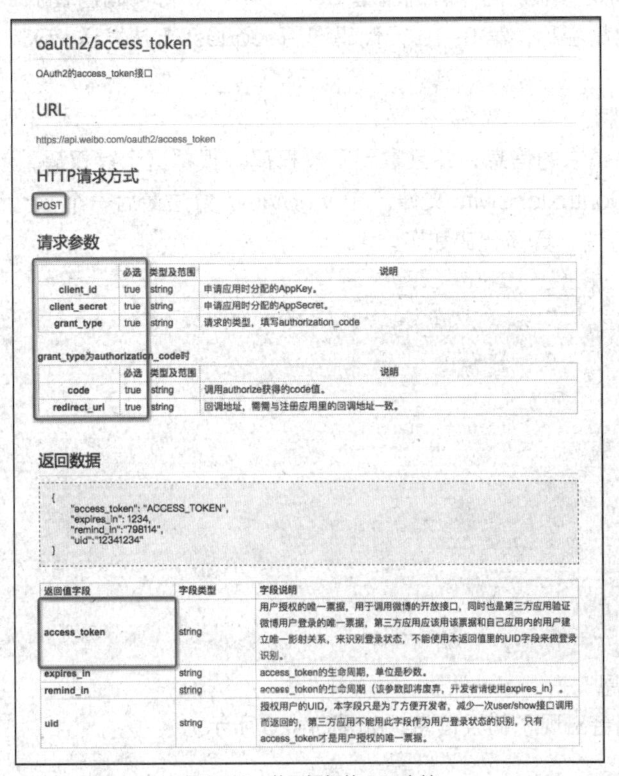

oauth2/access_token

OAuth2的access_token接口

URL

https://api.weibo.com/oauth2/access_token

HTTP请求方式

POST

请求参数

	必选	类型及范围	说明
client_id	true	string	申请应用时分配的AppKey。
client_secret	true	string	申请应用时分配的AppSecret。
grant_type	true	string	请求的类型，填写authorization_code

grant_type为authorization_code时

	必选	类型及范围	说明
code	true	string	调用authorize获得的code值。
redirect_uri	true	string	回调地址，需需与注册应用里的回调地址一致。

返回数据

```
{
    "access_token": "ACCESS_TOKEN",
    "expires_in": 1234,
    "remind_in":"798114",
    "uid":"12341234"
}
```

返回值字段	字段类型	字段说明
access_token	string	用户授权的唯一票据，用于调用微博的开放接口，同时也是第三方应用验证微博用户登录的唯一票据，第三方应用应该用该票据和自己应用内的用户建立唯一影射关系，来识别登录状态，不能使用本返回值里的UID字段来做登录识别。
expires_in	string	access_token的生命周期，单位是秒数。
remind_in	string	access_token的生命周期（该参数即将废弃，开发者请使用expires_in）。
uid	string	授权用户的UID，本字段只是为了方便开发者，减少一次user/show接口调用而返回的，第三方应用不能用此字段作为用户登录状态的识别，只有access_token才是用户授权的唯一票据。

图 7-19 获取授权的 API 文档

图 7-19 是获取授权的接口信息。由图可知，获取访问令牌需要使用 POST 方法，而且需要传递 5 个请求参数，分别为 client_id（AppKey）、client_secret（AppSecret）、grant_type（填写 authorization_code）、code（授权码）和 redirect_uri（回调地址）。从返回数据中可以看到 access_token 字段，其对应的值就是最终要拿到的访问令牌。

按照上述文档的要求操作，获得当前登录用户的访问令牌信息，具体实现步骤如下。

1. 增加访问令牌的方法

加载访问令牌属于网络的范畴，也需要在工具类里面实现。切换至 NetworkTools.swift 文件，在新增加的类扩展中，添加加载访问令牌的方法，具体代码如下。

```
1 /// 加载 AccessToken
2 func loadAccessToken(code: String, finished: HMRequestCallBack) {
3     let urlString = "https://api.weibo.com/OAuth2/access_token"
4     let params = ["client_id": appKey,
5                   "client_secret": appSecret,
6                   "grant_type": "authorization_code",
7                   "code": code,
8                   "redirect_uri": redirectUrl]
9     request(.POST, URLString: urlString, parameters: params, finished:
10         finished)
11 }
```

在上述代码中，loadAccessToken 方法需要传递 2 个参数，其中 code 表示前面提取出来的授权码。第 3 行代码是获取访问令牌的基本 URL，第 4~8 行代码包装了 1 个字典，字典的每个 Key 对应着请求参数的名称，第 9~10 行代码调用 request 方法发送 POST 请求，到授权服务器拿访问令牌。

2. 加载访问令牌

前面拦截了网络请求的信息，并且拿到了授权码。根据这个授权码，就可以加载访问令牌。切换至 OAuthViewController.swift 文件，在 webView 方法最后一个 return 前，调用工具类的 loadAccessToken 方法，具体代码如下。

```
//  加载 accessToken
NetworkTools.sharedTools.loadAccessToken(code) {
    (result, error) -> () in
    // 1> 判断错误
    if error != nil {
        print("出错了")
        return
    }
    // 2> 输出结果
    print(result)
}
```

3. 处理错误信息

运行程序，控制台出现了错误信息，如图 7-20 所示。

```
    "api-server-ip" = "10.75.25.86";
} }, NSErrorFailingURLKey=https://api.weibo.com/oauth2/access_token,
com.alamofire.serialization.response.error.data=<7b226163 63657373 5f746f6b
656e223a 22322e30 306b356b 45744356 62386633 43313562 65353937 31623174
34733547 42222c22 72656d69 6e645f69 6e223a22 31353736 37393939 39222c22
65787069 7265735f 696e223a 31353736 37393939 392c2275 6964223a 22323634
36303935 38313422 7d>, NSLocalizedDescription=Request failed: unacceptable
content-type: text/plain})
出错了
```

图 7-20　不支持 text/plain 的错误信息

出现上述错误信息，原因在于反序列化的数据不支持“text/plain”格式，也就是纯文本格式。在 NetworkTools.swift 文件中创建网络单例的部分，设置反序列化数据格式，具体代码如下。

```
1 // 单例
2 static let sharedTools: NetworkTools = {
3     let tools = NetworkTools(baseURL: nil)
4     // 设置反序列化数据格式 - 系统会自动将 OC 框架中的 NSSet 转换成 Set
5     tools.responseSerializer.acceptableContentTypes?.
6         insert("text/plain")
7     return tools
8 }()
```

在上述代码中，第 5~6 行代码是新增加的代码，调用 insert 方法让网络工具能够响应纯文本类型。

4. 运行程序

运行程序，控制台输出了与接口对应的返回数据信息，如图 7-21 所示。

```
Optional({
    "access_token" = "2.00k5kEtCVb8f3C15be5971b1t4s5GB";
    "expires_in" = 157679999;
    "remind_in" = 157679999;
    uid = 2646095814;
})
```

图 7-21　控制台输出的结果

我们可以访问获取当前登录用户的最新微博来确认访问令牌是否可用，通过浏览器访问“https://api.weibo.com/2/statuses/home_timeline.json? access_token=访问令牌”，发现浏览器显示出了用户关注的最新微博，具体如图 7-22 所示。

图 7-22　Safari 展示的微博信息

7.3 加载用户信息

7.2 节实现了新浪微博的授权，并且获得了接口返回的数据。根据图 7-21 打印数据的结果可知，接口的数据封装到一个 JSON 对象中，它包括如下 4 个键值对。

- access_token：访问令牌。用户授权的唯一票据，用于调用微博的开放接口。
- expires_in：access_token的生命周期，单位是秒数。
- remind_in：同上。该参数即将废弃，开发者请使用expires_in。
- uid：授权用户的UID。

新浪官方提供的接口文档中，几乎都会使用到访问令牌。为了后续能在其他接口中使用，这里需要把这些信息保存到模型里面。本节讲解的是如何把 JSON 对象解析成字典，再把字典转换成模型，以便保存访问令牌的信息。

7.3.1 了解 JSON 文档的结构

JSON（JavaScript Object Notation）是一种轻量级的数据交换格式，它采用完全独立于语言的文本格式，使用了 C 语言家族的习惯，使其成为理想的数据交换语言。

所谓轻量级，是指与 XML 文档结构相比而言，描述项目的字符少，故描述相同数据所需的字符个数要少，传输速度就会提高，从而减少用户的流量。JSON 文档主要分为两种结构，分别为对象和数组，详细介绍如下。

1. 对象

对象表示为“{}”括起来的内容，数据结构为{key：value，key：value，… }的键值对，其中，key 为对应的属性，value 为该属性对应的值。若要获取值，直接通过“对象.属性”来获取该属性的值。JSON 对象的语法表如图 7-23 所示。

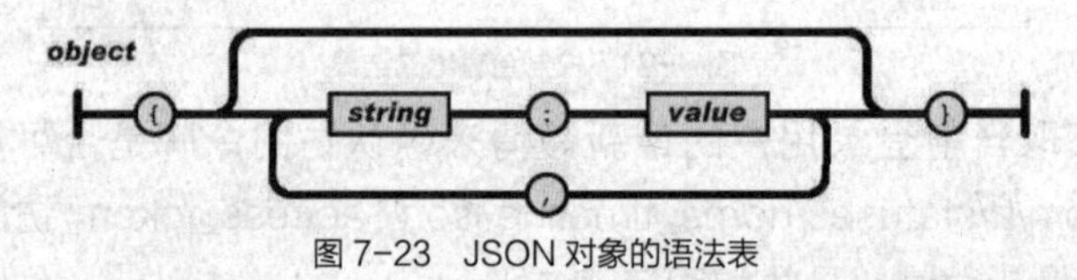

图 7-23 JSON 对象的语法表

下面是一个 JSON 对象的例子。

```
{
    "name" : "Jay",
    "age" : 30,
    "sex" : ture
}
```

在上述示例中，JSON 对象类似于字典类型，可读性更好。它是一个无序的集合， key 必须使用双引号，值之间使用逗号隔开，value 可以是数值、字符串、数组、对象几种类型的。

2. 数组

数组表示为“[]”（中括号）括起来的内容，数据结构为“[value, value, value,…]”。它是值的有序集合，取值方式与其他语言一样，根据索引获取即可。JSON 数组的语法表如图 7-24 所示。

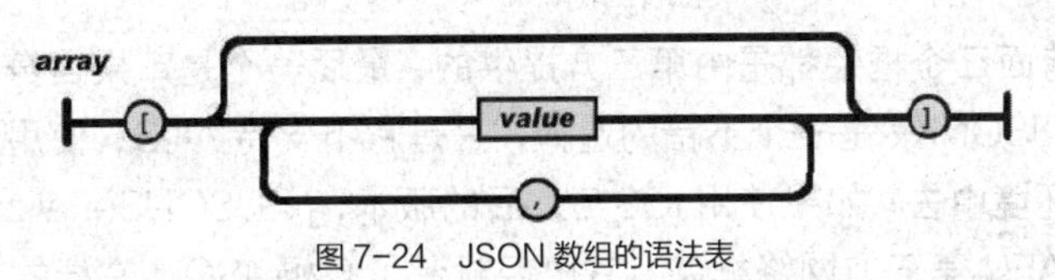

图7-24　JSON 数组的语法表

下面是一个 JSON 数组的例子。

```
["it", "cast", "itcast"]
```

在上述示例中，值之间同样使用逗号隔开，value 可以是双引号括起来的字符串、数值、true、false、null、对象或者数组，而且这些结构可以嵌套，如图 7-25 所示。

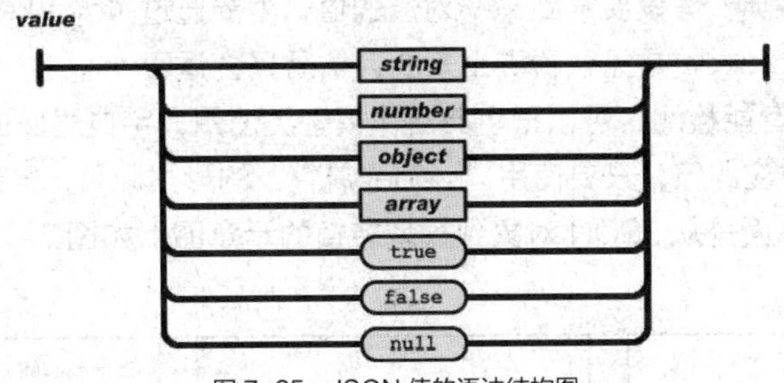

图7-25　JSON 值的语法结构图

7.3.2　解析 JSON 文档

将数据从 JSON 文档读取处理的过程称之为“解码”过程，即解析和读取过程。要想解析 JSON 文档，挖掘出具体的数据，需要将 JSON 转换为 OC 数据类型。接下来，通过一张表来比较 JSON 与 OC 类型，如表 7-2 所示。

表 7-2　JSON 与 OC 转换对照表

JSON	OC
{}（大括号）	NSDictionary
[]（中括号）	NSArray
“”（双引号）	NSString
数字	NSNumber

由于 JSON 技术比较成熟，在 iOS 平台上，也有很多框架可以进行 JSON 的编码或者解码，常见的解析方案有如下 4 种。

- SBJson：它是一个比较老的JSON编码或解码框架，该框架现在更新仍然很频繁，支持ARC，源码下载地址为https://github.com/stig/json-framework。
- TouchJSON：它也是比较老的一个框架，支持ARC和MRC，源码下载地址为https://github.com/TouchCode/TouchJSON。
- JSONKit：它是更为优秀的JSON框架，它的代码很小，但是解码速度很快，不支持ARC，源码下载地址为https://github.com/johnezang/ JSONKit。
- NSJSONSerialization：它是iOS 5之后苹果提供的API，是目前非常优秀的JSON编码或解码框架，支持ARC，iOS之后的SDK已经包含了这个框架，无须额外安装或者配置。

上述框架中，前面三个框架都是由第三方提供的，最后一个是苹果自身携带的。如果要考虑 iOS 5 之前的版本，JSONKit 是一个不错的选择，只是它不支持 ARC，使用起来有点麻烦，需要安装和配置到工程环境中去；如果使用 iOS 5 之后的版本，NSJSONSerialization 应该是首选的。

本项目使用了 AFN 第三方网络框架，它已经封装了解析 JSON 文档的功能，默认会把接口返回的数据转换成字典类型，大大提高了开发效率。

7.3.3 了解字典转模型的机制

网络上提供的接口，大部分返回的都是 JSON 格式的文档，里面包含有多个 JSON 对象，它们最终都会转换成字典。假设要拿到 key 对应的值，需要通过“dict[key]”的形式获取，一旦 key 出现了编写错误，Xcode 是无法检测出来的，最后只会返回 nil。

为了让 Xcode 能智能检测，可以把字典当作模型类使用，字典里面的 key 就是模型类的属性。假设要拿到属性对应的值，只要使用“model.属性”的形式即可，同时会出现智能提示。为了大家更好地理解，下面是从 JSON 对象到模型转换的示意图，如图 7-26 所示。

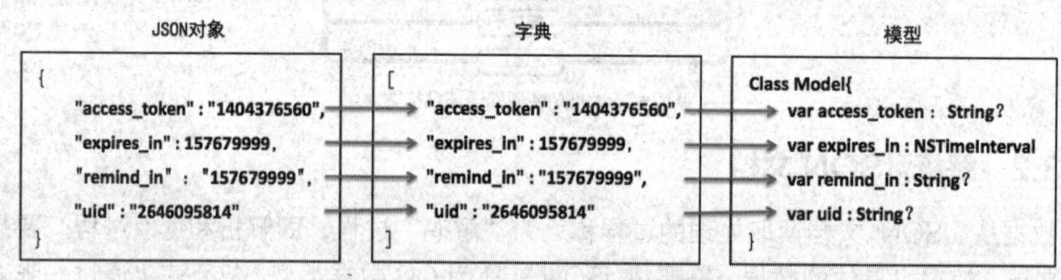

图 7-26 从 JSON 对象到模型的示意图

图 7-26 介绍了从 JSON 对象到字典、字典到模型的转换流程图。由图可知，模型中的属性名称对应着字典里面的 key，属性的类型是 value 所属的类型。如果有 N 个结构与图 7-26 相同的 JSON 对象，就可以转换成 N 个字典。由于字典的 key 没有发生变化，value 发生了变化，依然可以使用 N 个模型描述字典。

模型的目的在于保存应用程序的数据，便于外界访问。前面仅仅记录了 key 对应的属性，那么如何让这些属性记录 value 呢？通常情况下，模型类会向外界提供一个构造函数，该函数带有 1 个 Dictionary 类型的参数，用于接收外界传递过来的字典。

上述做法体现了封装的特性，将模型内部的任何细节屏蔽起来，外界只需要按照要求传递 1 个字典，模型会直接将字典转换为模型返回。下面是一个示例代码。

```
1 init(dict: [String: AnyObject]) {
2     super.init()
3     setValuesForKeysWithDictionary(dict)
4 }
```

上述代码中，第 2 行代码首先通过 super.init()调用父类的构造函数，保证了对象已经被创建完成。第 3 行代码调用了 setValuesForKeysWithDictionary 方法，使用 KVC 技巧给字典全部的 key 赋值，无须手动给全部的属性赋值，大大地提高了开发的效率。

需要注意的是，使用上述方法赋值固然比较简单，不过需要保证所有的 key 都是存在的，否则会出现报错信息。在实际开发中，JSON 对象里面的 key 不一定都要使用到。为了避免出现报错信息，KVC 提供了处理不存在 key 的方法，具体代码如下。

```
public func setValue(value: AnyObject?, forUndefinedKey key: String)
public func valueForUndefinedKey(key: String) -> AnyObject?
```

只要重写了 setValue(value: forUndefinedKey:)或者 valueForUndefinedKey(key:)方法，无须再添加任何其他操作，就可以避免程序报错的情况。

KVC 是 OC 特有的，只是因为 OC 和 Swift 兼容，因此 Swift 中能够使用 KVC 技巧。KVC 的本质是在运行时，动态地给对象发送 1 条 “setValue: ForKey:” 消息设置数值。需要注意的是，必须要有创建好的对象。

7.3.4 创建用户账号模型

在项目的 Model 目录下，创建继承自 NSObject 的用户账户模型 UserAccount，具体步骤如下。

1. 实现字典转模型

根据接口返回的数据，定义属性并进行初始化。另外，remind_in 在模型里面不会被用到，需要重写 setValue(value:forUndefinedKey key:)方法处理不存在的 key，具体代码如下。

```
1 import UIKit
2 class UserAccount: NSObject {
3     /// 用于调用 access_token，接口获取授权后的 access token
4     var access_token: String?
5     /// 当前授权用户的 UID
6     var uid: String?
7     /// access_token 的生命周期，单位是秒数
8     var expires_in: NSTimeInterval = 0
9     init(dict: [String: AnyObject]) {
10        super.init()
11        setValuesForKeysWithDictionary(dict)
12    }
13    override func setValue(value: AnyObject?,
14       forUndefinedKey key: String) {}
15    override var description: String {
16        let keys = ["access_token", "expires_in", "uid"]
17        return dictionaryWithValuesForKeys(keys).description
18    }
19 }
```

在 OAuthViewController 文件中加载 accessToken 时添加如下代码，实现字典转模型，并输出 UserAccount，代码如下。

```
let account = UserAccount(dict: result as! [String:AnyObject])
print(account)
```

需要注意的是，第 15~18 行代码是为了调试程序添加的，用于输出用户的账户信息。添加第 15~18 行代码前后程序的运行结果对比如图 7-27 和图 7-28 所示。

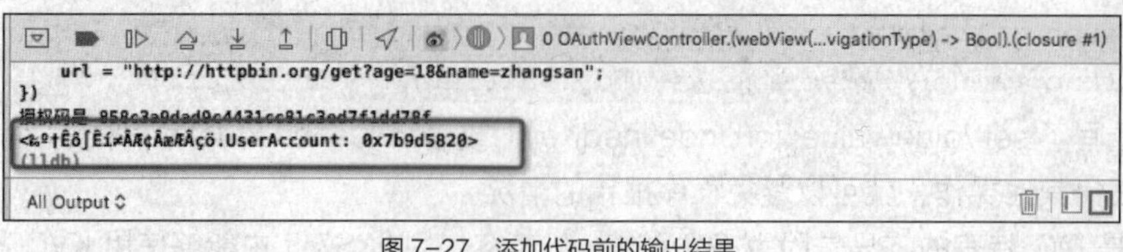

图 7-27　添加代码前的输出结果

图 7-28　添加代码后的输出结果

2. 测试返回数据格式

公司的文档信息中有可能会出现错误。如果直接按照文档定义数据的类型，很可能会出错。例如在定义 var expires_in: NSTimeInterval = 0 时，如果按照文档，则应该定义为 String 类型 var expires_in: String?，这样程序就不能正常运行，所以需要测试数据的返回格式。

因为 AFN 的 POST 方法已经对返回数据进行了反序列化处理，不能从其返回的数据判断数据类型。所以需要将 NetworkTools 中的 request(.POST, URLString: urlString, parameters: params, finished: finished)的调用代码注释，添加如下代码进行测试。

```
// 1> 设置相应数据格式是二进制的
responseSerializer = AFHTTPResponseSerializer()
// 2> 发起网络请求
POST(urlString, parameters: params, success: { (_, result) -> Void in
    // 将二进制数据转换成字符串
    let json = NSString(data: result as! NSData, encoding:
             NSUTF8StringEncoding)
    print(json)
}, failure: nil)
```

运行程序，输出结果如图 7-29 所示。

图 7-29　控制台输出的结果

从图 7-29 中可以看出，expires_in 并不是 String 类型的，remind_in 是 String 类型的。测试完成后，注释刚刚添加的代码，并且将 request 方法的调用代码取消注释。

7.3.5　处理令牌的过期日期

accessToken 是有生命周期的，开发者账号的默认期限是 5 年，一般用户的默认期限是 3 天。由于 expires_in 返回的数值是秒数，表示距离到期时间还有多少秒，不便于阅读。所以在 UserAccount.swift 文件中定义一个变量 expiresDate，并且在获得 expires_in 的返回值后，立刻使用 didSet 计算准确日期，并赋值给 expiresDate。具体代码如下。

```
var expires_in: NSTimeInterval = 0 {
    didSet {
        // 计算过期日期
        expiresDate = NSDate(timeIntervalSinceNow: expires_in)
    }
}
/// 过期日期
var expiresDate: NSDate?
```

在 description 函数中的 keys 数组中加上 expiresDate，代码如下。

```
override var description: String {
    let keys = ["access_token", "expires_in", "expiresDate", "uid", ]
    return dictionaryWithValuesForKeys(keys).description
}
```

运行程序，从输出结果可以看出账号到期的准确时间，这样就可以知道账号的准确有效期时间，具体如图 7-30 所示。

图 7-30　账号到期时间

7.3.6　使用令牌加载用户信息

数据处理完以后，就可以使用访问令牌访问到用户的信息。在 http://open.weibo.com 中，选择【文档】→【API 文档】→【用户接口】→【users/show】命令，具体如图 7-31 所示。

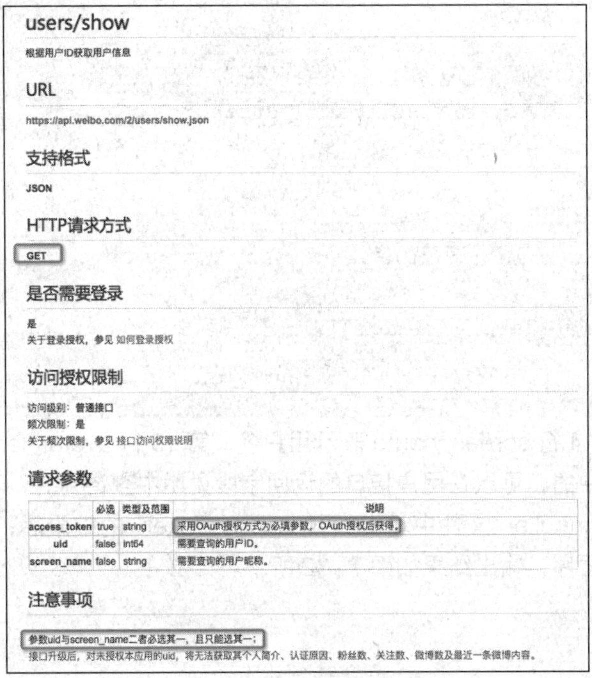

users/show

根据用户ID获取用户信息

URL

https://api.weibo.com/2/users/show.json

支持格式

JSON

HTTP请求方式

GET

是否需要登录

是
关于登录授权，参见 如何登录授权

访问授权限制

访问级别：普通接口
频次限制：是
关于频次限制，参见 接口访问权限说明

请求参数

	必选	类型及范围	说明
access_token	true	string	采用OAuth授权方式为必填参数，OAuth授权后获得。
uid	false	int64	需要查询的用户ID。
screen_name	false	string	需要查询的用户昵称。

注意事项

参数uid与screen_name二者必选其一，且只能选其一；
接口升级后，对未授权本应用的uid，将无法获取其个人简介、认证原因、粉丝数、关注数、微博数及最近一条微博内容。

图 7-31　获取用户信息的文档界面

图 7-31 展示的是根据用户 ID 获取用户信息的一部分文档信息。由图可知，HTTP 请求方式是 GET，access_token 是必选参数，参数 uid 与 screen_name 二者必选其一，且只能选其一。按照上述文档要求，到服务器端加载当前登录用户的信息，具体如下。

首先，在 NetworkTools.swift 文件中，通过一个扩展类来拼接请求用户的路径，代码如下。

```
1 extension NetworkTools {
2     /// 加载用户信息
3     func loadUserInfo(uid: String, accessToken: String, finished:
4     HMRequestCallBack) {
5         let urlString = "https://api.weibo.com/2/users/show.json"
6         let params = ["uid": uid, "access_token": accessToken]
7         request(.GET, URLString: urlString, parameters: params, finished:
8             finished)
9     }
10 }
```

上述代码中，第 5 行 urlString 的值就是 users/show 中的 URL，第 6 行是要传递的参数。第 7~8 行是使用 GET 方法获取用户的数据。

然后，在 OAuthViewController 的扩展中定义方法 loadUserInfo，并在加载 accessToken 时调用此方法，代码如下。

```
1 private func loadUserInfo(account: UserAccount) {
2     NetworkTools.sharedTools.loadUserInfo(account.uid!, accessToken:
3     account.access_token!) { (result, error) -> () in
4         if error != nil {
5             print("加载用户出错了")
6            return
7 }
8         // 作了两个判断 1. result 一定有内容 2. 一定是字典
9         guard let dict = result as? [String: AnyObject] else {
10            print("格式错误")
11            return
12        }
13        // dict 一定是一个有值的字典
14        print(dict["screen_name"])
15        print(dict["avatar_large"])
16    }
17 }
```

上述代码中，第 14 行 screen_name 表示用户名，第 15 行 avatar_large 表示用户头像，这两个字段是接口文档中的，可以在用户接口的返回字段说明中查询到。

在 OAuthViewController 文件中输出加载 accessToken 的结果后，使用 self 调用 load UserInfo 方法。运行程序，输出结果如图 7-32 所示。

```
Optional(黑马程序员最棒)
Optional(http://tva4.sinaimg.cn/crop.
591.161.792.792.180/9db837c6jw8f8wiql5ew0j21js16u43b.jpg)
```

图 7-32 控制台输出的结果

当进入微博的时候，如果能显示用户的信息，是一种很好的用户体验，可以将用户名和用户头像进行保存。在 UserAccount 中增加两个属性 screen_name 和 avatar_large，代码如下。

```
/// 用户昵称
var screen_name: String?
/// 用户头像地址（大图），180×180 像素
var avatar_large: String?
```

在加载用户信息时，只是简单打印了用户头像和昵称的信息，这里要对它们进行保存。在 OAuthViewController 类的 loadUserInfo 方法的末尾，删除 print 打印语句，改为如下代码。

```
// 将用户信息保存
account.screen_name = dict["screen_name"] as? String
account.avatar_large = dict["avatar_large"] as? String
print(account)
```

如果直接输出，是无法输出 screen_name 和 avatar_large 的具体值的。为此要在 UserAccount 的 description 中添加 screen_name 和 avatar_large，具体代码如下。

```
let keys = ["access_token", "expires_in", "expiresDate", "uid",
            "screen_name", "avatar_large"]
```

此时运行程序，控制台输出了模型中保存的 screen_name 和 avatar_large 的信息，如图 7-33 所示。

```
["expires_in": 157679999, "screen_name": 黑马程序员最棒
"access_token": 2.00k5kEtCVb8f3C15be5971b1t4s5GB, "avatar_large":
http://tva4.sinaimg.cn/crop.
591.161.792.792.180/9db837c6jw8f8wiql5ew0j21js16u43b.jpg,
"expiresDate": 2021-10-18 08:14:03 +0000, "uid": 2646095814]
```

图 7-33 控制台输出的结果

7.4 归档用户信息到本地

试想一下，用户登录以后每次都会进入到主页界面。为了判断用户是否登录过，应该把用户登录完成的信息保存到磁盘上面。下次启动时检查磁盘上面是否有访问令牌，并且令牌是否过期，如果这两项都符合要求，我们就认为用户已经登录了，这个特点在移动互联网的应用非常明显。

通常移动设备是一个私人设备，设备的使用者就是本人，应该让用户第一时间看到他想看的内容，而不是烦琐地注册和登录。本节主要讲解的是如何保存用户信息到磁盘上面。

7.4.1 了解沙盒机制

iOS 为每一个应用程序都创建了一个文件系统结构去存储该应用程序的文件，此区域称为沙盒。沙盒作为一个文件系统结构，它可以存储声音、图像、文本等文件，并且每个应用程序只能

访问自己沙盒内的数据，其他应用是无法访问的。为了帮助大家更好地理解什么是沙盒，接下来，通过一张图片来描述，具体如图 7–34 所示。

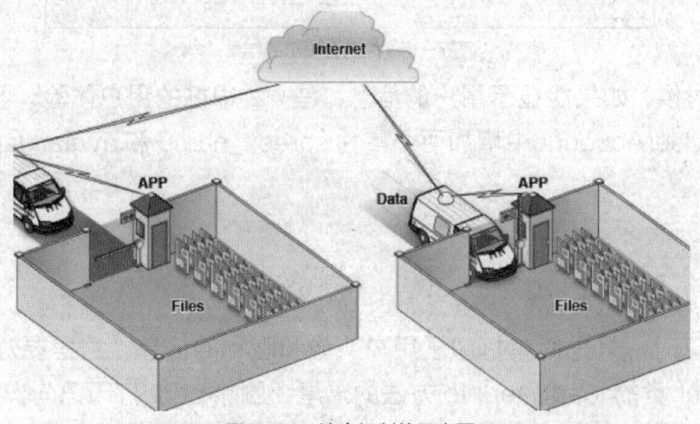

图 7–34　沙盒机制的示意图

在图 7–34 中，每个封闭的空间相当于一个沙盒，它里面存放的是应用程序的文件，封闭空间外的汽车相当于应用程序，当应用程序请求访问沙盒中存放的文件时，必须经过权限检测，只有符合条件，应用程序才可以进入沙盒访问文件。

7.4.2　沙盒的目录结构

要想掌握沙盒存储数据的方式，首先需要了解沙盒的结构。打开 Finder 窗口，进入【用户】→【用户名】→【资源库】目录，按照路径 /Developer/CoreSimulator/Devices/ 模拟器 UDID/data/Containers/Data/Application 依次打开，可以看到模拟器中所有程序的沙盒目录，随机打开一个程序的沙盒目录，发现里面有三个文件夹，具体如图 7–35 所示。

图 7–35　沙盒目录结构

图 7–35 是任意一个应用程序的沙盒。由图可知，应用程序的沙盒目录包含 3 个文件夹，这 3 个文件夹的具体作用如下。

- Documents：保存应用程序运行时生成的需要持久化的数据，iTunes同步设备时会备份该目录。例如，游戏应用可将游戏存档保存到该目录。
- Library：该文件夹里面还包含两个文件夹，分别是Caches和Preference，其中，Cache用于保存应用程序运行时生成的需要持久化的数据，Preference用于存储应用的所有偏好设置，另外，iTunes同步设备时，会备份Preference目录中的数据，而不会备份Caches目录中的数据。
- tmp：用于保存应用程序运行时所需的临时数据，运行完毕后再将相应的文件从该目录删除。应用程序没有运行时，系统也可能会清除该目录下的文件，iTunes同步设备不会备份该目录。

7.4.3 沙盒目录获取方式

由于沙盒目录包含多个文件夹，因此，根据沙盒目录文件夹的不同，在程序中获取应用程序的路径也不同，大体可以分为下列几种情况。

（1）获取沙盒根路径

要想获取沙盒的根路径，可以通过 NSHomeDirectory()函数实现，具体示例如下。

```
let home: String = NSHomeDirectory()
```

在上述代码中，NSHomeDirectorty()是 C 语言提供的一个函数，它的返回值是一个表示路径的字符串，该路径就是应用程序的路径。

（2）获取 Documents 文件夹路径

苹果建议开发者把程序中创建的或浏览到的文件数据保存在 Documents 文件夹中，该路径的获取方式也是通过调用 C 语言提供的函数实现的，具体示例如下。

```
let array = NSSearchPathForDirectoriesInDomains(
          NSSearchPathDirectory.DocumentDirectory,
          NSSearchPathDomainMask.UserDomainMask, true)
let path = array[0] as! String
```

上述代码中，通过调用 NSSearchPathForDirectoriesInDomains 函数，返回一个表示路径的数组，该数组中的第一个元素就是 Documents 文件夹的路径。另外，该函数包含了三个参数，其中，第一个参数表示查找 Documents 目录，第二个参数表示限制搜索范围在程序的沙盒之内。

一般情况下，获取 Documents 路径不是最终目的，如果试图获取 Documents 目录下某个文件的路径，则需要调用 stringByAppendingPathComponent 方法，例如，获取 Documents 目录下 image.png 图片的代码如下。

```
let filePath = (path as NSString).stringByAppendingPathComponent("image.png")
```

在上述代码中，Documents 目录下的 image.png 图片所在的路径会自动添加多余的“/”。程序可以通过路径获取到图片资源，从而进行一些其他操作，比如压缩、删除等。

（3）获取 tmp 文件夹路径

应用程序临时生成的文件都是存储在 tmp 文件夹中的，该文件夹中的文件随时都可能被删除。获取 tmp 文件夹路径的方式比较简单，只需要调用 NSTemporaryDirectory 函数即可，具体示例如下。

```
let tmpDir = NSTemporaryDirectory()
```

（4）获取 Library 路径

获取 Library 路径的方法和 Documents 几乎相同，只需要把参数 DocumentDirectory 修改为 LibraryDirectory 即可，具体示例如下。

```
let paths = NSSearchPathForDirectoriesInDomains(
          NSSearchPathDirectory.LibraryDirectory,
          NSSearchPathDomainMask.UserDomainMask, true)
let path = paths[0] as! String
```

需要注意的是，真实 iPhone 设备同步时，iTunes 会备份 Documents 和 Library 目录下的文件。当 iPhone 重启时，会丢弃所有的 tmp 文件。

7.4.4 对象归档技术

在 iOS 开发中，经常需要保存一些对象，属性列表和偏好设置均不能实现。针对这种情况，iOS 提供了对象归档技术，它可以采用序列化的方式，实现对象的存储。接下来，本节将针对对象归档的相关内容进行详细讲解。

1. 对象归档概述

所谓对象归档，就是将一个或者多个对象，采用序列化的方式保存到指定的文件夹，以便从文件夹中恢复，这个过程类似于解压缩文件的过程。通常来说，对象归档的操作主要是两方面，具体如下。

- 对象归档：以一种不可读的方式，将对象写入到指定文件中。
- 对象反归档：从指定文件中读取数据，并自动重建对象。

针对这两种情况，iOS 提供了相应的类，实现对象的归档和反归档，具体如下。

（1）NSKeyedArchiver 类

NSKeyedArchiver 类直接继承于 NSCoder 类，可将对象归档到指定文件。为此，该类提供了两个类型方法，具体格式如下。

```
public class func archivedDataWithRootObject(rootObject: AnyObject) -> NSData
public class func archiveRootObject(rootObject: AnyObject,
toFile path: String) -> Bool
```

在上述代码中，定义了两个将对象归档的类型方法，无须创建实例。其中，archiveRootObject 方法需要传递一个路径参数，该参数用于指定对象保存的路径。

（2）NSKeyedUnarchiver 类

NSKeyedUnarchiver 类直接继承于 NSCoder 类，负责从文件中恢复对象。为此，该类也提供了两个类型方法，具体格式如下。

```
public class func unarchiveObjectWithData(data: NSData) -> AnyObject?
public class func unarchiveObjectWithFile(path: String) -> AnyObject?
```

在上述代码中，定义了两个从文件恢复对象的类型方法。其中，第 1 个方法需要传入一个 NSData 类型的数据，而第 2 个方法需要传入一个 String 参数，用于指定获取对象的路径。

2. NSCoding 协议

在对象归档技术中，有一个非常重要的协议 NSCoding，凡是遵守了 NSCoding 协议的自定义对象，都可以实现对象的归档和反归档。NSCoding 协议中定义了两个方法，这两个方法是对象归档必须要实现的。NSCoding 协议的声明如下。

```
public protocol NSCoding {
    // 该方法负责归档该对象的所有实例变量
    public func encodeWithCoder(aCoder: NSCoder)
    // 该方法负责恢复该对象的实例变量的值
    public init?(coder aDecoder: NSCoder)
}
```

在上述协议格式中，两个方法都包含一个 NSCoder 类型的参数。只要采纳了这个协议，实现这两个方法，就能够指定如何归档和恢复对象的每个实例变量。为此，NSCoder 类提供了相应的方法来实现对象的归档以及恢复对象每个实例变量的方法，具体如表 7-3 和表 7-4 所示。

表 7-3　归档对象的方法

归档对象的方法	功能描述
public func encodeObject(objv: AnyObject?, forKey key: String)	将 Object 类型编码，使其与字符串类型的键相关联
public func encodeBool(boolv: Bool, forKey key: String)	将 BOOL 类型编码，使其与字符串类型的键相关联
public func encodeInt(intv: Int32, forKey key: String)	将 int 类型编码，使其与字符串类型的键相关联
public func encodeFloat(realv: Float, forKey key: String)	将 float 类型编码，使其与字符串类型的键相关联
public func encodeDouble(realv: Double, forKey key: String)	将 double 类型编码，使其与字符串类型的键相关联

表 7-4　恢复对象每个实例变量的方法

恢复对象实例变量的方法	功能描述
public func decodeObjectForKey(key: String) -> AnyObject?	解码并返回一个与给定键相关联的 Object 类型的值
public func decodeBoolForKey(key: String) -> Bool	解码并返回一个与给定键相关联的 BOOL 值
public func decodeIntForKey(key: String) -> Int32	解码并返回一个与给定键相关联的 int 值
public func decodeFloatForKey(key: String) -> Float	解码并返回一个与给定键相关联的 float 值
public func decodeDoubleForKey(key: String) -> Double	解码并返回一个与给定键相关联的 double 值

从表 7–3 和表 7–4 中可以看出，针对不同的数据类型，NSCoder 类提供了与之对应的归档和恢复的方法。所有的归档方法均有两个参数，一个作为值，另一个作为 key；所有的恢复方法只有一个参数，根据一个 key，获取其对应的值。

7.4.5　归档和解档当前用户的信息

手机上的应用只要登录过一次，下次再打开应用默认会进入主页，因此需要将用户登录的信息保存到磁盘。这里涉及数据存储的内容，鉴于存放的信息数量不大，而且是自定义对象，可以使用对象归档技术完成。

首先让 UserAccount 遵循 NSCoding 协议，并实现 NSCoding 中的归档和解档两个方法，代码如下。

```
/// 归档
func encodeWithCoder(aCoder: NSCoder) {
    aCoder.encodeObject(access_token, forKey: "access_token")
    aCoder.encodeObject(expiresDate, forKey: "expiresDate")
```

```
    aCoder.encodeObject(uid, forKey: "uid")
    aCoder.encodeObject(screen_name, forKey: "screen_name")
    aCoder.encodeObject(avatar_large, forKey: "avatar_large")
}
///解档
required init?(coder aDecoder: NSCoder) {
    access_token = aDecoder.decodeObjectForKey("access_token") as?String
    expiresDate = aDecoder.decodeObjectForKey("expiresDate") as? NSDate
    uid = aDecoder.decodeObjectForKey("uid") as? String
    screen_name = aDecoder.decodeObjectForKey("screen_name") as? String
    avatar_large = aDecoder.decodeObjectForKey("avatar_large") as? String
}
```

然后定义一个方法 saveUserAccount 保存当前对象，保存为 plist 文件，具体代码如下。

```
// MARK: - 保存当前对象
func saveUserAccount() {
    // 保存路径
    var path =NSSearchPathForDirectoriesInDomains(.DocumentDirectory,
    .UserDomainMask, true).last!
    path = (path as NSString).stringByAppendingPathComponent(
        "account.plist")
    // 在实际开发中，一定要确认文件真的保存了！
    print(path)
    // 归档保存
    NSKeyedArchiver.archiveRootObject(self, toFile: path)
}
```

7.4.6 创建用户视图模型

视图模型主要用于解决控制器内臃肿的代码，把与归档和解档相关的业务逻辑进行封装，所以要把控制器里面相关的操作移动到视图模型里面，从而进行简化。在 ViewModel 目录下增加 UserAccountViewModel 子目录，注意选择 iOS 的 Source 下的 Swift File。

1. 用户视图模型加载归档文件

UserAccountViewModel 是视图模型文件，用来管理当前登录用户的账号信息，这里首先加载归档保存的用户信息，代码如下。

```
class UserAccountViewModel {
 /// 用户模型
 var account: UserAccount?
 /// 归档保存的路径-计算型属性(类似于有返回值的函数，可以让调用的时候，语义会更清晰)
 private var accountPath: String {
     let path = NSSearchPathForDirectoriesInDomains(.DocumentDirectory,
              .UserDomainMask, true).last!
     return (path as
        NSString).stringByAppendingPathComponent("account.plist")
 }
```

```
    /// 构造函数
    init() {
        // 从沙盒解档数据，恢复当前数据
        account = NSKeyedUnarchiver.unarchiveObjectWithFile(accountPath)as? UserAccount
        print(account)
    }
}
```

对于解档文件，是从本地沙盒中取出来的，有可能 token 已经过期，所以需要对 token 是否过期进行判断。首先在 UserAccountViewModel 中定义计算型属性 isExpired，判断账户是否过期，具体代码如下。

```
    /// 判断账户是否过期
    private var isExpired: Bool {
        // 如果 account 为 nil，不会调用后面的属性，后面的比较也不会继续
        if account?.expiresDate?.compare(NSDate()) ==
            NSComparisonResult.OrderedDescending {
            // 代码执行到此，一定进行过比较！
            return false
        }
        // 如果过期返回 true
        return true
    }
```

然后在 init 函数中调用 isExpired 判断 token 是否过期，如果过期，则清空解档的数据。具体代码如下。

```
// 判断 token 是否过期
if isExpired {
    print("已经过期")
    // 如果过期，则清空解档的数据
    account = nil
}
```

2. 用户登录判断

运行程序时，如果用户登录成功，并且 token 是有效的，则页面应该直接跳转到首页，而不需要再跳转到登录注册页面。所以在 UserAccountViewModel 中定义计算型属性 userLogon 作为用户登录的标记。如果 token 有值，则说明登录成功，如果 token 没有过期，说明登录有效，代码如下。

```
    /// 用户登录标记
    var userLogon: Bool {
        // 1. 如果 token 有值，则说明登录成功
        // 2. 如果没有过期，则说明登录有效
        return account?.access_token != nil && !isExpired
    }
```

然后将 VisitorTableViewController 中的用户登录标记，修改为如下代码。

```
/// 用户登录标记
private var userLogon = UserAccountViewModel().userLogon
```

3. 定义用户账户视图模型单例

从沙盒读取信息比较费时，为了避免重复从沙盒加载归档文件，提高效率，让 access_token 便于被访问到，可定义用户账户视图模型单例，具体代码如下。

```
static let sharedUserAccount = UserAccountViewModel()
```

为了避免每个控制器都访问 UserAccountViewModel 中的构造函数，把 init 函数设置为 private，这样会要求外部只能通过单例常量访问，而不能实例化。具体代码如下。

```
    /// 构造函数 - 私有化
    private init() {
        // 从沙盒解档数据，恢复当前数据 - 磁盘读写的速度最慢，不如内存读写效率高
        account = NSKeyedUnarchiver.unarchiveObjectWithFile(accountPath) as? UserAccount
        // 判断 token 是否过期
        if isExpired {
            print("已经过期")
            // 如果过期，则清空解档的数据
            account = nil
        }
    }
```

由于构造函数的私有化，需要将 VisitorTableViewController 中的用户登录标记修改为如下代码。

```
/// 用户登录标记
private var userLogon =
UserAccountViewModel.sharedUserAccount.userLogon
```

4. 抽取网络请求的代码

OAuthViewController 类中既有模型的事情，又有视图的事情，还有网络的事情，一旦出现错误就很难修改。既然 ViewModel 可以处理网络的事情，就把 OAuthViewController 中网络处理的部分抽取到 UserAccountViewModel 中。

首先扩展 UserAccountViewModel，将 OAuthViewController 中的代码剪切到扩展中，并进行调整，调整后的代码如下。

```
// MARK: - 用户账户相关的网络方法
extension UserAccountViewModel {
    /// 加载 token
    func loadAccessToken(code: String, finished: (isSuccessed: Bool)->()) {
        NetworkTools.sharedTools.loadAccessToken(code) { (result, error) ->
        () in
            // 1> 判断错误
            if error != nil {
                print("出错了")
                // 失败的回调
                finished(isSuccessed: false)
                return
```

```
            }
            // 2> 输出结果
            // 在 Swift 中任何 AnyObject 在使用前，必须转换类型 -> as ?/! 类型
            // 创建账户对象 - 保存在 self.account 属性中
            self.account = UserAccount(dict: result as! [String: AnyObject])
            self.loadUserInfo(self.account!, finished: finished)
        }
    }
    /// 加载用户信息
    private func loadUserInfo(account: UserAccount, finished: (isSuccessed:
    Bool)->()) {
        NetworkTools.sharedTools.loadUserInfo(account.uid!)
        { (result, error) -> () in
            if error != nil {
                print("加载用户出错了")
                finished(isSuccessed: false)
                return
            }
            guard let dict = result as? [String: AnyObject] else {
                print("格式错误")
                finished(isSuccessed: false)
                return
            }
            // dict 一定是一个有值的字典
            // 将用户信息保存
            account.screen_name = dict["screen_name"] as? String
            account.avatar_large = dict["avatar_large"] as? String
            // 保存对象 — 会调用对象的 encodeWithCoder 方法
            NSKeyedArchiver.archiveRootObject(account, toFile:
              self.accountPath)
            print(self.accountPath)
            // 需要完成回调
            finished(isSuccessed: true)
        }
    }
}
```

为了调试代码，要暂时修改 VisitorTableViewController 中的用户登录标记，具体如下。

```
/// 用户登录标记
private var userLogon = false
```

调试完成后，要恢复设置登录标记的代码，以免后续出现错误。

接着，将 OAuthViewController 中加载 accessToken 的代码修改为如下代码。可见，在 OAuthViewController 中只需调取网络接口，无须执行具体的网络操作。

```
//加载 accessToken
```

```
UserAccountViewModel.sharedUserAccount.loadAccessToken(code)
{ (isSuccessed) -> () in
   // finished 的完整代码
   if isSuccessed {
       print("成功了")
       print(UserAccountViewModel.sharedUserAccount.account)
   } else {
       print("失败了")
   }
}
```

5. 调整网络代码，简化 token 的调用

在所有的网络方法中都需要 token，把它抽取出来，会使代码更加简洁。

首先，在 UserAccountViewModel 中设置没有过期的 token，定义属性 accessToken，代码如下。

```
/// 返回有效的 token
var accessToken: String? {
    // 如果 token 没有过期，返回 account 中的 token 属性
    if !isExpired {
        return account?.access_token
    }
    return nil
}
```

然后在 NetworkTools 中增加 token 的字典处理，代码如下。

```
/// 返回 token 字典
private var tokenDict: [String: AnyObject]? {
    // 判断 token 是否有效
    if let token =
       UserAccountViewModel.sharedUserAccount.account?.accessToken {
       return ["access_token": token]
    }
    return nil
}
```

接着在 NetworkTools 的扩展中调整加载用户信息的网络方法，代码如下所示。

```
// MARK: - 用户相关方法
extension NetworkTools {
    /// 加载用户信息
    func loadUserInfo(uid: String, finished: HMRequestCallBack) {
        // 1. 获取 token 字典
        guard var params = tokenDict else {
            // 如果字典为 nil，通知调用方 token 无效
            finished(result: nil, error: NSError(domain: "cn.itcast.error",
                  code: -1001, userInfo: ["message": "token 为空"]))
            return
```

```
        }
        // 2. 处理网络参数
        let urlString = "https://api.weibo.com/2/users/show.json"
        params["uid"] = uid
        request(.GET, URLString: urlString, parameters: params, finished:
                finished)
    }
}
```

将 UserAccountViewModel 加载用户信息时调用 loadUserInfo 方法的 accessToken 参数去掉。至此，登录授权的工作全部完成了。

7.5 本章小结

本章主要介绍了登录授权的功能，先按照 OAuth 的流程让新浪微博授权黑马微博访问当前登录用户的信息，再把用户的信息封装到模型后进行归档。通过本章的学习，大家应该掌握如下开发技巧。

（1）了解 OAuth 授权机制，懂得授权的流程。

（2）理解字典转模型的好处，更深理解模型的使用技巧。

（3）重构代码时，可以先创建一个新的方法，再把原类的代码粘贴过去，根据上下文调整参数和返回值，最后再移动其他调用方法。

iOS App of Swift

8

第 8 章 新特性和欢迎界面

每个程序发布以后都不是一成不变的，需要定期维护和升级，比如修复 bug、增加新功能、为新的 iOS 系统版本或者新机型推出新版本等。当程序推出新版本时，往往需要在用户第一次使用时，通过新特性页面向用户展示新的功能和用法。除此之外，对于首次登录的用户，程序还会展示一个欢迎页面，从而提高用户体验。本章就带领大家实现微博项目的新特性和欢迎界面。

学习目标

- 会使用 Collection View 创建新特性界面
- 知道 Collection View 的布局技巧
- 会使用 UIView 实现动画
- 学会使用自动布局实现动画效果
- 理解懒加载的原理及如何使用懒加载方式加载控件
- 掌握通知机制，会使用通知机制切换界面

8.1 为项目添加新特性界面

8.1.1 分析新特性界面

新特性是现在很多应用程序中包含的功能，主要用于在系统升级后，用户第一次进入系统时获知新升级的功能。微博新特性界面共有 4 页，用户可左右滑动进行切换。在最后一页有一个“开始体验”按钮，单击该按钮可进入微博主页。图 8-1 按顺序展示了新特性的 4 个页面。

图 8-1 新特性界面

8.1.2 介绍集合视图（UICollectioView）

在实际应用中，经常需要向用户展示一组数据，比如功能图标集合、图片集合等，为此需要用到集合视图。图 8-2 就是用集合视图做出来的效果，其中最右边就是经典的“瀑布流式布局”。

图 8-2 集合视图

UICollectionView 类是 iOS 6 引进的 API，用于展示集合视图，它的布局非常灵活，可用于实现多列布局。UICollectionView 继承自 UIScrollView，而 UIScrollView 继承自 UIView，它们的继承关系如图 8-3 所示。

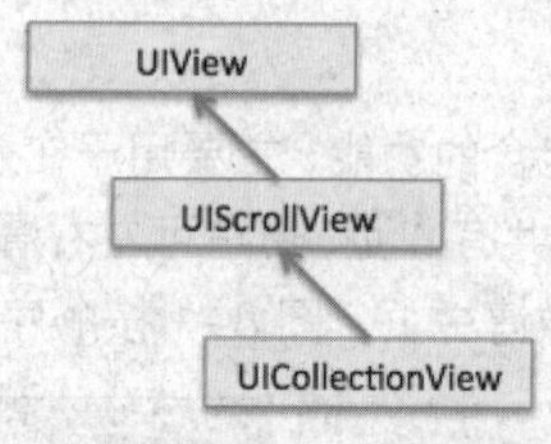

图 8-3　集合视图的继承关系

UICollectionView 控件将要显示的内容与显示方式分离，要使用 UICollectionView 控件展示数据，需要以下几个要素。

- **单元格（Cell）**：用于显示集合视图的某项内容的单个视图，是包含在集合视图中的组成单位，用UICollectionViewCell类表示。
- **数据源（Data Source）**：用于提供和管理集合视图的显示内容，并创建用于显示数据的单元格对象。任何遵守了UICollectionViewDataSource协议的对象，都可以作为集合视图的代理。
- **集合视图的布局（Layout）**：用于确定集合视图中各个内容的排列方式和显示样式，包括单元格的排列方式和显示样式、头部视图和尾部视图的显示样式等。
- **代理（Delegate）**：用于确定集合视图的行为模式，例如当用户单击某一个单元格时程序的反应等。与前三个要素不同，代理是可选的，可以有，也可以没有。

上述要素之间的关系如图 8-4 所示。

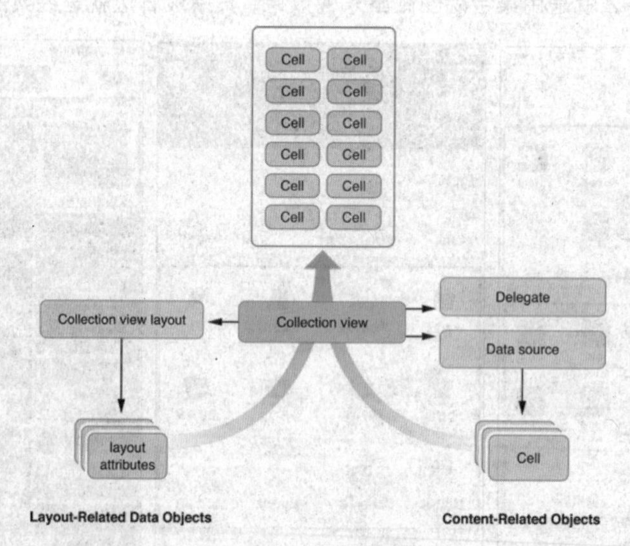

图 8-4　集合视图的组成部分

UICollectionView 类提供了一些属性用于设置它的显示方式，它的常用属性如表 8-1 所示。

表 8-1　UICollectionView 类的常见属性

属性声明	功能描述
public var pagingEnabled: Bool	设置和获取是否允许分页
public var scrollEnabled: Bool	设置和获取是否允许滚动
public var bounces: Bool	设置和获取是否允许弹簧效果
public var showsHorizontalScrollIndicator: Bool	设置和获取是否显示水平方向上的滚动条
public var showsVerticalScrollIndicator: Bool	设置和获取是否显示垂直方向上的滚动条
public var collectionViewLayout: UICollectionViewLayout	设置和获取集合视图的布局方式
weak public var dataSource: UICollectionViewDataSource?	设置和获取集合视图的数据源
weak public var delegate: UICollectionViewDelegate?	设置和获取集合视图的代理
public var backgroundView: UIView?	设置和获取集合视图的背景

表 8-1 列举的属性中，前 5 个都是继承自 UIScrollView 类的，用于设置和获取它的滚动行为和滚动显示方式。collectionViewLayout 是集合视图的重要属性，用于设置和获取集合视图的布局方式，它是 UICollectionViewLayout 类型的。

为了更加深入地理解集合视图，我们需要了解每个组成部分所扮演的角色，下面分别对它们进行详细的介绍。

1. 单元格视图（UICollectionViewCell）

单元格视图用于展示集合视图内容的单个数据项，它是可重用的，能够提高集合视图的效率，节约内存。单元格视图使用 UICollectionViewCell 表示，它的常用属性如表 8-2 所示。

表 8-2　UICollectionViewCell 类的常见属性

属性声明	功能描述
var contentView: UIView { get }	获取单元格的内容视图
var backgroundView: UIView?	设置单元格的背景视图，背景视图在内容视图的下层
var selectedBackgroundView: UIView?	设置单元格被选中状态下的背景视图，在内容视图的下层，背景视图的上层
var selected: Bool	获取单元格是否处于选中状态
var highlighted: Bool	获取单元格是否处于高亮状态

从表 8-2 的属性可以看出，UICollectionViewCell 类内部只有一个 contentView 作为内容控件的容器，并不包含用于显示内容的其他子控件。在实际开发中，通常需要自定义继承自 UICollectionViewCell 类的子类作为单元格，并根据需要将子控件添加到 contentView 中，例如添加一个 ImageView 控件用于显示图片，添加一个 Label 控件用于显示文本等。

创建集合视图的单元格，首先需要注册单元格类型，UICollectionView 类提供了两个方法用于注册单元格，具体如下。

```
func registerClass(_ cellClass: AnyClass?, forCellWithReuseIdentifier
identifier: String)
func registerNib(_ nib: UINib?, forCellWithReuseIdentifier identifier:
String)
```

其中，第一个方法根据单元格的类型注册单元格，它有两个参数，一个是 cellClass，表示单元格的类型；另一个是 identifier，是单元格的标识，在单元格重用时用于指定要重用哪一类单元格。第二个方法是根据单元格的 nib 设计文件注册单元格，它有两个参数，一个是 nib，是设计集合视图单元格的 nib 文件名称；另一个也是 identifier，即单元格标识。

单元格注册以后，就可以创建单元格了。UICollectionView 类提供了创建单元格的方法，该方法的定义格式如下。

```
func dequeueReusableCellWithReuseIdentifier(_ identifier: String,
forIndexPath indexPath: NSIndexPath) -> UICollectionViewCell
```

从方法定义可知，该方法为特定位置的单元格创建了指定类型的单元格对象。它有两个参数，第一个是 identifier，表示要创建的单元格的标识，这个标识必须与注册单元格时的标识保持一致，集合视图根据单元格的标识确定要创建哪一种单元格；另一个是 indexPath，表示单元格在集合视图中的位置。方法的返回值是 UICollectionViewCell 类型的对象，表示单元格对象。

2. 集合视图的数据源代理（UICollectionViewDataSource）

UICollectionViewDataSource 是一个协议，凡是遵守了这个协议的对象，都可以作为集合视图的数据源。数据源对象为集合视图提供数据和显示视图，包括提供单元格对象、头部视图和尾部视图等。

下面根据 UICollectionViewDataSource 协议中不同方法的作用，依次介绍最常用的方法。

（1）用于返回每组单元格数量的方法，定义格式如下。

```
func collectionView(_ collectionView: UICollectionView,
numberOfItemsInSection section: Int) -> Int
```

该方法的返回值是一个 Int 类型。方法包含两个参数，其中参数 collectionView 表示组所在的集合视图，参数 section 表示组的序号。这个方法是必须实现的。

（2）用于返回集合视图组的数量的方法，定义格式如下。

```
optional func numberOfSectionsInCollectionView(_ collectionView:
UICollectionView) -> Int
```

该方法只有一个参数 collectionView，表示集合视图。返回值是 Int 类型，表示该集合视图所拥有的组的数量。该方法是可选的，如果不实现的话，默认返回 1，表示集合视图默认拥有一个组。

（3）用于返回特定位置的单元格视图的方法，定义格式如下。

```
func collectionView(_ collectionView: UICollectionView,
cellForItemAtIndexPath indexPath: NSIndexPath) -> UICollectionViewCell
```

该方法的返回值是 UICollectionViewCell 类型。方法包含两个参数，其中参数 collectionView 表示集合视图，参数 indexPath 表示单元格在集合视图中的位置。这个方法必须实现，在方法中要创建单元格对象，并给单元格上的显示数据赋值。

（4）用于返回集合视图的辅助视图的方法，定义格式如下。

```
optional func collectionView(_ collectionView: UICollectionView,
viewForSupplementaryElementOfKind kind: String,
atIndexPath indexPath: NSIndexPath) -> UICollectionReusableView
```

该方法的返回值是 UICollectionReusableView 类型的，表示一个可重用的视图。方法有 3 个参数，第 1 个参数 collectionView 表示集合视图，第 2 个参数 kind 表示视图类型，第 3 个参数 indexPath 表示视图的位置。这个方法是可选的，因为集合视图可以不用设置辅助视图。

3. 集合视图布局类（UICollectionViewLayout）

集合视图将数据内容和显示分开，负责显示的就是集合视图的布局对象。集合视图可以将所有的内容显示在一组，也可以分组显示。每个组都能设置头部视图和尾部视图，整个集合视图还可以设置集合的头部视图和尾部视图。

布局对象决定了集合视图的单元格排列和显示方式、头部和尾部视图的显示方式以及集合视图的背景设置等，如图 8-5 所示。

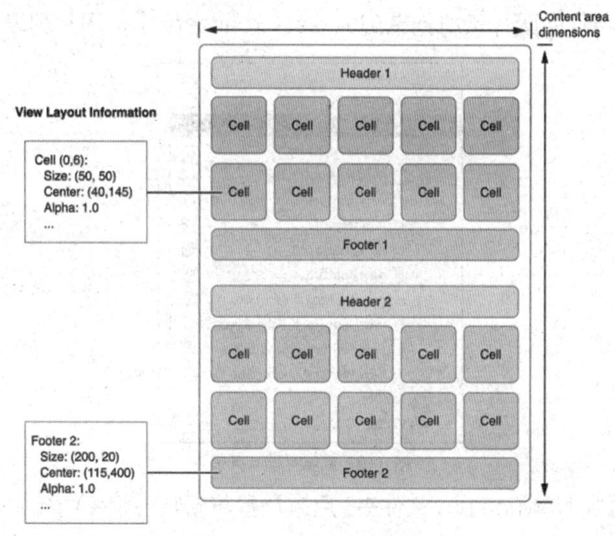

图 8-5 集合视图的布局

iOS 提供了一个专门的类 UICollectionViewLayout，用于确定集合视图的布局方式，它是一个抽象基类，在实际开发中需要使用它的子类 UICollectionViewFlowLayout，UICollectionViewFlowLayout 类的常见属性如表 8-3 所示。

表 8-3 UICollectionViewFlowLayout 类的常见属性

属性声明	功能描述
var scrollDirection: UICollectionViewScrollDirection	设置和获取集合视图的滚动方向，只允许在一个方向上滚动，默认是垂直方向
var minimumLineSpacing: CGFloat	设置和获取集合视图的默认最小行间距
var minimumInteritemSpacing: CGFloat	设置和获取集合视图的元素之间的默认最小间距

续表

属性声明	功能描述
var itemSize: CGSize	设置和获取每个元素的默认尺寸
var estimatedItemSize: CGSize	设置和获取每个元素的预估尺寸，该尺寸能够提高集合视图的刷新效率
var headerReferenceSize: CGSize	设置和获取每个组的头部视图尺寸
var footerReferenceSize: CGSize	设置和获取每个组的尾部视图尺寸

从表 8-3 可以看出，UICollectionViewFlowLayout 类提供了很多属性用于设置集合视图的显示方式。

8.1.3 创建新特性视图控制器

把项目附带的新特性的图片素材拖曳到 Assets.xcassets 中，图片列表如图 8-6 所示。

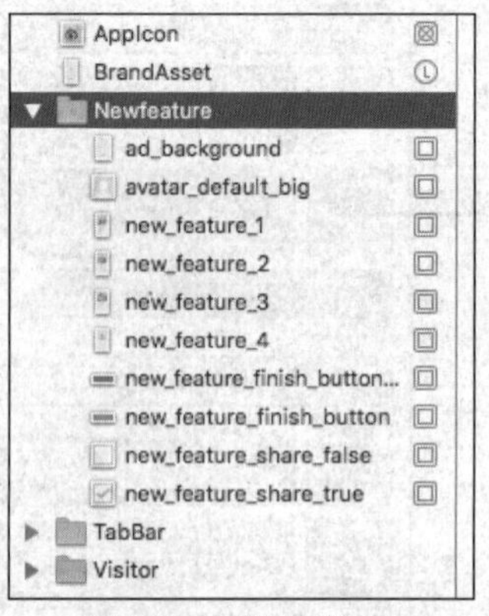

图 8-6 新特性图片列表

在 Main 目录下添加 NewFeature 文件夹，用来放置与新特性相关的代码。接着在 NewFeature 目录下新建一个名为 NewFeatureViewController 的类，该类继承自 UICollectionViewController，它的主视图是集合视图，并且已经采纳了数据源和代理协议，成为该集合视图的数据源和代理对象。

在 AppDelegate.m 文件中将 window 的根视图控制器修改为 NewFeatureViewController，代码如下。

```
window?.rootViewController = NewFeatureViewController()
```

运行程序，发现程序出错，错误信息如图 8-7 所示。

```
reason: 'UICollectionView must be initialized with a non-nil layout parameter
```

图 8-7 新特性图片列表

上述错误的原因提示，实例化 CollectionViewController 时必须指定布局参数。

打开 NewFeatureViewController.swift 文件，删除文件自带的代码，然后实现 init()构造方法，在该方法中指定 collectionView 的布局参数，代码如下。

```
init() {
    let layout = UICollectionViewFlowLayout()
    super.init(collectionViewLayout: layout)
}
required init?(coder aDecoder: NSCoder) {
   fatalError("init(coder:) has not been implemented")
}
```

再次运行程序，整个模拟器的屏幕是黑的。

8.1.4　设置数据源

为了让集合视图显示内容，需要为其绑定数据源来设置单元格的内容。首先，在 NewFeatureViewController.swift 文件中，定义两个常量分别用于保存新特性页面的数量以及 CollectionView 的可重用 Cell 的 ID，代码如下。

```
/// 可重用 CellId
private let WBNewFeatureViewCellId = "WBNewFeatureViewCellId"
/// 新特性图像的数量
private let WBNewFeatureImageCount = 4
```

然后重写 viewDidLoad()方法，在该方法中注册可重用 Cell 的类型，代码如下。

```
override func viewDidLoad() {
    super.viewDidLoad()
    // 注册可重用 Cell
    self.collectionView!.registerClass(UICollectionViewCell.self,
    forCellWithReuseIdentifier: WBNewFeatureViewCellId)
}
```

接下来重写 collectionView 的数据源代理方法。由于 NewFeatureViewController 继承自 UICollectionViewController，而 UICollectionViewController 默认就已经设置为 CollectionView 的数据源，并且提供了数据源代理方法的默认实现，所以在 NewFeatureViewController 类中无需再为 collectionView 设置数据源，只要实现数据源协议中的方法即可，代码如下。

```
1 // 返回每个分组中，单元格的数量
2 override func collectionView(collectionView: UICollectionView,
3 numberOfItemsInSection section: Int) -> Int {
4     return WBNewFeatureImageCount
5 }
6 // 返回每个单元格
7 override func collectionView(collectionView: UICollectionView,
8 cellForItemAtIndexPath indexPath: NSIndexPath) -> UICollectionViewCell {
9     let cell =collectionView.dequeueReusableCellWithReuseIdentifier(
10        WBNewFeatureViewCellId, forIndexPath: indexPath)
11    cell.backgroundColor = indexPath.item % 2 == 0 ? UIColor.redColor():
12    UIColor.greenColor()
13    return cell
14 }
```

上述代码中，重写了 UICollectionViewDataSource 的两个必须实现的代理方法。其中，第 1~5 行实现了返回分组中单元格数量的方法，第 7~14 行实现了返回每个路径下单元格对象的方法，在该方法中，首先使用 collectionView 对象的 dequeueReusableCellWithReuseIdentifier(_, forIndexPath:)方法创建了一个集合视图的单元格对象，然后将单元格的背景颜色设置为红色和绿色间隔，最后返回单元格。

8.1.5 设置集合视图的布局

设置集合视图的布局和显示方式。在 init()方法里添加代码，设置集合视图的每个单元格的尺寸与屏幕大小一致，设置单元格之间的间距为 0，行间距也是 0，滚动方向是横向。然后设置 collectionView 的显示方式，包括开启分页，去掉弹簧效果，去掉水平方向上的滚动条，代码如下。

```
init() {
    // super.指定的构造函数
    let layout = UICollectionViewFlowLayout()
    //设置每个单元格的尺寸
    layout.itemSize = UIScreen.mainScreen().bounds.size
    layout.minimumInteritemSpacing = 0     //设置单元格的间距为 0
    layout.minimumLineSpacing = 0          //设置行间距为 0
    layout.scrollDirection = .Horizontal   //设置滚动方向是横向
    // 构造函数，完成之后内部属性才会被创建
    super.init(collectionViewLayout: layout)
    collectionView?.pagingEnabled = true   //开启分页
    collectionView?.bounces = false        //去掉弹簧效果
    //去掉水平方向上的滚动条
    collectionView?.showsHorizontalScrollIndicator = false
}
```

此时运行程序，可以看到程序的显示效果是四个可以滑动的红绿间隔的页面。

8.1.6 自定义集合视图单元格（cell）

前面完成了四个带有背景颜色的页面，每个页面代表一个单元格。根据新特性界面分析可知，每个页面对应着一张图片，需要在集合视图单元格内部增加图片控件，所以需要自定义单元格，具体如下。

首先，创建表示自定义集合视图单元格的类 NewFeatureCell，继承自 UICollectionViewCell。由于 NewFeatureCell 只用在项目的新特性功能中，而且在 Swift 和 OC 中都允许将多个类定义在同一个文件中，所以将 NewFeatureCell 定义在 NewFeatureViewController.swift 文件的下端即可。代码如下。

```
// 新特性 Cell
private class NewFeatureCell: UICollectionViewCell {}
```

在 NewFeatureCell 类中添加一个 UIImageView 类型的控件 iconView，用于显示新特性的图片，然后将 iconView 控件添加到 NewFeatureCell 中，代码如下。

```
    // frame 的大小是 layout.itemSize 指定的
    override init(frame: CGRect) {
        super.init(frame: frame)
        setupUI()
    }
    required init?(coder aDecoder: NSCoder) {
        fatalError("init(coder:) has not been implemented")
    }
   private func setupUI() {
        // 1. 添加控件
        addSubview(iconView)
        // 2. 指定位置
        iconView.frame = bounds
    }
    // MARK: - 懒加载控件
    /// 图像
    private lazy var iconView: UIImageView = UIImageView()
```

接下来设置一个属性 imageIndex，用于表示集合视图的页面序号。由于一共有四个页面，所以 imageIndex 的取值范围是 0~3。在 imageIndex 的属性观察器中添加代码，当 imageIndex 的值发生改变时，给集合视图的对应序号的页面设置图片。观察图片资源，可以看出是有规律的，如图 8-8 所示。

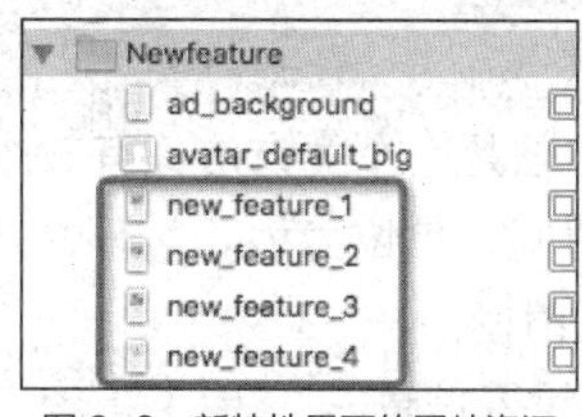

图 8-8　新特性界面的图片资源

从图 8-8 可知，这些图片的名称都是“new_feature_”开头，然后加上序号，所以在代码里可以使用“new_feature_”和“imageIndex”组合得到图片名称，具体如下。

```
/// 图像属性
private var imageIndex: Int = 0 {
    didSet {
        iconView.image = UIImage(named: "new_feature_\(imageIndex + 1)")
    }
}
```

在 NewFeatureViewController 类的 viewDidLoad()方法中，更改注册集合视图单元格的类，改为使用 NewFeatureCell 注册。代码如下。

```
// 注册可重用 Cell
self.collectionView!.registerClass(NewFeatureCell.self,
forCellWithReuseIdentifier: WBNewFeatureViewCellId)
```

更改数据源方法，将创建出来的集合视图单元格类型转换为 NewFeatureCell 类型，并且给单元格对象的 imageIndex 属性赋值。代码如下。

```
override func collectionView(collectionView: UICollectionView,
cellForItemAtIndexPath indexPath: NSIndexPath) -> UICollectionViewCell {
    let cell = collectionView.dequeueReusableCellWithReuseIdentifier(
    WBNewFeatureViewCellId, forIndexPath: indexPath) as! NewFeatureCell
    cell.imageIndex = indexPath.item
    return cell
}
```

此时运行程序，可以看到新特性页面的图片都显示成功，并且可以滑动了，但是最后一个页面还没有“开始体验”按钮。

8.1.7 使用 UIView 实现动画

我们知道，UIKit 可以直接将动画集成到 UIView 类中，当内部的某些属性发生改变时，它会为这些改变提供动画支持。除此之外，UIView 类还提供了自定义动画的方法，它们的定义格式分别如下所示。

（1）使用 UIView 实现属性动画，方法定义如下。

```
class func animateWithDuration(_ duration: NSTimeInterval,
delay delay: NSTimeInterval,
options options: UIViewAnimationOptions,
animations animations: () -> Void,
completion completion: ((Bool) -> Void)?)
```

从以上方法定义可以看出，该方法是一个类方法，有 5 个参数，分别介绍如下。

- duration：表示动画持续的时间，单位为秒。
- delay：表示动画延迟执行的时间。
- options：表示动画执行时的设置信息。
- animations：表示动画的具体内容。
- completion：表示动画执行完后的操作。

在动画执行过程中，正在使用动画效果的控件默认不能与用户交互，如果需要与用户交互，可在 options 参数中包含 UIViewAnimationOptionAllowUserInteraction 常量。

还有两个类似的方法，它们接收参数的数量较少，是简化形式。第一个简化方法定义如下。

```
class func animateWithDuration(_ duration: NSTimeInterval,
animations animations: () -> Void,
completion completion: ((Bool) -> Void)?)
```

从方法定义可知，该方法只接收 duration、animations、和 completion 三个参数。由于缺少 delay 参数，所以动画立即执行。又由于缺少 options 参数，所以不能指定设置信息。

第二个简化方法定义如下。

```
class func animateWithDuration(_ duration: NSTimeInterval,
animations animations: () -> Void)
```

从上述方法可以看出，该方法只接收 duration 和 animations 两个参数。

这些简化方法的优点在于调用简单，如果只需要简单的功能，则可以使用 UIView 提供的简化形式实现。

（2）使用 UIView 实现模仿弹簧效果动画，相关方法的定义格式如下。

```
class func animateWithDuration(_ duration: NSTimeInterval,
delay delay: NSTimeInterval,
usingSpringWithDamping dampingRatio: CGFloat,
initialSpringVelocity velocity: CGFloat,
options options: UIViewAnimationOptions,
animations animations: () -> Void,
completion completion: ((Bool) -> Void)?)
```

从定义可以看出，该方法用于实现弹簧效果的动画，它有七个参数，分别介绍如下。

- duration：表示动画持续的时间，单位为秒。
- delay：表示动画延迟执行的时间。
- dampingRatio：表示弹簧效果的振幅，越靠近0，振幅越大，1为无振动。
- velocity：表示弹簧的初始速度，速度1表示在1秒内完成动画的所有移动距离。假设动画的移动距离是200pt，那么速度0.5表示动画的初始速度为100pt/s。
- options：表示动画执行时的设置信息。
- animations：表示动画的具体内容。
- completion：表示动画执行完后的操作。

在欢迎界面的最后一页，“开始体验”按钮出现时就使用了这个方法加入了模拟弹簧的动画效果。

8.1.8 “开始体验”按钮动画

现在为新特性界面的最后一个页面添加“开始体验”按钮。首先需要将 SnapKit 框架导入项目，然后在 NewFeatureViewController.swift 文件中导入 SnapKit 框架，代码如下。

```
import SnapKit
```

在 NewFeatureCell 类中定义一个 UIButton 类型的属性 startButton，用于表示“开始体验”按钮。代码如下。

```
/// 开始体验按钮
private lazy var startButton: UIButton = UIButton(title: "开始体验",
color: UIColor.whiteColor(), imageName: "new_feature_finish_button")
```

在 setupUI()方法中将 startButton 添加到单元格上，并使用 SnapKit 框架的相关方法为 startButton 添加自动布局的约束，以确定它的显示位置。代码如下。

```
1 addSubview(startButton)
2 startButton.snp_makeConstraints { (make) -> Void in
3   make.centerX.equalTo(self.snp_centerX)
4   make.bottom.equalTo(self.snp_bottom).multipliedBy(0.7)
5 }
```

在上述代码中为 startButton 添加了约束，其中第 3 行代码使它的中点的 X 值与屏幕中点 X 值一致，即在水平方向上居中。第 4 行代码使得 startButton 底端的 Y 值是屏幕底部 Y 值的 0.7 倍，也就是居于屏幕的下半部分。

修改 UIButton+Extension.swift 扩展文件中的 init 方法，在方法末端添加如下代码，以实现根据按钮内容决定它的尺寸。如以下代码的粗体部分所示。

```
convenience init(title: String, color: UIColor, imageName: String) {
    self.init()
    setTitle(title, forState: .Normal)
    setTitleColor(color, forState: .Normal)
    setBackgroundImage(UIImage(named: imageName), forState: .Normal)
    sizeToFit()
}
```

接下来运行程序，就可以看到“开始体验”按钮出现在每个页面的下端了。

在 NewFeatureCell 类中添加 showButtonAnim 方法，实现“开始体验”按钮的动画方法，代码如下。

```
/// 显示按钮动画
private func showButtonAnim() {
    startButton.transform = CGAffineTransformMakeScale(0, 0)
    startButton.userInteractionEnabled = false
    UIView.animateWithDuration(1.6,     // 动画时长
        delay: 0,                       // 延时时间
        usingSpringWithDamping: 0.6,    // 弹力系数，0~1，越小越弹
        initialSpringVelocity: 10,      // 初始速度，模拟重力加速度
        options: [],                    // 动画选项
        animations: { () -> Void in
            self.startButton.transform = CGAffineTransformIdentity
        }) { (_) -> Void in
            self.startButton.userInteractionEnabled = true
    }
}
```

在 setupUI()方法中添加代码，给“开始体验”按钮添加事件单击方法，代码如下。

```
// 监听方法
startButton.addTarget(self,
  action:#selector(NewFeatureCell.clickStartButton),
  forControlEvents: .TouchUpInside)
```

实现 clickStartButton 方法，在该方法中向控制台输出“开始体验”，代码如下。

```
/// 单击开始体验按钮
@objc private func clickStartButton() {
    print("开始体验")
}
```

实现在前三个页面隐藏“开始体验”按钮，只在最后一个页面显示。在 setupUI()方法中添加代码，将 startButton 设置为隐藏状态，代码如下。

```
startButton.hidden = true
```

在 imageIndex 的属性观察器里添加同样的代码，实现切换图片时隐藏 startButton 的功能。

在 showButtonAnim()方法的开始位置将 startButton 设置为显示状态，代码如下。

```
startButton.hidden = false
```

最后在 NewFeatureViewController 类里，实现集合视图停止滚动的代理方法，在该方法里判断是否是最后一页，如果是最后一页，则调用 NewFeatureCell 对象的 showButtonAnim()方法，以动画的形式显示“开始体验”按钮。代码如下。

```
// ScrollView 停止滚动方法
override func scrollViewDidEndDecelerating(scrollView: UIScrollView) {
    // 到最后一页才调用动画方法
    // 根据 contentOffset 计算页数
    let page = Int(scrollView.contentOffset.x / scrollView.bounds.width)
    // 判断是否是最后一页
    if page != WBNewFeatureImageCount - 1 {
        return
    }
    // Cell 播放动画
    let cell = collectionView?.cellForItemAtIndexPath(
    NSIndexPath(forItem: page, inSection: 0)) as! NewFeatureCell
    // 显示动画
    cell.showButtonAnim()
}
```

运行程序，可以看到新特性界面正常显示，滑动页面到最后一页，可以看到“开始体验”按钮以动画形式展示出来，单击“开始体验”按钮，控制台打印出“开始体验”的信息。至此，新特性页面的所有功能已经全部实现了。

8.2 为项目添加欢迎界面

8.2.1 分析欢迎界面

很多应用程序在打开的时候都是需要和服务器联网获取数据的，因为网络或者设备的原因，所需要的加载时间不同，而在这段时间里如果以一个黑屏或者纯色屏示人，会给用户造成心里不适的感觉。所以在这段时间里，使用一个欢迎界面显示用户头像和动画，可以明显减轻用户等待程序启动的心里不适，提高用户体验。

本项目的欢迎界面需要实现以下几种效果。

- 从网络获取用户的头像，并在欢迎界面显示用户头像和“欢迎归来”的文字。
- 实现头像和文字控件的动画效果，头像控件从下方移动到上方并且头像动画停止之后显示文字。

本项目的欢迎界面样式如图 8-9 所示。

图 8-9　欢迎界面

8.2.2　欢迎界面布局

要搭建欢迎界面，需要按照以下步骤进行。

准备背景图片。欢迎界面的背景使用“ad_background”这张图片，这张图片已经在上节中添加完成。打开 Assets.xcassets 下的 NewFeature 目录，找到名为 ad_background 的图片，可以看到针对不同屏幕的一组图片。首先看第一张，如图 8-10 所示。

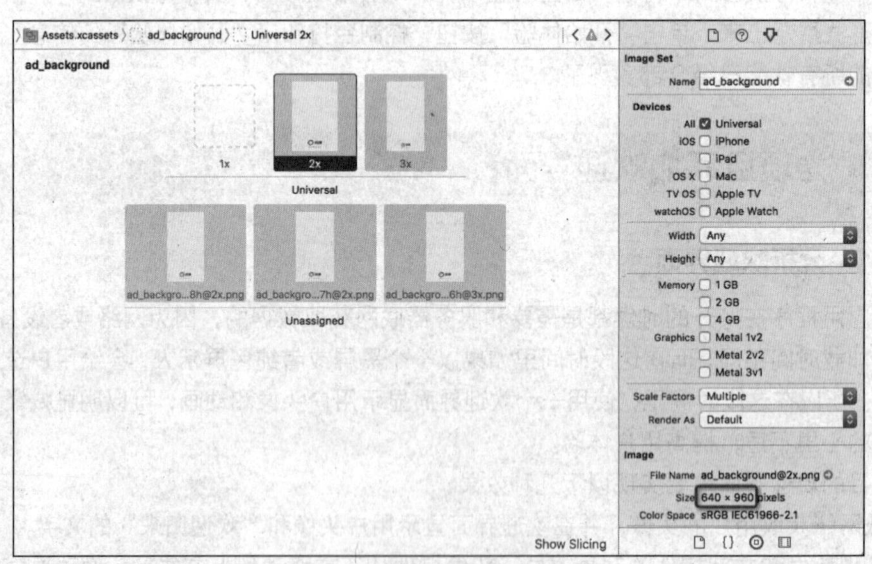

图 8-10　背景图片

从图 8-10 中可以看到，第一张图片的分辨率是 640×960，这张图片是用在 iPhone 4 上的，如果用在 iPhone 6 上则会模糊，所以我们将它删掉。接下来看下面两个 2x 的图片。如图 8-11 所示。

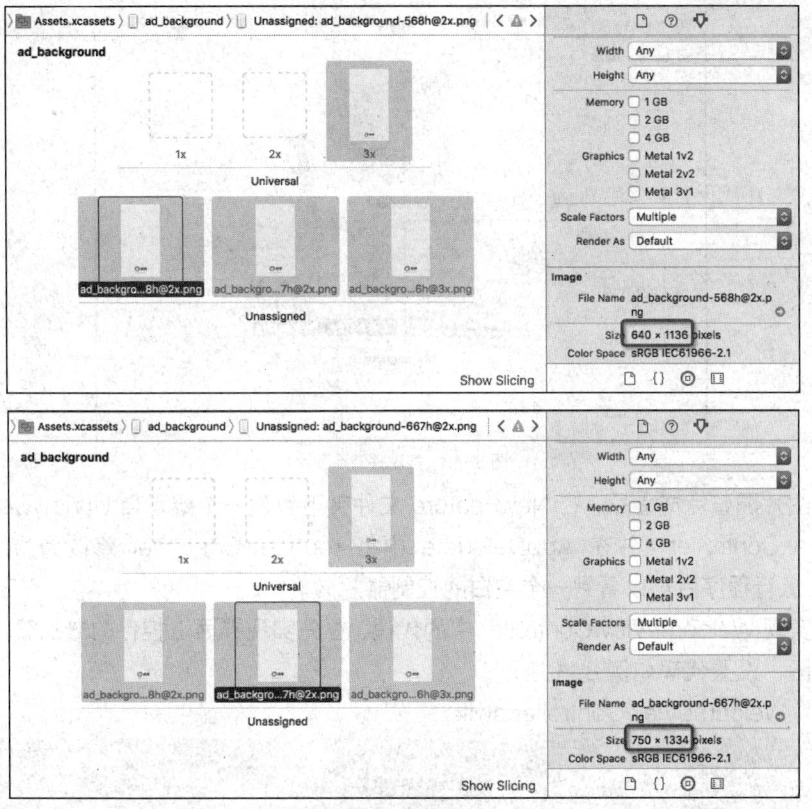

图 8-11　背景图片

从图 8-11 中可以看到，第一张 2x 图片的分辨率是 640 × 1136，是用在 iPhone 5 中的。第二张图片的分辨率是 750 × 1334，是用在 iPhone 6 上的，所以我们把第二张图片拖曳到上面去，如图 8-12 所示。

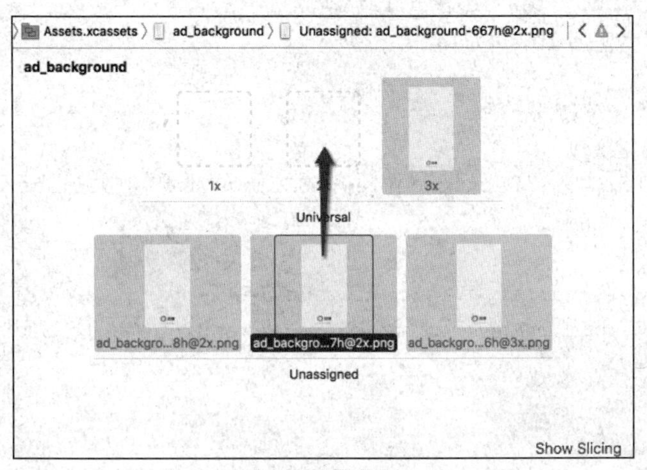

图 8-12　拖动图片

上面的 3x 的图片，分辨率为 960 × 1704，这个比例的图片并不是我们所需要的，可以将这张图片删掉。接下来看下面的 3x 图片，分辨率为 1242 × 2208，这个图片是 iPhone 6 Plus 的图片，将这个图片拖曳到上面，并将下面的 640 × 1136 的图片删掉，如图 8-13 所示。

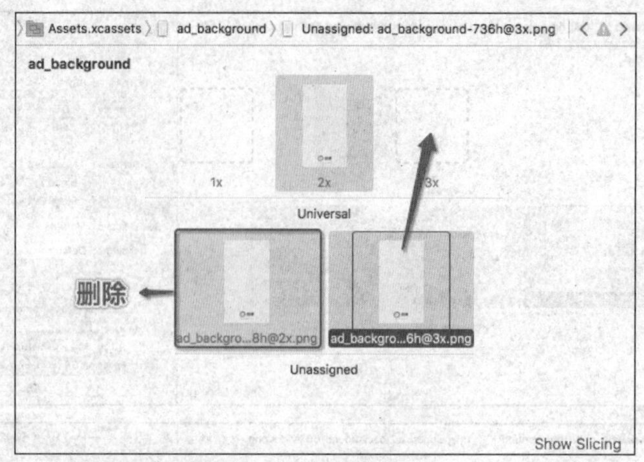

图 8-13　拖动并删除图片

所需的图片调整完成之后，在 NewFeature 文件夹下新建一个继承自 UIViewController 的类 WelcomeViewController，并在 AppDelegate 中将 rootViewController 修改为 WelcomeView Controller，运行程序后可以看到一个空白的控制器。

接下来实现 WelcomeViewController 中的代码，首先实现界面上控件的懒加载，并将背景图片作为根视图，设置代码如例 8-1 所示。

例 8-1　WelcomeViewController.swift

```
1  import UIKit
2  class WelcomeViewController: UIViewController {
3      override func loadView() {
4          //直接使用背景图像作为根视图，不用关心图像的缩放问题
5          view = backImageView
6      }
7      override func viewDidLoad() {
8          super.viewDidLoad()
9      }
10     // MARK : - 懒加载控件
11     //背景图片
12     private lazy var backImageView: UIImageView = UIImageView(imageName:
13     "ad_background")
14     //头像
15     private lazy var iconView: UIImageView = {
16         let iv = UIImageView(imageName:"avatar_default_big")
17         return iv
18     }()
19 }
```

在例 8-1 中，第 3 ~ 6 行使用 loadView 设置根视图，可以简单地解决图片在 iPhone 4、iPhone 5 上的缩放问题，不需要再考虑图片缩放的问题。

在 Extension 分组下创建 UIImageView 类的扩展，取名为 UIImageView+Extension。然后在扩展中为 UIImageView 增加一个便利构造函数，使用图片的名称来创建 UIImageView 实例，

具体代码如例 8-2 所示。

例 8-2 UIImageView+Extension.swift

```
1 import UIKit
2 extension UIImageView {
3     /// 便利构造函数
4     /// - parameter imageName: imageName
5     /// - returns: UIImageView
6     convenience init(imageName: String) {
7         self.init(image: UIImage(named: imageName))
8     }
9 }
```

接着，在 WelcomeViewController 中使用扩展来实现设置界面的代码，代码如下。

```
1 extension WelcomeViewController{
2     private func setupUI(){
3         //1.添加控件
4         view.addSubview(iconView)
5         //2.自动布局
6         iconView.snp_makeConstraints { (make) in
7             make.centerX.equalTo(view.snp_centerX)
8             make.bottom.equalTo(view.snp_bottom).offset(-200)
9             make.width.equalTo(90)
10            make.height.equalTo(90)
11        }
12    }
13 }
```

在上面的代码中，第 2~12 行是设置控件的方法，第 4 行将头像控件添加到父视图上，第 6~10 行设置头像控件的自动布局。

由于欢迎界面显示的头像是圆的，所以在懒加载头像控件中需要添加设置圆角代码，代码如下。

```
//设置圆角
iv.layer.cornerRadius = 45
iv.layer.masksToBounds = true
```

头像设置完成之后，在头像的下面会显示“欢迎归来”几个字，在懒加载处添加一个显示文字的 label，代码如下。

```
//欢迎 Label
private lazy var welcomeLabel: UILabel = UILabel(title: "欢迎归来",
fontSize: 18)
```

上述代码使用了自定义的 UILabel 的构造函数。同样在 Extension 分组下创建 UILabel 的扩展，取名为 UILabel+Extension。在该扩展中为 UILabel 增加一个便利构造函数，代码如例 8-3 所示。

例 8-3 UILabel+Extension.swift

```
1 import UIKit
2 extension UILabel {
3     /// 便利构造函数
```

```
4     /// - parameter title:    title
5     /// - parameter fontSize: fontSize，默认 14 号字
6     /// - parameter color:    color，默认深灰色
7     /// - returns: UILabel
8     /// 参数后面的值是参数的默认值，如果不传递，就使用默认值
9     convenience init(title: String, fontSize: CGFloat = 14,
10    color: UIColor = UIColor.darkGrayColor()) {
11        self.init()
12        text = title
13        textColor = color
14        font = UIFont.systemFontOfSize(fontSize)
15        numberOfLines = 0  // 换行
16        textAlignment = NSTextAlignment.Center // 居中
17    }
18 }
```

在上述便利构造函数中，共有 3 个参数，title 代表标签的标题，fontSize 代表标签的字体大小，默认为 14；color 代表字体颜色，并且默认为深灰色。需要注意的是，便利构造函数的参数是根据创建的控件决定的。

添加完控件之后，在 setupUI()方法中将控件添加到 view 上，并设置它的自动布局，代码如下。

```
view.addSubview(welcomeLabel)
welcomeLabel.snp_makeConstraints { (make) in
    make.centerX.equalTo(iconView.snp_centerX)
    make.top.equalTo(iconView.snp_bottom).offset(16)
}
```

在 loadView 中调用 setupUI()方法，运行程序可以看到，欢迎归来 Label 设置完成。如图 8-14 所示。

图 8-14　设置头像和文字

8.2.3　欢迎界面动画

如果想要给欢迎界面添加一个动画效果，那么最好在 viewDidAppear 中实现，也就是说，当 view 已经出现了再播动画是最合适的。接下来在 viewDidAppear 中更新设置过的约束。代码如下。

```
1     override func viewDidAppear(animated: Bool) {
2         super.viewDidAppear(animated)
3         //更新约束，改变位置
4         //snp_updateContraints 更新已经设置过的约束
5         iconView.snp_updateConstraints { (make) in
6            make.bottom.equalTo(view.snp_bottom)
7           .offset(-view.bounds.height + 200)
8         }
9     }
```

在上面的代码中，第 5~8 行使用 snp_ updateConstraints 方法更新约束，将头像控件上移，由于文字控件是根据头像控件设置的，所以文字控件也会随头像控件上移。接下来运行程序，可以看到图片和文字已更新到上面的位置，如图 8-15 所示。

图 8-15　更新约束

接下来在 viewDidAppear 中添加实现界面的动画效果的代码，如下所示。

```
1 // 动画
2 UIView.animateWithDuration(1.2, delay: 0, usingSpringWithDamping: 0.8,
3 initialSpringVelocity: 10, options: [], animations: {
4      //自动布局的动画
5      self.view.layoutIfNeeded()
6 }) { (_) in
7 }
```

在上面的 animateWithDuration 方法中：

第 1 个参数 duration 表示动画的持续时间；

第 2 个参数 delay 为动画开始执行前等待的时间；

第 3 个参数 usingSpringWithDamping 为弹力系数；

第 4 个参数 initialSpringVelocity 表示初始速度；

第 5 个参数 options 为动画执行的选项；

第 6 个参数 animations 为动画效果的代码块；

第 7 个参数 completion 为动画执行完毕以后执行的代码块。第 5 行的函数用于修改所有动画属性，在调用这个函数时，它会将收集到的所有约束以动画的形式展现出来，实现动画效果。

运行程序，可以看到动画的运动效果，如图 8-16 所示。

图 8-16　动画效果

欢迎归来的文字是在头像停止之后才显示出来的，所以在这里，我们可以用动画嵌套实现这个效果，首先在动画开始之前将 welcomeLabel 的 alpha 值设为 0，然后在头像动画的 completion 中添加显示文字的动画，将其 alpha 值设置为 1，代码如下。

```
//动画
welcomeLabel.alpha = 0
UIView.animateWithDuration(1.2, delay: 0, usingSpringWithDamping: 0.8,
initialSpringVelocity: 10, options: [], animations: {
    //自动布局的动画
    self.view.layoutIfNeeded()
}) { (_) in
    UIView.animateWithDuration(0.8, animations: {
        self.welcomeLabel.alpha = 1
    }, completion: { (_) in
    })
}
```

8.2.4　设置用户头像

图片和动画的效果完成之后，就需要从网络上获取头像的图片，接下来使用 SDWebImage 框架来加载头像的图片。首先，在 WelcomeViewController 类中导入 SDWebImage 框架，代码如下。

```
import SDWebImage
```

接下来在 UserAccountViewModel 中添加将模型中的头像字符串转化为 URL 的代码。

```
//用户头像 URL
var avatarUrl: NSURL{
    return NSURL(string: account?.avatar_large ?? "")!
}
```

回到 WelcomeViewController 中，在 viewDidLoad 中添加代码，使用 SDWebImage 调用头像 URL 并设置占位图片为头像控件的背景图片，具体代码如下。

```
//异步加载用户头像
iconView.sd_setImageWithURL(
UserAccountViewModel.sharedUserAccount.avatarUrl,
placeholderImage: UIImage(named: "avatar_default_big"))
```

运行程序，可以看到整个欢迎界面的效果已经设置完成，如图 8-17 所示。

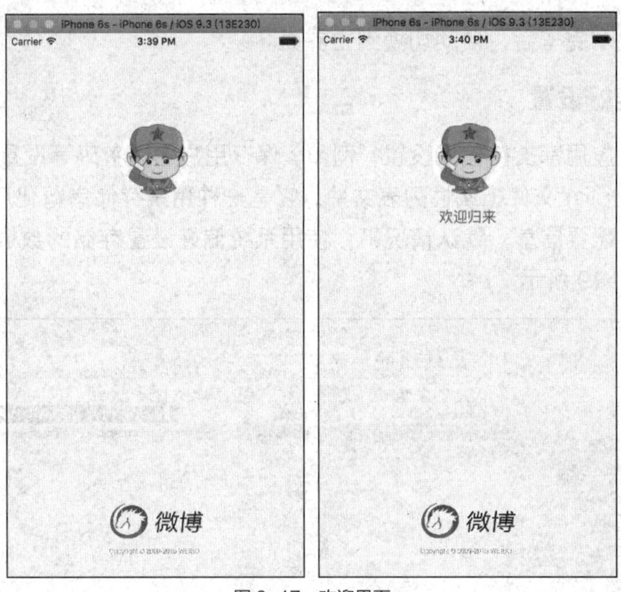

图 8-17　欢迎界面

8.3　切换界面

8.3.1　界面切换流程分析

程序启动以后，需要根据用户的登录状态选择启动控制器，界面之间的切换关系如图 8-18 所示。

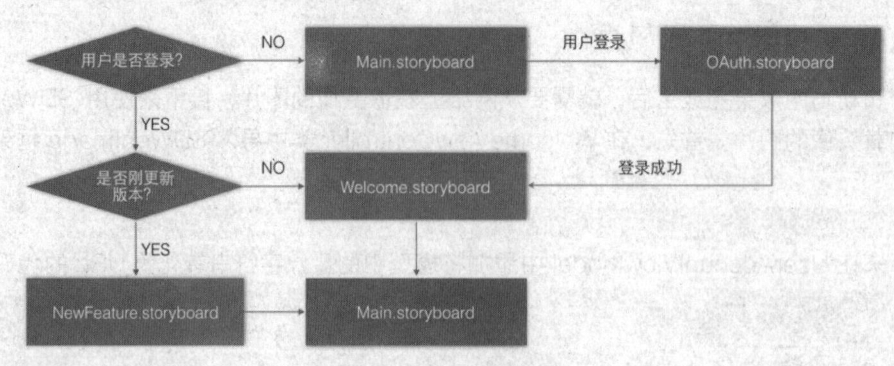

图 8-18 界面切换关系图

关于图 8-18 的详细讲解如下所示。

（1）在应用程序启动时，判断用户之前是否登录过。

（2）如果用户登录过，则判断是否有新版本。

- 如果是新版本，则进入到新特性页面。单击新特性页面的“开始体验”按钮，会由新特性界面进入主界面。
- 如果是旧版本，则进入欢迎页面。

（3）如果用户从来没有登录过，则进入访客界面。首次登录成功以后，会由访客界面进入欢迎界面。

（4）欢迎界面显示完毕后，自动切换到主界面。

8.3.2 介绍偏好设置

目前，很多 iOS 应用都支持偏好设置，例如，保存用户名、密码等设置。iOS 提供了一种偏好设置，它的本质是 plist 文件（属性列表文件，它是一种用来存储串行化后的对象的文件），专门用来保存应用程序配置信息，默认情况下，使用系统偏好设置存储的数据，位于 Preferences 文件夹下面，如图 8-19 所示。

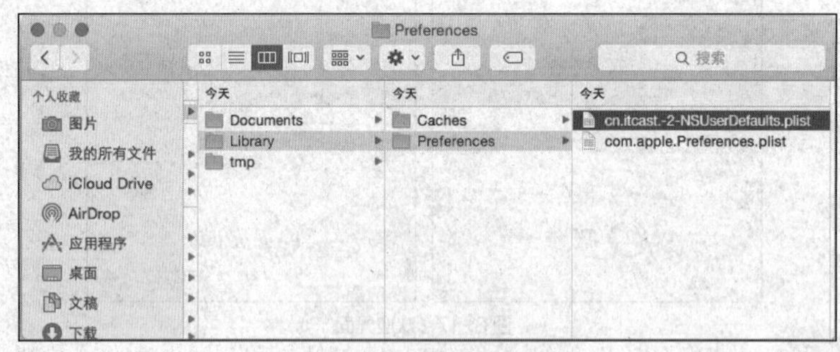

图 8-19 偏好设置文件的存储位置

要想存取偏好设置，需要通过 NSUserDefaults 类的实例来实现。每个应用都有一个 NSUserDefaults 实例，该实例是一个单例对象，需要通过调用类方法 standardUserDefaults 来获取，具体示例代码如下。

```
var userDefaults = NSUserDefaults.standardUserDefaults()
```

当使用偏好设置保存数据时，根据数据类型的不同，NSUserDefaults 类提供了相应的方法，代码如下。

```
public func setObject(value: AnyObject?, forKey defaultName: String)
public func setInteger(value: Int, forKey defaultName: String)
public func setFloat(value: Float, forKey defaultName: String)
public func setDouble(value: Double, forKey defaultName: String)
public func setBool(value: Bool, forKey defaultName: String)
```

从上述代码可以看出，使用这些方法存数据的格式类似于字典，都是通过一个键的形式来保存值。

当读取偏好设置中存储的数据时，根据数据类型的不同，NSUserDefaults 类也提供了相应的方法，代码如下。

```
public func objectForKey(defaultName: String) -> AnyObject?
public func stringForKey(defaultName: String) -> String?
public func arrayForKey(defaultName: String) -> [AnyObject]?
public func dictionaryForKey(defaultName: String) -> [String : AnyObject]?;
public func dataForKey(defaultName: String) -> NSData?;
public func stringArrayForKey(defaultName: String) -> [String]?
public func stringArrayForKey(defaultName: String) -> [String]?
public func floatForKey(defaultName: String) -> Float
public func doubleForKey(defaultName: String) -> Double
public func boolForKey(defaultName: String) -> Bool
```

上述方法中，若想读取偏好设置中的数据，可以根据不同的数据类型，调用对应的方法，并在方法中传入键，获取该键对应的值。

注意：

userDefaults设置数据时，不是立即写入指定文件，而是根据时间戳定时地把缓存中的数据写入本地磁盘，所以当调用setObject(value:forKey:)方法之后，数据有可能还没有写入磁盘，应用程序就终止了。针对这个问题，可以通过调用synchronize方法强制写入，实现同步，该方法的定义格式如下。

```
public func synchronize() -> Bool
```

8.3.3 显示程序启动后的界面

程序启动以后，需要知道当前用户是否登录。如果用户已经登录，进而再判断是否有新的版本，有新版本则显示新特性界面，没有新版本则显示欢迎界面；如果用户没有登录，直接显示访客界面。具体内容如下。

首先，将判断是否新版本的代码添加到 AppDelegate.swift 文件中，为了让代码结构更清晰，可使用一个分类来包含所有首页切换的相关代码。代码如下。

```
1  extension AppDelegate {
2      /// 判断是否新版本
3      private var isNewVersion: Bool {
4          // 1. 当前的版本 - info.plist
5          let currentVersion =
6          NSBundle.mainBundle().infoDictionary!["CFBundleShortVersionString"] as! String
7          let version = Double(currentVersion)!
```

```
8         print("当前版本 \(version)")
9         // 2. `之前`的版本，把当前版本保存在用户偏好 - 如果 key 不存在，返回 0
10        let sandboxVersionKey = "sandboxVersionKey"
11        let sandboxVersion =
12        NSUserDefaults.standardUserDefaults().doubleForKey(sandboxVersionKey)
13        print("之前版本 \(sandboxVersion)")
14        // 3. 保存当前版本
15        NSUserDefaults.standardUserDefaults().setDouble(version, forKey:
16         sandboxVersionKey)
17        return version > sandboxVersion
18    }
19 }
```

上述代码构建了一个 isNewVersion 属性，用于判断当前程序是否是新版本。其中第 5 行代码从程序的 info.plist 文件中取出程序的当前版本号，要注意的是，版本号对应的 key 是“CFBundleShortVersionString”，第 7 行代码将当前版本号转化为 Double 类型。

第 10 行代码将存储历史版本的键命名为“sandboxVersionKey”，第 11 ~ 12 行代码根据键名从用户存档文件中取出程序的历史版本号。

第 15 ~ 16 行代码将程序的当前版本号存储到用户存档文件中作为历史版本号的新值，以备下次使用。

第 17 行代码返回的是当前版本和历史版本的比较结果，该结果是一个 BOOL 值。如果当前版本号大于历史版本，返回结果为 true，表示有新版本。

然后，在 AppDelegate.swift 文件的扩展中添加一个 defaultRootViewController 属性，用于返回程序启动时的默认界面。代码如下。

```
1     /// 启动的根视图控制器
2     private var defaultRootViewController: UIViewController {
3         // 1. 判断是否登录
4         if UserAccountViewModel.sharedUserAccount.userLogon {
5             return isNewVersion ? NewFeatureViewController() :
6             WelcomeViewController()
7         }
8         // 2. 没有登录返回主控制器
9         return MainViewController()
10    }
```

在上述代码中，第 4 行判断用户是否登录，如果已登录，则进入第 5~6 行代码，根据 isNewVersion 属性的返回结果确定显示新特性界面还是欢迎界面。如果用户没有登录，则执行第 9 行代码，返回主控制器，在主控制中将显示访客视图。

最后来到程序启动完成后的方法中，将程序的根控制器修改为 defaultRootViewController，代码如下。

```
func application(application: UIApplication,
didFinishLaunchingWithOptions launchOptions: [NSObject: AnyObject]?) -> Bool
{
```

```
    ......(省略其他代码)
    window?.rootViewController = defaultRootViewController
    ......(省略其他代码)
}
```

至此，程序启动后的界面显示功能实现完毕。为了验证程序的功能，可以先从模拟器中卸载程序，然后在 Xcode 中启动程序，验证是否显示用户登录界面。在登录成功以后，在程序的 info.plist 文件中修改版本号，再次启动程序，验证是否显示新特性页面。不修改版本号，再次启动程序，验证是否显示欢迎界面。如果验证通过，说明程序启动时的界面显示功能正确无误。

8.3.4 欢迎界面跳转到首页界面

程序显示界面之后的跳转可使用通知模式来实现。当程序的其他界面需要切换根控制器时，发送通知，由 AppDelegate 接收到通知后执行切换。

打开【Classes】→【Tools】目录下的 Common.swift 文件，定义一个全局通知，作为切换根控制器的通知，代码如下。

```
// MARK: - 全局通知定义
/// 切换根视图控制器通知 - 一定要够长，要有前缀
let WBSwitchRootViewControllerNotification =
"WBSwitchRootViewControllerNotification"
```

上述代码定义了一个名为 WBSwitchRootViewControllerNotification 的全局通知，要注意的是，由于通知中心依据名称区分不同的通知，包括系统通知和用户自定义通知，所以自定义通知的名称要尽量详细，并且要有前缀，以免名称冲突。

然后在 AppDelegate.swift 文件中添加代码，当程序启动完成后（return 语句之前），监听切换根控制器的通知。

```
// 监听通知
NSNotificationCenter.defaultCenter().addObserverForName(
    WBSwitchRootViewControllerNotification, // 通知名称
    object: nil,                            // 发送通知的对象，如果为nil，监听任何对象
    queue: nil)                             // nil，主线程
    { [weak self] (notification) -> Void in // weak self,
        // 切换控制器
        self?.window?.rootViewController = MainViewController()
}
```

并且在类销毁时注销通知的监听。代码如下。

```
deinit {
    // 注销通知 - 注销指定的通知
    NSNotificationCenter.defaultCenter().removeObserver(self,   // 监听者
    name: WBSwitchRootViewControllerNotification,            // 监听的通知
    object: nil)                                          // 发送通知的对象
}
```

来到 WelcomeViewController.swift 文件中，在欢迎标签的显示动画执行结束后，发送切换根控制器的通知，代码如下。

```
UIView.animateWithDuration(0.8, animations: { () -> Void in
    self.welcomeLabel.alpha = 1
}, completion: { (_) -> Void in
    // 发送通知
    NSNotificationCenter.defaultCenter().postNotificationName
     (WBSwitchRootViewControllerNotification, object: nil)
})
```

运行程序可以看到，当欢迎界面执行完后，程序自动跳转到主界面。

8.3.5 新特性界面跳转到首页界面

当用户单击“开始体验”按钮后，发送切换控制器通知，切换到首页界面。来到 NewFeature ViewController.swift 文件中，修改 clickStartButton 方法，代码如下。

```
///单击"开始体验"按钮
@objc private func clickStartButton() {
    NSNotificationCenter.defaultCenter().postNotificationName
    (WBSwitchRootViewControllerNotification, object: nil)
}
```

新特性界面与欢迎界面一样，都要跳转到主界面，所以发送通知的方式也一样。运行程序，可以看到新特性界面执行完后，单击“开始体验”按钮，程序跳转到主界面。

8.3.6 访客视图跳转到欢迎界面

由于用户登录成功后跳转的界面不是主界面，所以在发送切换根控制器的通知时，需要有所区分，方法是给通知的 object 参数赋值。来到 OAuthViewController.swift 文件，修改加载 AccessToken 之后的代码，具体如下。

```
func webView(webView: UIWebView, shouldStartLoadWithRequest request:
NSURLRequest, navigationType: UIWebViewNavigationType) -> Bool {
     ……（省略其他代码）
    // 4. 加载 accessToken
    UserAccountViewModel.sharedUserAccount.loadAccessToken(code)
    { (isSuccessed) -> () in
        // 如果失败，则直接返回
        if !isSuccessed {
            return
        }
        print("成功了")
        //用户登录成功，则退出当前控制器，并发送切换根控制器的通知
        self.dismissViewControllerAnimated(false) {
            NSNotificationCenter.defaultCenter().postNotificationName
            (WBSwitchRootViewControllerNotification, object: "welcome")
        }
    }
    return false
}
```

在上述代码中，发送通知时除了指定通知名称之外，还将参数 object 的值设置为“welcome”，与之前发送的通知不同。

由于切换根控制器的通知参数有区别，所以要修改 AppDelegate.swift 文件中，收到通知之后切换根控制器的代码，具体如下。

```
1 // 监听通知
2 NSNotificationCenter.defaultCenter().addObserverForName(
3     WBSwitchRootViewControllerNotification, // 通知名称
4     object: nil,                            // 发送通知的对象，如果为 nil，监听任何对象
5     queue: nil)                             // nil，主线程
6     { [weak self] (notification) -> Void in // weak self,
7         let vc = notification.object != nil ? WelcomeViewController() :
8         MainViewController()
9         // 切换控制器
10        self?.window?.rootViewController = vc
11 }
```

上述代码中，第 7~8 行定义了一个常量 vc，表示要切换的目标控制器，并根据通知的 object 参数是否为空进行判断，如果不为空，则目标控制器是欢迎界面，否则目标控制器是主界面。第 10 行代码将程序的根控制器设置为目标控制器 vc。

至此，切换界面的功能就全部完成了，大家可以运行程序进行验证。

8.4 本章小结

本章主要实现了新特性和欢迎界面，首先在微博项目中添加新特性界面，接着添加欢迎界面，最后处理了界面切换的逻辑。通过本章的学习，大家应该掌握如下开发技巧。

（1）懂得分析界面的特点，实现流水布局的效果。

（2）掌握 SDWebImage 框架的使用。

（3）懂得如何使用通知机制切换多个界面。

（4）在编写程序时，如果要实现多个独立界面，可以先在 AppDelegate 里面设置根控制器测试，界面搭建完成以后再另行处理多个控制器之间的关系。

（5）创建系统类控件时，通过给系统类添加扩展，在扩展内部增加便利构造函数，使得代码的复用性更高。

iOS App of Swift

9

第9章 微博首页

当用户完成登录后，需要进入到主页界面，开始浏览当前登录用户及其所关注用户的最新微博。这些微博以时间为序，以每条微博为单元，由上到下排列在首页界面。所以要对首页的UI界面进行布局，并且从服务器请求网络数据，显示到界面上。

学习目标

- 掌握UITableView的使用，会给表格设置数据源
- 会自定义行高不一的单元格
- 会动态计算单元格的行高
- 会利用多个子视图组建微博的单元格
- 了解常见的图片填充模式

微博的单元格显示方式主要包含以下几种方式。

- 原创微博无图
- 原创微博单图
- 原创微博多图
- 转发微博无图
- 转发微博单图
- 转发微博多图

下面列举出几种类型的微博，如图 9-1 所示。

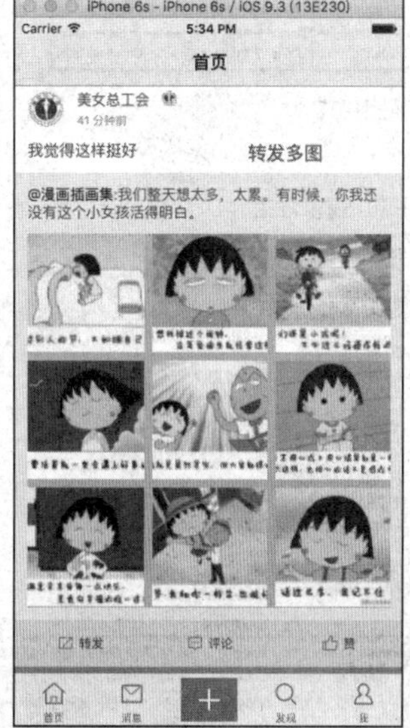

图 9-1　不同微博类型的布局方式

本章我们主要完成从服务器上请求数据，以及首页页面的基本布局，使其能够显示原创无图微博、原创单图微博和原创多图博。

9.1 微博数据模型

9.1.1 获取微博数据

新浪微博提供了获取当前登录用户所关注用户最新微博的相关接口，具体如图 9-2 所示。

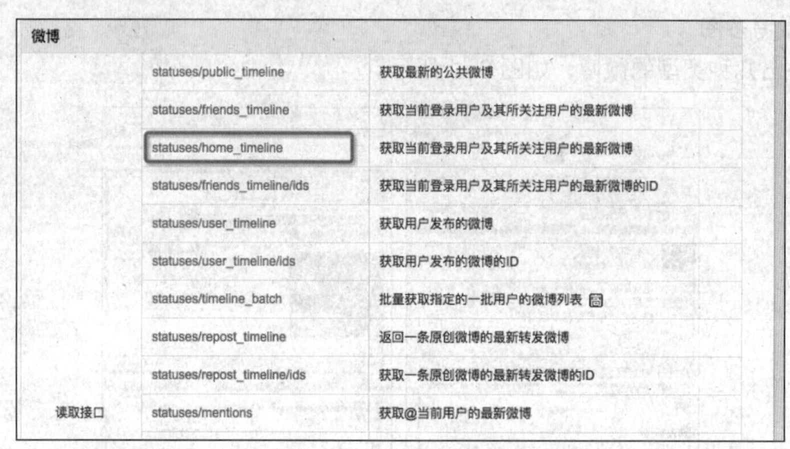

微博		
	statuses/public_timeline	获取最新的公共微博
	statuses/friends_timeline	获取当前登录用户及其所关注用户的最新微博
	statuses/home_timeline	获取当前登录用户及其所关注用户的最新微博
	statuses/friends_timeline/ids	获取当前登录用户及其所关注用户的最新微博的ID
	statuses/user_timeline	获取用户发布的微博
	statuses/user_timeline/ids	获取用户发布的微博的ID
	statuses/timeline_batch	批量获取指定的一批用户的微博列表
	statuses/repost_timeline	返回一条原创微博的最新转发微博
	statuses/repost_timeline/ids	获取一条原创微博的最新转发微博的ID
读取接口	statuses/mentions	获取@当前用户的最新微博

图 9-2 查看读取微博的接口

单击图 9-2 的“statuses/home_timeline”链接，进入到介绍该接口详细信息的界面，如图 9-3 所示。

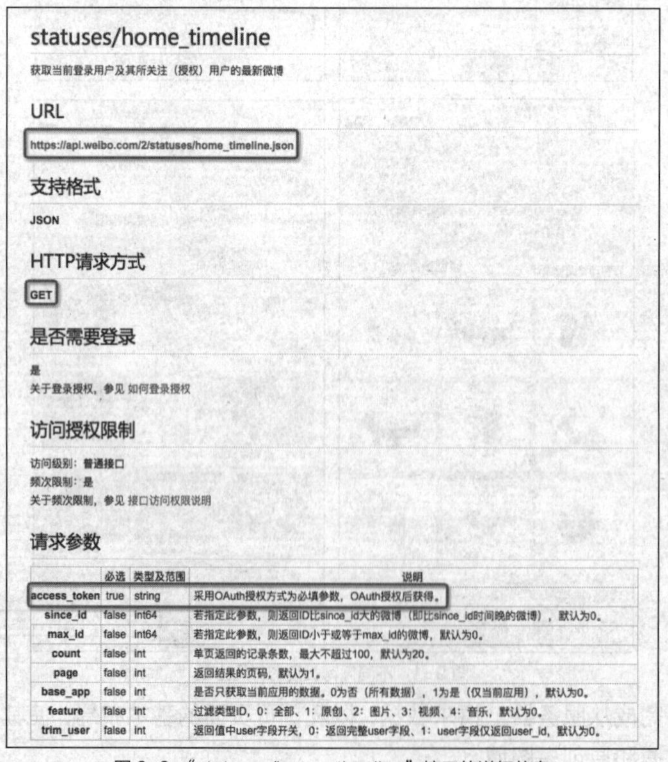

statuses/home_timeline

获取当前登录用户及其所关注（授权）用户的最新微博

URL

https://api.weibo.com/2/statuses/home_timeline.json

支持格式

JSON

HTTP请求方式

GET

是否需要登录

是
关于登录授权，参见 如何登录授权

访问授权限制

访问级别：普通接口
频次限制：是
关于频次限制，参见 接口访问权限说明

请求参数

	必选	类型及范围	说明
access_token	true	string	采用OAuth授权方式为必填参数，OAuth授权后获得。
since_id	false	int64	若指定此参数，则返回ID比since_id大的微博（即比since_id时间晚的微博），默认为0。
max_id	false	int64	若指定此参数，则返回ID小于或等于max_id的微博，默认为0。
count	false	int	单页返回的记录条数，最大不超过100，默认为20。
page	false	int	返回结果的页码，默认为1。
base_app	false	int	是否只获取当前应用的数据。0为否（所有数据），1为是（仅当前应用），默认为0。
feature	false	int	过滤类型ID，0：全部、1：原创、2：图片、3：视频、4：音乐，默认为0。
trim_user	false	int	返回值中user字段开关，0：返回完整user字段、1：user字段仅返回user_id，默认为0。

图 9-3 “statuses/home_timeline”接口的详细信息

由图 9-3 可知，获取微博需要发送 GET 请求，并且有 1 个必选的请求参数 access_token（访问令牌）。其中，count 代表每次请求加载记录的条数，默认是 20 条。按照接口文档的要求，在项目中实现读取微博的功能，具体如下。

首先，在 NetworkTools 类中，通过新的扩展添加获取微博的网络请求代码。只有授权成功后，才能获得访问令牌到服务器访问数据，代码如下。

```
// MARK: - 微博数据相关方法
extension NetworkTools {
    /// 加载微博数据
    func loadStatus(finished: HMRequestCallBack) {
        // 1. 获取 token 字典
        guard let params = tokenDict else {
            // 如果字典为 nil，通知调用方，token 无效
            finished(result: nil, error: NSError(domain: "cn.itcast.error",
                code: -1001, userInfo: ["message": "token 为空"]))
            return
        }
        // 2. 准备网络参数
        let urlString =
            "https://api.weibo.com/2/statuses/home_timeline.json"
        // 3. 发起网络请求
        request(.GET, URLString: urlString, parameters: params, finished:
        finished)
    }
}
```

然后要尽快测试网络代码，在 HomeTableViewController 类中增加测试接口的方法，代码如下。

```
/// 加载数据
private func loadData() {
    NetworkTools.sharedTools.loadStatus { (result, error) -> () in
        if error != nil {
            print("出错了")
            return
        }
        print(result)
    }
}
```

为了区分授权前后首页的情况，需要进行判断处理。如果用户没有登录，首页界面显示访客视图；如果用户已经登录，首页直接请求数据。在 viewDidLoad()方法中判断，并且调用 loadData()方法，代码如下。

```
if !UserAccountViewModel.sharedUserAccount.userLogon {
    visitorView?.setupInfo(nil, title: "关注一些人，回这里看看有什么惊喜")
    return
}
```

```
loadData()
```

此时运行程序，控制台输出了一堆数据，说明成功获取了微博信息。

9.1.2 字典转换成模型

前面拿到了微博的数据，默认已经转换成字典，接着需要将数据显示在表格里面。通常情况下，表格绑定的数据是以模型的形式存在的，因此需要把字典转为模型，具体如下。

1. 创建 Status 模型

首先，根据单元格中显示的微博信息，按照接口文档的“返回字段说明”，确定模型类里面定义属性的名称和类型，如图 9-4 所示。

返回值字段	字段类型	字段说明
created_at	string	微博创建时间
id	int64	微博ID
mid	int64	微博MID
idstr	string	字符串型的微博ID
text	string	微博信息内容
source	string	微博来源
favorited	boolean	是否已收藏，true：是，false：否
truncated	boolean	是否被截断，true：是，false：否
in_reply_to_status_id	string	（暂未支持）回复ID
in_reply_to_user_id	string	（暂未支持）回复人UID
in_reply_to_screen_name	string	（暂未支持）回复人昵称
thumbnail_pic	string	缩略图片地址，没有时不返回此字段
bmiddle_pic	string	中等尺寸图片地址，没有时不返回此字段
original_pic	string	原始图片地址，没有时不返回此字段
geo	object	地理信息字段 详细
user	object	微博作者的用户信息字段 详细
retweeted_status	object	被转发的原微博信息字段，当该微博为转发微博时返回 详细
reposts_count	int	转发数

图 9-4 “statuses/home_timeline”接口返回的字段说明

在 Model 分组中新建表示微博的模型类 Status，并且使用 KVC 的方式给每个属性赋值，Status 类需要继承 NSObject，并实现单元格所需的信息，代码如下：

```
/// 微博数据模型
class Status: NSObject {   /// 微博 ID
    var id: Int = 0
    /// 微博信息内容
    var text: String?
    /// 微博创建时间
    var created_at: String?
    /// 微博来源
    var source: String?
    init(dict: [String: AnyObject]) {
        super.init()
        setValuesForKeysWithDictionary(dict)
    }
    //为了有效地将字典转为模型
    override func setValue(value: AnyObject?, forUndefinedKey key: String)
    {}
    override var description: String {
        let keys = ["id", "text", "created_at", "source"]
```

```
        return dictionaryWithValuesForKeys(keys).description
    }
}
```

2. 绑定数据

从接口文档里返回的结果可知，从网络返回的数据存放在字典中，字典内部有一个键为“statuses”的数组，它里面存储的数据就是所需要的微博信息。接下来，在 HomeTableView Controller 类中操作。

（1）首先，在 loadData 方法的末尾增加获取字典中数组的代码，具体如下。

```
// 判断 result 的数据结构是否正确
guard let array = result?["statuses"] as? [[String: AnyObject]]
else {
    print("数据格式错误")
    return
}
print(array)
```

（2）遍历 array 数组，将里面的字典一一转换成模型，代码如下。

```
// 遍历字典的数组，字典转模型
// 1. 可变的数组
var dataList = [Status]()
// 2. 遍历数组
for dict in array {
    dataList.append(Status(dict: dict))
}
// 3. 测试
print(dataList)
```

再次运行程序，控制台按照模型类中设定的格式，输出了微博的信息。为了能够准确地判断控制台的信息是否匹配当前用户的微博信息，可以登录官方微博对比。

（3）刷新数据，具体如下。

```
// 刷新数据
self.tableView.reloadData()
```

9.1.3 表视图（UITableView）

在 iOS 应用中，经常需要展示一些数据列表，例如，iOS 系统自带的 Setting（设置）、通讯录等，这些数据列表不仅可以有规律地展示数据，而且可以多层次嵌套数据。通常来讲，我们将这种用于显示数据列表的视图对象称为表视图，它普遍运用于 iOS 的应用程序中，是开发中最常用的视图之一，这里将针对表视图进行详细讲解。

1. 表视图的组成

在众多 App 中，到处可以看到各种各样的表格数据，通常情况下，这些表格数据都是通过表视图展示的。表视图不仅可以显示文本数据，还可以显示图片，为了帮助大家更好地掌握表视图的显示方式，接下来，通过一张图来分析表视图的组成，具体如图 9-5 所示。

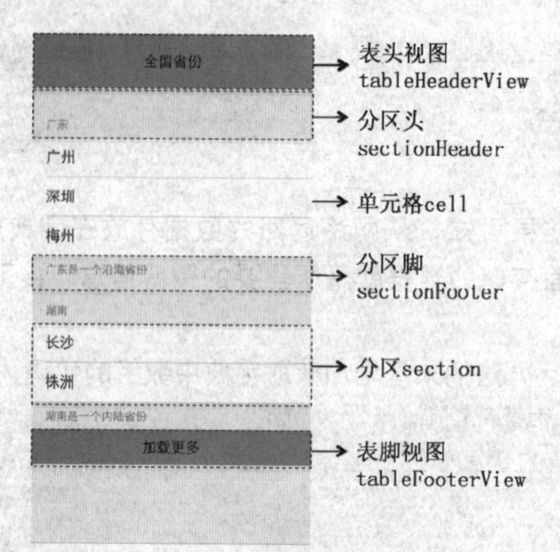

图 9-5　表视图的组成部分

图 9-5 显示的表视图包括很多组成部分，这些组成部分所代表的含义具体如下。

- 表头视图（tableHeaderView）：表视图最上面的视图，用来展示表视图的信息。
- 表脚视图（tableFooterView）：表视图最下面的视图，用来展示表视图的信息。
- 单元格（cell）：组成表视图每一行的单位视图。
- 分区（section）：具有相同特征的多个单元格组成。
- 分区头（sectionHeader）：用来描述每一节的信息。
- 分区脚（sectionFooter）：用来描述节的信息和声明。

在 iOS 中，表视图使用 UITableView 表示，它继承自 UIScrollView，并且拥有两个非常重要的协议，分别是 UITableViewDelegate 委托协议和 UITableViewDataSource 数据源协议。由于 UITableView 并不负责存储表中的数据，因此，它需要从遵守这两个协议的对象中获取配置的数据。

2. 表视图的样式设置

在移动应用中，不同应用所包含的表视图的风格也不尽相同。iOS 中的表视图分为普通表视图和分组表视图，接下来，通过一张图来描述这两种表视图的区别，具体如图 9-6 所示。

图 9-6　表视图的两种样式

在图 9-6 中，左边样式的表视图是普通表视图，右边样式的表视图是分组表视图，它们在视觉上的差异在于分组表视图是将数据按组进行区分。

其实，除了视觉方面的设计，表视图的样式还可以通过设置属性来体现。表视图属性的设置分为两种方式，这两种设置方式具体如下。

（1）在属性检查器中设置表视图样式。进入 Storyboard 界面，从对象库中将 Table View 控件拖曳到界面中，在属性检查器面板中有一个 Style 属性，该属性所支持的选项如图 9-7 所示。

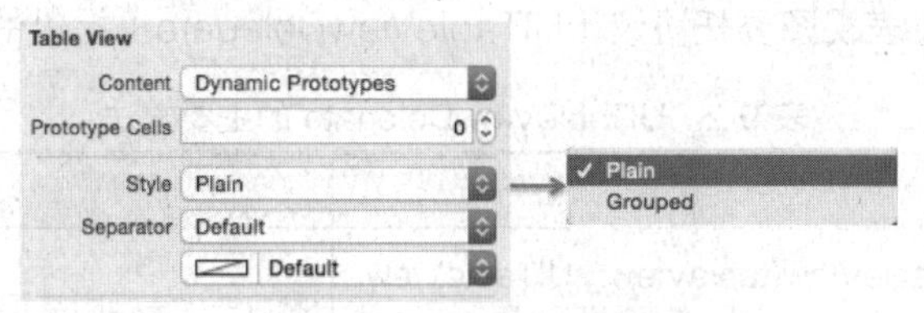

图 9-7 表视图的属性检查器面板

由图 9-7 可知，表视图的 Style 样式支持两个选项，分别是 Plain 和 Grouped，其中，Plain 用于指定普通表视图，Grouped 用于指定分组表视图。

（2）通过代码设置表视图样式。当通过代码创建表视图时，可以调用 init(frame: style:)方法来实现，该方法的语法格式如下。

```
public init(frame: CGRect, style: UITableViewStyle)
```

在上述方法中，参数 style 用于指定表视图的样式，它是一个枚举类型，包含两个值，其语法格式如下所示：

```
public enum UITableViewStyle : Int {
    case Plain // regular table view
    case Grouped // preferences style table view
}
```

在上述枚举类型中，Plain 用于指定普通表视图，Grouped 用于指定分组表视图，它们的功能和在属性检查器面板中设置 Style 属性相同。

3. 数据源协议

设置好表视图的样式后，需要给表视图设置数据。在 iOS 中表视图显示的数据都是从遵守数据源协议（UITableViewDataSource）的对象中获取的，在配置表视图的时候，表视图会向数据源查询一共有多少行数据，以及每一行显示什么数据等。为此，UITableViewDataSource 提供了相关的方法，其中最重要的三个方法如表 9-1 所示。

表 9-1 UITableViewDataSource 的主要方法

方法名	功能描述
optional public func numberOfSectionsInTableView (tableView: UITableView) -> Int	返回表视图将划分为多少个分区
public func tableView(tableView: UITableView, numberOfRowsInSection section: Int) -> Int	返回给定分区包含多少行，分区编号从 0 开始
public func tableView(tableView: UITableView, cellFor RowAtIndex Path indexPath: NSIndexPath) -> UITable ViewCell	返回一个单元格对象，用于显示在表视图指定的位置

表 9-1 列举的三个方法中，后两个方法必须实现，否则程序会发生异常；而当表视图有多个分组的时候，numberOfSectionsInTableView(tableView:)这个方法用于指定表视图分组的个

数，因此，该方法也必须实现。

4．委托协议

除数据源协议外，与表视图相关的还有一个委托协议（UITableViewDelegate）。表视图的委托协议包含多个对用户在表视图中执行的操作进行响应的方法，如选中某个单元格、设置单元格高度等。表 9-2 列举了表视图委托协议（UITableViewDelegate）提供的一些方法。

表 9-2　UITableViewDelegate 的主要方法

方法名	功能描述
optional public func tableView(tableView: UITableView, didSelectRowAtIndexPath indexPath: NSIndexPath)	响应选择表视图单元格时调用的方法
optional public func tableView(tableView: UITableView, heightForRowAtIndexPath indexPath: NSIndexPath) -> CGFloat	设置表视图中单元格的高度
optional public func tableView(tableView: UITableView, heightForHeaderInSection section: Int) -> CGFloat	设置指定分区头部的高度，其中参数 section 用于指定某个分区
optional public func tableView(tableView: UITableView, viewForHeaderInSection section: Int) -> UIView?	设置指定分区头部要显示的视图，其中参数 section 用于指定某个分区
optional public func tableView(tableView: UITableView, viewForFooterInSection section: Int) -> UIView?	设置指定分区尾部显示的视图，其中参数 section 用于指定某个分区
optional public func tableView(tableView: UITableView, indentationLevelForRowAtIndexPath indexPath: NSIndex Path) -> Int	设置表视图中单元格的等级缩进（数字越小等级越高）

表 9-2 列举了委托协议中的一些常用方法，其中第一个方法是响应选择单元格时调用的，从选择单元格到触摸结束，再到编辑单元格，我们只需要向该方法传递一个 NSIndexPath 对象，指出触摸的位置，就可以对触摸所属的分区和行做出响应。

9.1.4　表视图单元格（UITableViewCell）

单元格作为构成表视图的最主要元素，掌握它的组成结构是非常重要的。默认情况下，单元格由图标（imageView）、标题（textLabel）、详细内容（detailTextLabel）等组成，这些组成在单元格中的排列方式如图 9-8 所示。

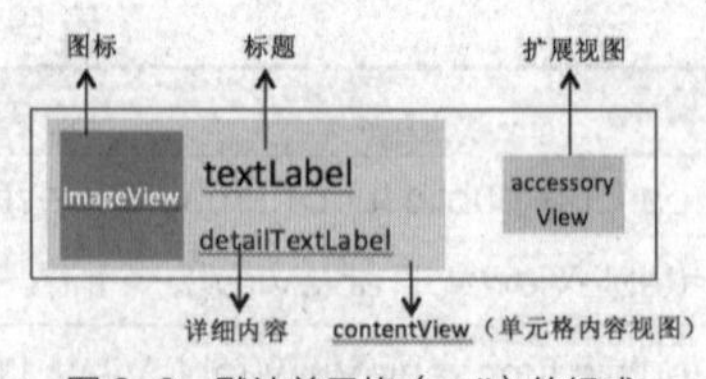

图 9-8　默认单元格（cell）的组成

图 9-8 展示的是一个单元格，它包含单元格内容和扩展视图两部分，其中，单元格内容视图中的图标、标题、详细内容都可以根据需要进行选择性设置。当然，单元格本身也有很多显示的样式，通常情况下，我们会在调用 init(style:reuseIdentifier:)方法初始化单元格的时候设置样式，init(style:reuseIdentifier:)方法的语法格式如下。

```
public init(style: UITableViewCellStyle, reuseIdentifier: String?)
```

上述方法中，参数 reuseIdentifier 是用来表示重用的标识符，参数 style 用于指定单元格的样式，它所属的类型 UITableViewCellStyle 是一个枚举类型，UITableViewCellStyle 的具体语法格式如下。

```
public enum UITableViewCellStyle : Int {
    case Default   //默认的单元格样式
    case Value1    //有图标带有主标题的单元格样式
    case Value2    //无图标带有详细内容的单元格样式
    case Subtitle //带有详细内容的单元格样式
}
```

在上述格式中，UITableViewCellStyle 的值有 4 个，说明单元格可以设置 4 种样式，为了大家更好地区分这四种样式，接下来，将相同的数据按照不同的样式进行展示，从而体现出四种样式不同的效果，具体如下。

- Default：默认样式，只有图标和标题，效果如图9-9所示。
- Value1：带图标、标题和详细内容的样式，详细内容位于最右侧，效果如图9-10所示。
- Value2：无图标带详细内容的样式，效果如图9-11所示。

图 9-9 默认样式

图 9-10 详细内容位于右侧的样式

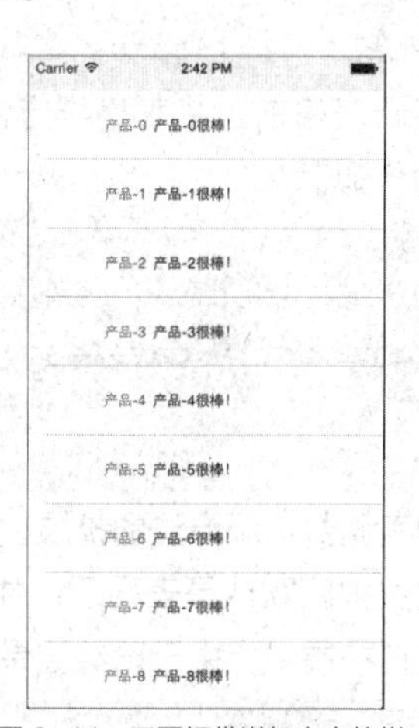

图 9-11 无图标带详细内容的样式

- Subtitle：带图标、标题和详细内容的样式，详细内容位于标题下方，效果如图9-12所示。

图 9-12 详细内容位于标题下方的样式

9.1.5 表格显示微博数据

前面已经准备了首页需要的微博数据，将它们与表格形成绑定，为单元格设置对应的模型数据。在 HomeTableViewController 类中，注册可重用单元格的标识。

```
/// 微博 Cell 的可重用表示符号
private let StatusCellNormalId = "StatusCellNormalId"
```

创建配置表格的方法 prepareTableView，然后在 viewDidLoad 中调用此方法，具体如下。

```
/// 准备表格
private func prepareTableView() {
    // 注册可重用 cell
    tableView.registerClass(UITableViewCell.self,
    forCellReuseIdentifier: StatusCellNormalId)
}
```

数据请求下来后，需要绑定一个属性来记录，代码如下。

```
/// 微博数据数组
var dataList: [Status]?
```

在刷新表格前，将表格绑定的数据重新赋值。在 loadData 方法中刷新表格的前面，增加如下加粗的代码。

```
//  测试
print(dataList)
self.dataList = dataList
//刷新数据
self.tableView.reloadData()
```

增加实现数据源方法的扩展，由于 HomeTableViewController 类继承自 UITableViewController，它里面的主视图默认是表视图，并且已经遵守了数据源和代理协议，成为了该表视图的数据源和代理对象。在扩展中，由于已经记录了数据，可以访问 dataList，具体如下。

```
// MARK: - 数据源方法
extension HomeTableViewController {
    override func tableView(tableView: UITableView, numberOfRowsInSection
    section: Int) -> Int {
        return dataList?.count ?? 0
    }
    override func tableView(tableView: UITableView, cellForRowAtIndexPath
    indexPath: NSIndexPath) -> UITableViewCell {
        let cell =
           tableView.dequeueReusableCellWithIdentifier(StatusCellNormalId,
           forIndexPath: indexPath)
        // 测试微博信息内容
        cell.textLabel?.text = dataList![indexPath.row].text
        return cell
    }
}
```

当把一个可选值赋值给可选值时，option 不再自动显示了。此时运行程序，模拟器的运行图如图 9-13 所示。

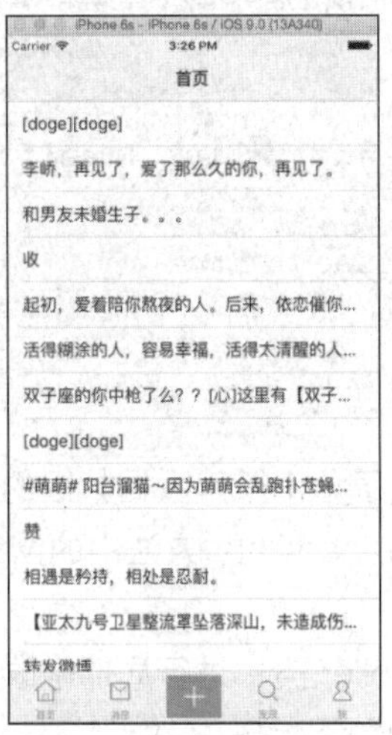

图 9-13　首页显示的微博信息

接下来，对上述的 MVC 模式代码进行重构，使用 MVVM 模式替换，减少控制器类中的代码，屏蔽控制器与网络间的接触，具体内容如下。

首先，在 ViewModel 分组中创建 StatusListViewModel 类，无须继承自任何类，该类负责封装网络方法，代码如下。

```
1  /// 微博数据列表模型 — 封装网络方法
2  class StatusListViewModel {
3      /// 微博数据数组 - 上拉/下拉刷新
4      lazy var statusList = [Status]()
5      /// 加载网络数据
6      func loadStatus(finished: (isSuccessed: Bool)->()) {
7          NetworkTools.sharedTools.loadStatus { (result, error) -> () in
8              if error != nil {
9                  print("出错了")
10                 finished(isSuccessed: false)
11                 return
12             }
13             // 判断 result 的数据结构是否正确
14             guard let array = result?["statuses"] as? [[String: AnyObject]]
15             else {
16                 print("数据格式错误")
17                 finished(isSuccessed: false)
18                 return
19             }
20             // 遍历字典的数组，字典转模型
21             // 1. 可变的数组
22             var dataList = [Status]()
```

```
23          // 2. 遍历数组
24          for dict in array {
25             dataList.append(Status(dict: dict))
26          }
27          // 3. 拼接数据
28          self.statusList = dataList + self.statusList
29          // 完成回调
30          finished(isSuccessed: true)
31       }
32    }
33 }
```

在上述代码中，第 4 行代码定义了一个微博数据数组的懒存储属性，为后续的上拉刷新和下拉刷新做准备。第 6~32 行是粘贴自 loadData 方法中的网络请求的代码，拼接了数据，并添加了回调参数。

然后，在 HomeTableViewController 类中进行局部修改。定义一个微博数据列表模型来存储数据，把 var dataList: [Status]?改为如下代码。

```
/// 微博数据列表模型
private lazy var listViewModel = StatusListViewModel()
```

接着修改 loadData 方法中的代码，为了让用户的体验更好，导入 SVProgressHUD 框架来提示用户当前网络加载的状态，代码如下。

```
/// 加载数据
private func loadData() {
   listViewModel.loadStatus { (isSuccessed) -> () in
      if !isSuccessed {
         SVProgressHUD.showInfoWithStatus("加载数据错误，请稍后再试")
         return
      }
      print(self.listViewModel.statusList)
      // 刷新数据
      self.tableView.reloadData()
   }
}
```

由于表格绑定的数据由视图模型提供，因此需要修改访问数组的代码，具体如下(加粗部分)。

```
1 // MARK: - 数据源方法
2 extension HomeTableViewController {
3    override func tableView(tableView: UITableView, numberOfRowsInSection
4    section: Int) -> Int {
5       return listViewModel.statusList.count
6    }
7    override func tableView(tableView: UITableView, cellForRowAtIndexPath
8    indexPath: NSIndexPath) -> UITableViewCell {
9       let cell =
```

```
10          tableView. dequeueReusableCellWithIdentifier(StatusCellNormalId,
11          forIndexPath: indexPath) as! StatusCell
12          cell.textLabel?.text = listViewModel.statusList[indexPath.row].text
13          return cell
14      }
15 }
```

此时运行程序，表格仍然显示了绑定的微博信息。这样，加载网络数据的工作由视图模型完成，控制器只要根据数据的有无做出下一步判断即可，有数据就显示，没有数据就提示错误。

9.1.6　嵌套用户模型

Status 模型只描述了部分微博的信息，单元格还用到了用户的信息，例如头像和昵称。再次打开微博接口文档，在返回字段中有一个 user 字段，代表微博作者的用户信息字段，单击后面的“详细”链接文字，进入图 9-14 所示的页面。

用户（user）

返回值字段	字段类型	字段说明
id	int64	用户UID
idstr	string	字符串型的用户UID
screen_name	string	用户昵称
name	string	友好显示名称
province	int	用户所在省级ID
city	int	用户所在城市ID
location	string	用户所在地
description	string	用户个人描述
url	string	用户博客地址
profile_image_url	string	用户头像地址（中图），50×50像素
profile_url	string	用户的微博统一URL地址
domain	string	用户的个性化域名
weihao	string	用户的微号
gender	string	性别，m：男、f：女、n：未知
followers_count	int	粉丝数
friends_count	int	关注数
statuses_count	int	微博数
favourites_count	int	收藏数
created_at	string	用户创建（注册）时间
following	boolean	暂未支持
allow_all_act_msg	boolean	是否允许所有人给我发私信，true：是，false：否
geo_enabled	boolean	是否允许标识用户的地理位置，true：是，false：否
verified	boolean	是否是微博认证用户，即加V用户，true：是，false：否
verified_type	int	暂未支持
remark	string	用户备注信息，只有在查询用户关系时才返回此字段
status	object	用户的最近一条微博信息字段 详细
allow_all_comment	boolean	是否允许所有人对我的微博进行评论，true：是，false：否
avatar_large	string	用户头像地址（大图），180×180像素
avatar_hd	string	用户头像地址（高清），高清头像原图
verified_reason	string	认证原因
follow_me	boolean	该用户是否关注当前登录用户，true：是，false：否
online_status	int	用户的在线状态，0：不在线、1：在线
bi_followers_count	int	用户的互粉数
lang	string	用户当前的语言版本，zh-cn：简体中文，zh-tw：繁体中文，en：英语

图 9-14　user（用户）详细说明

对照单元格显示的微博信息，准备用户模型类，按照接口文档的返回值字段，确定类里面定义属性的名称和类型，具体如下。

1. 定义 User 模型

（1）创建用户模型 User，它继承自 NSObject。

（2）根据接口文档确定 User 中的属性，并且添加到模型类里面，代码如下。

```
/// 用户模型
class User: NSObject {
```

```
    /// 用户 UID
    var id: Int = 0
    /// 用户昵称
    var screen_name: String?
    /// 用户头像地址（中图），50 像素×50 像素
    var profile_image_url: String?
    /// 认证类型，-1：没有认证，0，认证用户，2,3,5：企业认证，220：达人
    var verified_type: Int = 0
    /// 会员等级 0-6
    var mbrank: Int = 0
    init(dict: [String: AnyObject]) {
        super.init()
        setValuesForKeysWithDictionary(dict)
    }
    override func setValue(value: AnyObject?, forUndefinedKey key: String)
    {}
    override var description: String { // 便于追踪
        let keys = ["id", "screen_name", "profile_image_url",
       "verified_type", "mbrank"]
        return dictionaryWithValuesForKeys(keys).description
    }
}
```

其中，verified_type 和 mbrank 在文档中并没有字段说明，这些是根据接口返回的数据总结出来的。

2. 嵌套用户模型

从接口文档看出，Status 模型内部嵌套了 User 模型。因此，在 Status 类中定义表示用户的属性，代码如下。

```
/// 用户模型
var user: User?
```

为了能够追踪到 user 属性的信息，需要在 description 中的数组里增加“user”元素，改后的代码如下。

```
override var description: String {
    let keys = ["id", "text", "created_at", "source", "user"]
    return dictionaryWithValuesForKeys(keys).description
}
```

此时运行程序，控制台打印了微博的信息，其中用户的信息是以花括号（字典）显示的。使用 KVC 赋值时，如果 value 是一个字典，会直接将属性转换成字典，但是这里需要使用 User 模型表示。

当调用 setValuesForKeysWithDictionary 方法时，底层会调用 setValue 方法，重写这个方法单独处理 key 为 user 的情况，代码如下。

```
override func setValue(value: AnyObject?, forKey key: String) {
    // 判断 key 是否是 user
```

```
    if key == "user" {
        if let dict = value as? [String: AnyObject] {
            user = User(dict: dict) // 字典转换成模型
        }
        return
    }
    super.setValue(value, forKey: key)
}
```

上述代码重写了 setValue 方法，接着使用 if 语句判断。如果 key 为 user，同时 value 为字典，直接将字典转换成模型处理；如果 key 是其他情况，使用 super 调用父类的 setValue 方法直接赋值就行。

接着在 HomeTableViewController 设置单元格的方法中，验证是否能够在单元格中正常显示用户的昵称，代码（加粗部分）如下。

```
override func tableView(tableView: UITableView, cellForRowAtIndexPath
indexPath: NSIndexPath) -> UITableViewCell {
    let cell =
        tableView.dequeueReusableCellWithIdentifier(StatusCellNormalId,
        forIndexPath: indexPath)
    cell.textLabel?.text =
        listViewModel.statusList[indexPath.row].user?.screen_name
    return cell
}
```

运行程序，此时模拟器首页中显示了用户的昵称，如图 9-15 所示。

图 9-15　模拟器的效果

9.1.7　微博视图模型

再次封装一个视图模型类，用来处理单条微博的业务逻辑。首先，在 ViewModel 分组中新建表示微博视图模型的类 StatusViewModel，在该类中有一个微博模型，并且通过构造函数记录了模型，代码如下。

```
/// 微博视图模型 - 处理单条微博的业务逻辑
class StatusViewModel {
    /// 微博的模型
    var status: Status
    /// 构造函数
    init(status: Status) {
        self.status = status
    }
}
```

我们知道，控制器引用了 StatusListViewModel，在 StatusListViewModel 内部还是应用了 Status 模型。为了便于后面的开发，把 Status 改为 StatusViewModel，改后的代码（加粗部分）如下。

```
1  /// 微博数据列表模型 — 封装网络方法
2  class StatusListViewModel {
3      /// 微博数据数组 - 上拉/下拉刷新
4      lazy var statusList = [StatusViewModel]()
5      /// 加载网络数据
6      func loadStatus(finished: (isSuccessed: Bool)->()) {
7          NetworkTools.sharedTools.loadStatus { (result, error) -> () in
8              if error != nil {
9                  print("出错了")
10                 finished(isSuccessed: false)
11                 return
12             }
13             // 判断 result 的数据结构是否正确
14             guard let array = result?["statuses"] as? [[String: AnyObject]]
15             else {
16                 print("数据格式错误")
17                 finished(isSuccessed: false)
18                 return
19             }
20             // 遍历字典的数组，字典转模型
21             // 1. 可变的数组
22             var dataList = [StatusViewModel]()
23             // 2. 遍历数组
24             for dict in array {
25                 dataList.append(StatusViewModel(status: Status(dict: dict)))
26             }
27             // 3. 拼接数据
28             self.statusList = dataList + self.statusList
29            // 完成回调
30             finished(isSuccessed: true)
31         }
32     }
33 }
```

由于表格绑定的 statusList 里面的数据是由 StatusViewModel 提供的，以前其内部只有 user 属性，现在却换成了 status 属性，并且把 user 移到了 Status 里面，导致 StatusViewModel 与 user 之间又嵌套了一层 status，所以访问 user 的代码出现报错。在 HomeTableViewController 类中修改设置单元格的方法，代码如下。

```
override func tableView(tableView: UITableView, cellForRowAtIndexPath
indexPath: NSIndexPath) -> UITableViewCell {
    let cell =
        tableView.dequeueReusableCellWithIdentifier(StatusCellNormalId,
        forIndexPath: indexPath)
    cell.textLabel?.text =
        listViewModel.statusList[indexPath.row].status.user?.screen_name
    return cell
}
```

运行程序，首页依然显示了用户的昵称。这部分代码是为了后续开发做准备的，好处会在后面的章节中有所体会。

9.2 文字微博布局

在 9.1 节中，模型数据已经准备就绪，我们只要填充到首页的表格里面就能大功告成。显然，每条微博对应的单元格的布局比较复杂，系统提供的 UITableViewCell 无法满足需求，只能自定义单元格，本节以最简单的原创无图微博入手，带领大家使用自定义单元格对文字微博进行布局。

9.2.1 分析无图微博的布局

打开微博应用，由于前面已经登录过，默认会省略登录环节直接进入到首页。关于原创微博，它分为有配图和没有配图两种情况，这里只负责完成没有配图微博的原创微博，如图 9-16 所示。

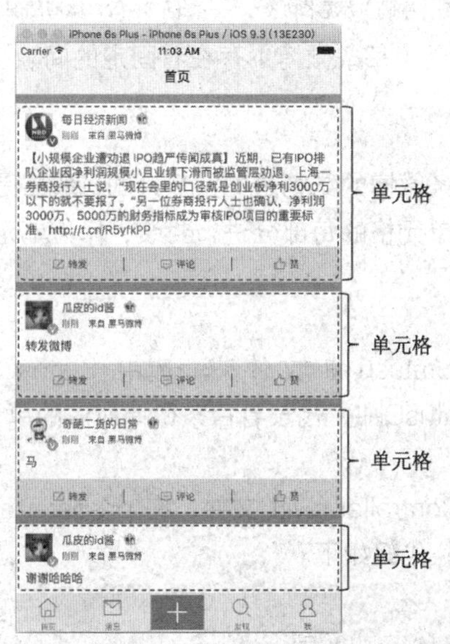

图 9-16 原创无图微博示意图

图 9-16 是文字微博的某个场景。由图可知，首页整体是 1 个拥有多条微博信息的表格，而且每条微博信息所占用的单元格高度不一。虽然每个单元格的高度不同，但是布局却是一样的，可分解为如下 3 部分。

1. 用户的基本信息

每条微博的头部显示的是用户的信息，包括用户头像、昵称、会员等。其中，微博发送的时间为“刚刚”，微博来源信息为“来自黑马微博”，这里都只是暂时设定的值，后面会做详细的处理。为了大家更好地理解，下面通过一张图来剖析头部的结构，如图 9-17 所示。

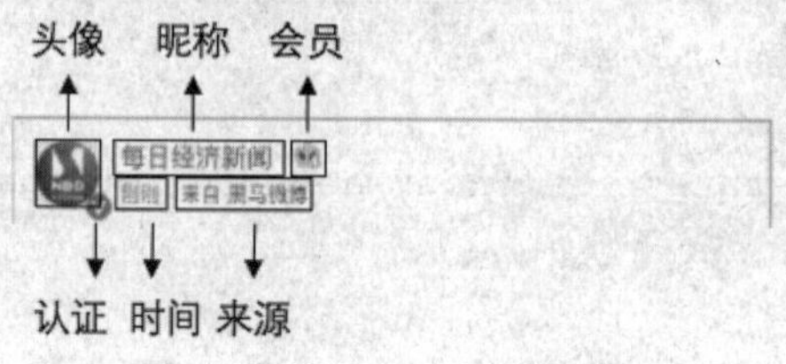

图 9-17 微博局部（头部）结构图

2. 文字内容

每条微博的中间显示的是微博的文字内容，文字是靠左对齐的，而且文字较多的时候能够回行显示。无论文字偏多或者偏少，距离上下的间隙是固定不变的，可以根据文字的多少自动调整合适的高度，保证文字能够完整地展示，局部如图 9-18 所示。

3. 工具栏

每条微博的底部显示的是 1 个工具栏，它上面有 3 个带有图标和标题的按钮，图标与标题之间存在着一定的间隙。另外，按钮跟按钮之间使用竖线分隔，如图 9-19 所示。

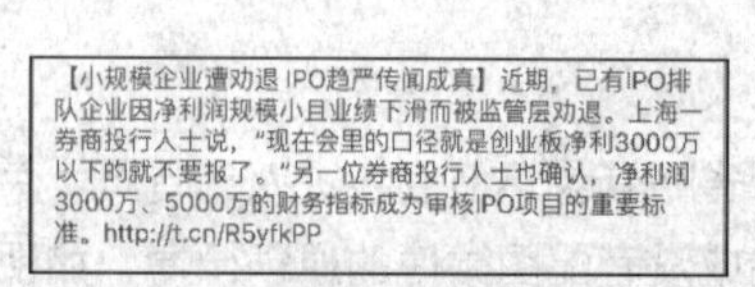
【小规模企业遭劝退 IPO趋严传闻成真】近期，已有IPO排队企业因净利润规模小且业绩下滑而被监管层劝退。上海一券商投行人士说，“现在会里的口径就是创业板净利3000万以下的就不要报了。”另一位券商投行人士也确认，净利润3000万、5000万的财务指标成为审核IPO项目的重要标准。http://t.cn/R5yfkPP

图 9-18 微博局部（中间）示意图

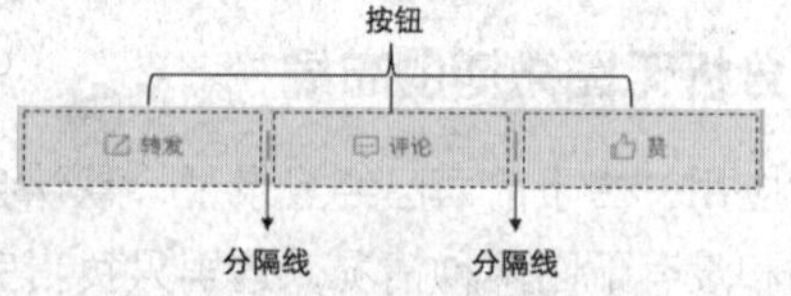

图 9-19 微博局部（底部）示意图

此外，单元格与单元格之间（每条微博）存在着固定的间隙，使得首页的结构更为分明。

9.2.2 自定义单元格

通过上个小节的分析，每条微博的结构是非常复杂的，系统提供的单元格类已经无法满足需求，所以要自定义单元格。把单元格的每部分进行封装，作为单元格的子视图显示，具体实现步骤如下。

1. 准备工作

在 Home 目录下添加 StatusCell 文件夹。选中 StatusCell 分组，新建 1 个继承自 UITableViewCell 类的子类 StatusCell，代表着每条微博对应的单元格。

（1）加载自定义单元格类

切换到 HomeTableViewController.swift 文件，在 prepareTableView()方法中，将注册可重用单元格的类改为 StatusCell，代码如下。

```
// 注册可重用 cell
tableView.registerClass(StatusCell.self, forCellReuseIdentifier:
```

```
StatusCellNormalId)
```

同样，在 tableView(tableView: UITableView, cellForRowAtIndexPath indexPath: NSIndexPath) 方法中，将可重用单元格的类转换为 StatusCell 类，具体代码如下。

```
let cell = tableView.dequeueReusableCellWithIdentifier(StatusCellNormalId,
forIndexPath: indexPath) as! StatusCell
```

（2）暂时设定测试行高

为了让表视图完整地展示其内部的子控件，需要暂时为表视图设置行高值。在 prepareTableView()方法的末尾位置添加如下代码。

```
// 测试行高
tableView.rowHeight = 200
```

（3）添加子视图

选中 StatusCell 分组，再次新建两个继承自 UIView 的子类，命名为 StatusCellTopView 和 StatusCellBottomView，分别代表着单元格的顶部视图和底部视图。

2. 定义 3 个子控件

自定义单元格包括顶部视图、内容标签和底部视图共 3 个部分，因此，StatusCell 类应该具有 3 个与之对应的属性，具体代码如下。

```
1 // MARK: - 懒加载控件
2 /// 顶部视图
3 private lazy var topView: StatusCellTopView = StatusCellTopView()
4 /// 微博正文标签
5 private lazy var contentLabel: UILabel = UILabel(title: "微博正文",
6 fontSize: 15, color: UIColor.darkGrayColor())
7 /// 底部视图
8 private lazy var bottomView: StatusCellBottomView = StatusCellBottomView()
```

在上述代码中，第 3 行代码使用构造函数创建了 StatusCellTopView 类的实例，并且赋值给了懒加载属性 topView。

第 5~6 行代码使用扩展 UILabel 类的构造函数，创建了拥有固定字体大小、字体颜色和文字内容的标签，并且赋值给了懒加载属性 contentLabel。

第 8 行代码使用构造函数创建了 StatusCellBottomView 类的实例，并且赋值给了懒加载属性 bottomView。

3. 添加子控件，设置位置

要想让子控件能够显示出来，不仅需要添加到父视图中，而且还要指定这些子控件的位置。添加 StatusCell 类的扩展，定义 1 个设置单元格布局的 setupUI()方法，实现 3 个子控件的布局，具体代码如下。

```
1 // MARK: - 设置界面
2 extension StatusCell {
3     private func setupUI() {
4         // 1. 添加控件
5         contentView.addSubview(topView)
6         contentView.addSubview(contentLabel)
7         contentView.addSubview(bottomView)
```

```
8          // 2. 自动布局
9          // 1> 顶部视图
10         topView.snp_makeConstraints { (make) -> Void in
11             make.top.equalTo(contentView.snp_top)
12             make.left.equalTo(contentView.snp_left)
13             make.right.equalTo(contentView.snp_right)
14             make.height.equalTo(2 * StatusCellMargin + StatusCellIconWidth)
15         }
16         // 2> 内容标签
17         contentLabel.snp_makeConstraints { (make) -> Void in
18             make.top.equalTo(topView.snp_bottom). offset(StatusCellMargin)
19             make.left.equalTo(contentView.snp_left).offset(
20             StatusCellMargin)
21         }
22         // 3> 底部视图
23         bottomView.snp_makeConstraints { (make) -> Void in
24             make.top.equalTo(contentLabel.snp_bottom).offset(
25             StatusCellMargin)
26             make.left.equalTo(contentView.snp_left)
27             make.right.equalTo(contentView.snp_right)
28             make.height.equalTo(44)
29         }
30     }
31 }
```

在上述代码中，第 3~30 行代码定义了设置单元格布局的方法。其中，第 5~7 行代码调用 addSubview 方法，依次给 contentView 添加了 3 个子控件。

第 10~15 行代码调用 snp_makeConstraints 方法，设置 topView 与 contentView 的顶部对齐、左侧对齐和右侧对齐，高度为 StatusCellIconWidth（微博头像的宽度）与 2 个 StatusCellMargin（间隙）的和，关于这两个值的定义如下。

```
/// 微博 Cell 中控件的间距数值
let StatusCellMargin: CGFloat = 12
/// 微博头像的宽度
let StatusCellIconWidth: CGFloat = 35
```

第 17~21 行代码调用 snp_makeConstraints 方法，设置 contentLabel 的顶部与 topView 相差 1 个间隙，左侧与 contentView 向右偏移了 1 个间隙。

第 23~29 行代码调用 snp_makeConstraints 方法，设置 bottomView 顶部与 contentLabel 相差 1 个间隙，左侧、右侧分别于 contentView 的左侧、右侧对齐，高度为固定的 44 个单位（工具栏高度）。

4．调用 setupUI()方法，布局子控件

每当创建 StatusCell 类的时候，默认都会调用 init(style: UITableViewCellStyle, reuseIdentifier: String?)构造函数。重写这个构造方法，调用 setupUI()方法布局全部的子控件，具体代码如下。

```
1 // MARK: - 构造函数
2 override init(style: UITableViewCellStyle, reuseIdentifier: String?) {
3     super.init(style: style, reuseIdentifier: reuseIdentifier)
4     setupUI()
5 }
6 required init?(coder aDecoder: NSCoder) {
7     fatalError("init(coder:) has not been implemented")
8 }
```

到此为止，只是限定了顶部视图、内容标签和底部视图所占用的区域，无法展示它们内部具体的细节。

9.2.3　顶部视图布局

顶部视图是 UIView 的子类，它主要用于放置一些小控件，包括显示用户头像的 UIImageView 控件、显示文字的 UILabel 控件等。根据上述的局部效果图，将顶部视图转换成原型图来描述，如图 9-20 所示。

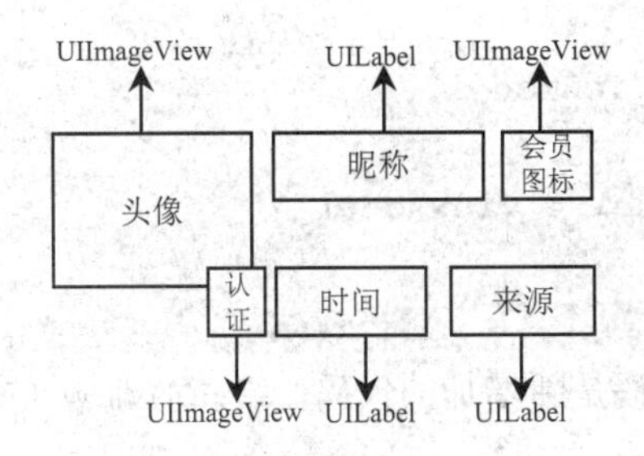

图 9-20 单元格原型图（顶部）

接下来，大家需要根据前面的顶部视图原型，布局其内部全部的子控件到合适的位置，而且填充需要的数据。

1. 传递模型数据

StatusCell 需要接受 StatusViewModel 类的全部数据，再根据每个子控件的需求，传递适当的数据到子控件，具体步骤如下。

首先，切换到 StatusCell.swift 文件，定义 1 个微博视图模型 viewModel，同时使用 didSet 监测属性的变化，具体代码如下。

```
/// 微博视图模型
var viewModel: StatusViewModel? {
    didSet {
    }
}
```

然后，切换到 HomeTableViewController.swift 文件中，在 tableView(tableView: UITableView, cellForRowAtIndexPath indexPath: NSIndexPath)方法中，将表视图获得的每行单元格的数据，赋值给 StatusCell 实例的 viewModel 属性，具体代码如下。

```
1 override func tableView(tableView: UITableView,
2 cellForRowAtIndexPath indexPath: NSIndexPath) -> UITableViewCell {
3     let cell = tableView.dequeueReusableCellWithIdentifier(
```

```
4           StatusCellNormalId, forIndexPath: indexPath) as! StatusCell
5       cell.viewModel = listViewModel.statusList[indexPath.row]
6       return cell
7   }
```

在上述代码中，第 5 行代码是改动的代码，用于给 cell 的 viewModel 属性赋值，这就使得单元格里面有了相应的数据。

同理在 StatusCellTopView.swift 文件中，定义 1 个微博视图模型，同时使用 didSet 监测属性的变化，具体代码如下。

```
/// 微博视图模型
var viewModel: StatusViewModel? {
    didSet {
    }
}
```

切换到 StatusCell.swift 文件，在 viewModel 属性的 didSet 语句部分，插入给 topView 传递数据的代码，修改后的代码如下。

```
1 /// 微博视图模型
2 var viewModel: StatusViewModel? {
3     didSet {
4         topView.viewModel = viewModel
5     }
6 }
```

在上述代码中，第 4 行代码是新增加的代码，给 topView 的 viewModel 属性赋值，使得 topView 拿到了相应的数据。

2. 定义 6 个子控件

在 Assets.xcassets 目录中，导入提前准备好的 Avatar（包括会员和认证图标）文件夹，如图 9-21 所示。

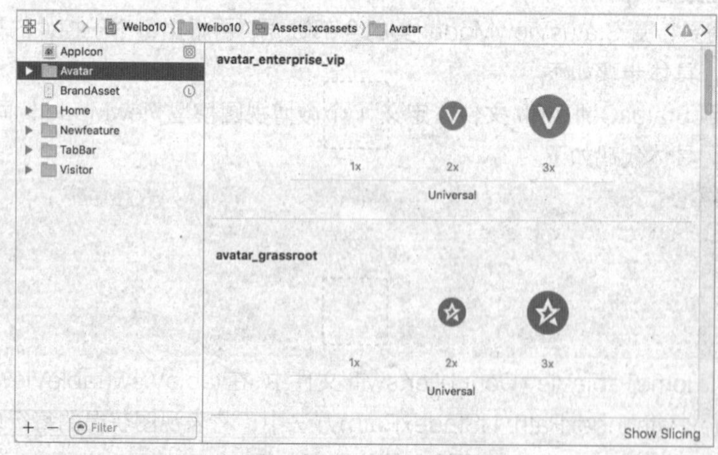

图 9-21 导入会员和认证图标素材

顶部视图内部有很多小控件，同样地使用懒加载的方式定义子控件，并且给它们设定一些测试数据，用来检测界面上的每个控件位置都是正确的，具体代码如下。

```
1 // MARK: - 懒加载控件
2 /// 头像
3 private lazy var iconView: UIImageView =
4     UIImageView(imageName: "avatar_default_big")
5 /// 姓名
6 private lazy var nameLabel: UILabel = UILabel(title: "王老五", fontSize: 14)
7 /// 会员图标
8 private lazy var memberIconView: UIImageView =
9      UIImageView(imageName: "common_icon_membership_level1")
10 /// 认证图标
11 private lazy var vipIconView: UIImageView =
12    UIImageView(imageName: "avatar_vip")
13 /// 时间标签
14 private lazy var timeLabel: UILabel = UILabel(title: "现在", fontSize: 11,
15 color: UIColor.orangeColor())
16 /// 来源标签
17 private lazy var sourceLabel: UILabel = UILabel(title: "来源", fontSize: 11)
```

3. 添加子控件，设置位置

按照前面使用到的技巧，在 StatusCellTopView.swift 文件中，添加 StatusCellTopView 类的扩展。在这个扩展类中，定义 1 个设置界面的 setupUI()方法，使用 addSubview 方法添加上述的子控件，并且使用自动布局设定它们的位置，具体代码如下。

```
1  // MARK: - 设置界面
2  extension StatusCellTopView {
3      private func setupUI() {
4          // 1. 添加控件
5          addSubview(iconView)
6          addSubview(nameLabel)
7          addSubview(memberIconView)
8          addSubview(vipIconView)
9          addSubview(timeLabel)
10         addSubview(sourceLabel)
11         // 2. 自动布局
12         iconView.snp_makeConstraints { (make) -> Void in
13             make.top.equalTo(self.snp_top).offset(StatusCellMargin)
14             make.left.equalTo(self.snp_left).offset(StatusCellMargin)
15             make.width.equalTo(StatusCellIconWidth)
16             make.height.equalTo(StatusCellIconWidth)
17         }
18         nameLabel.snp_makeConstraints { (make) -> Void in
19             make.top.equalTo(iconView.snp_top)
20             make.left.equalTo(iconView.snp_right). offset(StatusCellMargin)
21         }
22         memberIconView.snp_makeConstraints { (make) -> Void in
```

```
23            make.top.equalTo(nameLabel.snp_top)
24            make.left.equalTo(nameLabel.snp_right). offset(StatusCellMargin)
25        }
26        vipIconView.snp_makeConstraints { (make) -> Void in
27            make.centerX.equalTo(iconView.snp_right)
28            make.centerY.equalTo(iconView.snp_bottom)
29        }
30        timeLabel.snp_makeConstraints { (make) -> Void in
31            make.bottom.equalTo(iconView.snp_bottom)
32            make.left.equalTo(iconView.snp_right). offset(StatusCellMargin)
33        }
34        sourceLabel.snp_makeConstraints { (make) -> Void in
35            make.bottom.equalTo(timeLabel.snp_bottom)
36            make.left.equalTo(timeLabel.snp_right). offset(StatusCellMargin)
37        }
38    }
39 }
```

在上述代码中，第 5~10 行代码调用 addSubview 方法，依次添加了 6 个子控件；第 12~37 行代码使用 snp_makeConstraints 方法，依次给每个子控件设定了参照和约束。

默认创建 UIView 实例的时候，会调用 init(frame: CGRect)方法。因此，重写该方法，调用 setupUI()方法设置界面，具体代码如下。

```
// MAKR: - 构造函数
override init(frame: CGRect) {
    super.init(frame: frame)
    setupUI()
}
required init?(coder aDecoder: NSCoder) {
    fatalError("init(coder:) has not been implemented")
}
```

值得一提的是，每次增加 1 个子控件的布局代码，就要运行程序测试，保证能够及时地处理错误信息。

4. 子控件注入视图模型的数据

子控件插入的数据都是死数据，因此需要根据视图模型来注入。针对 User 模型获得的数据，需要做一些转换处理，才能够填充到子控件里面。例如，头像的地址是 String 类型的，而设置头像的方法需要传入 URL 类型的值。因此，需要借助一个视图模型来管理，减少了视图类的代码。

首先，在 StatusViewModel.swift 文件中，添加 4 个计算型属性，分别用于处理头像 URL、默认头像、会员图标和认证图标的信息，具体代码如下。

```
1  /// 用户头像 URL
2  var userProfileUrl: NSURL {
3      return NSURL(string: status.user?.profile_image_url ?? "")!
4  }
5  /// 用户默认头像
```

```
6 var userDefaultIconView: UIImage {
7     return UIImage(named: "avatar_default_big")!
8 }
9 /// 用户会员图标
10 var userMemberImage: UIImage? {
11     // 根据 mbrank 来生成图像
12     if status.user?.mbrank > 0 && status.user?.mbrank < 7 {
13         return UIImage(named: "common_icon_membership_level
14         \(status.user!.mbrank)")
15     }
16     return nil
17 }
18 /// 用户认证图标
19 /// 认证类型，-1：没有认证，0，认证用户，2,3,5: 企业认证，220: 达人
20 var userVipImage: UIImage? {
21     switch(status.user?.verified_type ?? -1) {
22     case 0: return UIImage(named: "avatar_vip")
23     case 2, 3, 5: return UIImage(named: "avatar_enterprise_vip")
24     case 220: return UIImage(named: "avatar_grassroot")
25     default: return nil
26     }
27 }
```

在上述代码中，第 2~4 行代码使用 init?(string URLString: String)构造函数，将 User（用户）的 profile_image_url（头像地址）包装成为 NSURL 对象，使用 return 关键字返回。

第 6~8 行使用 init?(named name: String)构造函数，创建了 1 个 UIImage 实例。

第 10~17 行使用 if 语句判断，如果 mbrank（会员等级）在 0~7，就把带有 mbrank 的组合字符串作为参数，创建 1 个 UIImage 实例。

第 20~27 行代码使用 switch 语句区分了认证的几种类型，如果 verified_type 的值为 0，返回认证用户的图标；如果 verified_type 的值为 2、3、5，返回企业认证的图标；如果 verified_type 的值为 220，返回达人的图标；如果是其他情况，直接返回 nil 即可。

然后，在 StatusCellTopView.swift 文件中，找到 viewModel 属性的 didSet 语句，设置每个控件的内容，修改后的代码如下。

```
1 /// 微博视图模型
2 var viewModel: StatusViewModel? {
3     didSet {
4         // 姓名
5         nameLabel.text = viewModel?.status.user?.screen_name
6         // 头像
7         iconView.sd_setImageWithURL(viewModel?.userProfileUrl,
8         placeholderImage: viewModel?.userDefaultIconView)
9         // 会员图标
10        memberIconView.image = viewModel?.userMemberImage
```

```
11          // 认证图标
12          vipIconView.image = viewModel?.userVipImage
13          // TODO - 后续会讲
14          // 时间
15          timeLabel.text = "刚刚"
16          // 来源
17          sourceLabel.text = "来自黑马微博"
18      }
19 }
```

在上述代码中，第 4~17 行代码是新增加的代码。由于微博时间和微博来源内容比较复杂，有很多注意的地方，这里暂时不做任何处理，后续会讲解这些内容。

5. 运行程序

运行程序，模拟器显示的效果图如图 9-22 所示。

图 9-22 程序的运行结果图

9.2.4 内容标签布局

内容标签用来展示微博的文字内容，而且文字能够多行显示，标签的高度会依据内容的多少自动调整。

1. 填充标签的数据

在 StatusCell.swift 文件中，找到计算型属性 viewModel。在 didSet 语句的末尾位置，设置 contentLabel 的文字内容，修改后的代码如下。

```
/// 微博视图模型
var viewModel: StatusViewModel? {
    didSet {
```

```
        topView.viewModel = viewModel
        contentLabel.text = viewModel?.status.text
    }
}
```

2. 标签多行文字换行显示

要想让标签文字换行，除了设置 linesNumbers 属性为 0 以外，还需要设置 preferredMaxLayoutWidth 确定标签的最大宽度。创建内容标签的时候，默认使用的是 UILabel 扩展类的便利构造函数，需要修改该函数的代码。

在 UILabel+Extension.swift 文件中，在 init 函数后面增加 1 个 screenInset 参数，表示标签距离屏幕的边距，改后的代码如下。

```
1 convenience init(title: String,fontSize: CGFloat = 14,
2 color: UIColor = UIColor.darkGrayColor(),screenInset: CGFloat = 0) {
3     self.init()
4     text = title
5     textColor = color
6     font = UIFont.systemFontOfSize(fontSize)
7     numberOfLines = 0
8     if screenInset == 0 {
9         textAlignment = .Center
10    } else {
11        // 设置换行宽度
12        preferredMaxLayoutWidth =
13        UIScreen.mainScreen().bounds.width - 2 * screenInset
14        textAlignment = .Left
15    }
16 }
```

在上述代码中，第 2 行代码末尾增加了 1 个带有默认值的参数 screenInset，第 8~15 行代码使用 if 语句进行判断，如果标签与屏幕的间距为 0，这表示是供其他情况使用的标签，只需要设置文字居中对齐；如果标签与屏幕有间隙，这表示是内容标签，设置标签的最大宽度和文字居左对齐。

代码发生变动后，创建内容标签的代码需要改动。在 StatusCell.swift 文件中，找到懒加载 contentLabel 的代码，改后的代码如下。

```
1 /// 微博正文标签
2 private lazy var contentLabel: UILabel = UILabel(title: "微博正文",
3     fontSize: 15,
4     color: UIColor.darkGrayColor(),
5     screenInset: StatusCellMargin)
```

在上述代码中，第 5 行代码指定了标签与屏幕边缘的距离为 1 个间隙，文字能够多行显示，而且是居左对齐的。

3. 运行程序

运行程序，模拟器显示的效果图如图 9-23 所示。

图 9-23 程序的运行结果图

9.2.5 底部视图布局

根据 9.2.1 分析的布局得知，底部视图是由 3 个带有图标和标题的按钮组成的，并且按钮与按钮之间使用竖线分隔。接下来，布局底部视图的子控件到合适位置，具体如下。

1. 导入图片素材

在 Assets.xcassets 目录中，将提前准备好的 Home（工具栏素材）文件夹拖曳到图片列表中，如图 9-24 所示。

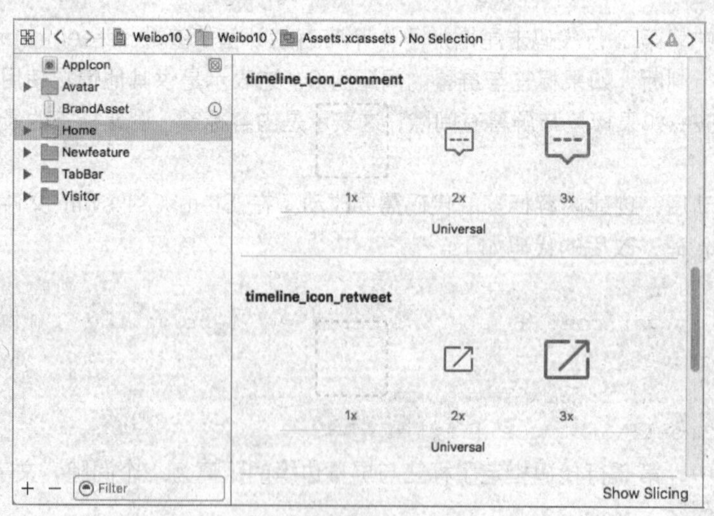

图 9-24 导入的工具栏素材

2. 定义 3 个工具栏按钮

首先，在 UIButton+Extension.swift 文件中，定义 1 个创建工具栏按钮的便利构造函数，具体代码如下。

```
1 /// 便利构造函数
2 /// - parameter title:    title
3 /// - parameter color:    color
4 /// - parameter fontSize:  字体大小
5 /// - parameter imageName: 图像名称
6 /// - returns: UIButton
7 convenience init(title: String, fontSize: CGFloat, color: UIColor,
8 imageName: String) {
9     self.init()
10    setTitle(title, forState: .Normal)
11    setTitleColor(color, forState: .Normal)
12    setImage(UIImage(named: imageName), forState: .Normal)
13    titleLabel?.font = UIFont.systemFontOfSize(fontSize)
14    sizeToFit()
15 }
```

上述函数共有4个参数，title表示按钮的标题，fontSize表示字体的大小，color表示文字的颜色，imageName表示图标的名称。在该函数内部，依次设置了普通状态下按钮的标题、字体颜色和图标，设置字体，并且调用sizeToFit()方法实现大小自适应。

接着，切换到StatusCellBottomView.swift文件，使用刚刚定义的UIButton的便利构造函数创建3个工具栏按钮，分别表示“转发”按钮、“评论”按钮和“点赞”按钮，具体代码如下。

```
1 // MARK: - 懒加载控件
2 /// 转发按钮
3 private lazy var retweetedButton: UIButton = UIButton(title: " 转发",
4 fontSize: 12, color: UIColor.darkGrayColor(),
5 imageName: "timeline_icon_retweet")
6 /// 评论按钮
7 private lazy var commentButton: UIButton = UIButton(title: " 评论",
8 fontSize: 12, color: UIColor.darkGrayColor(),
9 imageName: "timeline_icon_comment")
10 /// 点赞按钮
11 private lazy var likeButton: UIButton = UIButton(title: " 赞",
12 fontSize: 12, color: UIColor.darkGrayColor(),
13 imageName: "timeline_icon_unlike")
```

由于按钮的图标和标题间隙过小，可以在输入标签字符串的时候，多插入1个或者多个空格，从而拉开图标和标题的距离。

3. 添加子控件，设置位置

在StatusCellBottomView.swift文件中，添加1个StatusCellBottomView类的扩展。在扩展类中定义1个设置界面的setupUI()方法，使用自动布局确定子控件的位置，具体代码如下。

```
1  // MARK: - 设置界面
2  extension StatusCellBottomView {
3      private func setupUI() {
4          // 0. 设置背景颜色
5          backgroundColor = UIColor(white: 0.9, alpha: 1.0)
6          // 1. 添加控件
7          addSubview(retweetedButton)
8          addSubview(commentButton)
9          addSubview(likeButton)
10         // 2. 自动布局
11         retweetedButton.snp_makeConstraints { (make) -> Void in
12             make.top.equalTo(self.snp_top)
13             make.left.equalTo(self.snp_left)
14             make.bottom.equalTo(self.snp_bottom)
15         }
16         commentButton.snp_makeConstraints { (make) -> Void in
17             make.top.equalTo(retweetedButton.snp_top)
18             make.left.equalTo(retweetedButton.snp_right)
19             make.width.equalTo(retweetedButton.snp_width)
20             make.height.equalTo(retweetedButton.snp_height)
21         }
22         likeButton.snp_makeConstraints { (make) -> Void in
23             make.top.equalTo(commentButton.snp_top)
24             make.left.equalTo(commentButton.snp_right)
25             make.width.equalTo(commentButton.snp_width)
26             make.height.equalTo(commentButton.snp_height)
27             make.right.equalTo(self.snp_right)
28         }
29     }
30 }
```

首先，第 11~15 行代码参照顶部视图，确定了 retweetedButton 的顶部、底部、左侧位置，retweetedButton 的宽度这时候还无法确定。

然后，第 16~21 行代码参照 retweetedButton，确定了 commentButton 顶部、左侧的位置，同时指定了与 retweetedButton 等宽等高。

接着，第 22~28 行代码参照 commentButton，确定了 likeButton 顶部、左侧的位置，同时也指定了与 commentButton 等宽等高。

最后，第 27 行代码指定了 likeButton 右侧的位置，这样就确定了 3 个按钮的整体宽度。由于这 3 个按钮是等宽等高的，根据这个整体宽度除以 3 就能够得到每个按钮的宽度。

默认创建 UIView 实例的时候，会调用 init(frame: CGRect)方法。因此，重写这个构造函数，调用 setupUI()方法设置界面，具体代码如下。

```
override init(frame: CGRect) {
    super.init(frame: frame)
```

```
    setupUI()
}
required init?(coder aDecoder: NSCoder) {
    fatalError("init(coder:) has not been implemented")
}
```

4. 添加两条分割线

从前面的分析得知，按钮与按钮之间还有一条分割线，可以添加两个 UIView 控件，设置它们的宽度为 1。在扩展类中定义 1 个创建分割线的方法，代码如下。

```
private func sepView() -> UIView {
    let v = UIView()
    v.backgroundColor = UIColor.darkGrayColor()
    return v
}
```

在 setupUI()方法的末尾位置，调用 sepView()方法创建两条分隔线，接着使用自动布局来确定它们的位置，具体代码如下。

```
1     // 分隔视图
2     let sep1 = sepView()
3     let sep2 = sepView()
4     addSubview(sep1)
5     addSubview(sep2)
6     // 布局
7     let w = 1
8     let scale = 0.4
9     sep1.snp_makeConstraints { (make) -> Void in
10        make.left.equalTo(retweetedButton.snp_right)
11        make.centerY.equalTo(retweetedButton.snp_centerY)
12        make.width.equalTo(w)
13        make.height.equalTo(retweetedButton.snp_height)
14          .multipliedBy(scale)
15    }
16    sep2.snp_makeConstraints { (make) -> Void in
17        make.left.equalTo(commentButton.snp_right)
18        make.centerY.equalTo(retweetedButton.snp_centerY)
19        make.width.equalTo(w)
20        make.height.equalTo(retweetedButton.snp_height)
21          .multipliedBy(scale)
22    }
```

第 9~15 行代码参照 retweetedButton 布局了 sep1 的位置，设置 sep1 的左侧为 retweetedButton 的右侧，sep1 在垂直方向的中心和 retweetedButton 的中心一致，宽度为 1，高度为 retweetedButton 高度的 0.4 倍。sep2 按照同样的方式布局即可。

5. 测试程序运行效果

运行程序，模拟器显示的效果图如图 9-25 所示。

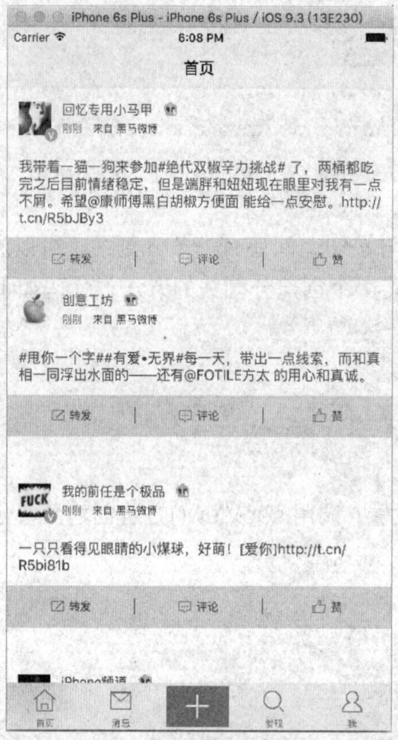

图 9-25 程序的运行结果图

图 9-25 显示了底部视图。由于设置表视图行高的时候，暂时设定了 1 个固定的值。如果某条微博的内容过长，单元格肯定是无法完全显示的；如果某条微博的内容很短，单元格又会出现空白的位置。

6. 自动计算行高

要想让单元格根据内容自动调整行高，需要设定一个预估高度，同时指定 1 个向下的约束，自动根据约束定位高度。

首先切换到 HomeTableViewController.swift 文件，在 prepareTableView()方法的末尾位置，注释掉设定行高的代码，设置表视图的预估行高，具体代码如下。

```
1 // 自动计算行高 - 需要一个自上而下的自动布局的控件，指定一个向下的约束
2 tableView.estimatedRowHeight = 200
3 tableView.rowHeight = UITableViewAutomaticDimension
```

在上述代码中，第 2 行代码设置 estimatedRowHeight（预估高度）为 200，第 3 行代码设置了 rowHeight 为自动定位尺寸。

接着设定自动计算行高时，需要指定一个向下的约束，也就是添加底部视图的底部约束。在 StatusCell.swift 文件中，找到设置底部视图约束的代码，在末尾位置添加一个向下约束，限定 bottomView 与 contentView 底部对齐，具体代码（加粗部分）如下。

```
// 3> 底部视图
bottomView.snp_makeConstraints { (make) -> Void in
    make.top.equalTo(contentLabel.snp_bottom).
      offset(StatusCellMargin)
    make.left.equalTo(contentView.snp_left)
```

```
    make.right.equalTo(contentView.snp_right)
    make.height.equalTo(44)
    // 指定向下的约束
    make.bottom.equalTo(contentView.snp_bottom)
}
```

7. 再次运行程序

运行程序，模拟器显示的效果图如图 9-26 所示。

图 9-26　程序的运行结果图

9.2.6　单元格细节调整

根据程序的运行结果看出，单元格是挨在一起的，无法更好地区别每条微博的内容，下面进行细节调整，具体如下。

1. 取消表格分割线

每次进入首页的时候，都会先出现分割线，用户的体验不是很好。在 HomeTableViewController 类的 prepareTableView()方法中，设置没有分割线的风格，代码如下。

```
// 取消分割线
tableView.separatorStyle = .None
```

2. 设置单元格与单元格的间隙

为了让单元格间存在一定的间隙，可以在顶部视图的顶部增加一截视图。首先，切换至 StatusCellTopView.swift 文件，在 setupUI()方法的头部位置添加分隔视图，代码如下。

```
1  // 0. 添加分隔视图
2  let sepView = UIView()
```

```
3 sepView.backgroundColor = UIColor.lightGrayColor()
4 addSubview(sepView)
```

然后，采用自动布局的方式，设置分隔视图的位置。在 iconView 布局代码的前面，添加 sepView 布局的代码，具体代码如下。

```
1 sepView.snp_makeConstraints { (make) -> Void in
2     make.top.equalTo(self.snp_top)
3     make.left.equalTo(self.snp_left)
4     make.right.equalTo(self.snp_right)
5     make.height.equalTo(StatusCellMargin)
6 }
```

由于 iconView 的顶部多了 sepView，因此其顶部的约束要参照 sepView 的底部。修改设置 iconView 布局的代码，改后的代码如下。

```
iconView.snp_makeConstraints { (make) -> Void in
    make.top.equalTo(sepView.snp_bottom).offset(StatusCellMargin)
    make.left.equalTo(self.snp_left).offset(StatusCellMargin)
    make.width.equalTo(StatusCellIconWidth)
    make.height.equalTo(StatusCellIconWidth)
}
```

此时运行程序，首页完整地显示了最新的原创无图微博，每条微博的界限很分明。

9.2.7 全局修改函数的名字

在开发时，供多个类使用的函数定义名称时，表达的意思要尽量准确。在 UIButton+Extension 类中，init(title: String, color: UIColor, imageName: String)方法的最后一个参数表示背景图像的名称，换成 backImageName 更为合适。

遇到这种情况，如果使用构造函数的地方很多，单个替换是比较麻烦的。为此，需要全局改动参数的名称，具体步骤如下。

首先，在上述便利构造函数中，把光标定位到 imageName 参数的位置，按住 command+control+E，此文件凡是用到该参数的位置，四周都出现了虚线框，如图 9-27 所示。

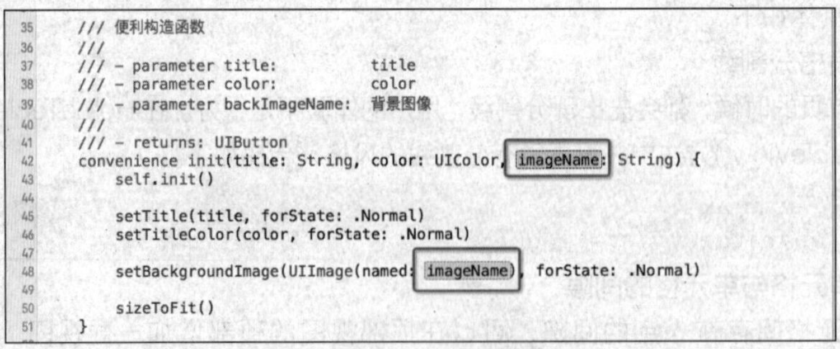

```
35    /// 便利构造函数
36    ///
37    /// - parameter title:          title
38    /// - parameter color:          color
39    /// - parameter backImageName:  背景图像
40    ///
41    /// - returns: UIButton
42    convenience init(title: String, color: UIColor, imageName: String) {
43        self.init()
44
45        setTitle(title, forState: .Normal)
46        setTitleColor(color, forState: .Normal)
47
48        setBackgroundImage(UIImage(named: imageName), forState: .Normal)
49
50        sizeToFit()
51    }
```

图 9-27 定位使用 imageName 的地方

然后，在第一个出现 imageName 的地方输入 backImageName，每输入一个字母，定位到的其他地方也会同时增加一个相同的字母，如图 9-28 所示。

```
35    /// 便利构造函数
36    ///
37    /// - parameter title:          title
38    /// - parameter color:          color
39    /// - parameter backImageName:  背景图像
40    ///
41    /// - returns: UIButton
42    convenience init(title: String, color: UIColor, backImage: String) {
43        self.init()
44
45        setTitle(title, forState: .Normal)
46        setTitleColor(color, forState: .Normal)
47
48        setBackgroundImage(UIImage(named: backImage), forState: .Normal)
49
50        sizeToFit()
51    }
```

图 9-28 全局修改参数的名称

接着输入完成后，两个位置的名称全部改成了 backImageName，具体代码如下。

```
/// 便利构造函数
/// - parameter title:          title
/// - parameter color:          color
/// - parameter backImageName:  背景图像
/// - returns: UIButton
convenience init(title: String, color: UIColor, backImageName: String) {
    self.init()
    setTitle(title, forState: .Normal)
    setTitleColor(color, forState: .Normal)
    setBackgroundImage(UIImage(named: backImageName), forState: .Normal)
    sizeToFit()
}
```

此时编译程序，在 VisitorView 类中出现了两个错误，改后的代码如下。

```
/// 注册按钮
lazy var registerButton: UIButton = UIButton(title: "注册", color:
    UIColor.orangeColor(),
    backImageName: "common_button_white_disable")
/// 登录按钮
lazy var loginButton: UIButton = UIButton(title: "登录", color:
    UIColor.darkGrayColor(),
    backImageName: "common_button_white_disable")
```

同时，在 NewFeatureViewController 类中也出现了一个错误，改后的代码如下。

```
/// 开始体验按钮
private lazy var startButton: UIButton = UIButton(title: "开始体验",
    color: UIColor.whiteColor(),
    backImageName: "new_feature_finish_button")
```

如果出现了一些未知错误，可以通过菜单项的【Product】→【Clean】命令清理函数的缓存。再次编译程序，成功通过了编译。

因此，建议在开发时请谨慎命名，尽量让代码易于阅读，确保名称是合理的，这样可以减少不必要的麻烦。

9.3 配图微博布局

9.3.1 微博中图片的显示方式

微博不仅有文字微博，还有配图微博，配图微博可能是单图的，可能是多图的，单图微博和多图微博的布局是不一样的。在本节中，首先要请求配图微博的数据，然后对不同的配图微博进行布局，关于图片的布局，按照如下要求设置。

- 单图：单图按照图片等比例显示。
- 多图的每张图片大小固定。
- 如果图片是4张，按照2×2显示。
- 如果图片是其他数量，按照3×3九宫格显示。
- 如果微博图片是GIF格式，需要让图片显示GIF的标签。

效果如图 9-29 所示。

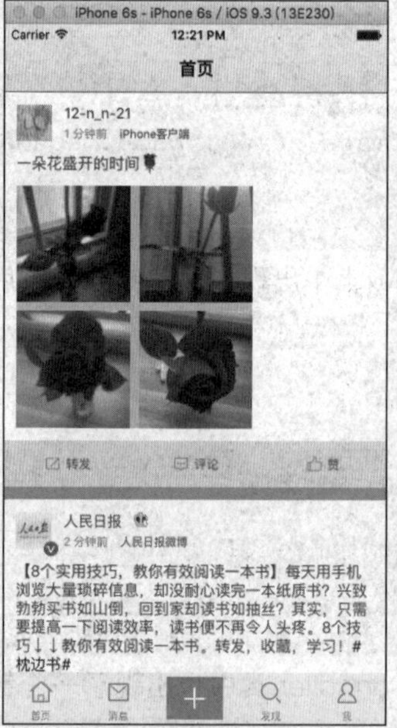

图 9-29 配图微博的示例

9.3.2 准备配图需要的数据

1. 确认配图的地址

微博带有配图的数量不同，至少为 0 张，至多为 9 张。由于微博文档没有及时更新，所以需要根据测试接口拿到微博的数据，找到配图对应的字段，具体流程如下。

（1）打开微博开放平台，单击【文档】菜单，会看到下面有一个【API 文档】。该选项的文字说明中，可以看到“接口测试工具”的链接文字，如图 9-30 所示。

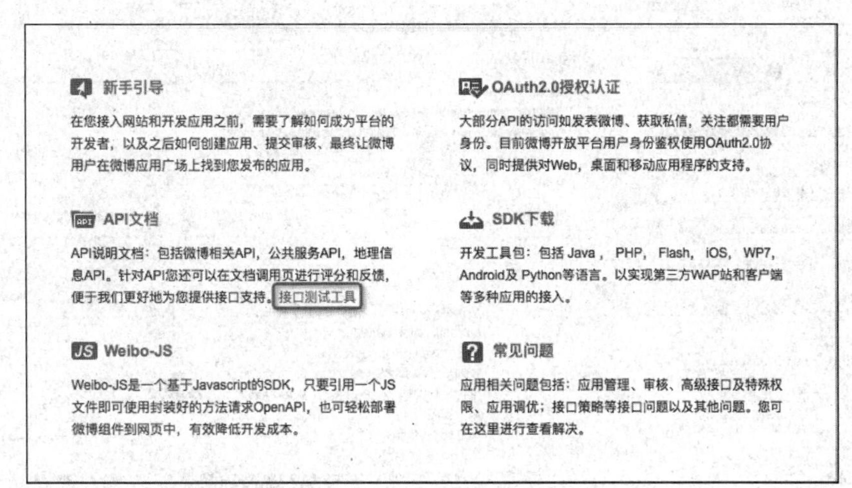

图 9-30 微博开发平台提供的文档

（2）单击图 9-30 的“接口测试工具”链接，进入“API 测试工具”的界面，如图 9-31 所示。

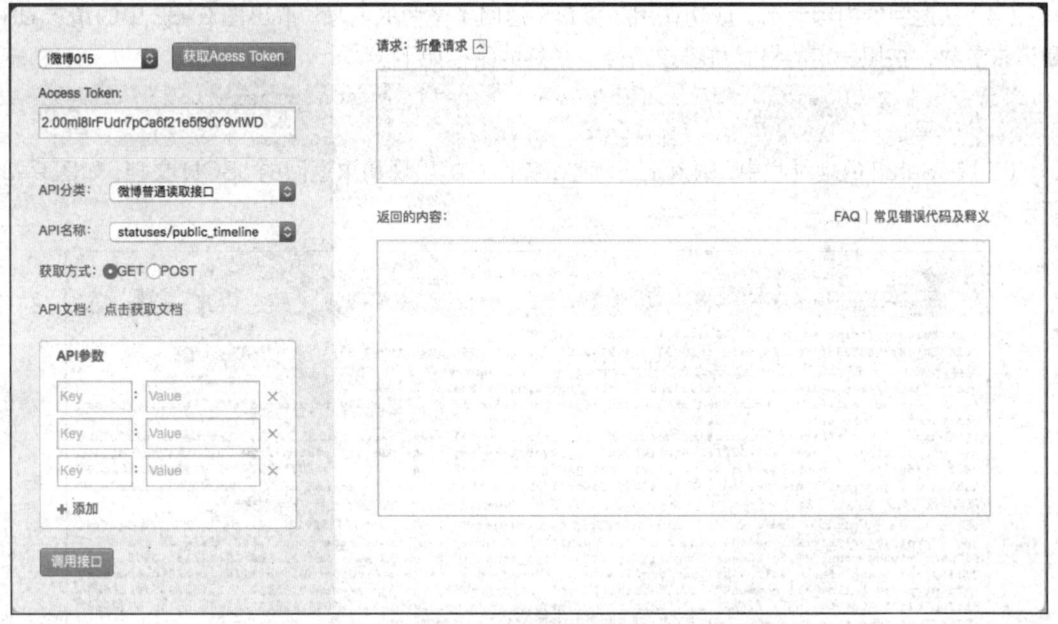

图 9-31 API 测试工具窗口

图 9-31 是新浪提供的 API 接口的测试工具。由图可知，左侧第 1 行为绑定的应用名称；第 2 行为该应用对应的访问令牌；第 3 行“API 分类”对应接口的类型；第 4 行“API 名称”对应接口的名称。

（3）在图 9-31 中，在“API 分类”的下拉列表中选择“微博普通读取接口”；在“API 名称”的下拉列表中选择“statuses/public_timeline”，单击左下角的“调用接口”按钮，窗口右侧显示了请求的信息和返回的内容，如图 9-32 所示。

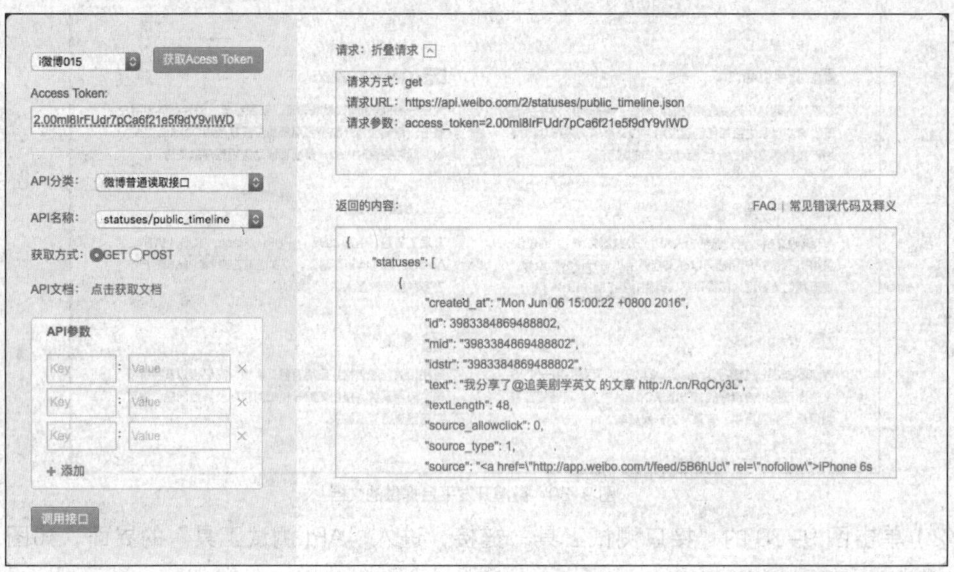

图 9-32 API 测试工具窗口

（4）从返回的内容看出，成功调用了接口，返回了微博的信息。取出图 9-32 中的请求 URL 和请求参数，按照一定的格式拼接成路径，拼好的路径如下。

```
https://api.weibo.com/2/statuses/public_timeline.json?access_token=2.00ml8Ir
FUdr7pCa6f21e5f9dY9vIWD
```

（5）在 Safari 的地址栏中，输入上述地址，按回车键出现请求返回的 JSON 文档，如图 9-33 所示。

图 9-33 Safari 显示的 JSON 文档

（6）输入 http://www.runoob.com 网址，进入转换文档的官网。在“JavaScript”中单击“学习 JSON”，进入与 JSON 相关的界面，如图 9–34 所示。

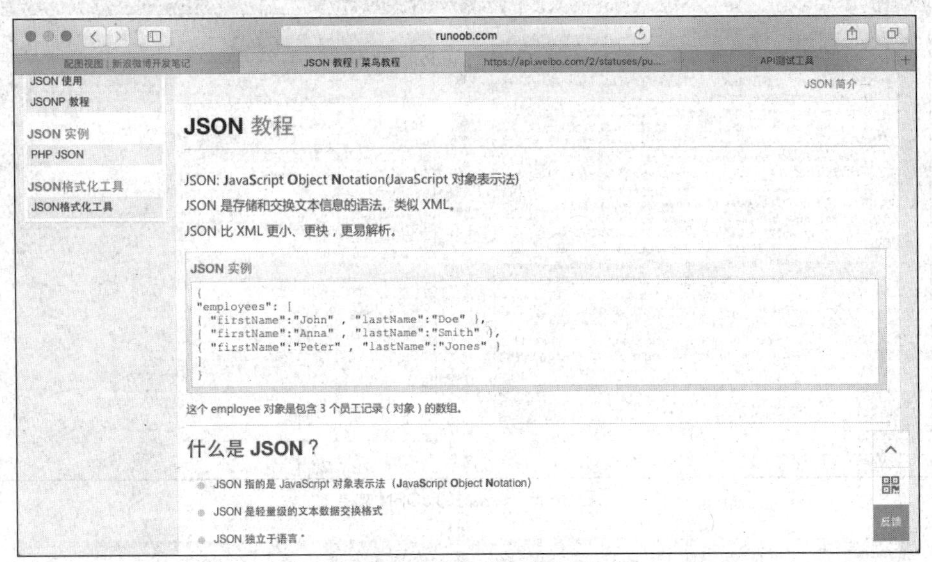

图 9–34　Safari 显示的 JSON 教程

（7）单击图 9–34 左侧的“JSON 格式化工具”，将图 9–33 所示的全部内容粘贴到工具的左侧，如图 9–35 所示。

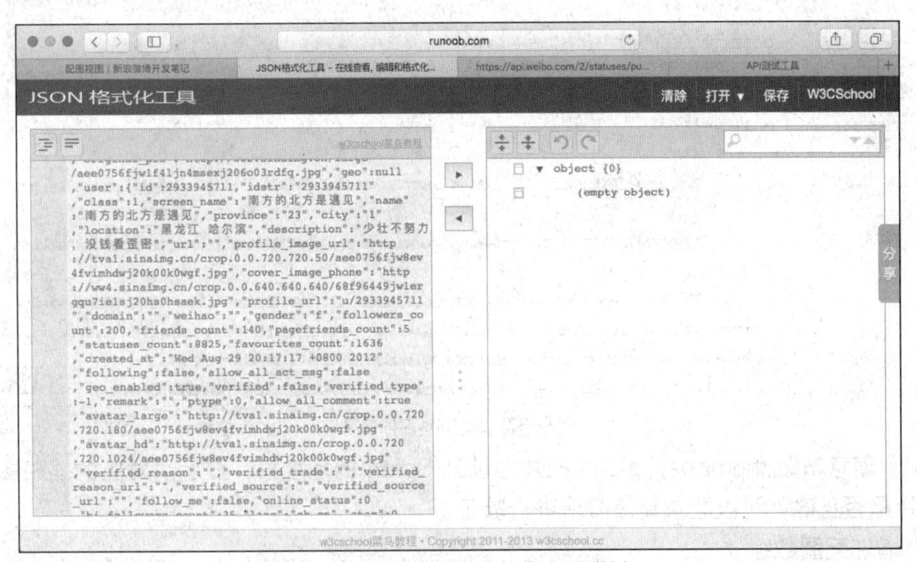

图 9–35　将 JSON 文档粘贴到工具左侧

（8）单击图 9–35 的 ▸ 按钮，右侧窗口中整理了 JSON 文档的结构，如图 9–36 所示。

图 9–36 整理了微博的结构。由图可知，statuses 节点后面显示了微博的总数量（20）。

（9）展开 statuses 节点的三角图标，随意展开任意 1 条微博信息，有的里面会有 1 个 pic_urls 字段，如图 9–37 所示。该字段是数组类型，其中包含 3 个名称为 thumbnail_pic 的元素。

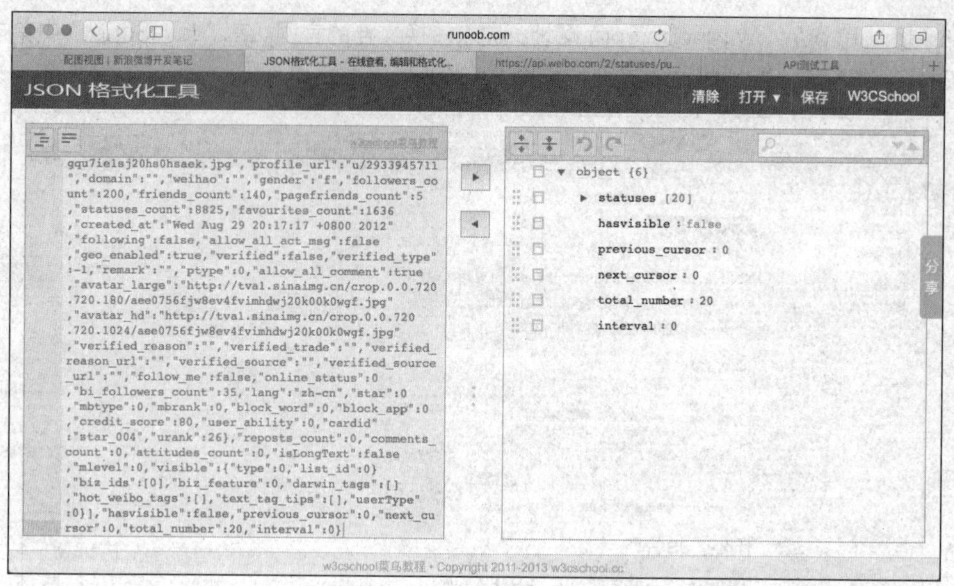

图 9-36　转换好的 JOSN 文档

```
source_type : 1
source : <a href=\"http://app.weibo.com/t/feed/3o33s0\" rel=\"nofollow\">iPhone 6</a>
favorited : false
truncated : false
in_reply_to_status_id : VALUE
in_reply_to_user_id : VALUE
in_reply_to_screen_name : VALUE
▼ pic_urls [3]
  ▼ 0 {1}
      thumbnail_pic : http://ww1.sinaimg.cn/thumbnail/9b81388fgw1f41jmyrld4j20qo0zk79z.jpg
  ▼ 1 {1}
      thumbnail_pic : http://ww4.sinaimg.cn/thumbnail/9b81388fgw1f41jmy0nmwj20hs0hstb8.jpg
  ▼ 2 {1}
      thumbnail_pic : http://ww2.sinaimg.cn/thumbnail/9b81388fgw1f41jmzm5q7j20zk0qoag0.jpg
thumbnail_pic : http://ww1.sinaimg.cn/thumbnail/9b81388fgw1f41jmyrld4j20qo0zk79z.jpg
bmiddle_pic : http://ww1.sinaimg.cn/bmiddle/9b81388fgw1f41jmyrld4j20qo0zk79z.jpg
original_pic : http://ww1.sinaimg.cn/large/9b81388fgw1f41jmyrld4j20qo0zk79z.jpg
```

图 9-37　pic_urls 字段信息

（10）随意粘贴 thumbnail_pic 的图片地址到 Safari 的地址栏，显示了对应的缩略图。为了验证图片是否正确，可以登录新浪微博进行验证。

2. 增加配图数组

在 Status.swift 文件中，定义 1 个表示字典元素的数组，字典的 key 和 value 都是 String 类型的，具体代码如下。

```
/// 缩略图配图数组 key: thumbnail_pic
var pic_urls: [[String: String]]?
```

在重写的 description 属性中，添加 1 个“pic_urls”元素，代码如下。

```
override var description: String {
    let keys = ["id", "text", "created_at", "source", "user", "pic_urls"]
```

```
    return dictionaryWithValuesForKeys(keys).description
}
```

运行程序，控制台打印的信息为“黑马微博.StatusViewModel”。出现上述情况，原因在于 Status 会先反馈给 StatusViewModel，但是 StatusViewModel 类并没有继承 NSObject 基类，无法重写 description 属性查看信息。

为了解决这个问题，先让该类遵守 CustomStringConvertible 协议，该协议的定义如下。

```
public protocol CustomStringConvertible {
    public var description: String { get }
}
```

在上述协议中，只有一个计算型属性。接下来，在 StatusViewModel 类中实现 description 属性，直接返回 status 的描述信息，具体如下。

```
/// 描述信息
var description: String {
    return status.description
}
```

再次运行程序，控制台输出了 pic_urls 的信息，如图 9-38 所示。

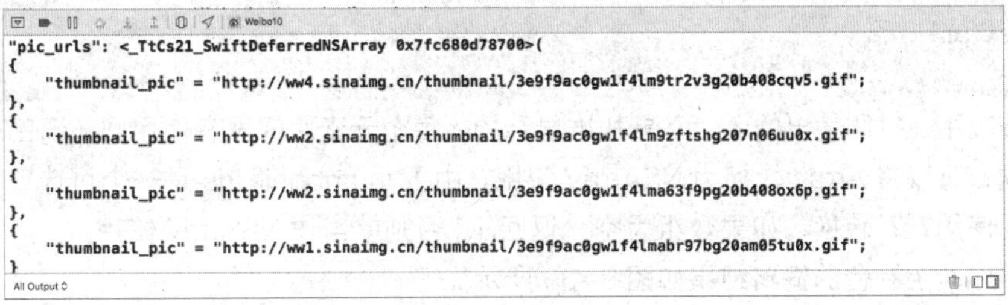

```
"pic_urls": <_TtCs21_SwiftDeferredNSArray 0x7fc680d78700>(
{
    "thumbnail_pic" = "http://ww4.sinaimg.cn/thumbnail/3e9f9ac0gw1f4lm9tr2v3g20b408cqv5.gif";
},
{
    "thumbnail_pic" = "http://ww2.sinaimg.cn/thumbnail/3e9f9ac0gw1f4lm9zftshg207n06uu0x.gif";
},
{
    "thumbnail_pic" = "http://ww2.sinaimg.cn/thumbnail/3e9f9ac0gw1f4lma63f9pg20b408ox6p.gif";
},
{
    "thumbnail_pic" = "http://ww1.sinaimg.cn/thumbnail/3e9f9ac0gw1f4lmabr97bg20am05tu0x.gif";
}
```

图 9-38 控制台的输出结果

从图 9-38 中可以看出，pic_urls 数组里面有多个字典，每个字典的 key 为 thumbnail_pic，value 为 String 类型的地址字符串。

3. 扩展 StatusViewModel 模型

由于 SDWebImage 框架加载图片的时候，需要 1 个 NSURL 类型的参数。因此，首先在 StatusViewModel.swift 文件中，定义 1 个保存缩略图 URL 的数组，具体代码如下。

```
/// 缩略图 URL 数组 - 存储型属性 !!!
var thumbnailUrls: [NSURL]?
```

值得一提的是，thumbnailUrls 是 1 个存储型属性，只要一次性存储就行，下次直接使用即可。

然后在 init 构造函数中，对 thumbnailUrls 进行初始化，将 Sting 类型的地址字符串转换为 URL 类型，具体代码如下。

```
1 /// 构造函数
2 init(status: Status) {
3     self.status = status
4     // 根据模型，来生成缩略图的数组
5     if status.pic_urls?.count > 0 {
6         // 创建缩略图数组
7         thumbnailUrls = [NSURL]()
```

```
8         // 遍历字典数组 -> 数组如果可选，不允许遍历，原因：数组是通过下标来检索数据
9         for dict in status.pic_urls! {
10            // 因为字典是按照 key 来取值，如果 key 错误，会返回 nil
11            let url = NSURL(string: dict["thumbnail_pic"]!)
12            // 相信服务器返回的 url 字符串一定能够生成
13            thumbnailUrls?.append(url!)
14        }
15    }
16 }
```

在上述代码中，第 5~15 行代码是新增加的代码。其中，第 5 行代码使用 if 语句判断，如果 pic_urls 的 count 大于 0，接着在第 7 行创建 1 个保存 NSURL 值的数组，第 9~14 行代码使用 for-in 循环遍历了 pic_urls 里面的元素，使用 init?(string URLString: String)构造函数将 String 包装成 NSURL 类型，最后逐一添加到 thumbnailUrls 数组中。

为了验证 thumbnailUrls 里面有内容，可以通过 description 打印输出。在 description 属性中增加代码，具体如下。

```
1 /// 描述信息
2 var description: String {
3     return status.description + "配图数组 \(thumbnailUrls ?? [] as NSArray)"
4 }
```

默认情况下，打印输出的 Array 是扎堆显示的，每个元素之间没有使用回车符断开。为了解决这个问题，可以将 Array 转换为 NSArray 使用。由于 thumbnailUrls 是一个可选项，无法直接转换，需要使用? ? 转换，如果数组为空，返回[]，否则就当作 NSArray 使用。

运行程序，控制台的输出结果如图 9-39 所示。

```
)]配图数组 (
    "http://ww2.sinaimg.cn/thumbnail/7f0b4796gw1ex6eyvkepoj20c62e3neq.jpg",
    "http://ww2.sinaimg.cn/thumbnail/7f0b4796gw1ex6eywkekdj20c62l4txc.jpg",
    "http://ww1.sinaimg.cn/thumbnail/7f0b4796gw1ex6eyxuwcoj20c62lj1hs.jpg",
    "http://ww1.sinaimg.cn/thumbnail/7f0b4796gw1ex6eyz6c5cj20c62hve5m.jpg",
    "http://ww1.sinaimg.cn/thumbnail/7f0b4796gw1ex6ez0i4b3j20c62eox1u.jpg",
    "http://ww3.sinaimg.cn/thumbnail/7f0b4796gw1ex6ez19prmj20c626nqpo.jpg",
    "http://ww1.sinaimg.cn/thumbnail/7f0b4796gw1ex6ez2ge23j20c62fsax7.jpg",
    "http://ww2.sinaimg.cn/thumbnail/7f0b4796gw1ex6ez3gzgij20c62vntyk.jpg",
    "http://ww4.sinaimg.cn/thumbnail/7f0b4796gw1ex6ez4ewvcj20c62f77jj.jpg"
```

图 9-39　控制台的输出结果

到此为止，配图微博所需要的缩略图已经准备完毕，只要将它们填充到单元格的合适位置即可。

9.3.3 添加配图视图

微博配图分为多种情况，除了包括一张图片以外，其他都是按照九宫格的形式排列的。凡是遇到这种情况，首先应该考虑使用 UICollectionView 控件实现。

首先，在 StatusCell 目录下新建一个继承自 UICollectionView 的类，命名为 StatusPictureView。

接着在 StatusCell.swift 文件中，定义 1 个表示配图视图的懒加载属性，最好按照控件的位置从上到下的顺序编写代码，具体代码如下。

```
/// 配图视图
private lazy var pictureView: StatusPictureView = StatusPictureView()
```

然后在 setupUI()方法中，调用 addSubview 方法添加配图视图到 contentView，具体代码如下。

```
contentView.addSubview(pictureView)
```

同样在该方法中，使用自动布局来指定 pictureView 所在的位置，插入内容标签和底部工具栏之间，具体代码如下。

```
1  // 配图视图
2  pictureView.snp_makeConstraints { (make) -> Void in
3      make.top.equalTo(contentLabel.snp_bottom).offset
4       (StatusCellMargin)
5      make.left.equalTo(contentLabel.snp_left)
6      make.width.equalTo(300)
7      make.height.equalTo(90)
8  }
9  // 4> 底部视图
10 bottomView.snp_makeConstraints { (make) -> Void in
11     make.top.equalTo(pictureView.snp_bottom).offset
12       (StatusCellMargin)
13     make.left.equalTo(contentView.snp_left)
14     make.right.equalTo(contentView.snp_right)
15     make.height.equalTo(44)
16 }
```

在上述代码中，第 3 行代码让 pictureView 的顶部与 contentLabel 的底部相差 1 个间隙，第 5 行代码让 pictureView 的左侧与 contentLabel 的左侧对齐，第 6~7 行代码暂时设定了 pictureView 的宽度和高度。

第 11 行代码是修改的代码，重新调整 bottomView 位于 pictureView 的底部，并且相差一个间隙。

最后，在 StatusPictureView.swift 文件中，重写 init 构造函数，并且使用 super 调用父类的 init (frame: collectionViewLayout:) 方法指定布局，否则程序会崩溃，具体代码如下。

```
1  import UIKit
2  /// 配图视图
3  class StatusPictureView: UICollectionView {
4      // MARK: - 构造函数
5      init() {
6          let layout = UICollectionViewFlowLayout()
7          super.init(frame: CGRectZero, collectionViewLayout: layout)
8          backgroundColor = UIColor(white: 0.8, alpha: 1.0)
9      }
10     required init?(coder aDecoder: NSCoder) {
11         fatalError("init(coder:) has not been implemented")
12     }
13 }
```

9.3.4 修改配图视图宽高

前面使用自动布局限定了 pictureView 显示的大小，而事实上 pictureView 应该是跟随图片的数量变化的，需要手动地计算大小。具体内容如下。

切换至 StatusCell.swift 文件，在 viewModel 属性的 didSet 的末尾，插入更新 pictureView 约束的代码，生成一个随机的高度，测试配图视图能否动态地变化，具体代码如下。

```
1 // 测试动态修改行高
2 pictureView.snp_updateConstraints { (make) -> Void in
3     make.height.equalTo(random() % 4 * 90)
4 }
```

在上述代码中，第 3 行代码生成了 0、90、180、270 这 4 个随机值，让 pictureView 的高度是随机变化的。

滚动表格，控制台偶尔会输出有关约束的错误信息，这应该是自动计算行高导致的。切换至 HomeTableViewController.swift 文件，在 prepareTableView()方法中，将 estimatedRowHeight 和 rowHeight 均赋值为 400，具体代码如下。

```
// 预估行高
tableView.estimatedRowHeight = 400
// 自动计算行高
tableView.rowHeight = 400
```

由于取消了自动计算行高，就无须再指定向下约束了。因此，在 StatusCell.swift 文件中，删除 bottomView 的向下约束，改后的代码如下。

```
// 底部视图
bottomView.snp_makeConstraints { (make) -> Void in
    make.top.equalTo(pictureView.snp_bottom).offset(
    StatusCellMargin)
    make.left.equalTo(contentView.snp_left)
    make.right.equalTo(contentView.snp_right)
    make.height.equalTo(44)
}
```

至此，控制台不再输出关于约束的错误信息。

9.3.5 计算配图视图的大小

根据配图数量的不同，计算配图视图的大小。首先在 StatusPictureView.swift 文件中，同样添加 1 个 viewModel 属性，用于接收 StatusCell 传递的模型，并且使用 didSet 实时监听模型的变化，具体代码如下。

```
/// 微博视图模型
var viewModel: StatusViewModel? {
    didSet {
    }
}
```

然后在 StatusPictureView.swift 文件中，定义 1 个常量，用于表示配图视图中格子与格子的间隙，具体代码如下。

```
/// 照片之间的间距
private let StatusPictureViewItemMargin: CGFloat = 8
```

然后在 init()构造函数中，设置 minimumInteritemSpacing 和 minimumLineSpacing 的值，具体代码如下。

```
// 设置间距 - 默认 itemSize 50 * 50
layout.minimumInteritemSpacing = StatusPictureViewItemMargin
layout.minimumLineSpacing = StatusPictureViewItemMargin
```

切换至StatusCell.swift文件，在viewModel属性的didSet中，设置pictureView的viewModel属性，并且让 pictureView 根据自身的 bounds 更新约束，具体代码如下。

```
// 设置配图视图 - 设置视图模型之后，配图视图有能力计算大小
pictureView.viewModel = viewModel
pictureView.snp_updateConstraints { (make) -> Void in
    make.height.equalTo(pictureView.bounds.height)
    // 直接设置宽度数值
    make.width.equalTo(pictureView.bounds.width)
}
```

配图视图的大小也是由图片的数量决定的，所以需要计算视图的大小。如果是一张图，返回该图片的实际大小。4 张图返回 2×2 的大小，对于其他多图，默认每行三张图，按九宫格的方式排列。

接下来切换至 StatusPictureView.swift 文件，在 viewModel 的属性监测器中，调用 sizeToFit()方法，让配图视图有个合适的尺寸。要想设置这个尺寸，需要重写 sizeThatFits 方法，具体代码如下。

```
1  /// 微博视图模型
2  var viewModel: StatusViewModel? {
3      didSet {
4          sizeToFit()
5      }
6  }
7  override func sizeThatFits(size: CGSize) -> CGSize {
8      return CGSize(width: 150, height: 120)
9  }
```

在上述代码中，第 4 行代码调用了 sizeToFit()方法，该方法会默认调用 sizeThatFits 方法，设定 1 个合适的尺寸大小。

根据图片数量不同的各种情况，计算配图视图的大小。增加一个 StatusPictureView 类的扩展，定义一个计算该视图尺寸的方法，具体代码如下。

```
1  // MARK: - 计算视图大小
2  extension StatusPictureView {
3      /// 计算视图大小
4      private func calcViewSize() -> CGSize {
5          // 1. 准备
6          // 每行的照片数量
7          let rowCount: CGFloat = 3
8          // 最大宽度
9          let maxWidth = UIScreen.mainScreen().bounds.width -
10         2 * StatusCellMargin
```

```
11          let itemWidth = (maxWidth - 2 * StatusPictureViewItemMargin)
12          / rowCount
13          // 2. 设置 layout 的 itemSize
14          let layout = collectionViewLayout as! UICollectionViewFlowLayout
15          layout.itemSize = CGSize(width: itemWidth, height: itemWidth)
16          // 3. 获取图片数量
17          let count = viewModel?.thumbnailUrls?.count ?? 0
18          // 计算开始
19          // 1>没有图片
20          if count == 0 {
21              return CGSizeZero
22          }
23          // 2>一张图片
24          if count == 1 {
25              // TODO: - 临时指定大小，稍后再讲
26              let size = CGSize(width: 150, height: 120)
27              // 内部图片的大小
28              layout.itemSize = size
29              // 配图视图的大小
30              return size
31          }
32          // 3>四张图片 2 * 2 的大小
33          if count == 4 {
34              let w = 2 * itemWidth + StatusPictureViewItemMargin
35              return CGSize(width: w, height: w)
36          }
37          // 4>其他图片按照九宫格来显示
38          // 计算出行数
39          let row = CGFloat((count - 1) / Int(rowCount) + 1)
40          let h = row * itemWidth + (row - 1) * StatusPictureViewItemMargin
41          let w = rowCount * itemWidth + (rowCount - 1) *
42          StatusPictureViewItemMargin
43          return CGSize(width: w, height: h)
44      }
45 }
```

在上述代码中，第 14~15 行代码确定了每个格子的大小，第 20~22 行代码描述了没有配图的情况，会直接返回 CGSizeZero；第 24~31 行代码描述了有 1 张配图的情况，直接返回临时的尺寸，后面再做详细地介绍；第 33~36 行代码描述了 4 张配图的情况，会返回两张配图的尺寸；第 39~43 行代码描述了九宫格的布局情况。

需要注意的是，当程序运行在 iPhone 6 Plus 设备时，配图无法按照九宫格的格局排列。出现这种情况的原因在于单元格的宽度出现了浮点值，导致配图的宽高比实际计算出来的值小一点，所以把上述第 39~41 行代码的后面都加 1，改后的代码如下。

```
let h = row * itemWidth + (row - 1) * StatusPictureViewItemMargin + 1
```

```
let w = rowCount * itemWidth + (rowCount - 1) * StatusPictureViewItemMargin
     + 1
```

最后，在 sizeThatFits 方法中调用 calcViewSize()方法，计算配图视图的大小，具体代码如下。

```
override func sizeThatFits(size: CGSize) -> CGSize {
   return calcViewSize()
}
```

此时运行程序，配图视图按照设定的布局显示对应的图片，只是单元格的高度不合适。

9.3.6　计算微博单元格的行高

到现在为止，单元格的整体高度只是一个固定的值。大家都知道，模型的数据决定了行高，同时底部视图永远位于单元格的底部，接下来，分步骤实现微博单元格行高的计算，具体如下。

（1）在 StatusCell.swift 文件中，定义一个根据视图模型计算行高的方法，具体代码如下。

```
1  /// 根据指定的视图模型计算行高
2  /// - parameter vm: 视图模型
3  /// - returns: 返回视图模型对应的行高
4  func rowHeight(vm: StatusViewModel) -> CGFloat {
5      // 1. 记录视图模型 -> 会调用上面的 didSet 设置内容以及更新`约束`
6      viewModel = vm
7      // 2. 强制更新所有约束 -> 所有控件的 frame 都会被计算正确
8      contentView.layoutIfNeeded()
9      // 3. 返回底部视图的最大高度
10     return CGRectGetMaxY(bottomView.frame)
11 }
```

（2）当表格指定单元格高度的时候，会调用 tableView(tableView: UITableView, heightForRowAtIndexPath indexPath: NSIndexPath)方法。在 HomeTableViewController 类的扩展中重写该方法，具体代码如下。

```
override func tableView(tableView: UITableView,
heightForRowAtIndexPath indexPath: NSIndexPath) -> CGFloat {
   // 1. 获得模型
   let vm = listViewModel.statusList[indexPath.row]
   // 2. 实例化 cell
   let cell = StatusCell(style: .Default,
   reuseIdentifier: StatusCellNormalId)
   // 3. 返回行高
   return cell.rowHeight(vm)
}
```

（3）在 StatusViewModel.swift 文件中，添加一个表示行高的懒加载属性，具体代码如下。

```
/// 行高
lazy var rowHeight: CGFloat = {
   print("计算缓存行高 \(self.status.text)")
   // 实例化 cell
   let cell = StatusCell(style: .Default, reuseIdentifier:
```

```
    StatusCellNormalId)
    // 返回行高
    return cell.rowHeight(self)
}()
```

由于用到了 HomeTableViewController 类的重用标识，需要把 HomeTableViewController 类的该常量的 private 去掉。

（4）切换到 HomeTableViewController.swift 文件，在设置单元格行高的方法中，修改行高的函数，具体代码如下。

```
override func tableView(tableView: UITableView, heightForRowAtIndexPath
indexPath: NSIndexPath) -> CGFloat {
    return listViewModel.statusList[indexPath.row].rowHeight
}
```

此时运行程序，每个单元格完整地显示了里面的微博内容。

9.3.7 了解图像视图的填充模式

要想设置图像视图的填充模式，例如让图片居中，需要设置其 Mode 属性，它包含了很多选项，这些选项所代表的含义如下。

- Scale To Fill：不保持纵横比缩放图片，使图片完全适应该UIImageView控件。（默认）
- Aspect Fit：保持纵横比缩放图片，使图片的长边能完全显示，即可以完整地展示图片。（用得比较多）
- Aspect Fill：保持纵横比缩放图片，只能保证图片的短边能完整显示出来，即图片只能在水平或者垂直方向是完整的，另一个方向会发生截取。
- Center：不缩放图片，只显示图片的中间区域。
- Top：不缩放图片，只显示图片的顶部区域。
- Bottom：不缩放图片，只显示图片的底部区域。
- Left：不缩放图片，只显示图片的左边区域。
- Right：不缩放图片，只显示图片的右边区域。
- Top Left：不缩放图片，只显示图片的左上边区域。
- Top Right：不缩放图片，只显示图片的右上边区域。
- Bottom Left：不缩放图片，只显示图片的左下边区域。
- Bottom Right：不缩放图片，只显示图片的右下边区域。

前 3 种图片填充模式是最常用的，它们的效果如图 9-40 所示：

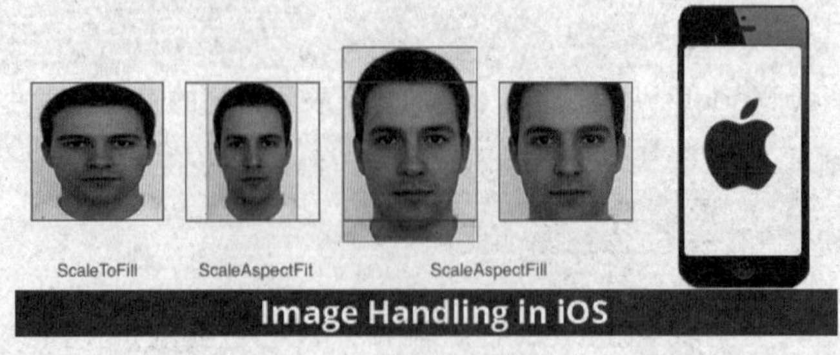

图 9-40 常用的 3 种填充模式

9.3.8 给配图单元格设置图片

布局好配图视图后，下一步就是要往每个格子里面填充数据，每个格子内部有一个图像视图控件，用于放置微博的配图。给配套单元格设置图片的步骤如下。

（1）在 StatusPictureView.swift 文件中，增加一个表示格子的类 StatusPictureViewCell，该类继承自 UICollectionViewCell。

（2）在文件的头部，定义 1 个可重用的标识符，具体代码如下。

```
/// 可重用表示符号
private let StatusPictureCellId = "StatusPictureCellId"
```

（3）在 StatusPictureView 类的 init()构造函数的末尾，设置数据源，并且注册可重用的格子，具体代码如下。

```
// 设置数据源 - 自己当自己的数据源
// 应用场景：自定义视图的小框架
dataSource = self
// 注册可重用 cell
registerClass(StatusPictureViewCell.self, forCellWithReuseIdentifier:
StatusPictureCellId)
```

（4）增加一个 StatusPictureView 类的扩展，遵守 UICollectionViewDataSource 协议，实现两个设置格子数量和格子内容的方法，具体代码如下。

```
1  // MARK: - UICollectionViewDataSource
2  extension StatusPictureView: UICollectionViewDataSource {
3      func collectionView(collectionView: UICollectionView,
4      numberOfItemsInSection section: Int) -> Int {
5          return viewModel?.thumbnailUrls?.count ?? 0
6      }
7      func collectionView(collectionView: UICollectionView,
8      cellForItemAtIndexPath indexPath: NSIndexPath)
9      -> UICollectionViewCell {
10         let cell = collectionView.dequeueReusableCellWithReuseIdentifier(
11           StatusPictureCellId, forIndexPath: indexPath)
12           as! StatusPictureViewCell
13         cell.backgroundColor = UIColor.redColor()
14         return cell
15     }
16 }
```

在上述代码中，第 3~6 行代码是 collectionView(collectionView: UICollectionView, numberOfItemsInSection section: Int)方法，返回了 thumbnailUrls 数组的个数；第 7~15 行代码是 collectionView(collectionView: UICollectionView, cellForItemAtIndexPath indexPath: NSIndexPath)方法，用于设置格子的内容。

（5）在 StatusPictureView.swift 文件中，在 didSet 的末尾插入刷新数据的方法，具体代码如下。

```
/// 微博视图模型
var viewModel: StatusViewModel? {
    didSet {
        sizeToFit()
        reloadData()
    }
}
```

（6）在 StatusPictureViewCell 类中，定义一个 UIImageView 类型的懒加载属性，并且在 init(frame: CGRect)方法中，添加到父视图中，使用布局指定到合适的位置，具体代码如下。

```
1  // MARK: - 配图 cell
2  private class StatusPictureViewCell: UICollectionViewCell {
3      var imageURL: NSURL? {
4          didSet {
5              iconView.sd_setImageWithURL(imageURL,
6              placeholderImage: nil,  // 在调用 OC 的框架时，可/必选项不严格
7              options: [SDWebImageOptions.RetryFailed, // SD 超时时长 15s,
8              // 一旦超时会记入黑名单
9              SDWebImageOptions.RefreshCached]) // 如果 URL 不变，图像变
10         }
11     }
12     // MARK: - 构造函数
13     override init(frame: CGRect) {
14         super.init(frame: frame)
15         setupUI()
16     }
17     required init?(coder aDecoder: NSCoder) {
18         fatalError("init(coder:) has not been implemented")
19     }
20     private func setupUI() {
21         // 1. 添加控件
22         contentView.addSubview(iconView)
23         // 2. 设置布局 - 提示因为 cell 会变化，另外，不同的 cell 大小可能不一样
24         iconView.snp_makeConstraints { (make) -> Void in
25             make.edges.equalTo(contentView.snp_edges)
26         }
27     }
28     // MARK: - 懒加载控件
29     private lazy var iconView: UIImageView = UIImageView()
30 }
```

在上述代码中，第 3~11 行代码定义了一个计算型属性，给 iconView 设置了图片，同时指定了超时时长和图片缓存。

（7）在返回 cell 的方法中，设置 cell 的 imageURL 属性，具体代码如下。

```
func collectionView(collectionView: UICollectionView,
cellForItemAtIndexPath indexPath: NSIndexPath) -> UICollectionViewCell {
    let cell = collectionView.dequeueReusableCellWithReuseIdentifier(
    StatusPictureCellId, forIndexPath: indexPath) as! StatusPictureViewCell
    cell.imageURL = viewModel!.thumbnailUrls![indexPath.item]
    return cell
}
```

（8）默认情况下，图片的比例是不会变化的，同时会全部显示在 iconView 中。修改前面定义的 iconView 属性，具体代码如下。

```
private lazy var iconView: UIImageView = {
    let iv = UIImageView()
    iv.contentMode = .ScaleAspectFill
    iv.clipsToBounds = true
    return iv
}()
```

此时运行程序，首页按照设定的版式展示了原创微博的配图。

9.3.9 给图片添加 GIF 标记

由于 GIF 图片文件很大，加载会花费很长的时间，并且在手机网络情况下会消耗一定的流量。因此，如果微博中有 GIF 动图，需要用图标标记提醒用户。

首先，在 StatusPictureViewCell 类（类中类）中添加放置 GIF 图标的容器，代码如下。

```
/// GIF 提示图片
private lazy var gifIconView: UIImageView = UIImageView(imageName:
    "timeline_image_gif")
```

接着在 setupUI()方法中，添加 GIF 图标，并且为其设置自动布局，修改后的代码如下。

```
private func setupUI() {
    // 1. 添加控件
    contentView.addSubview(iconView)
    iconView.addSubview(gifIconView)
    // 2. 设置布局 - 提示因为 cell 会变化，另外，不同的 cell 大小可能不一样
    iconView.snp_makeConstraints { (make) -> Void in
        make.edges.equalTo(contentView.snp_edges)
    }
    gifIconView.snp_makeConstraints { (make) -> Void in
        make.right.equalTo(iconView.snp_right)
        make.bottom.equalTo(iconView.snp_bottom)
    }
}
```

此时运行程序，每个配图下面都增加了 GIF 图标。

GIF 图片的后缀名称是以.gif 结尾的，为了验证这点，在 imageURL 属性的 didSet 末尾，打印图片的路径。运行程序，跟新浪微博比对，找到一张真实的 GIF 图片并单击，控制台打印的路径是以.gif 为后缀名的。

根据图片的扩展名判断，只要有 GIF 才添加标记。为此，在 didSet 的末尾判断，代码如下。

```
// 根据文件的扩展名判断是否是 GIF，但是不是所有的 GIF 都会动
let ext = ((imageURL?.absoluteString ?? "") as
    NSString).pathExtension.lowercaseString
gifIconView.hidden = (ext != "gif")
```

此时运行程序，区分了普通图片和 GIF 图片的情况。至此为止，首页完成了配图微博的显示。

9.4 本章小结

本章按照循序渐进的方式，首先准备好界面需要的数据，然后依次在首页显示原创文字微博和配图微博。通过本章的学习，大家应该掌握如下开发技巧。

（1）先测试接口，把不可控的因素变成可控的，打通了微博的数据通道。

（2）会自定义单元格，理解利用多个子视图组成单元格的思路。

（3）深刻理解视图模型的好处，懂得如何运用它减少控制器的负担。

（4）对于子视图而言，其内部设置的数据是通过父视图的模型来传递的。

iOS App of Swift

10

第 10 章 微博转发

当你在浏览微博时，肯定会发现很多朋友的微博都转发自其他人的微博。微博的转发不仅可以完整呈现原始微博的信息，而且可以增加朋友间的互动。但是你有没有发现，转发微博的界面布局与原始微博不同呢？接下来，本章将带领大家对转发微博的布局进行开发，并且对首页微博进行完善，为后续发布微博做好准备。

学习目标

- 理解转发微博与原创微博的异同
- 会使用 SDWebImage 框架缓存图片
- 会自定义下拉刷新控件
- 理解 KVO 机制
- 掌握 Xib，会使用 Xib 文件设计控件

10.1 显示转发的微博

10.1.1 转发微博分析

在实现显示微博转发之前，我们先从数据结构和界面结构两个方面，对显示转发的微博进行分析，具体如下。

1. 转发微博的数据结构

当我们转发某条微博后，微博列表显示的始终是最初始的微博，中间转载的过程是不会显示的。例如，现在有一条原创微博，如果某人转载了这条微博，则这两条微博显示的数据结构如图 10-1 和图 10-2 所示。

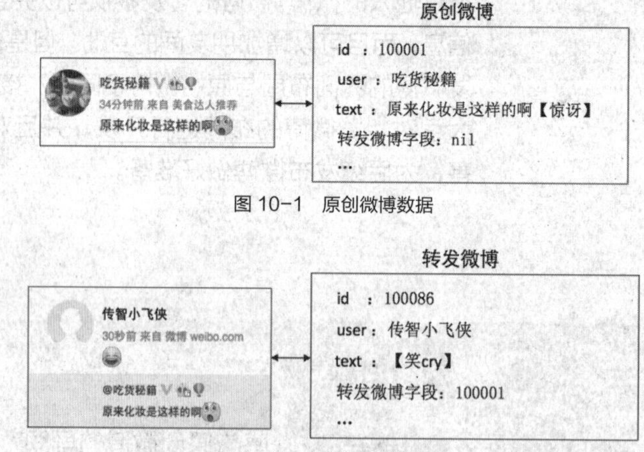

图 10-1 原创微博数据

图 10-2 转发微博数据

在图 10-1 中，由于此微博是原创的，因此转发微博的字段是 nil；在图 10-2 中，由于此条微博是转发的，转发的内容为上述原创微博，因此转发微博字段是记录的 id。由图分析可知，两种微博的数据结构是一样的，都可以使用 Status 模型表示，只是增加了转发微博的字段，可以在接口文档里面查看。

2. 转发微博的界面结构

我们都知道，使用新浪微博编写微博内容时，既可以带图片，也可以不带图片。因此，原创微博既可以是有图的，也可以是没有图的。而转发别人微博时，只允许发表评论，不允许带图片，因此转发微博是没有图的（前面所说的转发微博带图是被转发微博的图片）。与带有配图的原创微博进行比较，分析它们的界面结构，如图 10-3 所示。

图 10-3 中，标注为 1（头部信息）、3（配图）和 4（工具栏）的区域是原创微博和转发微博都有的，剩下的标注为 2 的区域是转发微博特有的，代表被转发微博的文字信息。标注为 2 和 3 的区域（被转发的微博）应该是在一个大按钮里面，它能够响应用户的单击而进入到原创微博的信息界面。

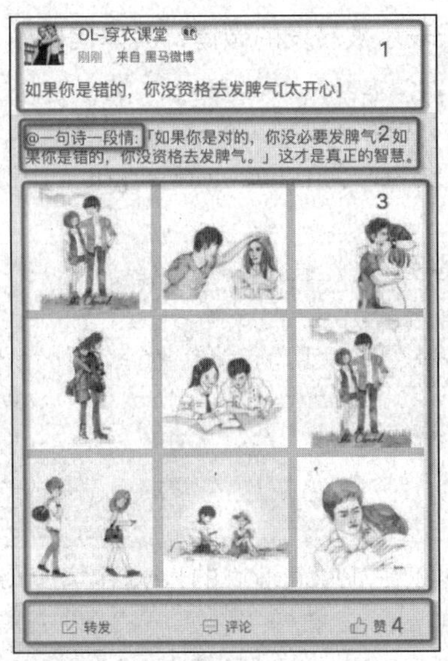

图 10-3　转发微博的界面结构

由于转发微博和原创微博的结构类似，可以直接让它们拥有共同的父类 StatusCell，该类具备两者共同的特性，然后再把这两个抽取成子类，针对各自的特性进行调整。

10.1.2　准备数据模型

访问新浪微博 API 文档 http://open.weibo.com/wiki/2/statuses/public_timeline，该接口的返回字段中，retweeted_status 字段是一个 object 类型，它封装了被转发的原微博信息。查看该字段的详细信息，发现被转发微博的信息与原创微博用到的数据都是一样的，具体如图 10-4 所示。

微博（status）

返回值字段	字段类型	字段说明
created_at	string	微博创建时间
id	int64	微博ID
mid	int64	微博MID
idstr	string	字符串型的微博ID
text	string	微博信息内容
source	string	微博来源
favorited	boolean	是否已收藏，true：是，false：否
truncated	boolean	是否被截断，true：是，false：否
in_reply_to_status_id	string	（暂未支持）回复ID
in_reply_to_user_id	string	（暂未支持）回复人UID
in_reply_to_screen_name	string	（暂未支持）回复人昵称
thumbnail_pic	string	缩略图片地址，没有时不返回此字段
bmiddle_pic	string	中等尺寸图片地址，没有时不返回此字段
original_pic	string	原始图片地址，没有时不返回此字段
geo	object	地理信息字段 详细
user	object	微博作者的用户信息字段 详细
retweeted_status	object	被转发的原微博信息字段，当该微博为转发微博时返回 详细
reposts_count	int	转发数
comments_count	int	评论数
attitudes_count	int	表态数
mlevel	int	暂未支持
visible	object	微博的可见性及指定可见分组信息。该object中type取值，0：普通微博，1：私密微博，3：指定分组微博，4：密友微博；list_id为分组的组号
pic_ids	object	微博配图ID。多图时返回多图ID，用来拼接图片url。用返回字段thumbnail_pic的地址配上该返回字段的图片ID，即可得到多个图片url。
ad	object array	微博流内的推广微博ID

图 10-4　转发微博字段详细信息

考虑到原创微博与被转发微博的数据一致，被转发的微博也可以使用之前创建好的 Status 模型来表示。为了区分原创微博与被转发的微博，我们可以在 Status 类中添加名称为

retweeted_status 的属性，用于表示被转发的微博，具体代码如下。

```
/// 被转发的原微博信息字段
var retweeted_status: Status?
```

在 setValue 函数中增加处理 key 为 retweeted_status 的情况，让被转发的微博信息进行字典转模型操作，具体如下。

```
// 判断 key 是否等于 retweeted_status
if key == "retweeted_status" {
    if let dict = value as? [String: AnyObject] {
        retweeted_status = Status(dict: dict)
    }
    return
}
```

为了便于项目的测试，我们可以在 description 的 keys 中增加 retweeted_status 元素，具体如下。

```
1 override var description: String {
2     let keys = ["id", "created_at", "text", "source", "user", "pic_urls",
3                 "retweeted_status"]
4     return dictionaryWithValuesForKeys(keys).description
5 }
```

此时运行程序，控制台会输出转发微博的信息。为了准确判断信息的可靠性，可以登录新浪微博进行内容比对。

转发微博绝对没有图片，但是被转发的原创微博可以有图片。利用只有被转发的原创微博中才允许拥有配图的特性，在 StatusViewModel 类的 init 函数中进行调整，调整后的代码如下。

```
/// 构造函数
init(status: Status) {
    self.status = status
    // 根据模型来生成缩略图的数组
    if let urls = status.retweeted_status?.pic_urls ?? status.pic_urls {
        // 创建缩略图数组
        thumbnailUrls = [NSURL]()
        // 遍历字典数组
        for dict in urls {
            // 因为字典是按照 key 来取值，如果 key 错误，会返回 nil
            let url = NSURL(string: dict["thumbnail_pic"]!)
            // 相信服务器返回的 url 字符串一定能够生成
            thumbnailUrls?.append(url!)
        }
    }
}
```

此时运行程序，对照官方的微博，被转发的微博中用到的图像会显示在原创微博中。

10.1.3 搭建转发微博单元格

数据模型已经准备到位，接着要在 StatusCell 类的基础上增加转发微博。为了最小程度地改动 StatusCell 类的代码，可以利用继承对 StatusCell 类进行扩展，具体内容如下。

1. 创建转发微博单元格类

新建一个继承自 StatusCell 的子类 StatusRetweetedCell，用于显示转发微博，代码如下。

```
/// 转发微博 Cell
class StatusRetweetedCell: StatusCell {
}
```

为了验证新建的类是否能正常显示，接下来在 HomeTableViewController 类中定义可重用标识符，代码如下。

```
/// 原创微博 Cell 的可重用表示符号
let StatusCellNormalId = "StatusCellNormalId"
/// 转发微博 Cell 的可重用标识符号
let StatusCellRetweetedId = "StatusCellRetweetedId"
```

在 HomeTableViewController 的 prepareTableView()方法中，将注册可重用的单元格的代码替换，代码如下。

```
// 注册可重用 cell
tableView.registerClass(StatusRetweetedCell.self,
    forCellReuseIdentifier: StatusCellRetweetedId)
```

在扩展的返回单元格的方法中，把从缓存池中获取到的单元格的标识符替换为 StatusCellRetweetedId，代码如下。

```
let cell =
    tableView.dequeueReusableCellWithIdentifier(StatusCellRetweetedId,
    forIndexPath: indexPath) as! StatusCell
```

由于单元格的行高是由 StatusViewModel 提供的，跳转到 StatusViewModel 类中，在懒加载属性 rowHeight 中，替换创建 cell 的代码，具体如下。

```
/// 缓存的行高
lazy var rowHeight: CGFloat = {
    // 1. cell
    let cell = StatusRetweetedCell(style: .Default, reuseIdentifier:
        StatusCellRetweetedId)
    // 2. 记录高度
    return cell.rowHeight(self)
}()
```

此时运行程序，首页依然完整地展示了单元格的信息。

2. 设置被转发微博的布局

被转发的微博能够响应用户的单击，而进入到原创微博的信息界面。因此，被转发的微博使用 UIButton 实现。在 StatusRetweetedCell 类中，添加按钮控件（UIButton），及显示文字的标签控件（UILabel），使用懒加载的方式添加，代码如下。

```
// MARK: - 懒加载控件
/// 背景图片
private lazy var backButton: UIButton = {
    let button = UIButton()
```

```
    button.backgroundColor = UIColor(white: 0.95, alpha: 1.0)
    return button
}()
/// 转发微博标签
private lazy var retweetedLabel: UILabel = UILabel(
    title: "转发微博转发微博转发微博转发微博转发微博转发微博转发微博转发微博",
    fontSize: 14,
    color: UIColor.darkGrayColor(),
    screenInset: StatusCellMargin)
```

接着，需要确定两个控件的位置，需要重写 StatusCell（父类）的 setupUI 方法，但是该方法是私有的，所以重新设置权限，删除 private 修饰符。另外，按钮的位置需要参照 contentLabel、pictureView 和 bottomView，同样删除这些属性前面的 private 修饰符。

在 StatusRetweetedCell 类中重写 setupUI 函数，添加背景按钮和文字标签控件，并且设置自动布局，代码如下。

```
1 /// 设置界面
2 override func setupUI() {
3     // 调用父类的 setupUI，设置父类控件位置
4     super.setupUI()
5     // 1. 添加控件
6     contentView.insertSubview(backButton, belowSubview: pictureView)
7     contentView.insertSubview(retweetedLabel, aboveSubview: backButton)
8     //2. 自动布局
9     backButton.snp_makeConstraints { (make) -> Void in
10        make.top.equalTo(contentLabel.snp_bottom).
11            offset(StatusCellMargin)
12        make.left.equalTo(contentView.snp_left)
13        make.right.equalTo(contentView.snp_right)
14        make.bottom.equalTo(bottomView.snp_top)
15        }
16     retweetedLabel.snp_makeConstraints { (make) -> Void in
17        make.top.equalTo(backButton.snp_top).offset(StatusCellMargin)
18        make.left.equalTo(backButton.snp_left). offset(StatusCellMargin)
19     }
20 }
```

通常情况下，调用 addSubview 方法添加的控件永远位于最上面一层。这里需要调整 backButton、retweetedLabel 和 pictureView 的图层，使得 backButton 的图层位于 pictureView 的下面，retweetedLabel 的图层位于 backButton 的上面。

此时运行程序，被转发的微博内容实现了回行，但是配图挡住了文字。接下来，调整配图的位置，在 StatusCell 类中把配图视图自动布局的代码注释掉，复制到 StatusRetweetedCell 类，使得配图视图参考 retweetedLabel 设置约束，具体代码如下。

```
//  配图视图
pictureView.snp_makeConstraints { (make) -> Void in
```

```
    make.top.equalTo(retweetedLabel.snp_bottom).offset(StatusCellMargin)
    make.left.equalTo(retweetedLabel.snp_left)
    make.width.equalTo(300)
    make.height.equalTo(90)
}
```

再次运行程序，控制台输出了约束错误的信息，原因在于在 StatusCell 类的 viewModle 的 didSet 中更新配图视图约束时，设置配图的顶部为 contentLabel 的底部，所以要注释代码，注释后的代码如下。

```
// let offset = viewModle?.thumbnailUrls?.count > 0 ? StatusCellMargin : 0
// make.top.equalTo(contentLabel.snp_bottom).offset(offset)
```

在配图微博中，同样需要修改配图视图的高度，所以在 StatusRetweetedCell 中添加视图模型，并且在 didSet 中修改配图视图的高度，具体如下。

```
/// 微博视图模型
override var viewModel: StatusViewModel? {
    didSet {
        // 修改配图视图顶部位置
        pictureView.snp_updateConstraints { (make) -> Void in
            // 根据配图数量修改配图视图顶部约束
            let offset = viewModel?.thumbnailUrls?.count == 0 ? 0 :
                        StatusCellMargin
            make.top.equalTo(retweetedLabel.snp_bottom).offset(offset)
        }
    }
}
```

值得一提的是，如果继承了父类的属性，需要在前面增加 override，并且不再需要使用 super，这样先执行父类的 didSet，再执行子类的 didSet。

运行程序，没有配图的微博距离底部工具栏的间距是正好的，如图 10-5 所示。

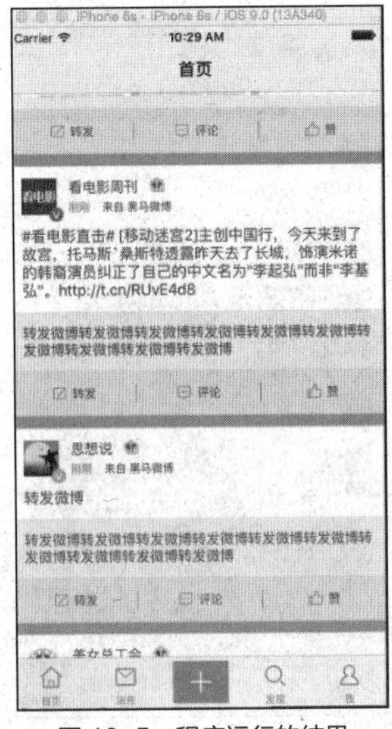

图 10-5　程序运行的结果

10.1.4 设置被转发微博的数据

界面布置完成后，接着要为被转发的微博设置数据，主要是文字内容的处理。首先，在 StatusViewModel 模型中添加表示被转发微博文字的属性，默认拼接了@符号，具体如下。

```
/// 被转发原创微博的文字
var retweetedText: String? {
    guard let s = status.retweeted_status else {
        return nil
    }
    return "@" + (s.user?.screen_name ?? "") + ":" + (s.text ?? "")
}
```

在 StatusRetweetedCell 类的 viewModel 属性观察器中，设置被转发微博的文字，代码如下。

```
/// 微博视图模型
override var viewModle: StatusViewModel? {
    didSet {
        // 转发微博的文字
        retweetedLabel.text = viewModel?.retweetedText
        // 修改配图视图顶部位置
        pictureView.snp_updateConstraints { (make) -> Void in
            // 根据配图数量修改配图视图顶部约束
            let offset = viewModle?.thumbnailUrls?.count == 0 ? 0 :
                StatusCellMargin
            make.top.equalTo(retweetedLabel.snp_bottom).offset(offset)
        }
    }
}
```

此时运行程序，参照新浪官方登录当前用户的微博，发现成功地显示了被转发微博的文字信息，如图 10-6 所示。

图 10-6 程序运行的结果

10.1.5　处理原创微博与转发微博的互融

到此，转发微博界面已经完整显示。不过，转发微博的单元格是基于原创微博的单元格改动的，导致了原创微博无法正常显示。接下来处理原创微博与转发微博的互融合，恢复原创微博的显示。

首先，新建一个继承自 StatusCell 的子类 StatusNormalCell，表示原创微博 Cell。在该类中重写视图模型，把注释的配图约束代码复制过来，具体代码如下。

```
1 /// 原创微博 Cell
2 class StatusNormalCell: StatusCell {
3     /// 微博视图模型
4     override var viewModel: StatusViewModel? {
5         didSet {
6             // 修改配图视图大小
7             pictureView.snp_updateConstraints { (make) -> Void in
8                 // 根据配图数量修改配图视图顶部约束
9                 let offset = viewModel?.thumbnailUrls?.count == 0 ? 0 :
10                StatusCellMargin
11                make.top.equalTo(contentLabel.snp_bottom).offset(offset)
12            }
13        }
14    }
15    override func setupUI() {
16        super.setupUI()
17        // 3>配图视图
18        pictureView.snp_makeConstraints { (make) -> Void in
19            make.top.equalTo(contentLabel.snp_bottom).
20            offset(StatusCellMargin)
21            make.left.equalTo(contentLabel.snp_left).
22            make.width.equalTo(300)
23            make.height.equalTo(90)
24        }
25    }
26 }
```

在 HomeTableViewController 类的 prepareTableView()方法的内部（开头位置），为原创微博注册可重用单元格，代码如下。

```
// 注册可重用 cell
tableView.registerClass(StatusNormalCell.self,
    forCellReuseIdentifier:StatusCellNormalId)
```

在 StatusViewModel 中增加计算型属性 cellId，用于判断返回的是原创微博的 ID 还是转发微博的 ID，具体如下。

```
/// 可重用标识符
var cellId: String {
    return status.retweeted_status != nil ? StatusCellRetweetedId:
    StatusNormalCellId
}
```

在设置行高属性时，通过判断是否有转发微博，决定创建单元格的类型，具体如下。

```
/// 行高
lazy var rowHeight: CGFloat = {
    var cell: StatusCell
    // 实例化 cell
    if self.status.retweeted_status != nil {
        cell = StatusRetweetedCell(style: .Default, reuseIdentifier:
            StatusCellRetweetedId)
    } else {
        cell = StatusNormalCell(style: .Default, reuseIdentifier:
            StatusCellNormalId)
    }
    // 返回行高
    return cell.rowHeight(self)
}()
```

返回到 HomeTableViewController 类，在返回单元格的方法中，根据视图模型的可重用标识符，获取相应类型的重用单元格，具体如下。

```
override func tableView(tableView: UITableView, cellForRowAtIndexPath
indexPath: NSIndexPath) -> UITableViewCell {
    // 获取视图模型
    let vm = listViewModel.statusList[indexPath.row]
    // 获取可重用 cell 会调用行高方法
    let cell = tableView.dequeueReusableCellWithIdentifier(vm.cellId,
               forIndexPath: indexPath) as! StatusCell
    // 设置视图模型
    cell.viewModel = vm
    return cell
}
```

运行程序，对照新浪官方的微博看出，每条微博的原创和转发信息都能够很好地显示，如图 10-7 所示。

图 10-7　程序运行的结果

10.1.6 了解 GCD 技术

在众多实现多线程的方案中，GCD 应该是“最有魅力”的，这是因为 GCD 本身就是苹果公司为多核的并行运算提出的解决方案，工作时会自动利用更多的处理器核心。如果要使用 GCD，系统会完全管理线程，开发者无须编写线程代码。

GCD 是基于 C 语言的，负责创建线程和调度需要执行的任务，由系统直接提供线程管理。换句话说就是 GCD 用非常简洁的方法，实现了极为复杂烦琐的多线程编程，这是一项划时代的技术。GCD 有两个核心的概念，分别为队列和任务，针对这两个概念的介绍如下。

1. 队列

Dispatch Queue（队列）是一个用来存放任务的集合，负责管理开发者提交的任务。队列的核心理念就是将长期运行的任务拆分成多个工作单元，并将这些单元添加到队列中，系统会代为管理这些队列，并放到多个线程上执行，无须开发者直接启动和管理后台线程。

系统提供了许多预定义的队列，包括可以保证始终在主线程上执行工作的 Dispatch Queue，也可以创建自定义的 Dispatch Queue，而且可以创建任意多个。队列会维护和使用一个线程池来处理用户提交的任务，线程池的作用就是执行队列管理的任务。GCD 的 Dispatch Queue 严格遵循 FIFO（先进先出）原则，添加到 Dispatch Queue 的工作单元将始终按照加入 Dispatch Queue 的顺序启动，如图 10-8 所示。

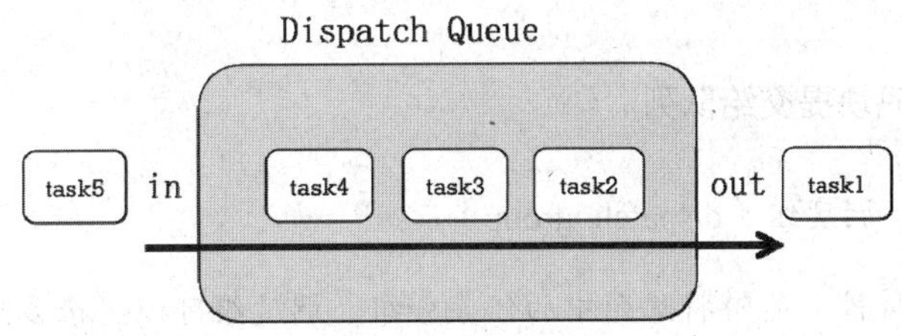

图 10-8 任务的先进先出原则

由图可知，task1 是最先进入队列的，处理完毕后，最先从队列中移除，其余的任务则按照进入队列的顺序依次处理。需要注意的是，由于每个任务的执行时间各不相同，先处理的任务不一定先结束。

根据任务执行方式的不同，队列主要分为如下两种。

- Serial Dispatch Queue（串行队列）

串行队列底层的线程池只有一个线程，一次只能执行一个任务，前一个任务执行完成之后，才能够执行下一个任务，示意图如图 10-9 所示。

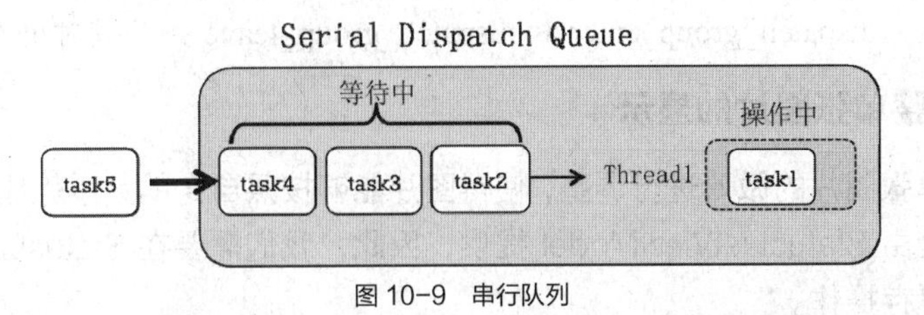

图 10-9 串行队列

由图 10-9 可知，串行队列只能有一个线程，一旦 task1 添加到该队列后，task1 就会首先执行，其余的任务等待，直到 task1 运行结束后，其余的任务才能依次进入处理。

● Concurrent Dispatch Queue（并发队列）

并行队列底层的线程池提供了多个线程，可以按照 FIFO 的顺序并发启动、执行多个任务，示意图如图 10-10 所示。

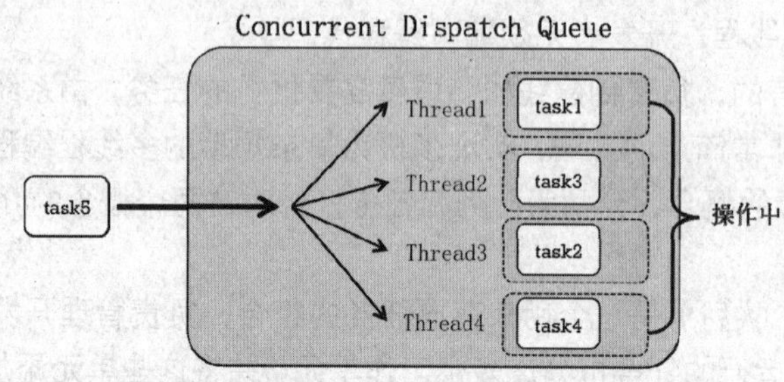

图 10-10　并发队列

由图 10-10 可知，并发队列中有 4 个线程，4 个任务分别分配到任意一个线程后并发执行，这样可以使应用程序的响应性能显著提高。

2. 任务

任务就是用户提交给队列的工作单元，也就是代码块，这些任务会交给维护队列的线程池执行，因此这些任务会以多线程的方式执行。

综上所述，如果开发者要想使用 GCD 实现多线程，需要如下两个步骤。

（1）创建队列。

（2）将任务的代码块提交给队列。

多学一招：调度组（dispatch_group）

调度组是GCD的特性，能够将队列中的任务分组。调度组可以将很多队列添加到一个组里，这样做的好处是当这个组里所有的任务都执行完了，才进行下一步操作。它的实现过程如下。

（1）通过dispatch_group_create函数创建调度组。

（2）通过dispatch_group_enter函数显示地指明一个任务块入组，然后开始执行调度组中block 中的任务，并且block的执行会被调度组监听。

（3）通过dispatch_group_leave函数显式地表明执行完毕，移除出组，必须是block 的最后一句。它会通知调度组，调度组中的任务已经全部完成。

（4）当所有的任务完成后，dispatch_group_notify函数的block会被触发执行，可以执行后续的操作。

值得一提的是，dispatch_group_enter 和 dispatch_group_leave 务必成对出现。

10.1.7　调整单张图片的显示

本节对带有单张图片的微博进行调整，使得图片能够按照自身的大小等比例缩放显示。现在表格绑定的数据全由 StatusListViewModel 提供，因此，我们需要在 StatusListViewModel 类中进行单张图片的缓存操作。

首先，在 StatusListViewModel 类中增加缓存单张图片的方法，代码如下。

```
private func cacheSingleImage(dataList: [StatusViewModel]) {
}
```

然后在 loadStatus 方法的末尾，响应缓存单张图片的功能，代码如下。

```
// 缓存图片
self.cacheSingleImage(dataList)
```

接着，在 cacheSingleImage 方法中遍历数组取得单张图片的 URL（路径），并且使用 SDWebImage 框架缓存这些图片，代码如下。

```
private func cacheSingleImage(dataList: [StatusViewModel]) {
    // 1. 遍历视图模型数组
    for vm in dataList {
        // 1> 只缓存单张图片
        if vm.thumbnailUrls?.count != 1 {
            continue
        }
        // 2> 获取 url
        let url = vm.thumbnailUrls![0]
        print("要缓存的 \(url)")
        // 3> 下载图片
        SDWebImageManager.sharedManager().downloadImageWithURL(
            url,                                    // URL
            options: [SDWebImageOptions.RetryFailed,
            SDWebImageOptions.RefreshCached],  // 选项
            progress: nil)                          // 进度
            { (image, error, _, _, _) in          // 完成回调
                if let img = image,
                    data = UIImagePNGRepresentation(img) {
                        print(data.length)
            }
        }
    }
}
```

所有的单张图片都缓存完成后，再通知界面更新，这样就能根据缓存的图片计算出图片的宽高比。因此，在 cacheSingleImage 方法的开头位置，添加调度组和缓存长度，代码如下。

```
// 调度组
let group = dispatch_group_create()
// 缓存数据长度
var dataLength = 0
```

在下载图像之前执行入组操作，它会监听后续的闭包，当所有的图像下载完成以后，追加数据的长度后执行出组操作，调整 cacheSingleImage 方法的代码，具体代码如下。

```
/// 缓存单张图片
private func cacheSingleImage(dataList: [StatusViewModel]) {
    // 0. 创建调度组
    let group = dispatch_group_create()
    // 1.缓存数据长度
```

```
    var dataLength = 0
    // 2. 遍历视图模型数组
    for vm in dataList {
        // 判断图片数量是否是单张图片
        if vm.thumbnailUrls?.count != 1 {
            continue
        }
        // 获取 url
        let url = vm.thumbnailUrls![0]
        print("开始缓存图像 \(url)")
        // SDWebImage - 下载图像（缓存是自动完成的）
        // 入组
       dispatch_group_enter(group)
        SDWebImageManager.sharedManager().downloadImageWithURL(
            url,  // URL
            options: [SDWebImageOptions.RetryFailed,
            SDWebImageOptions.RefreshCached], // 选项
            progress: nil,  // 进度
            completed: { (image, _, _, _, _) -> Void in // 完成回调
                // 单张图片下载完成 — 计算长度
                if let img = image, let data = UIImagePNGRepresentation(img){
                  // 累加二进制数据的长度
                  dataLength += data.length
                }
                // 出组
               dispatch_group_leave(group)
            })
    }
}
```

在 cacheSingleImage 方法中，再增加一个回调的参数，改后的方法如下（加粗部分）。

```
private func cacheSingleImage(dataList: [StatusViewModel], finished:
(isSuccessed: Bool)->())
```

删除 loadStatus 方法的调用代码，修改其内部调用上述方法的代码，增加回调参数，代码如下。

```
// 缓存图片
self.cacheSingleImage(dataList, finished: finished)
```

当监听到调度组的任务全部执行完成后，完成回调，这时控制器才开始刷新表格，在缓存单张图片的方法末尾，增加如下代码。

```
// 监听调度组完成
dispatch_group_notify(group, dispatch_get_main_queue()) {
    print("缓存完成 \(dataLength / 1024) K")
    finished(isSuccessed: true)
}
```

缓存完图片以后，获取单张图片的实际大小，并且根据宽高比进行等比例缩放显示。在StatusPictureView类的扩展中，把calcViewSize()里面处理单张图片的代码进行调整，具体如下。

```
//单图
if count == 1 {
    // 临时设置单图大小
    var size = CGSize(width: 150, height: 120)
    // 提取单图
    if let key = viewModel?.thumbnailUrls?.first?.absoluteString {
        let image = SDWebImageManager.sharedManager().imageCache.
            imageFromDiskCacheForKey(key)
        size = image.size
    }
    // 内部图片的大小
    layout.itemSize = size
    // 配图视图的大小
    return size
}
```

此时运行程序，凡是微博里面出现的单张图片，它的尺寸不再局限于正方形。由于尺寸不一，当图片过窄或者过宽的话，用户体验很差。为了解决这种情况，在上述代码中提取单图的后面，另外处理宽图和窄图，具体代码如下。

```
// 图像过窄处理
size.width = size.width < 40 ? 40 : size.width
// 图像过宽处理，等比例缩放
if size.width > 300 {
    let w: CGFloat = 300
    let h = size.height * w / size.width
    size = CGSize(width: w, height: h)
}
```

到此为止，转发微博的显示全部完成了。

10.2 刷新微博

10.2.1 下拉刷新模式

下拉刷新（Pull-to-Refresh）即为重新刷新表视图或者列表，以此重新加载数据，这种模式广泛应用于移动平台。当翻动到屏幕顶部后，如果继续向下拉动屏幕，程序会重新请求数据，同时表视图表头部分会出现等待指示器，当请求结束时，表视图表头消失。例如，网易新闻中使用了下拉刷新模式，具体如图10-11所示。

图 10-11 网易新闻的下拉刷新

图 10-11 显示的是网易新闻下拉刷新的整个过程。由图可知，当开始下拉表格的时候，表头位置出现提示信息；当下拉到指定位置后，表头提示松开鼠标的信息；松开鼠标后，自动加载新的微博后，重新隐藏表头视图。

为了大家更好地掌握下拉刷新的整个过程，接下来，以微博的下拉刷新为例，对微博的下拉刷新过程进行拆解，这里假设下拉刷新显示的顶部视图名称为 refresh panel，下拉刷新的过程如下。

（1）随着用户向下拉动，UITableView 控件头部逐渐显示了顶部视图 refresh panel，如图 10-12 所示。

（2）继续向下拉动 UITableView 控件，会出现如下两种情况。

情况 1：若下拉到预设位置，状态文字不变，箭头方向变为朝上，如图 10-13 所示。

情况 2：若下拉未达到预设位置，用户手指离开屏幕，UITableView 弹回，refresh panel 重新隐藏起来，这代表着操作结束。

（3）下拉到预设位置后，用户手指离开屏幕，refresh panel 继续保持显示，状态文字变为“正在刷新数据...”，后台执行更新数据的操作，如图 10-14 所示。

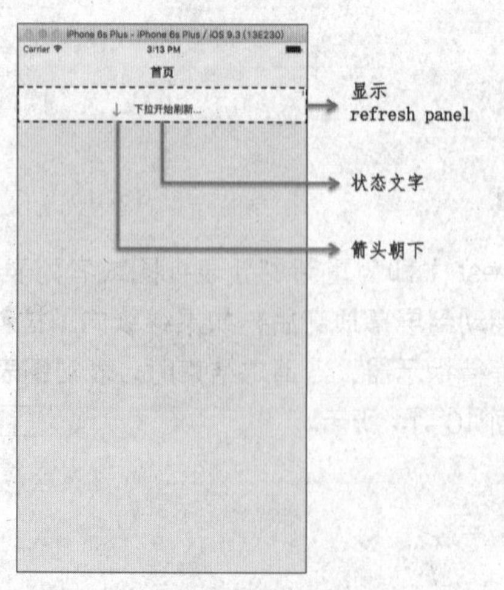

图 10-12 下拉显示顶部 refresh panel

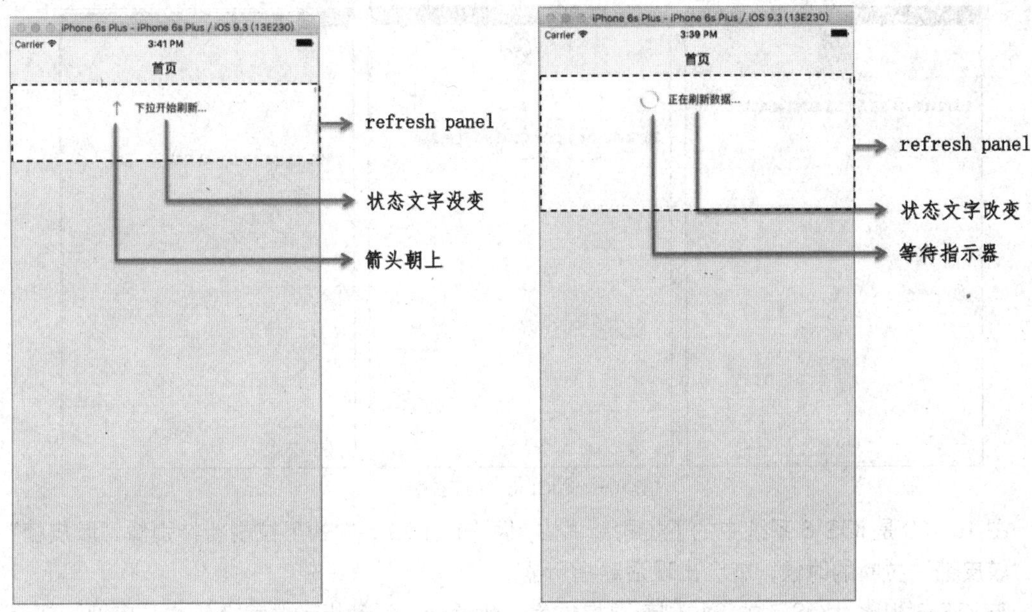

图 10-13　状态文字改为“松开即可刷新”　　图 10-14　状态文字改为“加载中”

（4）数据更新完成后，把数据显示到 UITableView 中，而且重新隐藏 refresh panel，刷新操作完成，如图 10-15 所示。

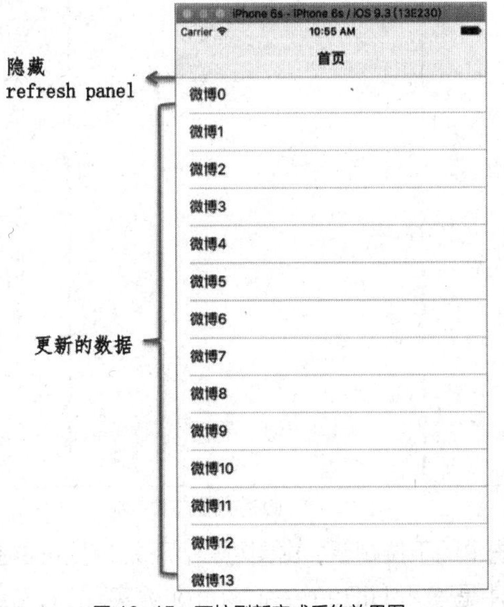

图 10-15　下拉刷新完成后的效果图

10.2.2　下拉刷新控件

随着下拉刷新模式的影响力越来越大，苹果不得不将其列入自己的规范当中，并在 iOS 6 API 中推出了下拉刷新控件，如图 10-16 所示。

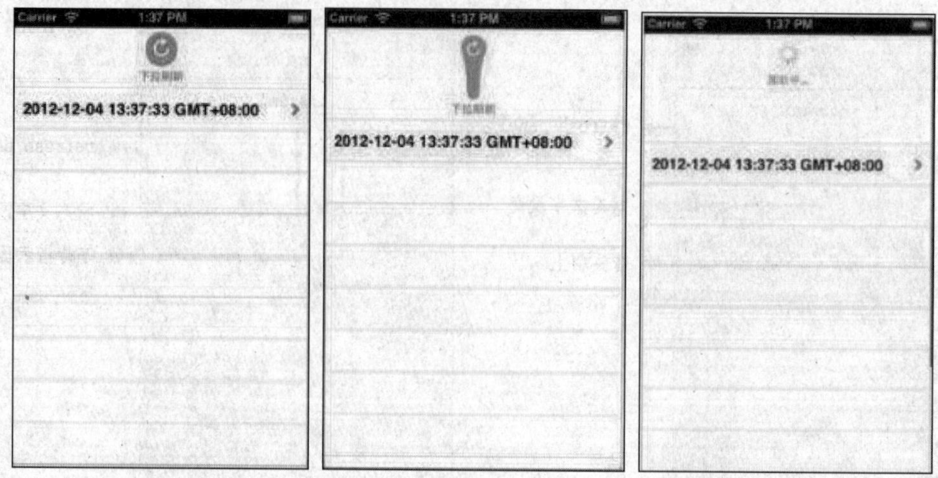

图 10-16　iOS 6 中的下拉刷新

图 10-16 是 iOS 6 系统中的下拉刷新。由图可知，iOS 6 中的下拉刷新特别像“胶皮糖”，当“胶皮糖”拉断的时候，就会出现活动指示器。

与 iOS 6 相比，iOS 7 的下拉刷新更提倡扁平化设计，活动指示器替换了“胶皮糖”部分，实现了下拉动画的效果，如图 10-17 所示。

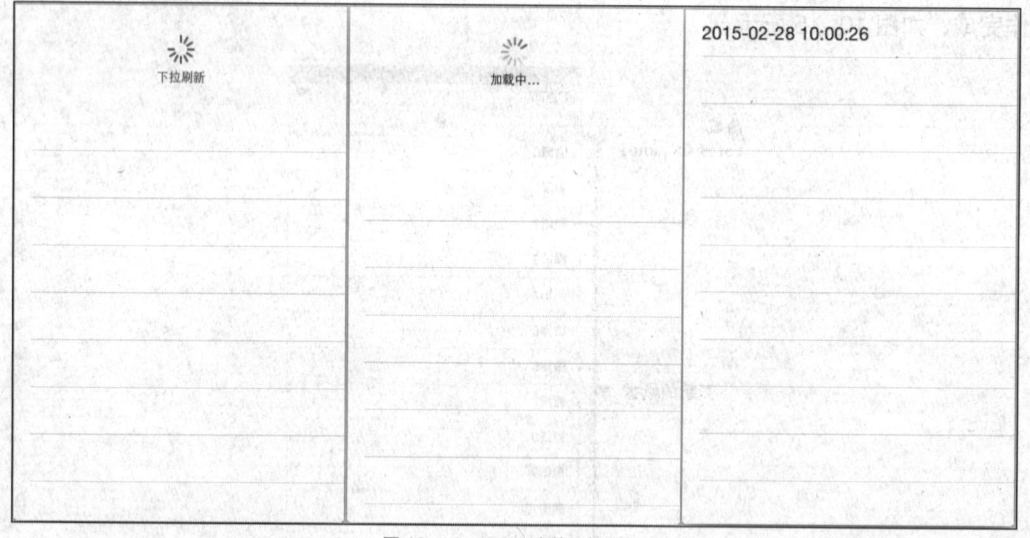

图 10-17　iOS 7 中的下拉刷新

图 10-17 是 iOS 7 系统中的下拉刷新，由图可知，下拉到预设位置后，活动指示器就会出现。

iOS 中的下拉刷新控件是使用 UIRefreshControl 类实现的，它继承于 UIControl:UIView，是一个可以和用户交互、仅适用于表视图的活动控件。UIRefreshControl 类定义了一系列下拉刷新的属性，接下来，通过一张表来列举 UIRefreshControl 的常见属性，具体如表 10-1 所示。

表 10-1　UIRefreshControl 的常见属性

属性声明	功能描述
public var refreshing: Bool { get }	判断下拉刷新控件是否正在刷新
public var tintColor: UIColor!	设置下拉刷新控件的颜色
public var attributedTitle: NSAttributedString?	设置下拉刷新控件的状态文字

其中，attributedTitle 属性是 NSAttributedString 类型，该类型的字符串可以分为好几段，分别可将每段字符串编辑成不同的字体类型，例如字体颜色。

除此之外，UIRefreshControl 类也提供了两个方法，用于控制下拉刷新的状态，定义格式如下。

```
// 开始刷新
public func beginRefreshing()
// 结束刷新
public func endRefreshing()
```

在上述代码中，这两个方法均可以改变下拉刷新控件的状态。例如，数据重新加载完成之后，调用 endRefreshing 方法可以结束刷新，隐藏下拉刷新控件。

注意：

UITableViewController是表视图的控制器类，iOS 6之后，它添加了一个refreshControl属性，这个属性保持了UIRefreshControl的一个对象指针。UIRefreshControl类的refreshControl属性与UITableViewController配合使用，可以不必考虑下拉刷新布局等问题，UITableViewController会将其自动放置于表视图中。

10.2.3　分析微博刷新的过程

打开微博应用的首页，默认只显示出 20 条微博，下拉表格会显示最新的微博，上拉表格会显示更早的微博，具体如下。

1. 下拉刷新功能

在首页中滚动至表格顶部位置，继续向下拖曳表格后，顶部出现了下拉刷新控件响应加载最新的微博，具体流程如图 10-18 所示。

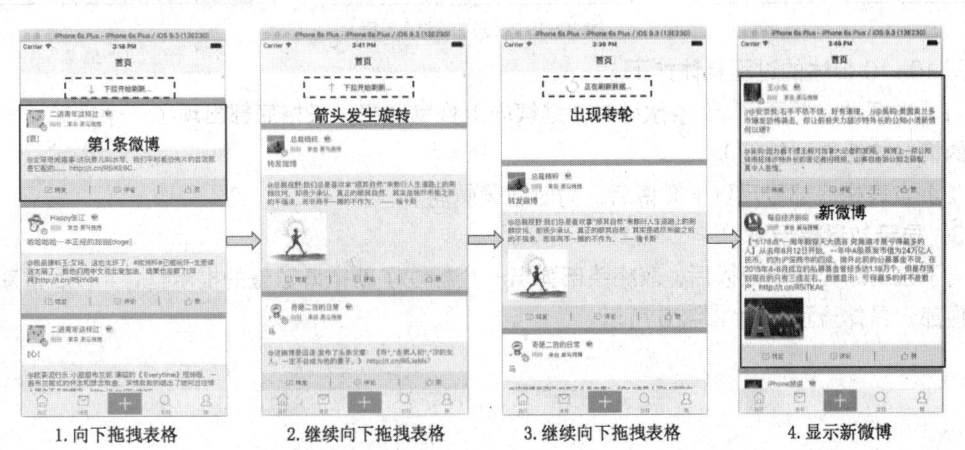

1. 向下拖拽表格　2. 继续向下拖拽表格　3. 继续向下拖拽表格　4. 显示新微博

图 10-18　下拉刷新流程

图 10-18 描述的过程具体如下。

（1）向下拖曳表格，表格头部出现了下拉刷新控件。起初，控件的左侧有个向下的箭头，右侧有“下拉开始刷新...”的文字。

（2）继续向下拉动表格，箭头发生了顺时针旋转。此时，控件的左侧有个向上的箭头，右侧文字没变。

（3）继续向下拉动表格，向上的箭头消失，该位置上出现了一个转轮，此时，控件的左侧有个转轮，右侧的文字变成“正在刷新数据...”，此时可松开鼠标。

（4）几秒钟后隐藏顶部刷新控件，同时表格显示了新微博。

在第（2）步时，如果松开了鼠标，箭头又逆时针转回来（箭头朝下），并且顶部的刷新控件隐藏。在第（4）步时，如果没有刷新程序，会提示“加载数据错误，请稍后再试”。

2. 上拉加载更多功能

在首页中即将滚动至表格底部时，继续向上拖曳表格，底部出现了一个转轮响应加载更早的微博，具体流程如图 10-19 所示。

图 10-19 上拉加载更多流程

图 10-19 描述的过程具体如下。

（1）当翻动微博至第 20 条微博时，继续向上拖曳表格，表格底部出现了一个转轮（只有网速慢的情况才能看到转轮）。

（2）当表格底部显示更早微博后，同时隐藏转轮。

3. 显示数量提示框

当下拉刷新控件隐藏以后，表格头部弹出一个标注了新微博数量的提示框，1 秒后重新回到屏幕顶部，具体流程如图 10-20 所示。

（a）弹出提示框　　　　　　　　（b）弹回提示框

图 10-20　数量提示标签流程

在图 10-20 中仅仅描述了没有新微博的情况，如果有新微博的话，提示框的信息就是“刷新到 × 条微博”，如图 10-21 所示。

图 10-21　刷新到新微博

10.2.4 使用 Xib 自定义下拉刷新控件

每个应用几乎离不开刷新控件，系统提供的刷新控件只有一个活动指示器，看起来不太美观。通常情况下，程序员都会自定义下拉刷新控件，不仅符合应用本身的风格，而且实现起来是比较简单的。

1. 准备工作

打开导航面板，在 Home 目录下增加 RefreshView 文件夹，用于放置与刷新控件相关的内容。在 RefreshView 目录下，新建一个继承自 UIRefreshControl 的子类，取名为 WBRefreshControl，用来表示自定义的刷新控件。

接着在 Assets.xcassets 文件中，拖曳 Loading 文件夹到资源目录中，它包括了刷新控件所需要的图片素材，如图 10-22 所示。

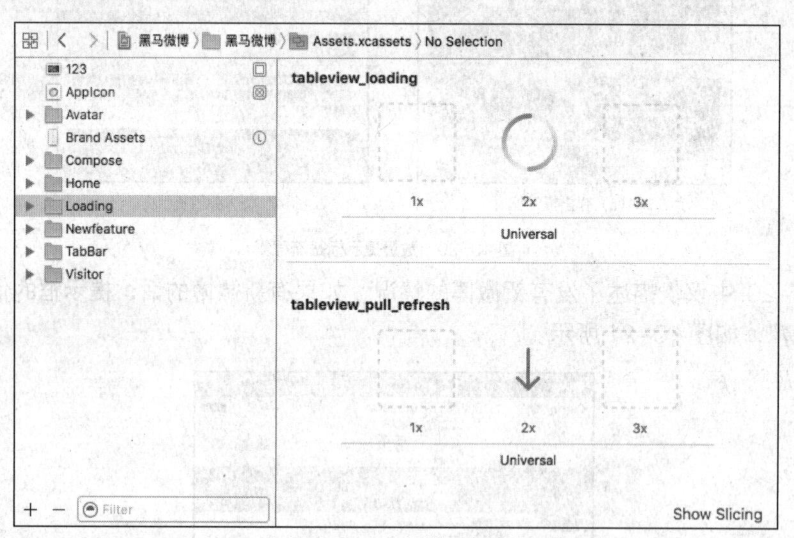

图 10-22 添加好的图片素材

2. 为表视图设置刷新控件

为了让表格与 WBRefreshControl 类产生关系，需要指定表格的刷新控件为 WBRefresh Control。切换到 HomeTableViewController.swift 文件，在 prepareTableView()方法的末尾位置，设置 refreshControl 属性的值，绑定响应 ValueChanged 事件的方法，具体代码如下。

```
// 下拉刷新控件默认没有 - 高度 60
refreshControl = WBRefreshControl()
// 添加监听方法
refreshControl?.addTarget(self, action: "loadData", forControlEvents:
UIControlEvents.ValueChanged)
```

当用户下拉刷新控件的时候，会调用 loadData()方法。在该方法的前面，加上@objc 关键字，部分代码如下。

```
@objc private func loadData()
```

3. 创建 Xib 文件

创建一个控件可以通过两种方式实现，一种是纯代码的方式，另一种是使用 Xib 或者 StoryBoard 的方式。由于刷新控件只占用一小部分，这里使用 Xib 文件描述刷新控件。

首先，选中 RefreshView 分组，使用 command+N 快捷键打开新建窗口，选择【iOS】→【User Interface】→【Empty】命令，如图 10-23 所示，它是 Xcode 提供的创建 Xib 文件的模板。

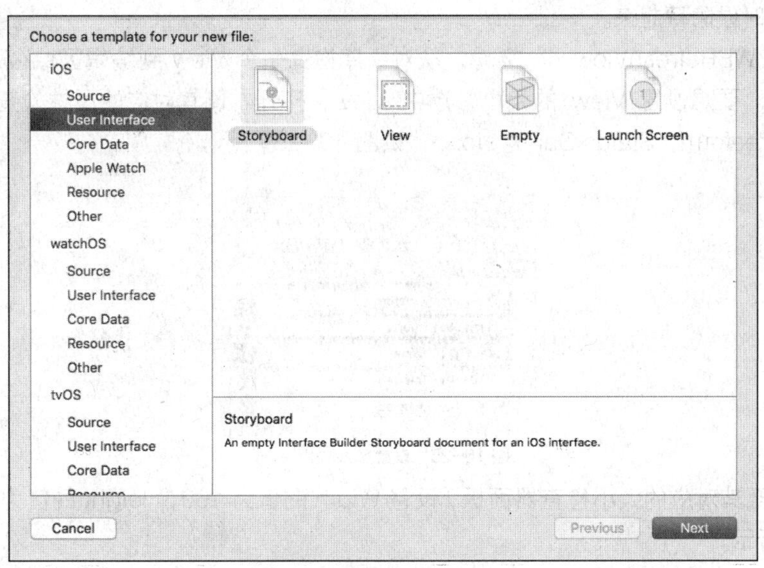

图 10-23　选择 Empty 模板

然后单击图 10-23 所示的“Next”按钮，进入输入名称的窗口，如图 10-24 所示。输入 WBRefreshView，单击“Create”按钮后，导航面板增加了一个 WBRefreshView.xib 文件，该文件默认是空白的。

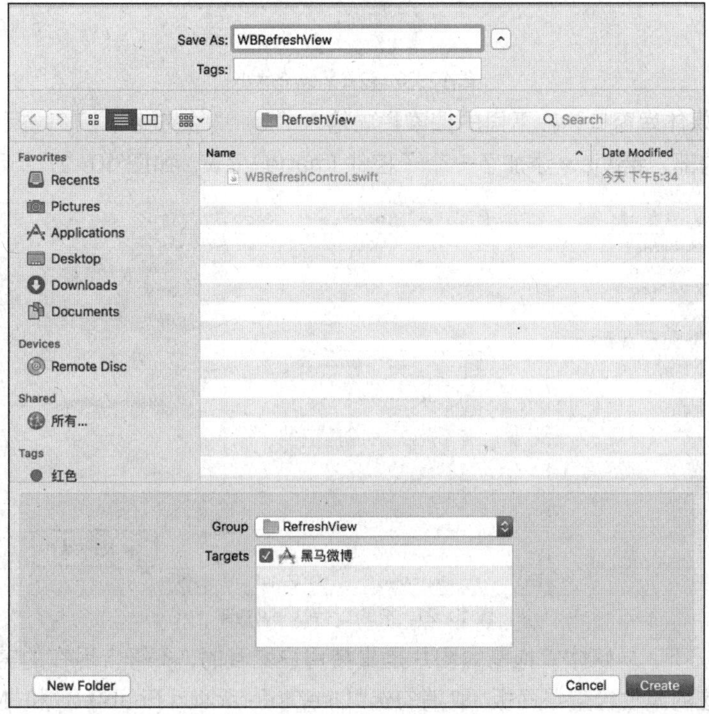

图 10-24　输入 Xib 文件的名称

4. 布局 Xib 文件

根据前面描述的 Xib 文件，它主要由箭头、标签、刷新图标组成。图标和标签是一一对应的，不需要使用的时候隐藏起来。

（1）进入 WBRefreshView.xib 文件，从对象库拖曳一个 View 到编辑区域，View 的大小默认是不可变的。要想设置 View 的大小，选中 View，打开右侧其对应的属性检查器面板，设置 Size 的值为 Freeform，Status Bar 为 None，如图 10-25 所示。

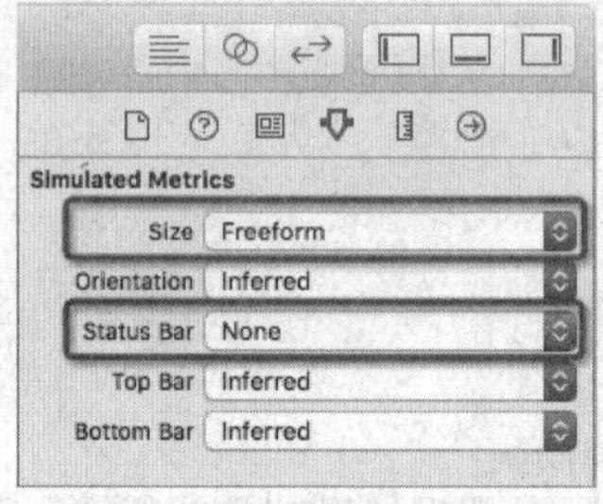

图 10-25 设置 Size 为可变的

（2）切换至其对应的大小检查器面板，设置 Width 的值为 160，Height 的值为 60（固定的），如图 10-26 所示。

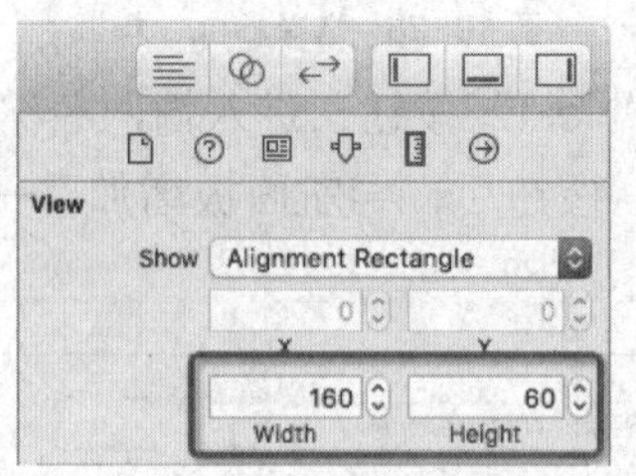

图 10-26 设置 View 的大小

（3）切换到媒体库窗口，在下面的搜索栏内输入“load”关键字，窗口显示了圆圈图片。将其拖曳到 View 内部，给 View 添加了一个子控件 Image View，如图 10-27 所示。

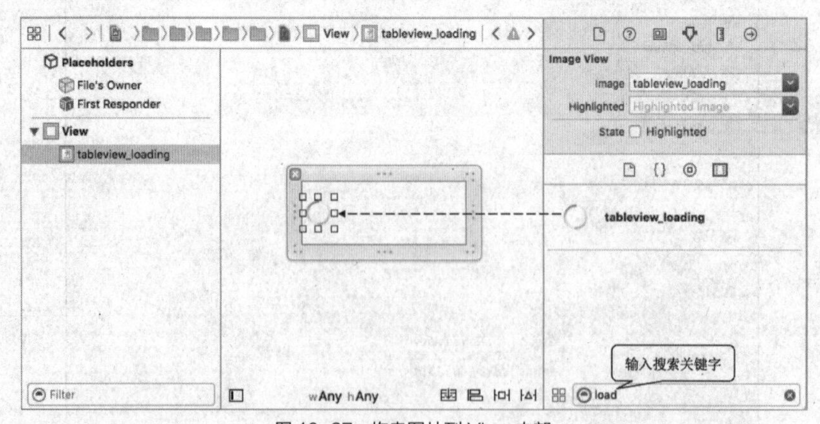

图 10-27 拖曳图片到 View 内部

（4）默认情况下，从媒体库拖曳的图片是支持用户交互的，不符合现在的需求。选中 Image View，打开其对应的属性检查器面板，取消勾选“User Interaction Enabled”和“Multiple Touch”，如图 10-28 所示。

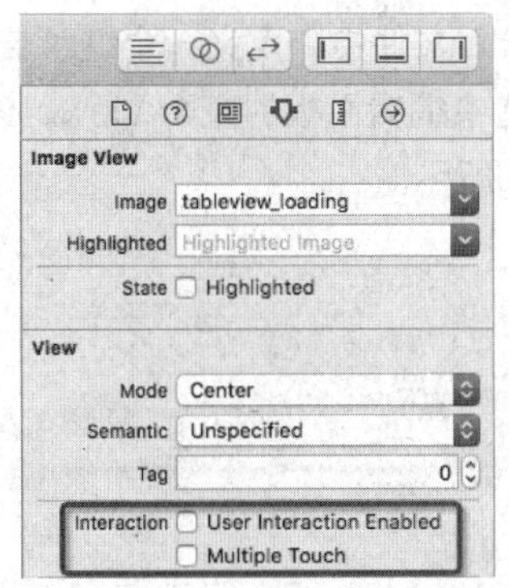

图 10-28　设置 Image View 不支持用户交互

（5）再从对象库拖曳一个 Label 控件到 View 内部、Image View 的右侧位置。选中 Label，打开属性检查器面板，设置 Text 为“正在刷新微博…”。

（6）在左侧对应的 Xib 文件的目录中，复制 View 目录，编辑区域出现了重叠的两个 View。将顶部的 View 移开。任选一个 View，设置 Image View 的 Image 为“tableview_pull_refresh”，Label 的 Text 为“下拉开始刷新…”，如图 10-29 所示。

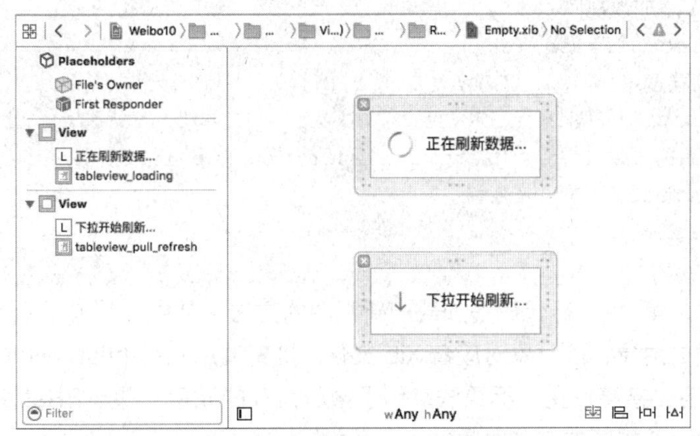

图 10-29　重新设置 Image View 和 Label

（7）在图 10-29 左侧的目录中，将下面的 View 拖曳到上面 View 的目录下面，实现两个目录的合并，使得上面的 View 包含下面的 View，如图 10-30 所示。

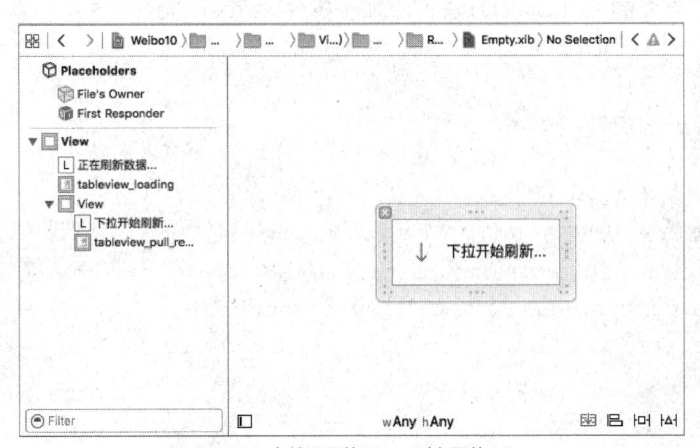

图 10-30　合并下面的 View 到上面的 View

（8）在 WBRefreshControl.swift 文件中，定义一个继承自 UIView 的子类 WBRefreshView。进入 WBRefreshView.xib 文件，选中编辑面板的整个 View，设置 Class 为 WBRefreshView，为 Xib 文件设置关联类，如图 10-31 所示。

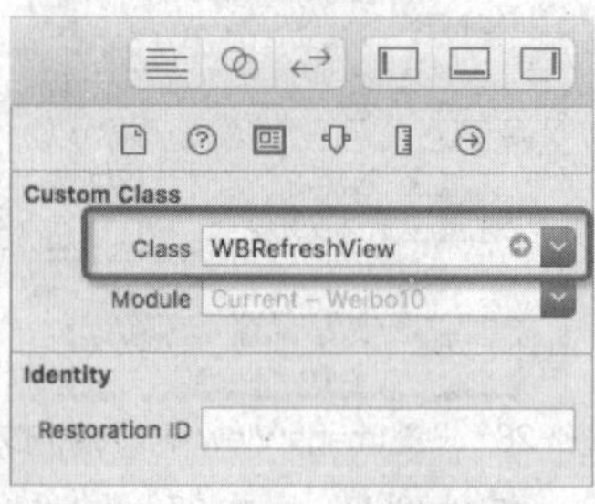

图 10-31　为 Xib 文件设置关联类

5. 加载 Xib 文件

首先在 WBRefreshView 类中，定义一个从 Xib 文件取出刷新视图的类的方法，具体代码如下。

```
1  /// 刷新视图 - 负责处理`动画显示`
2  class WBRefreshView: UIView {
3      /// 从 XIB 加载视图
4      class func refreshView() -> WBRefreshView {
5          // 推荐使用 UINib 的方法是加载 XIB
6          let nib = UINib(nibName: "WBRefreshView", bundle: nil)
7          return nib.instantiateWithOwner(nil, options: nil)[0] as!
8          WBRefreshView
9      }
10 }
```

在上述代码中，第 4~9 行代码是加载刷新视图的方法。其中，第 6 行代码使用构造函数创建了一个 UINib 类的对象，该对象对应着 Xib 文件。接着调用 instantiateWithOwner 方法获得了 Xib 文件的全部内容，接着使用下标语法拿到了索引为 0 的元素，即 WBRefreshView 对象。

添加一个表示刷新视图的懒加载属性，代码如下。

```
// MARK: - 懒加载控件
private lazy var refreshView = WBRefreshView.refreshView()
```

定义一个设置界面的 setupUI()方法，添加子控件 refreshView，并且设置约束，代码如下。

```
1  private func setupUI() {
2      // 隐藏转轮
3      tintColor = UIColor.clearColor()
4      // 添加控件
5      addSubview(refreshView)
6      // 自动布局 - 从"XIB 加载的控件"需要指定大小约束
7      refreshView.snp_makeConstraints { (make) -> Void in
8          make.center.equalTo(self.snp_center)
9          make.size.equalTo(refreshView.bounds.size)
10     }
11 }
```

在上述代码中，第 3 行隐藏了系统自带的转轮，第 5 行代码调用 addSubview 方法添加子控件，第 7~10 行代码设置 refreshView 的中心点等于刷新控件的中心点，设置尺寸等于 refreshView 本身的大小。

最后，在 init()和 init?(coder aDecoder: NSCoder)方法中，分别调用 setupUI()方法，这样就保证了无论是使用 Xib 或者纯代码开发，都能够使用到自定义的刷新控件，代码如下。

```
1 // MARK: - 构造函数
2 override init() {
3     super.init()
4     setupUI()
5 }
6 required init?(coder aDecoder: NSCoder) {
7     super.init(coder: aDecoder)
8     setupUI()
9 }
```

此时运行程序，表格顶部出现了刷新控件。

10.2.5　理解 KVO 机制

KVO 是 Key-Value Observing 的缩写，表示键值观察者，它提供了一种机制，当指定的被观察对象的属性被修改后，则会自动地通知相应的观察者。为了帮助大家更好地理解 KVO，接下来，通过一张图来描述，如图 10-32 所示。

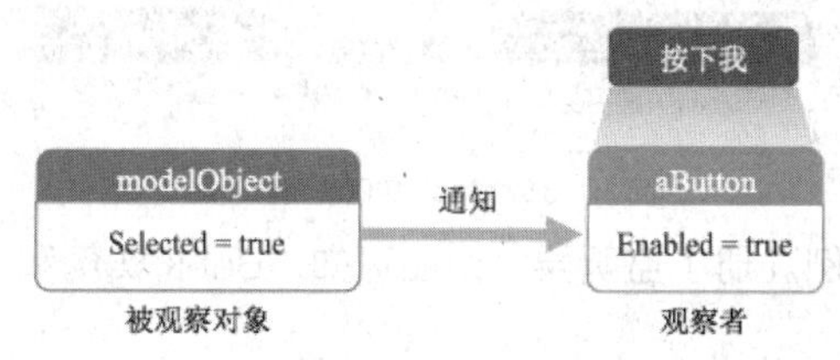

图 10-32　KVO 机制

图 10-32 是 KVO 机制的示意图，由图可知，当被观察对象的 selected 属性更改为 true 后，它会自动地通知给与之对应的观察者 aButton，aButton 会根据改变做出响应，将 enabled 属性改变为 true。

KVO 机制由 NSKeyValueObserving 协议提供支持，当然，NSObject 遵守了该协议，因此，NSObject 的子类都可以使用该协议中的方法，该协议包含了如下常用方法可用于注册和移除监听器。

```
// 注册监听器
public func addObserver(observer: NSObject, forKeyPath keyPath: String,
    options: NSKeyValueObservingOptions,
    context: UnsafeMutablePointer<Void>)
// 移除监听器
public func removeObserver(observer: NSObject,
    forKeyPath keyPath: String)
public func removeObserver(observer: NSObject,
    forKeyPath keyPath: String, context: UnsafeMutablePointer<Void>)
```

关于这些方法的作用，具体如下：

- addObserver方法：注册一个监听器，用于监听指定的key路径。
- removeObserver(observer: forKeyPath keyPath:)方法：为key路径删除一个指定的监听器。
- removeObserver(observer:forKeyPath keyPath: context:)方法：为key路径删除一个指定的监听器，只是多了一个context参数。

需要注意的是，参数 options 表示观察属性值变化的选择，它是一个枚举类型，包含如下两个常用的值。

- New：表示新值。
- Old：表示旧值。

接下来，我们假设存在一个 Bank 实例，该实例包括一个 int 类型的 accountBalance 属性，这时若想使用 KVO 机制，建立一个属性的观察员，大致需要经历如下两个步骤。

（1）Bank 实例必须注册一个监听器，当 accountBalance 属性值发生改变时，会通知监听者 Person 实例，具体如图 10-33 所示。

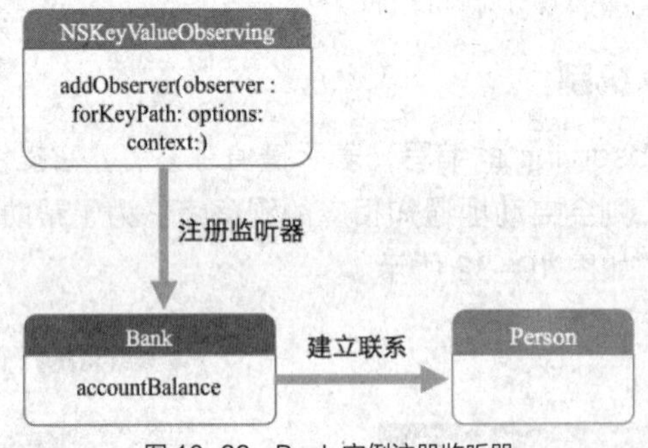

图 10-33　Back 实例注册监听器

图 10-33 是 Bank 实例注册了监听器，由图可知，Bank 实例和 Person 实例之间建立了一个连接。

（2）为了能够响应消息，Person 实例必须实现 observeValueForKeyPath: ofObject: change: context 方法，定义格式如下。

```
func observeValueForKeyPath(keyPath: String?,
    ofObject object: AnyObject?, change: [String : AnyObject]?,
    context: UnsafeMutablePointer<Void>)
```

在上述定义格式中，该方法包括 4 个参数，每个参数代表的意义不同，具体如下。

- keyPath：代表监听的属性。
- object：表示监听的对象。
- change：属于Dictionary类型，表示被监听属性修改之前和修改之后的值。
- context：表示注册监听时传递过来的值。

当属性的值发生变化的时候，该方法会被自动调用，用于实现如何响应变化的消息。

10.2.6　使用 KVO 监听刷新控件的位置变化

当刷新控件下拉到某个位置时，箭头图标会发生旋转，继续下拉会自动切换到刷新状态。因此要想监听某个属性的变化，通过 KVO 机制可以实现，具体步骤如下。

首先，在 setupUI()方法的末尾，注册一个监听器，用来监听 frame 属性的变化，代码如下。

```
// 使用 KVO 监听位置变化 - 主队列，当主线程有任务，就不调度队列中的任务执行
// 让当前运行循环中所有代码执行完毕后，运行循环结束前，开始监听
// 方法触发会在下一次运行循环开始
dispatch_async(dispatch_get_main_queue()) { () -> Void in
    self.addObserver(self, forKeyPath: "frame", options: [], context: nil)
}
```

在上述代码中，调用 dispatch_async 函数开启了一个异步任务，让主队列执行代码块。当前运行循环的全部代码执行完毕后，才开始监听 frame 的变化。

只要注册了监听器，就必须要手动地删除，否则可能会导致程序崩溃。因此在 deinit 方法中，删除 key 路径指定的监听器，代码如下。

```
deinit {
    // 删除 KVO 监听方法
    self.removeObserver(self, forKeyPath: "frame")
}
```

接着，定义一个表示下拉刷新控件偏移量的常量，代码如下。

```
/// 下拉刷新控件偏移量
private let WBRefreshControlOffset: CGFloat = -60
```

当监听到属性发生变化时，会自动调用 observeValueForKeyPath 方法。所以重写该方法，在方法的内部处理临界值的逻辑，代码如下。

```
1  // 箭头旋转标记
2  private var rotateFlag = false
3  // MARK: - KVO 监听方法
4  override func observeValueForKeyPath(keyPath: String?, ofObject object:
5  AnyObject?, change: [String : AnyObject]?, context:
6  UnsafeMutablePointer<Void>) {
7      if frame.origin.y > 0 {
8          return
9      }
10     if frame.origin.y < WBRefreshControlOffset && !rotateFlag {
11         print("反过来")
12         rotateFlag = true
13     } else if frame.origin.y >= WBRefreshControlOffset && rotateFlag {
14         print("转过去")
15         rotateFlag = false
16     }
17 }
```

在上述代码中，第 2 行声明了一个初始值为 false 的变量。当监听到 self 的 frame 发生变化的时候，会激发 4~6 行重写的方法。

刷新控件的 y 值默认为 0，下拉的时候 y 值一直在变小，反之 y 值增大。第 7~9 行使用 if 语句判断，如果 y 值大于 0，直接终止继续执行代码。

第 10~16 行使用 if-else if 语句判断，如果 y 值比偏移量小，而且没有旋转标记，就会执行

花括号的代码。第 11 行输出“反过来”，后续会实现箭头旋转 180 度的动画；第 12 行将 rotateFlag 置为 true，保证 if 语句只会执行一次。

如果 y 值大于或者等于偏移量，而且有旋转标记，就会执行 else if 花括号的语句。第 14 行输出“转过去”，后续会实现箭头恢复最初的动画；第 15 行同样保证了 else if 语句只会执行一次。

10.2.7 提示箭头旋转动画

当用户刷新微博时，为了提供更好的用户体验，我们可以给刷新微博的提示箭头设置旋转动画。首先打开辅助窗口，左侧窗口显示 WBRefreshControl.swift，右侧窗口显示 WBRefreshView.xib。通过拖曳的方式给 WBRefreshView 类添加一个属性，让其绑定箭头图标，如图 10-34 所示。

图 10-34　添加箭头图标关联的属性

然后，使用 command+enter 关闭辅助窗口。在 WBRefreshView 类中，定义一个旋转箭头动画的方法，代码如下。

```
1  /// 旋转图标动画
2  private func rotateTipIcon() {
3      // 旋转动画，特点：顺时针优先 + "就近原则"
4      UIView.animateWithDuration(0.5) { () -> Void in
5          self.tipIconView.transform = CGAffineTransformRotate(
6              self.tipIconView.transform, CGFloat(M_PI))
7      }
8  }
```

在上述代码中，第 4~7 行代码通过 UIView 的动画闭包，实现箭头的旋转动画。第 5 行调用 CGAffineTransformRotate 函数，为 self.tipIconView 指定了 180 度的旋转动画。

接着在 WBRefreshView 类中，定义一个表示旋转标记的属性，并且使用 didSet 语句监听，代码如下。

```
1  /// 旋转标记
2  var rotateFlag = false {
3      didSet {
4          rotateTipIcon()
```

```
5     }
6 }
```

一旦 rotateFlag 的值发生变化，就会调用 rotateTipIcon()方法，让箭头旋转 180 度。

然后在 WBRefreshControl 类中删除 rotateFlag 变量，对 observeValueForKeyPath 方法中使用到该变量的地方进行修改，代码如下。

```
1 override func observeValueForKeyPath(keyPath: String?, ofObject object:
2 AnyObject?, change: [String : AnyObject]?, context:
3 UnsafeMutablePointer<Void>) {
4     if frame.origin.y > 0 {
5         return
6     }
7     if frame.origin.y < WBRefreshControlOffset && !refreshView.rotateFlag {
8         print("反过来")
9         refreshView.rotateFlag = true
10     } else if frame.origin.y >= WBRefreshControlOffset &&
11      refreshView.rotateFlag {
12         print("转过去")
13         refreshView.rotateFlag = false
14     }
15 }
```

由于旋转动画只能顺时针转动，要让旋转箭头逆时针返回到最初状态，需要做一些调整。在 WBRefreshView 类中，改动 rotateTipIcon()方法的部分代码，具体如下。

```
1 /// 旋转图标动画
2 private func rotateTipIcon() {
3     var angle = CGFloat(M_PI)
4     angle += rotateFlag ? -0.0000001 : 0.0000001
5     // 旋转动画，特点：顺时针优先 + `就近原则`
6     UIView.animateWithDuration(0.5) { () -> Void in
7         self.tipIconView.transform = CGAffineTransformRotate(
8         self.tipIconView.transform, CGFloat(angle))
9     }
10 }
```

此时运行程序，下拉表格到某个位置后，箭头朝顺时针方向旋转了半圈，箭头的方向由朝下变成朝上；如果松开手或者上拉表格到某个位置，箭头朝逆时针方向转了半圈，箭头的方向由朝上变成朝下，提示箭头完成了旋转的效果。

10.2.8 播放和停止加载动画

当下拉表格到设定的位置时，会播放旋转的动画，提示用户正在加载数据；当加载到数据时，会关闭刷新控件，并且停止动画，具体内容如下。

同样采用拖曳的方式，为 WBRefreshView 类添加两个属性，分别表示转轮图片和子目录 View，具体代码如下。

```
@IBOutlet weak var loadingIconView: UIImageView!
```

```
@IBOutlet weak var tipView: UIView!
```

接着，在 WBRefreshView 类中，分别定义用于播放动画和停止动画的方法，具体代码如下。

```
1  /// 播放加载动画
2  private func startAnimation() {
3      tipView.hidden = true
4      // 判断动画是否已经被添加
5      let key = "transform.rotation"
6      if loadingIconView.layer.animationForKey(key) != nil {
7          return
8      }
9      let anim = CABasicAnimation(keyPath: key)
10     anim.toValue = 2 * M_PI
11     anim.repeatCount = MAXFLOAT
12     anim.duration = 0.5
13     anim.removedOnCompletion = false
14     loadingIconView.layer.addAnimation(anim, forKey: key)
15 }
16 /// 停止加载动画
17 private func stopAnimation() {
18     tipView.hidden = false
19     loadingIconView.layer.removeAllAnimations()
20 }
```

在上述代码中，第 3 行隐藏了 tipView，第 5~8 行处理了出现相同动画的情况，避免重复开启动画。第 9~14 行给 loadingIconView 添加了旋转动画，该动画会执行 0.5 秒的时间。其中第 13 行设置了不移除动画，避免了切换标签时动画停止的情况。第 17~20 行是停止动画的方法，显示 tipView，调用 removeAllAnimations()方法移除全部的动画。

如果刷新控件正在刷新，应该播放加载动画。切换到 WBRefreshControl.swift 文件，在 observeValueForKeyPath 方法中添加播放动画的代码，具体如下。

```
1  override func observeValueForKeyPath(keyPath: String?, ofObject object:
2  AnyObject?, change: [String : AnyObject]?, context:
3  UnsafeMutablePointer<Void>) {
4      if frame.origin.y > 0 {
5          return
6      }
7      // 判断是否正在刷新
8      if refreshing {
9          refreshView.startAnimation()
10         return
11     }
12     if frame.origin.y < WBRefreshControlOffset && !refreshView.rotateFlag {
13         print("反过来")
14         refreshView.rotateFlag = true
15     } else if frame.origin.y >= WBRefreshControlOffset &&
```

```
16    refreshView.rotateFlag {
17        print("转过去")
18        refreshView.rotateFlag = false
19    }
20 }
```

接着，重写 endRefreshing()和 beginRefreshing()方法，当开始刷新或者停止刷新的时候，主动触发播放或者停止加载动画的方法，具体如下。

```
1     // MARK: - 重写系统方法
2     override func endRefreshing() {
3         super.endRefreshing()
4         // 停止动画
5         refreshView.stopAnimation()
6     }
7     /// 主动触发开始刷新动画 — 不会触发监听方法
8     override func beginRefreshing() {
9         super.beginRefreshing()
10         refreshView.startAnimation()
11     }
```

当到后台加载数据的时候，应该关闭刷新控件。切换至 HomeTableViewController.swift 文件，在 loadData()方法的闭包的开始位置添加如下代码。

```
// 关闭刷新控件
self.refreshControl?.endRefreshing()
```

当刷新控件处于刷新状态时，应该到后台请求数据。因此，在 loadData 方法开始位置，主动调用 beginRefreshing()方法，代码如下。

```
refreshControl?.beginRefreshing()
```

至此，下拉刷新控件的功能已经全部完成了。

10.2.9 自定义上拉刷新控件

用户浏览微博的时候，应该呈现出流畅的感觉，不能意外终止。当用户将翻动到最后一条微博的时候，就执行刷新的动作，把拿到的微博放置到下面。若还没有及时从后台加载到数据，应该在表格底部添加一个活动指示器，提示用户正在加载。

首先，在 HomeTableViewController.swift 文件中，定义一个表示上拉刷新视图的懒加载属性，代码如下。

```
// MARK: - 懒加载控件
/// 上拉刷新提示视图
private lazy var pullupView: UIActivityIndicatorView = {
    let indicator = UIActivityIndicatorView(activityIndicatorStyle:
     UIActivityIndicatorViewStyle.WhiteLarge)
    indicator.color = UIColor.lightGrayColor()
    return indicator
}()
```

然后，在 prepareTableView()方法的末尾位置，设置表脚视图为 pullupView，代码如下。

```
// 上拉刷新视图
tableView.tableFooterView = pullupView
```

当即将要显示最后一条微博的时候，肯定会调用设置单元格的方法。在设置单元格的方法末尾，判断是否是最后一条微博，如果是的话，就开启上拉控件的刷新动画，代码如下。

```
1  if indexPath.row == listViewModel.statusList.count - 1
2  && !pullupView.isAnimating() {
3      // 开始动画
4      pullupView.startAnimating()
5  }
```

至此，界面相关的逻辑都已经完成了，现在只有网络数据未处理。

10.2.10 刷新用到的网络数据

每条微博都对应着一个 ID，而且最新微博的 ID 是最大的。因此，如果要拿到下拉刷新的微博，就是加载比当前最大 ID 值还要大的微博；反之，则加载比当前最小 ID 值还要小的微博。

在微博开发平台上，按照 http://open.weibo.com/wiki/2/statuses/home_timeline 打开微博的文档。查看“请求参数”对应的表格，如图 10-35 所示。

请求参数

	必选	类型及范围	说明
access_token	true	string	采用OAuth授权方式为必填参数，OAuth授权后获得。
since_id	false	int64	若指定此参数，则返回ID比since_id大的微博（即比since_id时间晚的微博），默认为0。
max_id	false	int64	若指定此参数，则返回ID小于或等于max_id的微博，默认为0。
count	false	int	单页返回的记录条数，最大不超过100，默认为20。
page	false	int	返回结果的页码，默认为1。
base_app	false	int	是否只获取当前应用的数据。0为否（所有数据），1为是（仅当前应用），默认为0。
feature	false	int	过滤类型ID，0：全部、1：原创、2：图片、3：视频、4：音乐，默认为0。
trim_user	false	int	返回值中user字段开关，0：返回完整user字段、1：user字段仅返回user_id，默认为0。

图 10-35 读取接口文档（请求参数部分）

由表可知，请求微博数据的时候，如果 since_id 的值大于 0，代表着需要下拉刷新控件，得到比 since_id 时间晚的微博；如果 max_id 的值大于 0，代表着需要上拉刷新控件，得到比 max_id 时间早的微博。

首先，在 NetworkTools 类中，给 loadStatus 方法增加 since_id 和 max_id 两个参数，根据上拉或者下拉这两种不同的情况设置参数字典，代码如下。

```
1  /// 加载微博数据
2  /// - parameter since_id:若指定此参数，则返回 ID 比 since_id 大的微博，默认为 0。
3  /// - parameter max_id:若指定此参数，则返回 ID`小于或等于 max_id`的微博，默认为 0
4  /// - parameter finished:    完成回调
5  func loadStatus(since_id since_id: Int, max_id: Int,
6  finished: HMRequestCallBack) {
7      // 1. 创建参数字典
8      var params = [String: AnyObject]()
9      // 判断是否下拉
10     if since_id > 0 {
```

```
11         params["since_id"] = since_id
12     } else if max_id > 0 {  // 上拉参数
13         params["max_id"] = max_id - 1
14     }
15     // 2. 准备网络参数
16     let urlString = "https://api.weibo.com/2/statuses/home_timeline.json"
17     // 3. 发起网络请求
18     tokenRequest(.GET, URLString: urlString, parameters: params,
19     finished: finished)
20 }
```

在上述代码中，第 5~6 行在方法的参数列表中增加了两个参数，其中 since_id 带有外部参数名，便于外界调用。

第 10~14 行代码使用 else-if 语句处理了上拉和下拉的情况，如果 since_id 大于 0，需要传递 since_id 这个参数；如果 max_id 大于 0，需要传递 max_id 这个参数。由于 max_id 包含了等于当前最小 ID 值的情况，为了避免衔接数据的重复，需要设置为“max_id−1”。

接着，在 StatusListViewModel 类的 loadStatus 方法中增加 isPullup 参数，标记是否为上拉刷新。在调用工具类的 loadStatus 方法中，设置参数 since_id 和 max_id 的值，修改后的代码如下。

```
1  /// 加载微博数据
2  /// - parameter isPullup: 是否上拉刷新
3  /// - parameter finished: 完成回调
4  func loadStatus(isPullup isPullup: Bool,
5  finished: (isSuccessed: Bool)->()) {
6      // 下拉刷新 - 数组中第一条微博的 id
7      let since_id = isPullup ? 0 : (statusList.first?.status.id ?? 0)
8      // 上拉刷新 - 数组中最后一条微博的 id
9      let max_id = isPullup ? (statusList.last?.status.id ?? 0) : 0
10     NetworkTools.sharedTools.loadStatus(since_id: since_id, max_id: max_id)
11    { (result, error) -> () in
12         if error != nil {
13             print("出错了")
14             finished(isSuccessed: false)
15             return
16         }
17         // 判断 result 的数据结构是否正确
18         guard let array = result?["statuses"] as? [[String: AnyObject]]
19         else {
20             print("数据格式错误")
21             finished(isSuccessed: false)
22             return
23         }
24         // 遍历字典的数组，字典转模型
25         // 1. 可变的数组
26         var dataList = [StatusViewModel]()
```

```
27        // 2. 遍历数组
28        for dict in array {
29            dataList.append(StatusViewModel(status: Status(dict: dict)))
30        }
31        // 3. 拼接数据
32        // 判断是否是上拉刷新
33        if max_id > 0 {
34            self.statusList += dataList
35        } else {
36            self.statusList = dataList + self.statusList
37        }
38        // 4. 缓存单张图片
39        self.cacheSingleImage(dataList, finished: finished)
40    }
41 }
```

在上述代码中，第 4 行增加了一个带有外部参数名的 isPullup 参数，用来标记上拉刷新。

第 7 行使用三目运算符设置了 since_id 的值，如果 isPullup 为 true（表示上拉刷新），since_id 的值为 0，反之则为 statusList 数组的第一个元素的 ID；第 9 行的逻辑与第 7 行一样。

第 10 行代码调用了工具类的 loadStatus 方法，传入 since_id 和 max_id 的值。

如果 max_id 的值大于 0，会执行第 34 行代码，将 dataList 拼接到现有数据的后面，反之会执行第 36 行代码，将 dataList 拼接到现有数据的前面。

只要调用了 loadStatus 方法的地方，就会出现报错信息。在 HomeTableViewController 类的 loadData()方法中，调整调用 loadStatus 方法的代码，具体如下。

```
1     /// 加载数据
2     @objc private func loadData() {
3         refreshControl?.beginRefreshing()
4         listViewModel.loadStatus(isPullup: pullupView.isAnimating()) {
5             (isSuccessed) -> () in
6             // 关闭刷新控件
7             self.refreshControl?.endRefreshing()
8             // 关闭上拉刷新
9             self.pullupView.stopAnimating()
10            if !isSuccessed {
11                SVProgressHUD.showInfoWithStatus("加载数据错误，请稍后再试")
12                return
13            }
14            // 刷新数据
15            self.tableView.reloadData()
16        }
17    }
```

当上拉刷新动画开始以后，需要加载以前的微博数据显示到表格下面。在 Home TableView Controller 类的设置单元格的方法中，调用 loadData()方法，代码（加粗部分）如下。

```
1 override func tableView(tableView: UITableView, cellForRowAtIndexPath
2 indexPath: NSIndexPath) -> UITableViewCell {
3     // 1. 获取视图模型
4     let vm = listViewModel.statusList[indexPath.row]
5     // 2. 获取可重用 cell 会调用行高方法!
6     let cell = tableView.dequeueReusableCellWithIdentifier(vm.cellId,
7     forIndexPath: indexPath) as! StatusCell
8     // 3. 设置视图模型
9     cell.viewModle = vm
10    // 4. 判断是否是最后一条微博
11    if indexPath.row == listViewModel.statusList.count - 1
12    && !pullupView.isAnimating() {
13        // 开始动画
14        pullupView.startAnimating()
15        // 上拉刷新数据
16        loadData()
17    }
18    return cell
19 }
```

当启动上拉刷新动画以后，就加载以前的微博数据，将其拼接到现有数据的后面，显示到表格里面。此时运行程序，参照新浪官方的微博，发现下拉加载了最新的微博，上拉加载了更早的微博。

10.2.11　下拉刷新提示数量标签

提示框上面只用显示文字，直接使用标签控件（UILabel）实现即可。提示框最初应该停留在屏幕顶部，关闭下拉刷新控件以后弹出提示框，提示框位于导航条的下面，然后缩回到原始位置。这个过程只改变了框的 y 值，使用 UIView 的动画完成就行。

1. 记录下拉刷新的数量

在 StatusListViewModel 中增加一个可选类型的变量 pulldownCount，用来记录下拉刷新微博的数量，代码如下。

```
/// 下拉刷新计数
var pulldownCount: Int?
```

在 loadStatus 方法中，找到拼接刷新数据的部分，在该部分的前面插入记录刷新的数量，代码如下。

```
// 记录下拉刷新的数据
self.pulldownCount = (since_id > 0) ? dataList.count : nil
```

在上述代码中，如果 since_id 的值大于 0，就记录 dataList 的数量，反之则返回 nil。

2. 添加提示标签

在 HomeTableViewController 中添加下拉刷新提示标签的懒加载属性，代码如下。

```
/// 下拉刷新提示标签
private lazy var pulldownTipLabel: UILabel = {
    let label = UILabel(title: "", fontSize: 18, color: UIColor.whiteColor())
    label.backgroundColor = UIColor.orangeColor()
```

```
    // 添加到 navigationBar
    self.navigationController?.navigationBar.insertSubview(label,
    atIndex: 0)
    return label
}()
```

接下来，定义一个 showPulldownTip()方法，给标签设置一个初始位置，隐藏到导航栏的头部，代码如下。

```
/// 显示下拉刷新
private func showPulldownTip() {
    // 如果不是下拉刷新，则直接返回
    guard let count = listViewModel.pulldownCount else {
        return
    }
    pulldownTipLabel.text = (count == 0) ?
                            "没有新微博" : "刷新到 \(count) 条微博"
    let height: CGFloat = 44
    let rect = CGRect(x: 0, y: 0, width: view.bounds.width, height: height)
    pulldownTipLabel.frame = CGRectOffset(rect, 0, -2 * height)
}
```

在 loadData()方法中，找到刷新数据的部分，在该部分前面插入显示提示标签的代码，具体如下。

```
// 显示下拉刷新提示
self.showPulldownTip()
```

3. 显示和隐藏提示标签

在 showPulldownTip()方法的末尾位置，给标签添加一个动画，让标签先移动到导航栏的下面，动画完成后，再缩回到原来的位置，代码如下。

```
UIView.animateWithDuration(1.0, animations: { () -> Void in
    self.pulldownTipLabel.frame = CGRectOffset(rect, 0, height)
}) { (_) -> Void in
    UIView.animateWithDuration(1.0) {
        self.pulldownTipLabel.frame = CGRectOffset(rect, 0, -2 * height)
    }
}
```

此时运行程序，向下拉动表格，表格头部出现了数量提示框。至此为止，刷新微博的功能全部完成。

10.3 表情键盘

10.3.1 多行文本控件（UITextView）

在 iOS 应用中，经常需要输入多行文本，这时，需要使用 UITextView 控件实现。与 UITextField 控件相比，UITextView 继承自 UIScrollView：UIView 类，它不仅可以输入并显示文本，而且可以在固定的区域展示足够多的文本，并且这些文本内容可以换行显示。为了帮助大家更好地理解什么是 UITextView，接下来，通过一张图片来描述 UITextView 的应用场景，具体如图 10-36 所示。

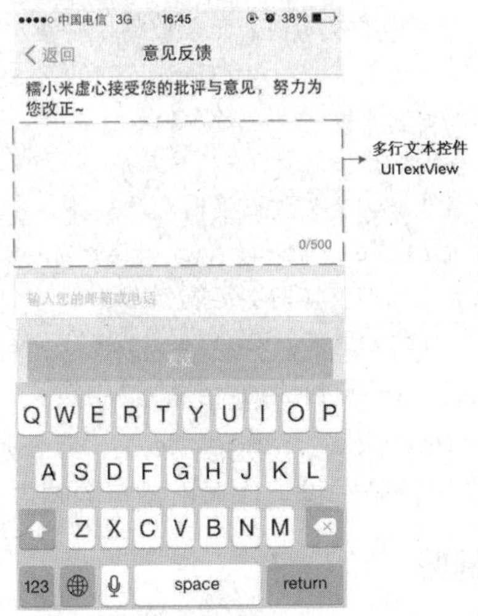

图 10-36　UITextView 的使用场景

图 10-36 是糯米的界面，其中，发表意见的区域是一个可以滚动显示的文本框，它是由一个多行文本控件实现的。通常情况下，多行文本控件也称为文本视图。

UITextView 类提供了一些设置属性，接下来，通过一张表来列举 UITextView 的常见属性，具体如表 10-2 所示。

表 10-2　UITextView 的常见属性

属性声明	功能描述
weak public var delegate: UITextViewDelegate?	设置代理
public var editable: Bool	设置文本视图是否可编辑
public var clearsOnInsertion: Bool	设置文本视图输入时是否清除之前的文本
public var attributedText: NSAttributedString!	设置文本视图默认插入的文字内容
public var inputView: UIView?	设置底部弹出的视图
public var inputAccessoryView: UIView?	设置底部弹出视图上方的辅助视图

其中 delegate 为代理属性，文本视图的事件交由代理对象处理，实现对文本视图的监听，但是前提要遵守 UITextViewDelegate 协议，该协议定义一些常用的方法，具体如下。

```
// 用户将要开始编辑 UITextView 的内容时会激发该方法
optional public func textViewShouldBeginEditing(textView: UITextView)
-> Bool
// 用户开始编辑该 UITextView 的内容时会激发该方法
optional public func textViewDidBeginEditing(textView: UITextView)
// 用户将要结束编辑该 UITextView 的内容时会激发该方法
```

```
optional public func textViewShouldEndEditing(textView: UITextView)
-> Bool
// 用户结束编辑该 UITextView 的内容时会激发该方法
optional public func textViewDidEndEditing(textView: UITextView)
// 该 UITextView 内指定范围内的文本内容将要被替换时激发该方法
optional public func textView(textView: UITextView,
    shouldChangeTextInRange range: NSRange,
    replacementText text: String) -> Bool
// 该 UITextView 中包含的文本内容发生改变时会激发该方法
optional public func textViewDidChange(textView: UITextView)
// 用户选中该 UITextView 内某些文本时会激发该方法
optional public func textViewDidChangeSelection(textView: UITextView)
```

从上述代码中可以看出，UITextViewDelegate 协议中定义了很多方法，这些方法会在不同的状态下被激发。例如 textView(textView：range：text：)方法是替换多行文本控件中指定文本时会触发的方法，该方法可以实现把回车键当作退出键盘的响应键。

10.3.2 创建表情键盘视图

表情键盘里面放置了所有的表情符号，它可以作为独立的 view 进行封装。首先，创建一个新的工程，在项目目录下面添加子目录 Emoticon，用于放置与表情键盘相关的文件。在 Emoticon 目录下新建一个 EmoticonView 类，继承自 UIView。在 EmoticonView 类中，设置表情视图的高度，代码如下。

```
/// 表情键盘视图
class EmoticonView: UIView {
    override init(frame: CGRect) {
        var rect = UIScreen.mainScreen().bounds
        rect.size.height = 216 // 标准键盘高度是 216 个点
        super.init(frame: rect)
        backgroundColor = UIColor.redColor()
    }
    required init?(coder aDecoder: NSCoder) {
        fatalError("init(coder:) has not been implemented")
    }
}
```

然后，在 storyBoard 的 View Controller 上拖拽一个 Text View 控件（暂时设置 View Controller 的 size 为 4.7 inch，让 Text View 铺满整个屏幕），使用拖线的方法为控制器类添加文本视图，并且指定其输入视图为 EmoticonView，代码如下。

```
1 /// 表情键盘视图
2 private lazy var emoticonView: EmoticonView = EmoticonView()
3 @IBOutlet weak var textView: UITextView!
4 override func viewDidLoad() {
5     super.viewDidLoad()
```

```
6     textView.inputView = emoticonView
7     textView.becomeFirstResponder()
8 }
```

此时运行程序，模拟器弹出了表情键盘所在的视图。

10.3.3　表情键盘界面布局

当用户编辑文本视图时打开表情键盘，它由表情集合区和底部工具栏组成，下面来简单地实现界面，具体内容如下。

1. 搭建表情键盘视图

首先，把 SnapKit 框架的源代码直接拖曳到新项目中。在 EmoticonView 类中通过懒加载方法添加表情集合视图和工具栏，代码如下。

```
// MARK: - 懒加载控件
// 表情集合视图
private lazy var collectionView = UICollectionView(frame: CGRectZero,
    collectionViewLayout: UICollectionViewFlowLayout())
// 工具栏
private lazy var toolbar = UIToolbar()
```

然后在 EmoticonView 扩展中，添加上述两个子控件，并进行自动布局，代码如下。

```
// MARK: - 设置界面
private extension EmoticonView {
    func setupUI() {
        backgroundColor = UIColor.whiteColor()
        // 1. 添加控件
        addSubview(collectionView)
        addSubview(toolbar)
        // 2. 自动布局
        toolbar.snp_makeConstraints { (make) -> Void in
            make.bottom.equalTo(self.snp_bottom)
            make.left.equalTo(self.snp_left)
            make.right.equalTo(self.snp_right)
            make.height.equalTo(36)
        }
        collectionView.snp_makeConstraints { (make) -> Void in
            make.top.equalTo(self.snp_top)
            make.bottom.equalTo(toolbar.snp_bottom)
            make.left.equalTo(self.snp_left)
            make.right.equalTo(self.snp_right)
        }
    }
}
```

需要注意的是，iPhone 6 Plus 的屏幕宽度是 414，如果工具栏指定为 44，会不方便后续按钮的布局。

接着布局工具栏，给工具栏添加四个按钮（item），并且使用弹簧，让按钮可以等距离平分工具栏。为了区分选中哪个按钮，需要为其添加 tag，代码如下。

```
/// 准备工具栏
func prepareToolbar() {
    tintColor = UIColor.darkGrayColor()
    var items = [UIBarButtonItem]()
    var index = 0
    for s in ["最近", "默认", "emoji", "浪小花"] {
        items.append(UIBarButtonItem(title: s, style: .Plain,
            target: self,
            action: "clickItem:"))
        items.last?.tag = index++
        //添加弹簧
        items.append(UIBarButtonItem(barButtonSystemItem: .FlexibleSpace,
        target: nil, action: nil))
    }
    items.removeLast()
    toolbar.items = items
}
```

在 setupUI 方法末尾调用 prepareToolbar 方法。此时运行程序，下面弹出了表情键盘视图，如图 10-37 所示。

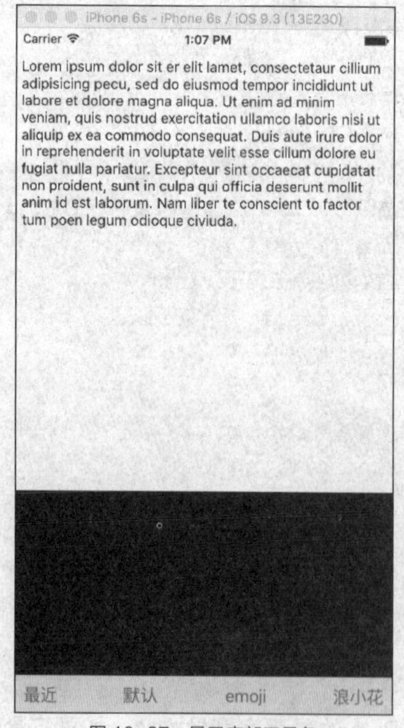

图 10-37　显示底部工具条

接下来，为工具栏的按钮添加监听方法 clickItem，测试按钮的响应操作，代码如下。

```
// MARK: - 监听方法
///单击工具栏 item
@objc private func clickItem(item: UIBarButtonItem) {
    print(item.tag)
}
```

此时运行程序，单击不同的按钮，控制台输出其对应的 tag 值。

2. 布局表情集合视图

由于表情的动态特性，这里使用 UICollectionView 实现。接下来为 collectionView 的 cell 添加可重用标识符，代码如下。

```
/// 可重用标识符号
private let EmoticonViewCellId = "EmoticonViewCellId"
```

定义准备集合视图的方法，为 collectionView 设置数据源和注册可重用 cell，代码如下。

```
/// 准备表情集合视图
func prepareCollectionView() {
    collectionView.backgroundColor = UIColor.lightGrayColor()
    // 注册 Cell
    collectionView.registerClass(UICollectionViewCell.self,
    forCellWithReuseIdentifier: EmoticonViewCellId)
    // 指定数据源
    collectionView.dataSource = self
}
```

增加 EmoticonView 类的扩展，在该扩展中实现相应的数据源方法，代码如下。

```
// MARK: - UICollectionViewDataSource
extension EmoticonView: UICollectionViewDataSource {
    func collectionView(collectionView: UICollectionView,
    numberOfItemsInSection section: Int) -> Int {
        return 21
    }
    func collectionView(collectionView: UICollectionView,
    cellForItemAtIndexPath indexPath: NSIndexPath) -> UICollectionViewCell
    {
        let cell =
        collectionView.dequeueReusableCellWithReuseIdentifier
        (EmoticonViewCellId, forIndexPath: indexPath)
        cell.backgroundColor = indexPath.item % 2 == 0 ? UIColor.redColor() :
        UIColor.greenColor()
        return cell
    }
}
```

在 setupUI 方法的末尾调用 prepareCollectionView 方法。此时运行程序，模拟器的效果图如图 10-38 所示。

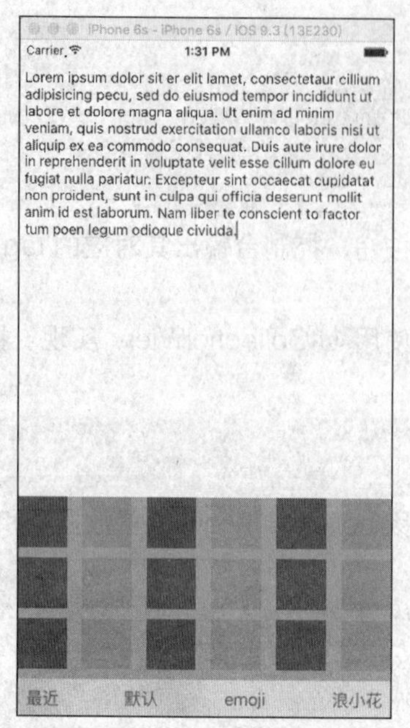

图 10-38 程序的运行结果

显而易见，集合视图的布局跟需求有着一定的差别，为此要设置流水布局。在 EmoticonView 类中创建一个类，完成表情键盘的流水布局，代码如下。

```
/// 表情键盘视图布局
private class EmoticonLayout: UICollectionViewFlowLayout {
    private override func prepareLayout() {
        super.prepareLayout()
        let col: CGFloat = 7
        let row: CGFloat = 3
        let w = collectionView!.bounds.width / col
        let margin = CGFloat(Int((collectionView!.bounds.height - row * w)
        * 0.5))
        itemSize = CGSize(width: w, height: w)
        minimumInteritemSpacing = 0
        minimumLineSpacing = 0
        sectionInset = UIEdgeInsets(top: margin, left: 0, bottom: margin,
        right: 0)
        //设置滚动方向为水平
        scrollDirection = .Horizontal
        //设置分页
        collectionView?.pagingEnabled = true
        collectionView?.bounces = false
    }
}
```

接着将 collectionView 属性的布局改为 EmoticonLayout，代码如下。

```
/// 表情集合视图
```

```
private lazy var collectionView = UICollectionView(frame: CGRectZero,
    collectionViewLayout: EmoticonLayout ())
```

此时运行程序，程序的运行结果如图 10-39 所示。

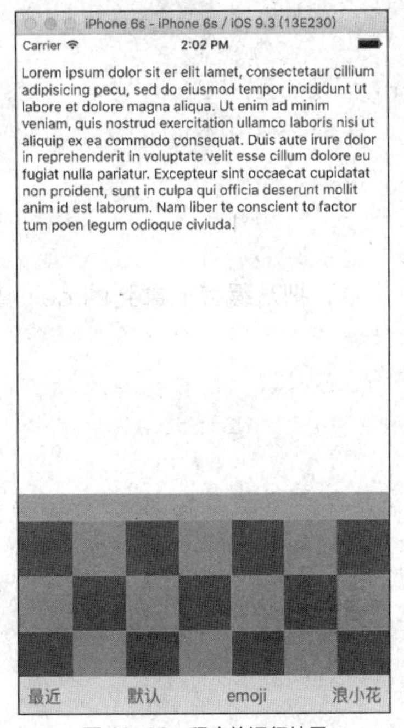

图 10-39　程序的运行结果

3. 自定义表情视图 cell

每个格子用来放置一个表情按钮，既能够显示表情图片，又能够响应单击事件。每个页面能够显示 20 个表情，而且最后一个表情是“删除”按钮。接下来，在 EmoticonView 类中创建一个表示表情按钮的类中类 EmoticonViewCell，代码如下。

```
// MARK: - 表情 Cell
private class EmoticonViewCell: UICollectionViewCell {
    override init(frame: CGRect) {
        super.init(frame: frame)
        contentView.addSubview(emoticonButton)
        emoticonButton.backgroundColor = UIColor.whiteColor()
        emoticonButton.setTitleColor(UIColor.blackColor(),
        forState: .Normal)
        emoticonButton.frame = CGRectInset(bounds, 4, 4)
    }
    required init?(coder aDecoder: NSCoder) {
        fatalError("init(coder:) has not been implemented")
    }
    // MARK: - 懒加载控件
    /// 表情按钮
    private lazy var emoticonButton: UIButton = UIButton()
}
```

在 prepareCollectionView 方法中，把注册可重用的 cell 替换成 EmoticonViewCell，代码如下。

```
/// 准备表情集合视图
func prepareCollectionView() {
    collectionView.backgroundColor = UIColor.lightGrayColor()
    // 注册 Cell
    collectionView.registerClass(EmoticonViewCell.self,
    forCellWithReuseIdentifier: EmoticonViewCellId)
    // 指定数据源
    collectionView.dataSource = self
}
```

然后在返回 cell 的数据源方法中，把从缓存池拿到的 cell 替换为 EmoticonViewCell，改后的代码如下。

```
func collectionView(collectionView: UICollectionView,
cellForItemAtIndexPath indexPath: NSIndexPath) -> UICollectionViewCell {
    let cell =
        collectionView.dequeueReusableCellWithReuseIdentifier
       (EmoticonViewCellId, forIndexPath: indexPath) as! EmoticonViewCell
    cell.backgroundColor = indexPath.item % 2 == 0 ? UIColor.redColor() :
        UIColor.greenColor()
    cell.emoticonButton.setTitle("\(indexPath.item)", forState: .Normal)
    return cell
}
```

此时运行程序，程序的运行结果如图 10-40 所示。值得一提的是，当 collectionView 的滚动方向是水平时，流水布局的显示是从上到下，从左至右排列的。

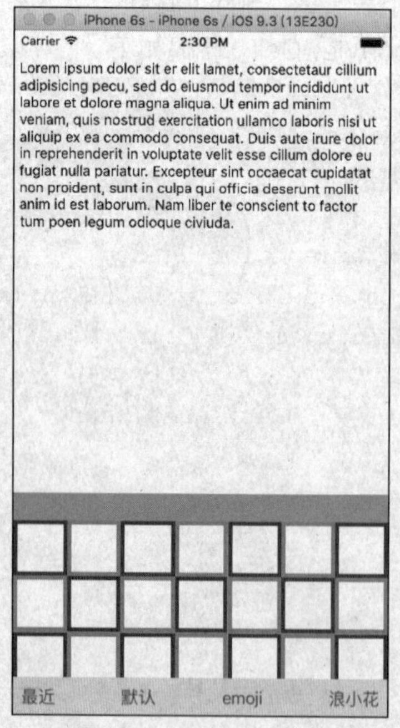

图 10-40　程序的运行结果

10.3.4　项目添加文件夹的 3 种方式

选中 Finder 中某个文件夹，将其拖曳到 Xcode 的导航面板以后，会以文件夹的形式增加到目录结构中，大致可以分为以下 3 种情况。

第 1 种：黄色文件夹

编译完成后，资源文件会直接放置到 mainBundle 路径下，通常源代码需要通过这种方式拖曳添加，如图 10-41 所示。它不允许出现重名的文件，相对效率是比较高的。

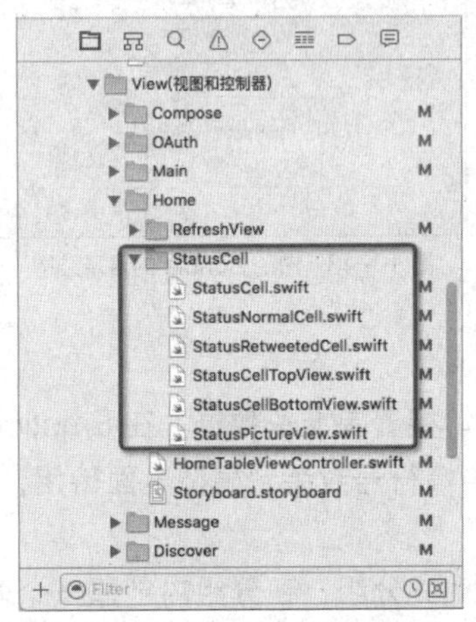

图 10-41　黄色文件夹的目录结构

第 2 种：蓝色文件夹

编译完成后，资源文件直接放置到 mainBundle 中的对应文件夹中，游戏文件的素材一般是通过这种方式拖曳添加的，如图 10-42 所示。它允许出现重名的文件，效率稍稍比黄色的文件夹逊色一些。

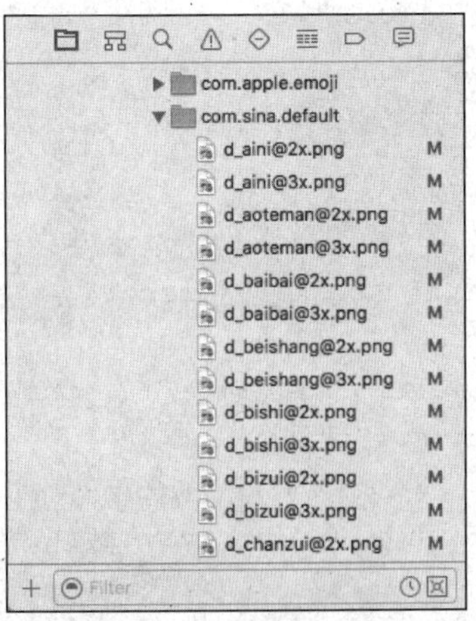

图 10-42　蓝色文件夹的目录结构

第 3 种：白色 Bundle

编译完成后，资源文件在 mainBundle 中仍然以包的形式存在，可以使用路径的形式进行访问。接下来，通过一张图来描述白色 Bundle，如图 10-43 所示。它同样允许出现重名的文件，主要用于第三方框架包装资源素材。

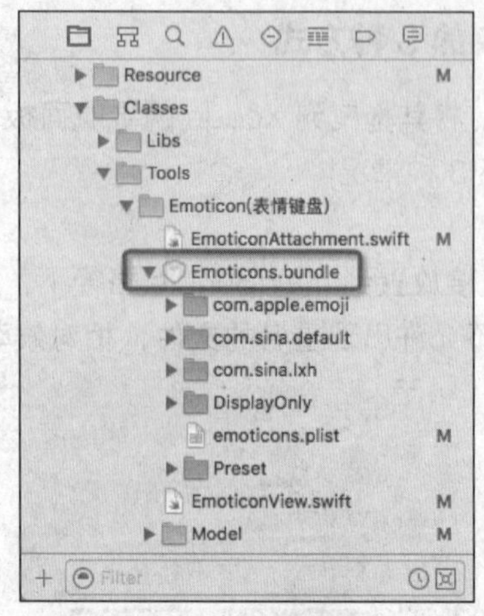

图 10-43　白色 Bundle 的目录结构

10.3.5　加载数据模型

表情键盘的界面搭建完毕后，接着要准备数据。在 Emoticon 目录下添加表情资源（以黄色文件夹的形式显示），将所有的表情符号封装到模型里面待用，具体内容如下。

1. 定义表情模型

在 Emoticon 目录下增加 Model 分组，在分组内创建一个表示表情的 Emoticon 类，继承自 NSObject，代码如下。

```
/// 表情模型
class Emoticon: NSObject {
    /// 表情文字
    var chs: String?
    /// 表情图片文件名
    var png: String?
    /// emoji 编码
    var code: String?
    init(dict: [String: AnyObject]) {
        super.init()
        setValuesForKeysWithDictionary(dict)
    }
    override func setValue(value: AnyObject?, forUndefinedKey key: String) {}
    override var description: String {
        let keys = ["chs", "png", "code"]
        return dictionaryWithValuesForKeys(keys).description
    }
}
```

2. 定义表情包模型

在 Model 分组中新建一个表示表情包的 EmoticonPackage 类，将获取到的字典转换成表情模型，放入表情包数组 emoticons 中，代码如下。

```
/// 表情包模型
```

```
class EmoticonPackage: NSObject {
    /// 表情包路径
    var id: String?
    /// 表情包名称
    var group_name_cn: String?
    /// 表情包数组
    lazy var emoticons = [Emoticon]()
    init(dict: [String: AnyObject]) {
        super.init()
        id = dict["id"] as? String
        group_name_cn = dict["group_name_cn"] as? String
        if let array = dict["emoticons"] as? [[String: String]] {
            for d in array {
                emoticons.append(Emoticon(dict: d))
            }
        }
    }
    override var description: String {
        let keys = ["id", "group_name_cn", "emoticons"]
        return dictionaryWithValuesForKeys(keys).description
    }
}
```

3. 定义表情管理器

在 Emoticon 分组下增加 ViewModel 分组，在该分组内创建表示表情管理器的类 Emoticon Manager，用于管理加载表情数据，代码如下。

```
/// 表情包视图模型
class EmoticonManager {
    // 表情包数组
    lazy var packages = [EmoticonPackage]()
}
```

增加构造方法加载所有表情包数据。首先要确保沙盒里面有 emoticons .plist 文件，然后取出 plist 文件的字典，提取出 id 对应的数组，将数组内部的字典转换成模型，代码如下。

```
// MARK: - 构造函数
init() {
    // 1. emoticons.plist 路径
    guard let path = NSBundle.mainBundle().pathForResource("emoticons",
    ofType: "plist", inDirectory: "Emoticons.bundle") else {
        print("emoticons 文件不存在")
        return
    }
    // 2. 加载字典
    guard let dict = NSDictionary(contentsOfFile: path) else {
        print("数据加载错误")
```

```
        return
    }
    // 3. 提取 packages 中的 id 字符串对应的数组
    let array = (dict["packages"] as! NSArray).valueForKey("id") as! [String]
    // 4. 遍历数组，字典转模型
    for id in array {
        loadInfoPlist(id)
    }
    print(packages)
}
```

实现上述调用的 loadInfoPlist 方法，用于加载 id 目录下的 info.plist 文件，代码如下。

```
1 //加载 id 目录下的 info.plist 文件
2 private func loadInfoPlist(id: String) {
3     // 1. 创建路径
4     let path = NSBundle.mainBundle().pathForResource("info", ofType:
5     "plist", inDirectory: "Emoticons.bundle/\(id)")!
6     // 2. 加载字典
7     let dict = NSDictionary(contentsOfFile: path) as! [String: AnyObject]
8     // 3. 字典转模型
9     packages.append(EmoticonPackage(dict: dict))
10}
```

运行程序测试，此时数据模型已经加载完成。但是每次使用表情包数据时，都要从磁盘重新加载一堆 plist 文件，因此需要为 EmoticonManager 创建单例，并且把构造器设置为私有(private)的，代码如下。

```
/// 单例
static let sharedManager = EmoticonManager()
```

10.3.6 显示表情符号

表情包数据准备完毕以后，需要填充到每个单元格里面，使得表情键盘显示所有的表情符号。在 EmoticonView 类中定义表情包数组，代码如下。

```
/// 表情包数组
private lazy var packages = EmoticonManager.sharedManager.packages
```

在设置数据源的扩展中，将集合视图绑定的数据替换为 packages 提供，代码如下。

```
/// 表情包数量
func numberOfSectionsInCollectionView(collectionView: UICollectionView)
-> Int {
    return packages.count
}
/// 表情包中的表情数量
func collectionView(collectionView: UICollectionView,
numberOfItemsInSection section: Int) -> Int {
    return packages[section].emoticons.count
}
```

在 EmoticonViewCell 类中增加 emoticon 属性，在 didSet 中为按钮设置表情图片，代码如下。

```
/// 表情符号
var emoticon: Emoticon? {
    didSet {
        emoticonButton.setImage(UIImage(named: (emoticon!.png ?? "")),
        forState: .Normal)
    }
}
```

在设置单元格的方法中，拿到表情包里面的所有表情符号，一一显示到按钮上面，具体代码如下。

```
cell.emoticon = packages[indexPath.section].emoticons[indexPath.item]
```

此时运行程序，发现没有显示任何表情图片，原因在于 em.png 中只有图片的名称，而没有图片路径。因此，要修改 EmoticonPackage 的构造函数，改动的代码（加粗部分）如下。

```
if let array = dict["emoticons"] as? [[String: String]] {
    for var d in array {
        if let png = d["png"], let dir = id {
            d["png"] = dir + "/" + png
        }
        emoticons.append(Emoticon(dict: d))
    }
}
```

在 Emoticon 模型中定义计算型属性 imagePath，表示完整的图像路径，代码如下。

```
/// 完整的图像路径
var imagePath: String {
// 判断是否有图片
    if png == nil{
        return ""
    }
// 拼接完整路径
    return NSBundle.mainBundle().bundlePath +
    "/Emoticons.bundle/" + png!
}
```

在 EmoticonView.swift 中修改设置图像的代码，具体如下。

```
1 /// 表情符号
2 var emoticon: Emoticon? {
3     didSet {
4         emoticonButton.setImage(UIImage(contentsOfFile:
5         emoticon!.imagePath), forState: .Normal)
6     }
7 }
```

去掉之前设置表情按钮颜色的代码。此时运行程序，效果如图 10-44 所示。

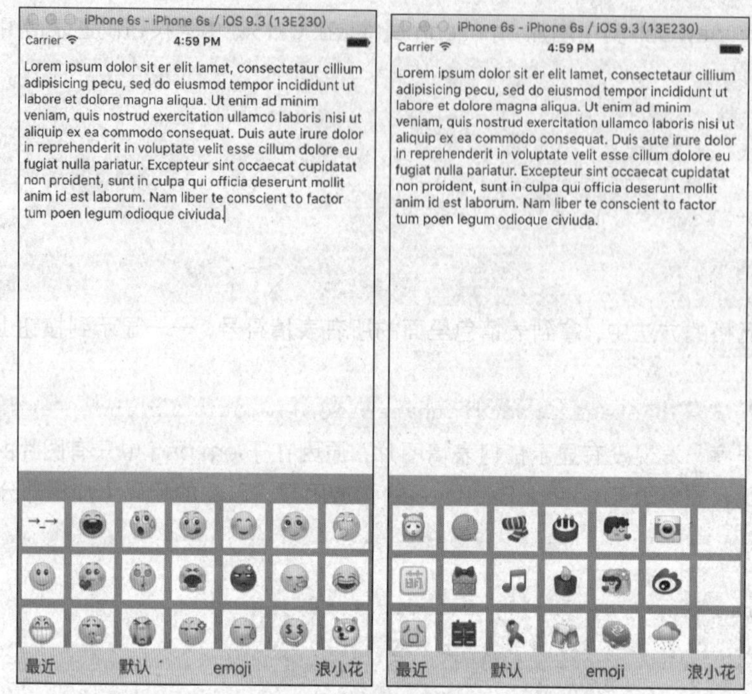

图 10-44　程序的运行结果

由运行结果可以看出，emoji 组的表情并没有显示出来。这是因为 emoji 表情并不是图片，需要对它进行单独处理。

10.3.7　显示 emoji 表情

我们知道，emoji 表情其实不是图片，它是 Unicode 中的表情字符，所以需要转换成表情符号再进行显示。创建一个 String+emoji.swift 文件，用于给 String 类扩展生成 emoji 字符串的方法，代码如下。

```
extension String {
    ///从当前 16 进制字符串中扫描生成 emoji 字符串
    var emoji: String {
        // 文本扫描器一扫描指定格式的字符串
        let scanner = NSScanner(string: (self))
        // unicode 值
        var value: UInt32 = 0
        scanner.scanHexInt(&value)
        // 转换为 unicode `字符`
        let chr = Character(UnicodeScalar(value))
        // 转换成字符串
        return "\(chr)"
    }
}
```

在 Emoticon 模型中增加 emoji 属性，并且使用 code 进行编码，代码如下。

```
/// emoji 的字符串
```

```
var emoji: String?
/// emoji 编码
var code: String? {
    didSet {
        emoji = code?.emoji
    }
}
```

在 EmoticonViewCell 中调用 setTitle 方法为 emoticonButton 添加标题，代码如下。

```
/// 表情符号
var emoticon: Emoticon? {
    didSet {
        emoticonButton.setImage(UIImage(contentsOfFile:
        emoticon!.imagePath), forState: .Normal)
        emoticonButton.setTitle(emoticon?.emoji, forState: .Normal)
    }
}
```

在 EmoticonViewCell 的 init 函数中设置按钮字体，代码如下。

```
emoticonButton.titleLabel?.font = UIFont.systemFontOfSize(32)
```

此时运行程序，可以看到 emoji 的表情显示出来了，如图 10-45 所示。

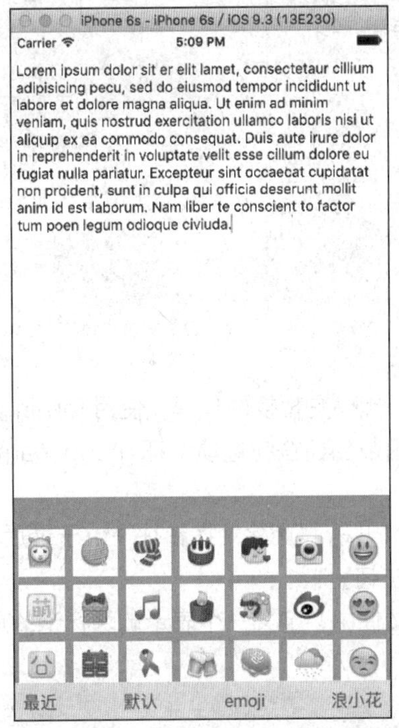

图 10-45　程序的运行结果

10.3.8　提升数据模型

至此，表情符号没有明确的分组，即不同类型的表情对应不同的工具栏选项；每隔 20 个按钮后面增加一个“删除”按钮，用于删除键入的内容，另外表情个数不足 21 个时需要使用空白按钮补足。针对这些问题，下面进行逐一解决。

1. 添加最近分组

切换至 EmoticonManager.swift 文件，在 init()构造函数的开头位置，增加一个新的表情包，代码如下。

```
//  添加最近的分组
packages.append(EmoticonPackage(dict: ["group_name_cn": "最近 A"]))
```

接下来，在工具栏中显示“最近 A”分组。切换至 EmoticonView.swift 文件，在 prepareToolbar()方法中，设置最近分组的选项，改后的代码如下。

```
 1 /// 准备工具栏
 2 private func prepareToolbar() {
 3     // 0. tintColor
 4     toolbar.tintColor = UIColor.darkGrayColor()
 5     // 1. 设置按钮内容
 6     var items = [UIBarButtonItem]()
 7     // toolbar 中，通常是一组功能相近的操作，只是操作的类型不同，通常利用 tag 来区分
 8     var index = 0
 9     for p in packages {
10        items.append(UIBarButtonItem(title: p.group_name_cn, style: .Plain,
11        target: self, action: "clickItem:"))
12        items.last?.tag = index++
13        // 添加弹簧
14        items. append(UIBarButtonItem(barButtonSystemItem: .FlexibleSpace,
15        target: nil, action: nil))
16     }
17     items.removeLast()
18     // 2. 设置 items
19     toolbar.items = items
20 }
```

在上述代码中，第 9~10 行代码是替换的代码。使用 for-in 循环遍历 packages 数组，然后使用 UIBarButtonItem 的构造函数创建按钮选项，把 group_name_cn 设定为按钮的标题。

2. 添加“删除”按钮

每次表情视图会显示 21 个表情，“删除”按钮往往位于最后一个位置。因此，每 20 个按钮后面，需要添加一个“删除”按钮。

首先，在 Emoticon.swift 文件中，定义一个表示删除标记的属性，为了便于外界调用，增加一个构造函数，代码如下。

```
/// 是否删除按钮标记
var isRemoved = false
init(isRemoved: Bool) {
    self.isRemoved = isRemoved
    super.init()
}
```

然后，在 EmoticonPackage.swift 文件的 init 函数中，使用一个计数变量，限制每执行 20 次循环，就添加一个“删除”按钮。找到 if 语句的全部代码，替换后的代码如下。

```
1 // 1. 获得字典的数组
2 if let array = dict["emoticons"] as? [[String: AnyObject]] {
3     // 2. 遍历数组
4     var index = 0
5     for var d in array {
6         // com.sina.lxh/lxh_pili.png -> png
7         // 1> 判断是否有 png 的值
8         if let png = d["png"] as? String, dir = id {
9             // 2> 重新设置字典的 png 的 value
10                d["png"] = dir + "/" + png
11            }
12            emoticons.append(Emoticon(dict: d))
13            // 每隔 20 次循环添加一个"删除"按钮
14            index++
15            if index == 20 {
16                emoticons.append(Emoticon(isRemoved: true))
17                index = 0
18            }
19        }
20    }
```

在上述代码中，第 4 行代码定义了一个计数的 index 变量，第 14 行让 index 的值增加 1，当 index 的值为 20 时，增加“删除”按钮占用的位置（第 16 行），接着将 index 重置为 0（第 17 行），保证该变量能够重复计数。

接下来，把“删除”按钮需要的素材拖曳到 Assets.xcassets 目录中。切换至 EmoticonView.swift 文件，在 EmoticonViewCell 类中，找到 emoticon 属性的 didSet 部分，在末尾位置设置“删除”按钮，代码如下。

```
// 设置删除按钮
if emoticon!.isRemoved {
    emoticonButton.setImage(UIImage(named: "compose_emotion_delete"),
    forState: UIControlState.Normal)
}
```

3. 添加空白按钮

如果每个分组显示的表情不足 21 个，需要插入空白按钮补足 21 个，以区分组与组之间的界限。

首先在 Emoticon.swift 文件中，定义一个表示空白标记的属性，为了便于外界调用，同样增加一个构造函数，代码如下。

```
1 /// 是否有空白按钮标记
2 var isEmpty = false
3 init(isEmpty: Bool) {
4     self.isEmpty = isEmpty
```

```
5     super.init()
6 }
```

如果表情包的数量能够整除 21，或者是最近选项的话，就不需要添加空白按钮；如果是其他情况，同时添加空白按钮和“删除”按钮。接着在 EmoticonPackage.swift 文件中，定义一个添加空白按钮的方法，代码如下。

```
1 /// 在表情数组末尾，添加空白表情
2 private func appendEmptyEmoticon() {
3     // 取表情的余数
4     let count = emoticons.count % 21
5     // 只有最近和默认需要添加空白表情
6     if emoticons.count > 0 && count == 0 {
7         return
8     }
9     print("\(group_name_cn) 剩余表情数量 \(count)")
10    // 添加空白表情
11    for _ in count..<20 {
12        emoticons.append(Emoticon(isEmpty: true))
13    }
14    // 最末尾添加一个删除按钮
15    emoticons.append(Emoticon(isRemoved: true))
16 }
```

在上述代码中，第 4 行获取了表情包的余数，第 6~8 行使用 if 语句判断，如果表情包的数量大于 0 或者能够整除 21，直接结束；如果不满足上述情况，执行第 11~13 行代码，循环添加 20 个空白按钮，接着在表情包的末尾增加 1 个“删除”按钮。

最后在 init 构造函数的末尾，调用 appendEmptyEmoticon()方法，代码如下。

```
// 添加空白按钮
appendEmptyEmoticon()
```

4. 响应工具栏，默认选中第 1 个分组

单击工具栏的选项按钮，会切换到不同的分组，而且默认会选中第 1 个分组，显示默认的表情。

首先在 clickItem 方法中，根据不同的索引位置，动画地滚动 collectionView 到该分组。代码如下。

```
1 // MARK: - 监听方法
2 @objc private func clickItem(item: UIBarButtonItem) {
3     let indexPath = NSIndexPath(forItem: 0, inSection: item.tag)
4     // 滚动 collectionView
5     collectionView.scrollToItemAtIndexPath(indexPath,
6     atScrollPosition: .Left, animated: true)
7 }
```

在上述代码中，第 3 行代码根据选项按钮的 tag，创建了一个 NSIndexPath 对象 ，第 5~6 行代码调用 scrollToItemAtIndexPath 方法，动画地滚动 collectionView 到 indexPath 对应的位置。

如果没有最近表情的话，会直接跳转到默认表情的分组。在 EmoticonView.swift 文件中，找

到 init 函数的末尾位置，设置滚动到第 1 个分组位置，代码如下。

```
1 // 滚动到第一页
2 let indexPath = NSIndexPath(forItem: 0, inSection: 1)
3 dispatch_async(dispatch_get_main_queue()) { () -> Void in
4     self.collectionView.scrollToItemAtIndexPath(indexPath,
5     atScrollPosition: .Left, animated: false)
6 }
```

此时运行程序，表情符号被分组，并且"删除"按钮位于右下角位置，其余没有符号的位置是空白的。

10.3.9　选中表情事件

当用户单击了表情键盘的某个表情，会键入到文本视图中。要想监听是否选中了表情，可以使用代理、通知或者闭包实现，相对而言，闭包是比较简单的，因此这里采用闭包来传值。

1. 准备回调的闭包

在 EmoticonView 类中，定义一个选中任意表情后回调的闭包，代码如下。

```
/// 选中表情回调
private var selectedEmoticonCallBack: (emoticon: Emoticon)->()
```

接下来，初始化回调的闭包。定义一个带有回调闭包参数的 init 函数，在该函数中记录闭包，把 init(frame: CGRect)函数里面的代码移到 init 函数，代码如下。

```
1 // MARK: - 构造函数
2 init(selectedEmoticon: (emoticon: Emoticon)->()) {
3     // 记录闭包属性
4     selectedEmoticonCallBack = selectedEmoticon
5     // 调用父类的构造函数
6     var rect = UIScreen.mainScreen().bounds
7     rect.size.height = 226
8     super.init(frame: rect)
9     backgroundColor = UIColor.whiteColor()
10        setupUI()
11        // 滚动到第一页
12        let indexPath = NSIndexPath(forItem: 0, inSection: 1)
13        dispatch_async(dispatch_get_main_queue()) { () -> Void in
14            self.collectionView.scrollToItemAtIndexPath(indexPath,
15            atScrollPosition: .Left, animated: false)
16        }
17    }
```

在上述代码中，第 4 行代码记录了闭包的值。需要注意的是，init(frame: CGRect) 函数已经没用了，可以直接删除。

2. 响应选中表情的事件

在 prepareCollectionView()方法的末尾位置，设置 collectionView 的代理，代码如下。

```
// 设置代理
collectionView.delegate = self
```

单击表情会出现高亮，为了避免按钮拦截单击表情的事件，可以让按钮不响应用户交互。接着在 EmoticonViewCell 类的构造函数中，末尾位置设置按钮取消交互，代码如下。

```
emoticonButton.userInteractionEnabled = false
```

在处理代理的扩展中，同样遵守 UICollectionViewDelegate 协议。在类扩展的内容中，实现选中表情后响应的方法，代码如下。

```
1 func collectionView(collectionView: UICollectionView,
2 didSelectItemAtIndexPath indexPath: NSIndexPath) {
3     // 获取表情模型
4     let em = packages[indexPath.section].emoticons[indexPath.item]
5     // 执行"回调"
6     selectedEmoticonCallBack(emoticon: em)
7 }
```

当单击了任意一个 Item 时，会激发上述方法。其中，第 4 行获取了选中的表情模型，第 6 行调用 selectedEmoticonCallBack 闭包，把选中的表情传递出去。

3. 显示表情字符串

在 ViewController.swift 文件中，把初始化 emoticonView 属性的代码进行调整，具体如下。

```
1 /// 表情键盘视图
2 private lazy var emoticonView: EmoticonView = EmoticonView { [weak self]
3 (emoticon) -> () in
4     self?.textView.insertEmoticon(emoticon)
5 }
```

当单击了某个表情以后，会执行第 4 行代码，调用 insertEmoticon 方法来插入表情字符串。值得一提的是，由于存在循环引用的问题，需要使用弱引用断开。

此时运行程序，单击任意一个表情，都会键入上面的文本视图中。

10.3.10 实现图文混排

如果是空白按钮，单击后不执行任何操作；如果是“删除”按钮，能够直接删除文本或者表情；如果是其他情况，也就是单击任意一个表情，会直接键入文本视图中，形成图片和文字混排的效果。

1. 空白按钮

插入表情的时候，会调用 insertEmoticon 方法。在 ViewController.swift 文件的 insertEmoticon 方法中，忽略空白按钮的单击事件，改后的代码如下。

```
1 /// 插入表情符号
2 /// - parameter em: 表情模型
3 func insertEmoticon(em: Emoticon) {
4     // 1. 空白表情
5     if em.isEmpty {
6         return
7     }
8 }
```

在上述代码中，第 5 行使用 if 语句判断是否有空白标记，有的话直接结束即可。

2. “删除”按钮

单击表情键盘的“删除”按钮，能够清除光标前面的文字或者表情。在 insertEmoticon 方法的末尾位置，增加如下代码。

```
1 //  删除按钮
2 if em.isRemoved {
3     textView.deleteBackward()
4     return
5 }
```

在上述代码中，第 3 行调用了由 UIKeyInput 协议提供的 deleteBackward()方法，用于回退删除前面的内容，也可以删除选中的内容。

3. 插入 emoji 表情

emoji 是一个像图像的字符串，能够直接插入文本视图中。在 insertEmoticon 方法的末尾位置，增加如下代码。

```
// emoji
if let emoji = em.emoji {
    textView.replaceRange(selectedTextRange!, withText: emoji)
    return
}
```

4. 插入图片表情

针对默认的或者其他图片表情，需要先把它们转换成属性字符串，然后插入文本视图中。定义一个插入图片表情的方法，代码如下。

```
1 /// 插入图片表情
2 private func insertImageEmoticon(em: Emoticon) {
3     // 1.图片的属性文本
4     let attachment = NSTextAttachment()
5     attachment.image = UIImage(contentsOfFile: em.imagePath)
6     // 线宽表示字体的高度
7     let lineHeight = textView.font!.lineHeight
8     attachment.bounds = CGRect(x: 0, y: -4,
9                          width: lineHeight, height: lineHeight)
10     // 获得图片文本
11     let imageText = NSMutableAttributedString(attributedString:
12                    NSAttributedString(attachment: attachment))
13     // 添加字体
14     imageText.addAttribute(NSFontAttributeName, value: textView.font!,
15     range: NSRange(location: 0, length: 1))
16     // 2.转换成可变文本
17     let strM = NSMutableAttributedString(attributedString:
18             textView.attributedText)
19     // 3.插入图片文本
20     strM.replaceCharactersInRange(textView.selectedRange,
21         withAttributedString: imageText)
```

```
22    // 4.替换属性文本
23    // 1) 记录光标位置
24    let range = textView.selectedRange
25    // 2) 设置属性文本
26    textView.attributedText = strM
27    // 3) 恢复光标位置
28    textView.selectedRange = NSRange(location: range.location + 1,
29                                     length: 0)
30 }
```

在上述代码中，第 4~5 行创建了一个 NSTextAttachment 实例，而且设置了它的 image 属性。

第 7~9 行代码设置了图片表情和文字高度相等，垂直方向中线对齐。

第 11~15 行代码获取了图片文本，通过调用 addAttribute 方法设置了文本的初始字体属性，确保多次添加的图片表情大小是一致的。

第 17 行代码将属性字符串转换为可变的，接着在第 20 行调用 replaceCharactersInRange 方法，在某个位置插入图片文本。

无论在任何位置插入属性文本后，光标都会移动到末尾。第 24 行记录了光标的位置，第 26 行设置完属性文本后，第 28 行将光标的位置移动到属性文本的后面。

10.3.11 处理发布微博的文本

用户输入完表情后，单击“发布”按钮，只会发送表情符号对应的中括号包括的文本，例如【哈哈】，而不是表情图片。因此，需要将文本视图的表情再次转换为文本格式。

1. 准备工作

模拟发布微博的界面，给 View Controller 添加一个导航条及右上角的触发按钮。

（1）在 Main.storyboard 文件中，从对象库拖曳 1 个 Navigation Controller，让其根控制器为 View Controller。

（2）从对象库拖曳一个 Bar Button Item，放置到导航条的右上角，用于拿到表情符号对应的文本。

（3）采用拖线的方法，给右上角的按钮绑定一个 emoticonText 方法。

2. 区分表情文本与文字

首先在 emoticonText 方法中，打印输出文本视图的属性文本，查看是否存在类似于“【哈哈】”这样的字符串，代码如下。

```
@IBAction func emoticonText(sender: AnyObject) {
    print(textView.attributedText)
}
```

运行程序，程序运行成功后，单击表情键盘的哈哈表情，再接着输入数字“123”，再次输入哈哈表情。输入完成后，单击右上角的“item”按钮，控制台输出了文本视图的内容，如图 10-46 所示。

```
{
    NSAttachment = "<NSTextAttachment: 0x7f849e451f00>";
    NSFont = "<UICTFont: 0x7f849e619740> font-family: \".SFUIDisplay-Regular\"; font-weight:
normal; font-style: normal; font-size: 20.00pt";
}123{
    NSFont = "<UICTFont: 0x7f849e619740> font-family: \".SFUIDisplay-Regular\"; font-weight:
normal; font-style: normal; font-size: 20.00pt";
}{
    NSAttachment = "<NSTextAttachment: 0x7f84a08dfbd0>";
    NSFont = "<UICTFont: 0x7f849e619740> font-family: \".SFUIDisplay-Regular\"; font-weight:
normal; font-style: normal; font-size: 20.00pt";
}
```

图 10-46　控制台输出的结果

从图 10-46 中可以看出，表情符号对应着一个花括号包含的一段信息，里面并没有看到中括号包裹的文字。不过，属性文字与普通文本的区别在于，属性文本输出的信息包含一个 NSAttachment 字段。

然后遍历属性文本，若包含 NSAttachment 字段，说明是图片表情，反之则说明是普通文本。在 emoticonText 方法中，区分出属性文本与普通文本，改后的代码如下。

```
1 @IBAction func emoticonText(sender: AnyObject) {
2     let attrString = textView.attributedText
3     // 遍历属性文本
4     attrString.enumerateAttributesInRange(NSRange(location: 0,
5     length: attrString.length), options: []) { (dict, range, _) in
6         if let attachment = dict["NSAttachment"] as? NSTextAttachment {
7           print("图片 \(attachment)")
8         } else {
9           let str=(attrString.string as NSString).substringWithRange(range)
10          print("字符串 \(str)")
11        }
12    }
13 }
```

在上述代码中，第 2 行代码获取了文本视图的全部内容，包括属性文字和普通文本。第 4~12 行代码调用 enumerateAttributesInRange 方法遍历了 attrString 的内容，其中，第 6~11 行代码使用 if let-else 语句判断，如果字典里面包含“NSAttachment”，直接输出附件的内容；如果不包含，直接根据 range 得到普通文本。

此时运行程序，控制台输出的结果如图 10-47 所示。

```
["isRemoved": 0, "code": <null>, "chs": [哈哈], "png": com.sina.default/d_haha.png]
-----
123
-----
图片 ["NSAttachment": <NSTextAttachment: 0x7fb3f9c6f4b0>, "NSFont": <UICTFont: 0x7fb3f9c2a4b0> font-
family: ".SFUIDisplay-Regular"; font-weight: normal; font-style: normal; font-size: 20.00pt]
-----
321
```

图 10-47　控制台输出的结果

从图 10-47 中可以看出，控制台输出的信息里面，没有关于中括号包裹的表情阐述文字。

3. 获取完整的属性文本

每个表情都包含一个独立的 NSAttachment 对象，NSAttachment 本身无法记录表情字符串。要想让 NSAttachment 类记录表情字符串，需要继承 NSAttachment 类，通过它的子类扩充记录的功能。

首先选中 Emoticon 分组，新建一个继承自 NSTextAttachment 的子类，命名为 Emoticon Attachment。

接着在 EmoticonAttachment.swift 文件中，定义一个表情符号对象，接着在 init 函数中进行初始化，代码如下。

```
import UIKit
/// 表情符号附件
class EmoticonAttachment: NSTextAttachment {
    /// 表情符号对象
    var emoticon: Emoticon
    // MARK: - 构造函数
    init(emoticon: Emoticon) {
        self.emoticon = emoticon
        super.init(data: nil, ofType: nil)
    }
    required init?(coder aDecoder: NSCoder) {
        fatalError("init(coder:) has not been implemented")
    }
}
```

当插入图片表情的时候，需要使用 EmoticonAttachment 类创建附件。接下来在 View Controller.swift 文件中，找到 insertImageEmoticon 方法中创建 NSTextAttachment 对象的部分，把 NSTextAttachment 替换为 EmoticonAttachment，改后的代码如下。

```
// 图片文字
let attachment = EmoticonAttachment(emoticon: em)
```

此时，能够通过 emoticon.chs 获取到表情文本。接着在 emoticonText 方法中，定义一个临时的可变字符串，无论是表情文本还是普通文本，都追加到该字符串的末尾，代码如下。

```
1 @IBAction func emoticonText(sender: AnyObject) {
2     let attrText = textView.attributedText
3     var strM = String()
4     attrText.enumerateAttributesInRange(NSRange(location: 0,
5     length: attrText.length), options: []) { (dict, range, _) in
6         if let attachment = dict["NSAttachment"] as? EmoticonAttachment {
7             strM += attachment.emoticon.chs ?? ""
8         } else {
9             let str = (attrText.string as NSString). substringWithRange(range)
10            strM += str
11        }
12    }
13    print("最终结果 \(strM)")
14 }
```

单击右上角的“item”按钮，会触发上述方法。其中，第 3 行代码定义了一个可变字符串 strM，第 6~11 行代码使用 if let-else 语句进行判断，如果是图片表情，将表情字符串追加到 strM 的末尾；如果是其他情况，直接追加到 strM 的末尾。

此时运行程序，在模拟器的文本视图中输入一些表情和文字，单击右上角的“item”按钮，控制台输出了完整的发布文本，如图 10-48 所示。

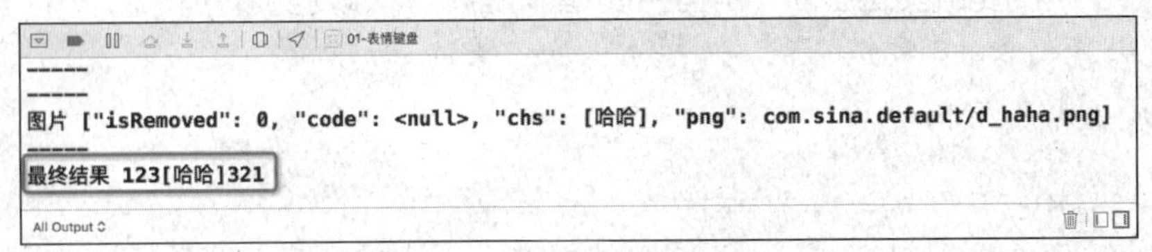

图 10-48　控制台输出的结果

10.3.12　简化控制器的代码

从整个代码结构看出，ViewController.swift 的内容过于臃肿，显然不符合 MVVM 模式的要求。在 ViewController 类中，主要包括两个功能，分别为插入表情符号和返回完整的属性文本，它们都用到了 UITextView 类。因此，可以给 UITextView 增加一个分类，将上述两个功能封装到该分类中。

1. 创建 UITextView 类的分类

选中 Emoticon 分组，使用 command+N 打开新建窗口，选择【iOS】→【Source】→【Swift File】命令，创建一个 Swift 文件，命名为 UITextView+Extension。

2. 抽取插入表情符号的代码

先在 ViewController.swift 文件中，复制 insertImageEmoticon 和 insertEmoticon 这两个方法的代码，把它们粘贴到 UITextView+Extension.swift 文件中。

接着在 UITextView+Extension.swift 文件中，使用 command+F 打开替换窗口，如图 10-49 所示。在上面的文本框输入“textView.”，单击“Replace”按钮，逐一将“textView”删除。

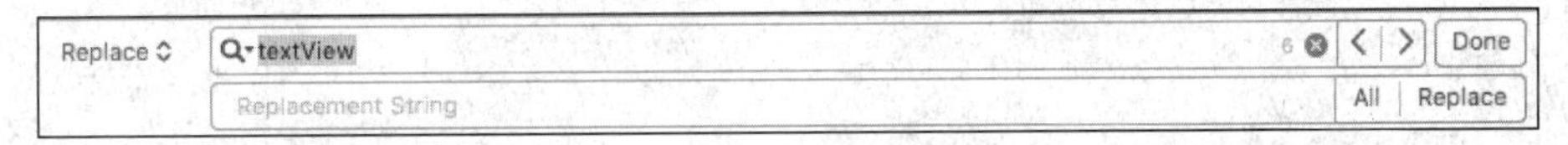

图 10-49　删除 textView 文本

最终的代码如例 10-1 所示。

例 10-1　UITextView+Extension.swift

```
1 import UIKit
2 extension UITextView {
3     /// 插入表情符号
4     /// - parameter em: 表情模型
5     func insertEmoticon(em: Emoticon) {
6         // 1. 空白按钮
7         if em.isEmpty {
8             return
9         }
10            // 2. 删除按钮
11            if em.isRemoved {
12                deleteBackward()
13                return
14            }
```

```
15            // 3. emoji
16            if let emoji = em.emoji {
17                replaceRange(selectedTextRange!, withText: emoji)
18                return
19            }
20            // 4. 图片表情
21            insertImageEmoticon(em)
22        }
23        /// 插入图片表情
24        /// - parameter em: 表情模型
25        private func insertImageEmoticon(em: Emoticon) {
26            // 1. 图片文字
27            let imageText = EmoticonAttachment(emoticon: em)
28            .imageText(font!)
29             // 2. 获得 textView 的完整文本
30             let strM = NSMutableAttributedString(attributedString:
31                         attributedText)
32             // 1>替换文本内容
33             strM.replaceCharactersInRange(selectedRange,
34             withAttributedString: imageText)
35             // 2>记录光标位置
36             let range = selectedRange
37             // 3>重新替换 textView 的内容
38             attributedText = strM
39             // 4>恢复光标位置
40             selectedRange = NSRange(location: range.location + 1, length: 0)
41        }
42 }
```

切换至 ViewController.swift 文件，删除上述两个方法的代码。修改懒加载属性 emoticonView 的代码，具体如下。

```
/// 表情键盘视图
private lazy var emoticonView: EmoticonView = EmoticonView {
[weak self] (emoticon) -> () in
    self?.textView.insertEmoticon(emoticon)
}
```

3. 抽取返回属性文本的功能代码

同样，复制 emoticonText 方法里面的代码，把它们粘贴到 UITextView+Extension.swift 文件后，放置到一个计算型属性中，调整后的代码如下。

```
/// 返回 textView 的完整表情字符串
var emoticonText: String {
    let attrText = attributedText
    var strM = String()
    attrText.enumerateAttributesInRange(NSRange(location: 0,
```

```
    length: attrText.length), options: []) { (dict, range, _) in
        if let attachment = dict["NSAttachment"] as? EmoticonAttachment{
            strM += attachment.emoticon.chs ?? ""
        } else {
            let str = (attrText.string as NSString).substringWithRange(range)
            strM += str
        }
    }
    return strM
}
```

切换至 ViewController.swift 文件，删除 emoticonText 方法中的代码，改成如下代码。

```
@IBAction func emoticonText(sender: AnyObject) {
    print("最终结果 \(textView.emoticonText)")
}
```

4. 简化 insertImageEmoticon 方法的代码

在 EmoticonAttachment.swift 文件中，定义一个生成带图片字符串的方法，代码如下。

```
/// 生成带图片的字符串
func imageText(font: UIFont) -> NSAttributedString {
    image = UIImage(contentsOfFile: emoticon.imagePath)
    let lineHeight = font.lineHeight
    bounds = CGRect(x: 0, y: -4, width: lineHeight, height: lineHeight)
    let imageText = NSMutableAttributedString(attributedString:
                    NSAttributedString(attachment: self))
    imageText.addAttribute(NSFontAttributeName, value: font,
    range: NSRange(location: 0, length: 1))
    return imageText
}
```

切换至 UITextView+Extension.swift 文件，删除生成属性文本的代码，修改初始化 Emoticon Attachment 对象的代码，改后的代码如下。

```
/// 插入图片表情
/// - parameter em: 表情模型
private func insertImageEmoticon(em: Emoticon) {
    // 1. 图片文字
    let imageText = EmoticonAttachment(emoticon: em).imageText(font!)
    // 2. 获得 textView 的完整文本
    let strM = NSMutableAttributedString(attributedString: attributedText)
    // 1> 替换文本内容
    strM.replaceCharactersInRange(selectedRange,
    withAttributedString: imageText)
    // 2> 记录光标位置
    let range = selectedRange
    // 3> 重新替换 textView 的内容
    attributedText = strM
```

```
    // 4> 恢复光标位置
    selectedRange = NSRange(location: range.location + 1, length: 0)
}
```

运行程序测试，如果能够输入表情符号，同时能够输出完整的供微博发布的文本，证明代码重构成功。

10.4 本章小结

本章继续扩充了首页的功能，在首页界面显示转发微博，并且增加了下拉刷新和上拉加载更多的功能，另外封装了表情键盘的功能，为下一章做好铺垫。通过本章的学习，大家应该掌握如下开发技巧。

（1）利用继承来扩展功能，以最小的程度变动代码，减少代码量。

（2）掌握 xib 文件的使用，会自定义控件。

（3）理解上拉和下拉的思路。

11

第 11 章 发布微博

微博是一种分享和交流的平台，用户能够随时随地表达自己的思想和最新动态，将自己的所见、所闻、所感分享给身边的好友。由此可见，发布微博是用户间交流的必要手段。本章将在项目中增加发布微博的功能，包括发布纯文本微博、图文混排微博和带图片的微博。

学习目标

- 掌握 UIToolbar，会自定义工具栏
- 理解文本视图与键盘的联动
- 掌握 UIImagePickerController，会访问相机库

iOS App of Swift

11.1 发布文本和图片微博

11.1.1 发布微博过程分析

当用户单击首页标签栏中间的“+”按钮时，会打开发布微博的界面。在编辑区域输入微博的具体内容（纯文本、表情），单击“发布”按钮，就会立即返回首页，首页会刷新出新发布的微博，具体流程如图 11-1 所示。

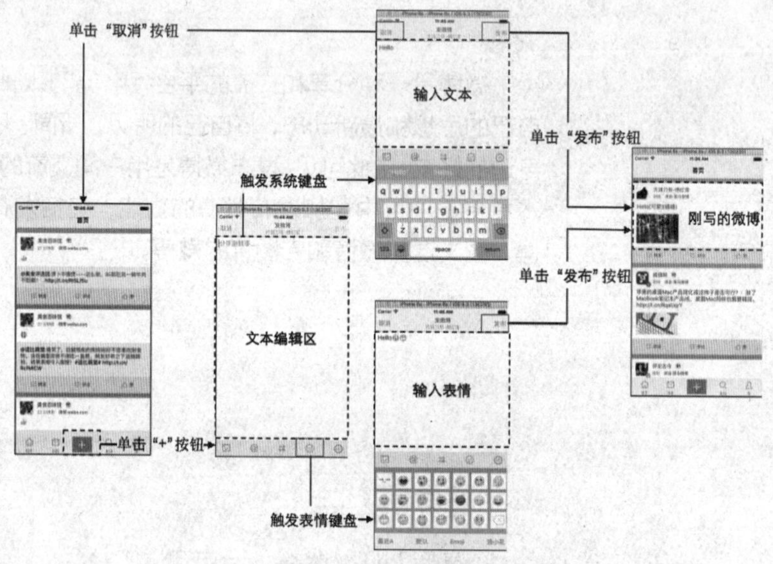

图 11-1 用户发布微博过程

在上述流程中，发布的微博可以是纯文本，也可以是带图片的。如果要在代码中实现发布文本和图片微博的功能，其具体的开发流程如图 11-2 所示。

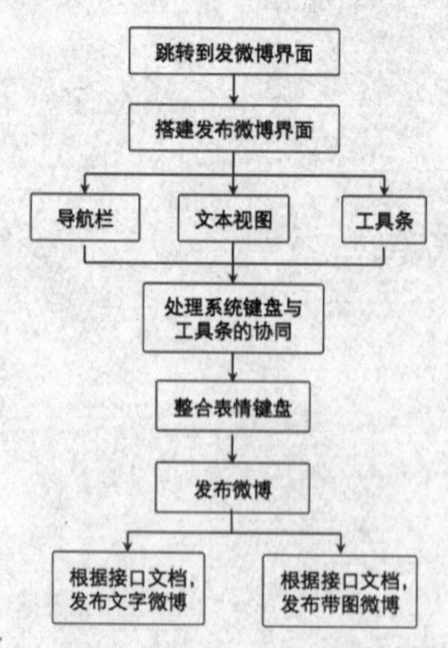

图 11-2 发布微博实现流程

下面采用循序渐进的方式，分析上述流程的每个功能。

第 1 步：跳转到发微博界面。

单击“+”按钮，我们先进入发布微博的界面（空白的），进入时，界面由屏幕底部弹出，需要使用 modal 技术切换。

第 2 步：建立操作界面。

接着，我们为发布功能建立操作界面，它包括导航栏、文本视图和工具条三个部分，如图 11-3 所示。

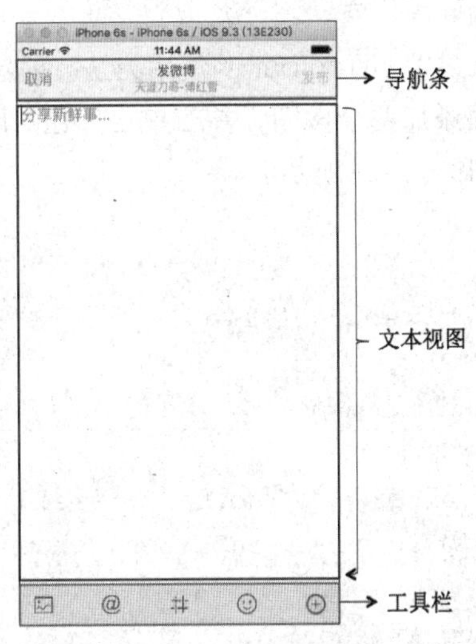

图 11-3　撰写微博的界面

第 3 步：界面细节处理。

假设我们要发布文本微博，需要系统键盘的配合；假设要发布混排微博，需要配合表情键盘。

第 4 步：根据接口文档的说明，实现发布纯文本或混排微博的功能。

第 5 步：根据接口文档的说明，实现发布单张图片微博的功能。

11.1.2　工具条控件（UIToolbar）

在 iOS 中，UIToolbar 类代表着工具条，用作按钮项（UIBarButtonItem）的容器，可以盛放一个或多个工具条项，一般放置在界面顶部或底部。如果是竖屏布局工具条，按钮的个数不能超过 5 个，如果超过 5 个，第 5 个按钮（最后一个）是“更多”按钮。如果要针对工具条项自定义视图，可以使用 UIToolbarDelegate 来设置。

打开控件库，看到有三个控件可以用在工具条上，如图 11-4 所示。

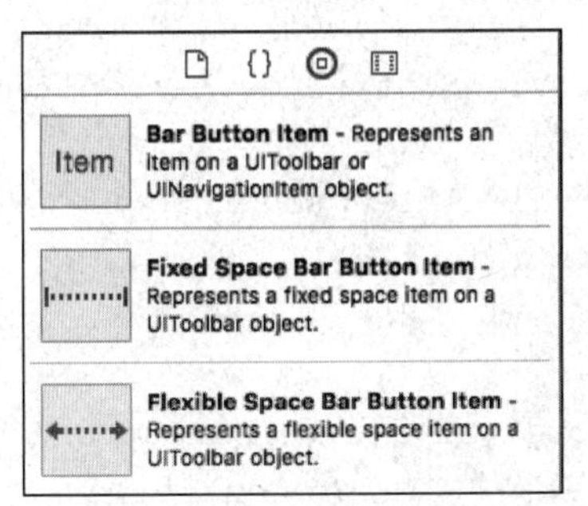

图 11-4　三种类型的工具条控件

第一个 Bar Button Item 指的是工具条上的按钮，也是用在导航栏上的按钮。可以对其进行自定义，同时也有一些系统内置的样式可供选择。

第二个 Fixed Space Bar Button Item 和第三个 Flexible Space Bar Button Item 都是用来在 UIToolBar 控件上分隔普通的 Bar Button Item 的，也就是占位用的。如果不添加这两个控件，所添加的 Bar Button Item 将会靠在一起。Fixed Space Bar Button Item 是可以自由调节宽度的，位置的大小由调节的宽度决定。而 Flexible Space Bar Button Item 则会尽量将两侧的按钮向两端挤，占的位置由多少个按钮的间隙决定。

接下来我们通过一个例子来讲解 UIToolbar 的使用方法。创建一个工程，接着在界面上添加一个 Tool bar，在 Tool bar 上面添加两个按钮，并在单击按钮的时候触发方法弹出一个对话框，提示弹出的是哪个按钮。代码如例 11-1 所示。

例 11-1　ViewController.swift

```
1 import UIKit
2 class ViewController: UIViewController {
3     override func viewDidLoad() {
4         super.viewDidLoad()
5         //创建 UIToolbar 实例
6         let toolBar:UIToolbar = UIToolbar(frame:
7         CGRectMake(0,80,UIScreen.mainScreen().bounds.size.width,60))
8         //添加到视图上
9         self.view.addSubview(toolBar)
10        //设置工具栏样式
11        toolBar.barStyle = UIBarStyle.Default
12        //设置工具条颜色
13        toolBar.backgroundColor = UIColor.greenColor()
14        //创建一个间距
15        let flexibleSpace = UIBarButtonItem(barButtonSystemItem:
16        UIBarButtonSystemItem.FlexibleSpace,
17        target: "barButtonItemClicked", action: nil)
18        //创建两个按钮
19        let barBtnItem1 = UIBarButtonItem(title: "功能 1",
20        style:UIBarButtonItemStyle.Plain, target:self,
21        action:#selector(ViewController.barBtnItemClicked(_:)))
22        let barBtnItem2 = UIBarButtonItem(title: "功能 2",
23        style:UIBarButtonItemStyle.Plain, target:self,
24        action:#selector(ViewController.barBtnItemClicked(_:)))
25        //将按钮添加到工具条上
26        toolBar.items = [flexibleSpace, barBtnItem1 , flexibleSpace ,
27        barBtnItem2 , flexibleSpace]
28    }
29    //按钮的单击方法
30    func barBtnItemClicked(sender: UIBarButtonItem){
31      let alertController = UIAlertController(title: "提示",
```

```
32        message: "单击按钮 [\(sender.title!)]", preferredStyle: .Alert)
33        let  defaultActiocn = UIAlertAction(title: "OK!!!",
34        style: .Default, handler: nil)
35        alertController.addAction(defaultActiocn)
36        presentViewController(alertController, animated: true,
37        completion: nil)
38    }
39 }
```

运行程序，程序的运行结果如图 11-5 所示。

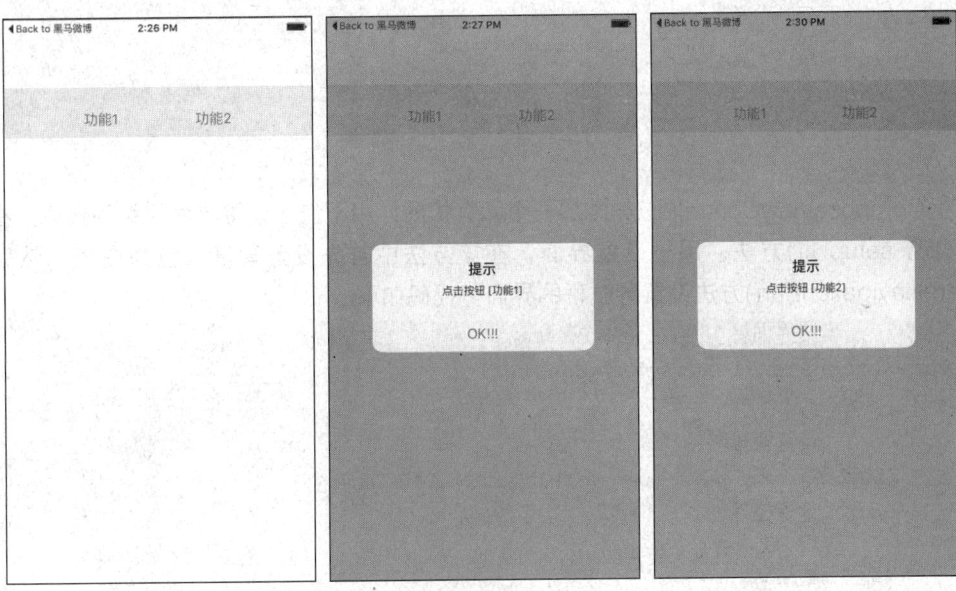

图 11-5 程序的运行结果

从图 11-5 中看出，工具条按钮的使用和普通按钮的使用没有太大的区别，十分简单方便。

11.1.3 搭建发布微博的界面

在 Xcode 的 View 目录下新建子目录 Compose，用于放置与发微博相关的视图文件。在该目录下新建 ComposeViewController 类，继承自 UIViewController，用于显示发微博的界面。

1. 准备界面

当用户单击首页的加号按钮时，如果用户已经登录，则会弹出发布微博的界面。进入 MainViewController.swift 文件，在单击“+”按钮的响应方法中判断用户是否登录。如果未登录，则显示登录界面；如果已登录，则显示发布微博的界面，具体代码如下。

```
@objc private func clickComposedButton() {
    // 判断用户是否登录
    var vc: UIViewController
    if UserAccountViewModel.sharedUserAccount.userLogon {
        vc = ComposeViewController()
    } else {
        vc = OAuthViewController()
```

```
    }
    let nav = UINavigationController(rootViewController: vc)
    presentViewController(nav, animated: true, completion: nil)
}
```

此时运行程序，可以看到当前用户已经登录，单击撰写按钮，会弹出一个空白页面。

然后打开 ComposeViewController.swift 文件，添加 loadView()方法，在该方法内创建 UIView，然后调用 setupUI()方法以设置撰写微博的界面，具体代码如下。

```
class ComposeViewController: UIViewController {
    // MARK: - 视图生命周期
    override func loadView() {
        view = UIView()
        setupUI()
    }
}
```

为 ComposeViewController 类添加一个私有扩展，用于包含设置界面相关的代码。在该扩展中实现 setupUI()方法，用于设置界面，在该方法中首先设置背景颜色为白色，然后调用 prepareNavigationBar()方法设置导航栏的界面。代码如下。

```
// MARK: - 设置界面
private extension ComposeViewController {
    func setupUI() {
        // 1. 设置背景颜色
        view.backgroundColor = UIColor.whiteColor()
        // 2. 设置控件
        prepareNavigationBar()
    }
}
```

2. 设置导航栏

在 ComposeViewController 类的扩展中实现 prepareNavigationBar()方法，用于设置导航栏。在该方法中添加导航栏左边的“取消”按钮，用于关闭页面；然后添加导航栏右边的“发布”按钮，用于发布新的微博，代码如下。

```
/// 设置导航栏
private func prepareNavigationBar() {
    // 1. 左右按钮
    navigationItem.leftBarButtonItem = UIBarButtonItem(title: "取消",
    style: .Plain, target: self, action: "close")
    navigationItem.rightBarButtonItem = UIBarButtonItem(title: "发布",
    style: .Plain, target: self, action: "sendStatus")
}
```

接下来实现导航栏的左右按钮的单击事件方法。单击导航栏左边的“取消”按钮，会调用 close()方法，在该方法中关闭页面。单击导航栏右边的“发布”按钮，会调用 sendStatus()方法，在该方法中将要实现发布微博的功能。这两个事件方法添加在 ComposeViewController 类中，不能添加在分类中，代码如下。

```
/// 关闭
@objc private func close() {
    dismissViewControllerAnimated(true, completion: nil)
}
/// 发布微博
@objc private func sendStatus() {
    print("发布微博")
}
```

此时运行程序，可以看到撰写微博界面中导航栏的左右按钮已经实现。

接下来添加导航栏的标题。标题是一个视图，里面有 2 个子视图，分别用于显示“发微博”标题和用户名称。在 prepareNavigationBar()方法中添加标题视图的代码，具体如下。

```
/// 设置导航栏
private func prepareNavigationBar() {
     ……(其他代码)
    // 2. 标题视图
    let titleView = UIView(frame: CGRect(x: 0, y: 0, width: 200, height: 36))
    navigationItem.titleView = titleView
    // 3. 添加子控件
    let titleLabel = UILabel(title: "发微博", fontSize: 15)
    let nameLabel = UILabel(title:
        UserAccountViewModel.sharedUserAccount.account?.screen_name ?? "",
        fontSize: 13,
        color: UIColor.lightGrayColor())
    titleView.addSubview(titleLabel)
    titleView.addSubview(nameLabel)
    //给子控件添加约束
    titleLabel.snp_makeConstraints { (make) -> Void in
        make.centerX.equalTo(titleView.snp_centerX)
        make.top.equalTo(titleView.snp_top)
    }
    nameLabel.snp_makeConstraints { (make) -> Void in
        make.centerX.equalTo(titleView.snp_centerX)
        make.bottom.equalTo(titleView.snp_bottom)
    }
}
```

来到 UILabel+Extension.swift 文件，在 UILabel 的构造函数的末尾添加一行代码，用于根据标签的内容设置它的大小，代码如下。

```
sizeToFit()
```

此时运行程序，可以看到撰写微博界面的标题栏中央已经分行显示了“发微博”标题和用户名称。

3. 设置工具条

导航栏设置完成后，接下来实现撰写微博界面的工具条功能。在 ComposeViewController

类的私有分类中添加 prepareToolbar()方法，用于构建工具条，代码如下。

```
/// 准备工具条
private func prepareToolbar() {
    // 1. 添加控件
    view.addSubview(toolbar)
    // 设置背景颜色
    toolbar.backgroundColor = UIColor(white: 0.8, alpha: 1.0)
    // 2. 自动布局
    toolbar.snp_makeConstraints { (make) -> Void in
        make.bottom.equalTo(view.snp_bottom)
        make.left.equalTo(view.snp_left)
        make.right.equalTo(view.snp_right)
        make.height.equalTo(44)
    }
}
```

在 setupUI()方法中调用 prepareToolbar()方法，用于添加工具条控件，代码如下。

```
prepareToolbar()
```

将项目附带的资源文件下的【Compose】目录拖入 Xcode 项目中，该目录下包含了发布微博界面需要用到的图标，如图 11-6 所示。

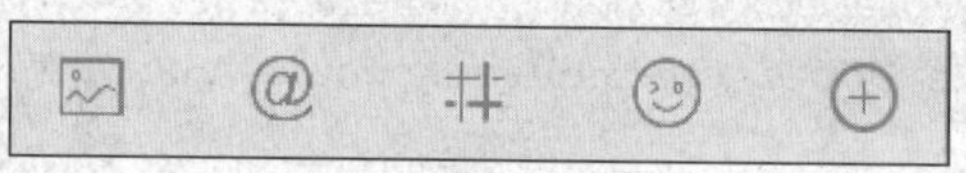

图 11-6 工具条

接下来在工具条上添加子控件，用于添加不同种类的微博内容，包括表情、文本、图片等。由图 11-6 可知，一共有 5 个子控件。由于每个子控件都有一个普通图片和高亮显示图片，所以使用 UIButton 来表示。

在 prepareToolbar()方法里添加代码，首先定义一个数组，用于表示工具条的子控件的信息；数组的每一个元素都是一个字典，表示一个子控件的信息，包括所使用的图片名称和单击该控件要执行的事件方法名称等。然后遍历数组，依次构建子控件并添加到工具条上。代码如例 11-2 所示。

例 11-2 为工具条添加子控件

```
1     // 3. 添加按钮
2     //定义数组 itemSettings，用于表示要添加的子控件的信息
3     let itemSettings = [["imageName": "compose_toolbar_picture"],
4         ["imageName": "compose_mentionbutton_background"],
5         ["imageName": "compose_trendbutton_background"],
6         ["imageName": "compose_emoticonbutton_background",
7          "actionName": "selectEmoticon"],
8         ["imageName": "compose_addbutton_background"]]
9      //定义数组 items，用于表示所有的子控件
10     var items = [UIBarButtonItem]()
11     //遍历 itemSettings 数组
```

```
12          for dict in itemSettings {
13              //根据子控件的信息创建 UIButton 对象
14              let button = UIButton(imageName: dict["imageName"]!,
15              backImageName: nil)
16              // 判断 actionName 是否存在，如果存在，则为子控件添加事件处理方法
17              if let actionName = dict["actionName"] {
18                  button.addTarget(self, action: Selector(actionName),
19                  forControlEvents: .TouchUpInside)
20              }
21              //将使用 UIButton 创建 UIBarButtonItem
22              let item = UIBarButtonItem(customView: button)
23              //添加子控件
24              items.append(item)
25              //添加可变长度控件，用于填充子控件之间的空隙
26              items.append(UIBarButtonItem(barButtonSystemItem: . FlexibleSpace,
27              target: nil, action: nil))
28          }
29          items.removeLast() //去掉最后一个多余的可变长度控件
30          // 将数组 items 赋值给工具条的子控件集合
31          toolbar.items = items
```

在例 11-2 的代码中，第 3~8 行代码定义了一个数组 itemSettings，用于表示所有要添加的子控件的信息，其中，第 6~7 行定义了表情按钮的图像以及处理单击事件的方法名称 selectEmoticon。第 12~28 行代码遍历 itemSettings，取出每个子控件的信息，创建子控件并添加到子控件数组 items 中。

由于工具条上的按钮只有显示图片，没有背景图片，所以第 14~15 行代码只传递了按钮图片的名称，而没有背景图片名称，为此，需要修改 UIButton+Extension.swift 文件中的便利构造函数，使它能够接受 nil 值为参数；并且在使用背景图片名称时，先判断是否为空，只有当背景图片名称不为 nil 时，才创建背景图片，代码如下。

```
1 convenience init(imageName: String, backImageName: String?) {
2     self.init()
3     setImage(UIImage(named: imageName), forState: .Normal)
4     setImage(UIImage(named: imageName + "_highlighted"),
5         forState: .Highlighted)
6     if let backImageName = backImageName {
7         setBackgroundImage(UIImage(named: backImageName),
8         forState: .Normal)
9         setBackgroundImage(UIImage(named: backImageName +
10         "_highlighted"),
11         forState: .Highlighted)
12     }
13     // 会根据背景图片的大小调整尺寸
14     sizeToFit()
15 }
```

在上述代码中，第 1 行代码将 backImageName 参数的类型设置为可选 String 类型，使它可以接受 nil 值。并在第 6 行代码中使用 if let 语句对 backImageName 的值进行判断，如果不为空，则创建背景图片。

要注意的是，如果没有修改 UIButton 类的便利构造函数，则当 backImageName 为空字符串时，系统会报错，表示找不到该名称的资源文件，错误信息如下所示。

```
CUICatalog: Invalid asset name supplied:
```

在 ComposeViewController 类文件中添加 selectEmoticon 方法的实现，用于处理表情按钮的单击事件，代码如下。

```
/// 选择表情
@objc private func selectEmoticon() {
    print("选择表情")
}
```

此时，运行程序，可以看到撰写微博的界面上，工具条已经成功显示，单击工具条上的表情按钮，控制台打印出“选择表情”的文字。

例 11-2 的第 14~22 行代码根据子控件的图片名称和事件处理方法名称创建了一个 UIBarButtonItem 对象，这段代码可以提取到 UIBarButtonItem 类的分类中，在以后的开发中可以直接使用。在 Xcode 项目中的【Classes】→【Tools】→【Extension】目录下，新建一个 Swift 文件，取名为 UIBarButtonItem+Extension，在该文件中添加一个便利构造函数，用于根据图片名称创建 UIBarButtonItem 对象，代码如下。

```
extension UIBarButtonItem {
    convenience init(imageName: String,
   target: AnyObject?, actionName: String?) {
        let button = UIButton(imageName: imageName, backImageName: nil)
        // 判断 actionName
        if let actionName = actionName {
            button.addTarget(target, action: Selector(actionName),
            forControlEvents: .TouchUpInside)
        }
        self.init(customView: button)
    }
}
```

创建了该便利构造函数以后，就可以对相关代码进行重构，将例 11-2 中的第 14~24 行代码进行重构，更改为以下代码。

```
items.append(UIBarButtonItem(imageName: dict["imageName"]!,
    target: self,
    actionName: dict["actionName"]))
```

代码重构以后，重新运行程序，与重构之前的代码运行结果一致。

4. 添加文本视图

接下来为撰写微博界面添加文本视图。首先在 ComposeViewController 类文件中添加一个懒加载的属性 textView，用于表示文本视图，代码如下。

```
/// 文本视图
private lazy var textView: UITextView = {
    let tv = UITextView()
    tv.font = UIFont.systemFontOfSize(18)
    tv.textColor = UIColor.darkGrayColor()
    return tv
}()
```

上述代码使用懒加载的方式创建了一个文本视图，并赋值给 textView 属性。

接着在 ComposeViewController 的分类里添加 prepareTextView()方法，用于将 textView 添加到控制器的视图中，并设置它的位置，代码如下。

```
1  /// 准备文本视图
2  private func prepareTextView() {
3      view.addSubview(textView)
4      textView.snp_makeConstraints { (make) -> Void in
5          make.top.equalTo(self.snp_topLayoutGuideBottom)
6          make.left.equalTo(view.snp_left)
7          make.right.equalTo(view.snp_right)
8          make.bottom.equalTo(toolbar.snp_top)
9      }
10     textView.text = "分享新鲜事..."
11 }
```

要注意的是，在上述代码中的第 5 行，使用了控制器对象的 snp_topLayoutGuideBottom 属性来表示导航栏的底部位置，使得文本视图的顶部与导航栏的底部位置一致。

在 setupUI()方法中调用 prepareTextView()方法，用于添加文本框，代码如下。

```
prepareTextView()
```

此时，运行程序，可以看到文本视图成功显示在界面上，并且显示了一行文字“分享新鲜事...”。但是这段文字在用户向文本框输入内容时并不会自动消失，因为它不是类似 placeholder 的提示内容。而 UITextView 控件是不提供 placeholder 功能的，要实现类似 placeholder 的功能，可以通过在 textView 上添加一个占位标签来实现。

在 ComposeViewController 类文件中添加一个属性 placeHolderLabel，用于表示 TextView 上的占位标签，代码如下。

```
/// 占位标签
private lazy var placeHolderLabel: UILabel =
    UILabel(title: "分享新鲜事...",
    fontSize: 18,
    color: UIColor.lightGrayColor())
```

然后在 prepareTextView()方法中将占位标签添加到 textView 上，代码如下。

```
// 添加占位标签
textView.addSubview(placeHolderLabel)
placeHolderLabel.snp_makeConstraints { (make) -> Void in
    make.top.equalTo(textView.snp_top).offset(8)
```

```
    make.left.equalTo(textView.snp_left).offset(5)
}
```

在上述代码中，通过设置占位标签的位置，使得它显示的文本内容与 textView 上默认的文字显示位置一致，以达到最大的用户友好效果。

此时运行程序，可以看到占位标签上显示的内容与 textView 上显示的提示信息几乎重合。

11.1.4 弹出键盘和关闭键盘介绍

在每一个 iOS 应用中，几乎不可避免地要进行文本输入操作，例如要求用户填写登录注册信息，进行话题的评论回复等，要用到文本输入的组件，如 UITextView，对于 UITextView 想必大家已经很熟悉了，但对于键盘的显示或隐藏过程则需要进一步的了解。接下来介绍键盘显示或隐藏的原理。

1. 开启键盘

当用户触击 view 时，系统会自动指定该 view 为第一响应对象（关于第一响应对象，我们可以把它看作一个标志位，每个贴上该标记的对象都能成为 First Responder，这样可能容易理解一些）。

当某个包含了可编辑文本的 view（UITextField 或 UITextView）成为第一响应对象后，该 view 会为文本输入开启一个“编辑会话”（editing session），之后该 view 会告知系统去开启并显示键盘。如果当前键盘处于隐藏状态，那么它会根据当前设备的旋转方向自动调整，并在应用的底部以滑动动画的形式出现，这通常都是我们看到并已熟知的键盘显示方式；如果当前键盘已处于显示状态，由于第一响应对象这个标记已被设置到当前的 view 上，所以键盘输入也被重定向到该 view 上了。

因为当一个 view 设置第一响应对象后，键盘会自动显示，通常情况下我们不用做其他任何事情。但是，有时我们可以调用可编辑文本 view 的 becomeFirstResponder 方法，来显示键盘。

例如，一个 UITextField 对象 theTextField，可调用以下方法：

```
public func becomeFirstResponder() -> Bool
```

在可编辑 view 上调用该方法达到的效果，与用户触击该 view 的效果是一致的，首先会使该 view 成为第一响应对象，之后键盘被调用显示。

如果在应用中某一功能上需要同时管理几个文本输入，最好的做法是跟踪当前是哪一个 view 为第一响应对象，因为在之后的操作中我们可以选择性地关闭键盘。

2. 关闭键盘

键盘的显示为 iOS 系统的自发行为，我们在程序上不用做任何处理，但是系统不会自动关闭键盘，我们要负责在合适的时间关闭键盘。但通常情况下也只是在用户的某一行为下才会关闭键盘，例如用户单击了键盘的“Return”和“Done”按钮，或者是在填完并提交一个表单后要关闭键盘。

要关闭键盘，可以调用当前是第一响应对象的某一个包含可编辑文本 view 的 resignFirst Responder 方法。从字面意义上来看，resignFirstResponder 与 becomeFirstResponder 方法的处理逻辑和作用是相反的，调用了 resignFirstResponder 的 view 会注销其第一响应对象的状态，结束之前开启的“编辑会话”，并关闭键盘。也就是说，假如之前的 UITextField 对象当前为第一响应对象，要关闭键盘可以调用以下方法：

```
public func resignFirstResponder() -> Bool
```

11.1.5　实现系统键盘的弹出和关闭

当单击 textView 时，系统会自动弹出键盘。在 textView 上向下滑动时，键盘会关闭，这个功能不是系统提供的，而是在项目中实现的，接下来，就实现这个功能。

修改 textView 属性，在它的懒加载代码中添加以下代码。

```
// 始终允许垂直滚动
tv.alwaysBounceVertical = true
// 拖曳关闭键盘
tv.keyboardDismissMode = UIScrollViewKeyboardDismissMode.OnDrag
```

在上述代码中，首先将 UITextView 的 alwaysBounceVertical 属性设置为 true，使得它始终运行垂直方向上的滚动。然后设置了 keyboardDismissMode 属性，该属性继承自 UIScrollView。将 keyboardDismissMode 属性设置为 UIScrollViewKeyboardDismissMode 枚举中的 OnDrag，即当滚动 TextView 时退出键盘。

此时运行程序，单击 textView 弹出键盘，手指（或鼠标）向下滑动，则键盘退出。

当进入撰写微博的界面时，会自动弹出键盘，允许用户输入。为此，需要重写 viewDidAppear 方法，在该方法中将 textView 设置为第一响应者。代码如下。

```
override func viewDidAppear(animated: Bool) {
    super.viewDidAppear(animated)
    // 激活键盘
    textView.becomeFirstResponder()
}
```

当用户单击“取消”按钮时，退出键盘。为此，需要在 close 方法里，先注销第一响应者，关闭键盘，再销毁控制器。代码如下。

```
@objc private func close() {
    // 关闭键盘
    textView.resignFirstResponder()
    dismissViewControllerAnimated(true, completion: nil)
}
```

此时运行程序，发现可以成功地弹出和退出键盘了，但是当键盘弹出时，工具条被键盘覆盖了，所以要更改工具条的约束。当键盘弹出时，工具条上移到键盘上方；当键盘退出时，工具条下移到屏幕底部，从而让工具条始终显示在屏幕上。并且要给工具条添加动画效果，使得工具条上移和下移的效果与键盘一致。

接下来，在 viewDidLoad 方法中添加代码，在通知中心注册监听键盘通知，并在控制器的析构函数中注销监听，代码如下。

```
override func viewDidLoad() {
    super.viewDidLoad()
    // 添加键盘通知
    NSNotificationCenter.defaultCenter().addObserver(self,
        selector: "keyboardChanged:",
        name: UIKeyboardWillChangeFrameNotification,
        object: nil)
```

```
}
deinit {
    // 注销通知
    NSNotificationCenter.defaultCenter().removeObserver(self)
}
```

上述代码注册了键盘变化的通知，并使用 keyboardChanged(_:)方法处理接收到的通知。接下来就实现 keyboardChanged(_:)方法，代码如下。

```
1 /// 键盘变化处理
2 @objc private func keyboardChanged(n: NSNotification) {
3     // 1. 获取目标的 rect - 字典中的`结构体`是 NSValue
4     let rect = (n.userInfo![UIKeyboardFrameEndUserInfoKey]
5         as! NSValue).CGRectValue()
6     // 获取目标的动画时长 - 字典中的数值是 NSNumber
7     let duration = (n.userInfo![UIKeyboardAnimationDurationUserInfoKey]
8         as! NSNumber).doubleValue
9     let offset = -UIScreen.mainScreen().bounds.height + rect.origin.y
10    // 2. 更新约束
11    toolbar.snp_updateConstraints { (make) -> Void in
12        make.bottom.equalTo(view.snp_bottom).offset(offset)
13    }
14    // 3. 动画
15    UIView.animateWithDuration(duration) { () -> Void in
16        self.view.layoutIfNeeded()
17    }
18 }
```

在上述代码中，第 4~5 行通过通知对象的 UIKeyboardFrameEndUserInfoKey 键的值获得键盘位置改变后的 frame，第 7~8 行通过通知对象的 UIKeyboardAnimationDurationUserInfoKey 键的值获得键盘弹出和退出的动画时长。

第 9 行根据键盘的位置计算工具条距离视图底部的距离，并在第 11~13 行修改工具条的约束，根据键盘的位置调整工具条与视图底部的距离。

第 15~17 行代码根据键盘弹出和退出的动画时长，给工具条的位置改变添加动画效果，使得工具条移动的效果与键盘一致。

运行程序，可以看到键盘弹出和退出时工具条的显示效果。

11.1.6 在项目中整合表情键盘

将表情键盘测试项目中的【Emoticon】目录拖入微博项目的【Classes】→【Tools】目录下。该目录下包含了表情键盘功能所需的所有资源。

在 ComposeViewController.swift 文件中添加属性 emoticonView，用于表示表情键盘。

```
/// 表情键盘视图
private lazy var emoticonView: EmoticonView = EmoticonView
{ [weak self] (emoticon) -> () in
```

```
    self?.textView.insertEmoticon(emoticon)
}
```

实现 selectEmoticon()方法，当用户单击工具条上的表情按钮时，如果当前是系统默认键盘，则先退出系统默认的键盘，再把表情键盘设置为 textView 的输入视图，然后重新激活键盘。如果当前是表情键盘，则使用相同的步骤进行设置，区别是要将 textView 的输入视图设为 nil，表示使用系统键盘，代码如下。

```
/// 选择表情
@objc private func selectEmoticon() {
    // 如果使用的是系统键盘，则为 nil
    print("选择表情 \(textView.inputView)")
    // 1. 退掉键盘
    textView.resignFirstResponder()
    // 2. 设置键盘
    textView.inputView = textView.inputView == nil ? emoticonView : nil
    // 3. 重新激活键盘
    textView.becomeFirstResponder()
}
```

此时运行程序，可以看到单击工具条上的表情按钮，可以成功地在表情键盘和系统键盘之间切换，但是工具条会随着键盘的切换不断向下和向上移动，有一个跳跃的视觉效果，这对用户来说是不友好的。为了消除这个效果，可以修改工具条的动画曲线，让它与键盘的动画曲线一致即可。修改 keyboardChanged 方法，代码如下。

```
@objc private func keyboardChanged(n: NSNotification) {
     ……（省略其他代码）
    // 动画曲线数值
    let curve = (n.userInfo![UIKeyboardAnimationCurveUserInfoKey]
        as! NSNumber).integerValue
    //  动画 — UIView 块动画本质上是对 CAAnimation 的包装
    UIView.animateWithDuration(duration) { () -> Void in
        // 设置动画曲线
        UIView.setAnimationCurve(UIViewAnimationCurve(rawValue: curve)!)
        self.view.layoutIfNeeded()
    }
}
```

在上述代码中，首先通过通知对象的 UIKeyboardAnimationCurveUserInfoKey 得到键盘的动画曲线值，然后再使用同样的曲线值创建 UIViewAnimationCurve 对象，并添加到 UIView 的动画上。值得一提的是，键盘的动画曲线值是 7，代表如果之前的动画没有完成，又启动了其他动画，就让动画的图层直接运动到后续动画的目标位置。所以将表情键盘的动画曲线值设置为 7 时，伴随键盘的弹出和退出而连续执行的上移和下移动画就不会产生很明显的波动，从而获得了良好的用户友好性。

刚进入界面时，由于微博内容为空，所以要禁用“发布”按钮。为此，在 prepareNavigationBar() 方法中添加如下代码。

```
// 禁用发布微博按钮
navigationItem.rightBarButtonItem?.enabled = false
```

当用户在文本框输入微博内容时，要把文本框内的“分享新鲜事...”的文字去掉，包括去掉文本框上的默认文字，以及将起到 placeholder 作用的标签框隐藏。

先去掉文本框上的默认文字，在 prepareTextView()方法中去掉以下代码。

```
textView.text = "分享新鲜事..."
```

接着将起到 placeholder 作用的标签框隐藏。为此，要让 ComposeViewController 成为 textView 的代理，遵守 UITextViewDelegate 协议，并实现协议方法 textViewDidChange。

接着在 textView 的懒加载代码中添加一行代码，设置 ComposeViewController 为 textView 的代理，代码如下。

```
// 设置文本视图的代理
tv.delegate = self
```

然后，在 ComposeViewController.swift 文件中添加一个分类，使它遵守 UITextViewDelegate，用于管理与 textView 代理相关的代码。并在该分类中实现 textViewDidChange 方法，如下所示。

```
1  extension ComposeViewController: UITextViewDelegate {
2      func textViewDidChange(textView: UITextView) {
3          navigationItem.rightBarButtonItem?.enabled = textView.hasText()
4          placeHolderLabel.hidden = textView.hasText()
5      }
6  }
```

在上述代码中，第 3 行代码实现了根据 textView 上的内容是否为空决定是否要显示导航栏上的“发布”按钮的功能，如果 textView 上有内容，则显示；否则不显示。

第 4 行代码实现了根据 textView 上的内容是否为空决定是否要显示文本框上的 placeholder 标签的功能，如果有内容，则不显示标签；否则显示。

但是有一个问题：如果输入的是纯表情，则不会调用 textViewDidChange 方法，此时需要在项目中手动调用。来到 UITextView+Emoticon.swift 文件中，在添加表情符号的方法 insertEmoticon(_:)末尾调用 textViewDidChange 方法，代码如下。

```
func insertEmoticon(em: Emoticon) {
   ......(省略其他代码)
    // 5. 通知`代理`文本变化了 -
    // textViewDidChange? 表示代理如果没有实现方法，就什么都不做，更安全
    delegate?.textViewDidChange?(self)
}
```

此时运行程序，可以看到界面运行良好，各个细节也都实现了。

11.1.7 发布文字微博

界面功能完成以后，就可以实现发布微博的功能了。查看和发布微博相关的接口文档，具体如图 11-7 所示。

写入接口	statuses/repost	转发一条微博信息
	statuses/destroy	删除微博信息
	statuses/update	发布一条微博信息
	statuses/upload	上传图片并发布一条微博
	statuses/upload_url_text	发布一条微博同时指定上传的图片或图片url

图 11-7 发布微博的两个接口

其中“statuses/update”是发布纯文本微博的接口，“statuses/upload”是发布带图片微博的接口。

首先实现发布纯文本微博的功能。来到接口“statuses/update”的详细页面，可以看到它的 URL 为“https://api.weibo.com/2/statuses/update.json”，HTTP 请求方式为“POST”，并且有 2 个必选的请求参数，如图 11-8 所示。

请求参数

	必选	类型及范围	说明
access_token	true	string	采用OAuth授权方式为必填参数，OAuth授权后获得。
status	true	string	要发布的微博文本内容，必须做URLencode，内容不超过140个汉字。

图 11-8 发布文本微博的接口参数

有了接口信息，就可以编码实现了。首先在 NetworkTools.swift 文件中封装网络方法的分类中增加一个新的方法，用于使用 token 进行网络请求，代码如下。

```
/// 使用 token 进行网络请求
/// - parameter method:    GET / POST
/// - parameter URLString:  URLString
/// - parameter parameters: 参数字典
/// - parameter finished:   完成回调
private func tokenRequest(method: HMRequestMethod, URLString: String,
parameters: [String: AnyObject]?, finished: HMRequestCallBack) {
    // 1. 设置 token 参数，将 token 添加到 parameters 字典中
    // 判断 token 是否有效
    guard let token = UserAccountViewModel.sharedUserAccount.accessToken
    else {
        // token 无效
        // 如果字典为 nil，通知调用方，token 无效
        finished(result: nil, error: NSError(domain: "cn.itcast.error",
        code: -1001, userInfo: ["message": "token 为空"]))
        return
    }
    // 设置 parameters 字典
    //将方法参数赋值给局部变量
    var parameters = parameters
    // 判断参数字典是否有值
    if parameters == nil {
        parameters = [String: AnyObject]()
    }
```

```
    parameters!["access_token"] = token
    // 2. 发起网络请求
    request(method, URLString: URLString, parameters: parameters,
    finished: finished)
}
```

接下来添加一个分类，用于管理发布微博相关的方法，代码如下。

```
// MARK: - 发布微博
extension NetworkTools {
    /// 发布微博
    /// - parameter status:   微博文本
    /// - parameter finished: 完成回调
    /// - see: [http://open.weibo.com/wiki/2/statuses/update]
    /// (http://open.weibo.com/wiki/2/statuses/update)
    func sendStatus(status: String, finished: HMRequestCallBack) {
        // 1. 创建参数字典
        var params = [String: AnyObject]()
        // 2. 设置参数
        params["status"] = status
        let urlString = "https://api.weibo.com/2/statuses/update.json"
        // 3. 发起网络请求
        request(.POST, URLString: urlString, parameters: params,
        finished: finished)
    }
}
```

然后在 ComposeViewController.swift 文件中，修改 sendStatus()方法，实现发布微博的功能，代码如下。

```
/// 发布微博
@objc private func sendStatus() {
    // 1. 获取文本内容
    let text = textView.emoticonText
    // 2. 发布微博
    NetworkTools.sharedTools.sendStatus(text) { (result, error) -> () in
        if error != nil {
            print("出错了")
            SVProgressHUD.showInfoWithStatus("您的网络不给力")
            return
        }
        // 关闭控制器
        self.close()
    }
}
```

在上述代码中，调用了 NetworkTools 类的 sendStatus(_:)方法用于发布微博，如果发布失败，则向用户显示错误提示；如果发布成功，则关闭撰写微博的界面，回到主界面。

运行程序，可以看到发布文本微博的功能已经实现了。

11.1.8　发布带图片的微博

接下来实现发布图片微博的功能。打开发布图片微博的接口“statuses/upload”的详细页面，可以看到它的 URL 为“https://upload.api.weibo.com/2/statuses/upload.json”，HTTP 请求方式为“POST”，有 3 个必选的请求参数，如图 11-9 所示。

请求参数

	必选	类型及范围	说明
source	false	string	采用OAuth授权方式不需要此参数，其他授权方式为必填参数，数值为应用的AppKey。
access_token	false	string	采用OAuth授权方式为必填参数，其他授权方式不需要此参数，OAuth授权后获得。
status	true	string	要发布的微博文本内容，必须做URLencode，内容不超过140个汉字。
visible	false	int	微博的可见性，0：所有人能看，1：仅自己可见，2：密友可见，3：指定分组可见，默认为0。
list_id	false	string	微博的保护投递指定分组ID，只有当visible参数为3时生效且必选。
pic	true	binary	要上传的图片，仅支持JPEG、GIF、PNG格式，图片大小小于5M。

图 11-9　发布图片微博的接口参数

除此之外，在接口的注意事项中标明，请求必须用 POST 方式提交，并且注意采用 multipart/form-data 编码方式。AFN 框架中就使用了 AFMultipartFormData 类表示上传的文件，它有一个方法用于将 NSData 类型的数据上传，该方法定义如下。

```
public func appendPartWithFileData(data: NSData, name: String,
    fileName: String, mimeType: String)
```

在上述方法中，它有 4 个参数，这些参数的具体含义如下。

（1）data：表示要上传文件的二进制数据。

（2）name：表示服务器定义的字段名称，在后台接口文档会提示。

（3）fileName：表示保存在服务器的文件名。在上传图片时，由于后台会对图片做后续的处理，比如根据上传的文件，生成缩略图、中等图、高清图等，所以这里的文件名不重要。

（4）mimeType：与 contentType 类似，表示二进制数据的准确类型。其中，mimeType 的格式通常是大类型/小类型，常见的类型如下。

- 图片类型：image/jpg、image/gif、image/png。
- 文本类型：text/plain、text/html。
- 数据格式：application/json。
- 二进制流：application/octet-stream。

接下来编写代码实现发布带图微博的功能。首先在 NetworkTools.swift 文件封装网络方法的分类中，增加一个上传图片的方法 upload，代码如下。

```
/// 上传文件
private func upload(URLString: String, data: NSData, name: String,
parameters: [String: AnyObject]?, finished: HMRequestCallBack) {
```

```
    //设置 token 参数，将 token 添加到 parameters 字典中
    // 判断 token 是否有效
    guard let token = UserAccountViewModel.sharedUserAccount.accessToken
    else {
        // 如果字典为 nil，通知调用方，token 无效
        finished(result: nil, error: NSError(domain: "cn.itcast.error",
        code: -1001, userInfo: ["message": "token 为空"]))
        return
    }
    // 设置 parameters 字典
    //将方法参数赋值给局部变量
    var parameters = parameters
    // 判断参数字典是否有值
    if parameters == nil {
        parameters = [String: AnyObject]()
    }
    parameters!["access_token"] = token
    POST(URLString, parameters: parameters, constructingBodyWithBlock:
    { (formData) -> Void in
        formData.appendPartWithFileData(data, name: name, fileName: "xxx",
        mimeType: "application/octet-stream")
    }, success: { (_, result) -> Void in
        finished(result: result, error: nil)
    }) { (_, error) -> Void in
        print(error)
        finished(result: nil, error: error)
    }
}
```

修改 sendStatus 方法，根据是否包含 image 参数决定是发送文本微博还是带图微博，代码如下。

```
func sendStatus(status: String, image: UIImage?, finished: HMRequestCallBack)
 {
    // 1. 创建参数字典
    var params = [String: AnyObject]()
    // 2. 设置参数
    params["status"] = status
    // 3. 判断是否上传图片
    if image == nil {
        let urlString = "https://api.weibo.com/2/statuses/update.json"
        tokenRequest(.POST, URLString: urlString, parameters: params,
        finished: finished)
```

```
    } else {
        let urlString =
        "https://upload.api.weibo.com/2/statuses/upload.json"
        let data = UIImagePNGRepresentation(image!)
        upload(urlString, data: data!, name: "pic", parameters: params,
        finished: finished)
    }
}
```

添加一张名为“123.jpg”的图片到项目的资源文件中，然后来到 ComposeViewController.swift 文件，修改单击“发布”按钮后的事件处理方法，代码如下。

```
/// 发布微博
@objc private func sendStatus() {
    // 1. 获取文本内容
    let text = textView.emoticonText
    // 2. 发布微博
    let image = UIImage(named: "123")
    NetworkTools.sharedTools.sendStatus(text, image: image)
    { (result, error) -> () in
        if error != nil {
            print("出错了")
            SVProgressHUD.showInfoWithStatus("您的网络不给力")
            return
        }
        print(result)
        // 关闭控制器
        self.close()
    }
}
```

运行程序，发布一条微博，可以看到已经将项目附带的图片成功发布到了微博服务器上。

11.2 给微博选择照片

前面已经成功地实现了发布图片微博的功能，但是存在一个弊端，即图片是固定的死数据。通常我们更希望提供一个图片库，可以随意地选取一张图片。为此，我们要访问 iPhone 的照片库，让用户自己选择发送微博的图片。

11.2.1 用户选择照片发布的流程

本节负责给微博提供照片库支持，具体的实现流程如图 11-10 所示。

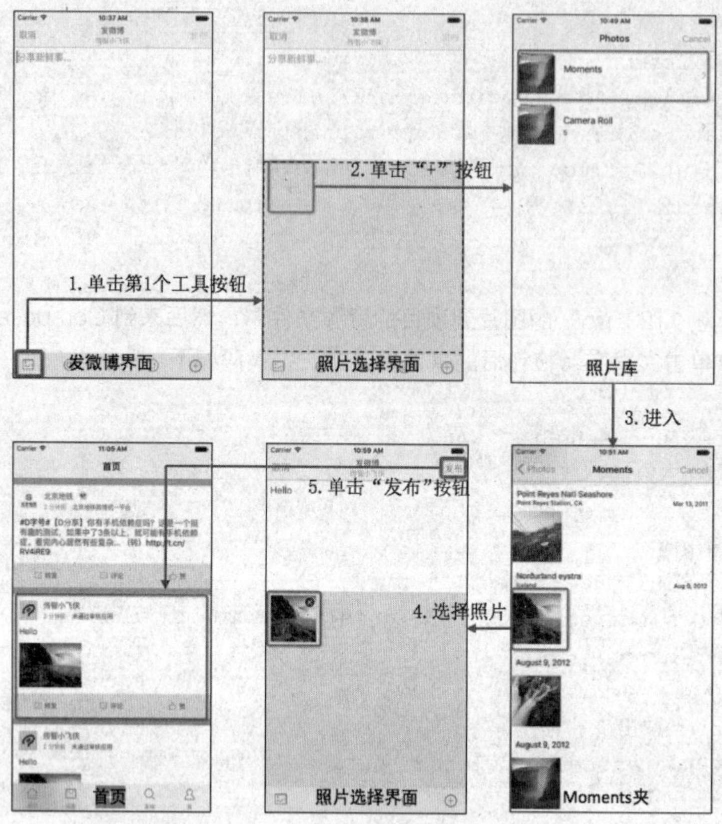

图 11-10　微博选择照片后发布的流程图

图 11-10 描述了为微博选取图片的流程，具体分为如下几步。

第 1 步：弹出照片选择界面。

在发布微博的界面，触发第 1 个工具按钮，弹出添加照片的界面。

第 2 步：访问照片库。

继续单击界面的“+”按钮，底部弹出 iPhone 的照片库。如果用户是第一次访问照片库，会弹出询问用户是否允许访问的窗口，只有得到允许后才能访问照片库。

第 3 步：进入照片列表。

照片库默认有 Moments 和 Camera Roll 两个文件夹，单击第 1 行进入“Moments”可以看到照片列表。

第 4 步：选择照片。

随机选择一张照片，重新返回到照片选择界面，这时加号按钮的图片换成了选中的照片，同时右侧多了一个加号按钮。

如果没有选择照片，而是单击了“取消”按钮，同样返回到照片选择界面。

如果不想要这张图片，可以单击右上角的“删除”按钮删除。

如果想要选择多张图片，可以继续单击右侧的加号按钮到照片库选择，重复上述步骤即可。

第 5 步：发布微博。

一切准备就绪后（编写了微博正文，为微博选择了图片），单击“发布”按钮返回到微博首页，下拉刷新后看到了刚刚发布的带有自定义图片的微博。

由于微博接口的限制，只允许发布的微博带有一张配图，所以我们无法发布有多张配图的微博。

11.2.2　选择照片功能的实现流程

知道选择照片的流程后，我们发现选择照片是个相对独立的功能，可以在单独的项目里面测试，再整合到微博项目里面。整个选择照片的功能实现流程如图 11-11 所示。

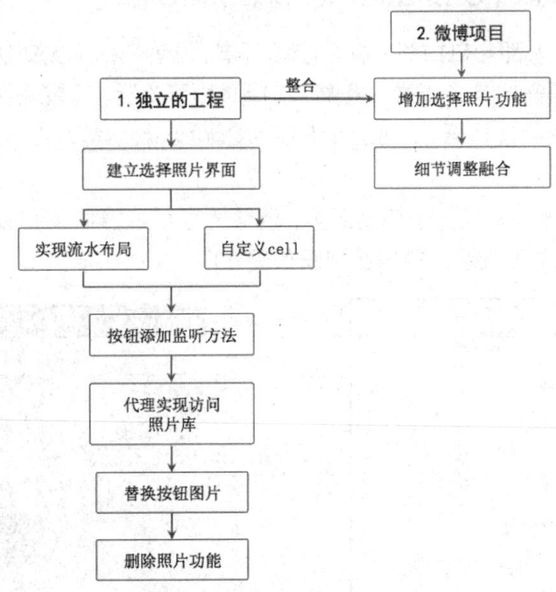

图 11-11　给微博选择照片的实现流程图

按照图 11-11 的描述，按步骤对每个功能的具体实现进行分析。

第 1 步：建立选择照片界面。

要想能添加图片，先要有一个显示界面，接着要有能放置图片的容器。单击“加号”或者“删除”按钮，会不断地增加或者减少按钮的数量，由于按钮的灵活性，我们可以使用 UICollectionView 实现。

单元格能够响应事件，需要使用 UIButton 完成。按照提供的素材，自定义带有“加号”图标和“删除”按钮的单元格。

第 2 步：按钮添加监听方法。

为“加号”图标和“删除”按钮添加监听方法，由于这两个按钮属于自定义 cell，而要弹出照片库是由控制器完成的，需要让控制器成为 cell 的代理，响应按钮的单击事件。

第 3 步：代理实现访问照片库。

在照片库选完照片后，需要拿到照片的信息，显示到单元格上面。iOS 提供了 UIImagePickerControllerDelegate 协议，让负责照片选择界面的控制器成为代理，把照片放置到数组容器里面。

第 4 步：替换按钮图片。

如果格子的索引小于数组中照片的数量，给单元格设置照片，反之显示“加号”图标。

第 5 步：删除照片功能。

获取要删除照片的索引，根据索引值删除数组中指定的元素。

第 6 步：整合到微博项目。

在微博项目中，先设置布局选择照片的界面，再根据程序运行的情况进行调整。

11.2.3 图片选择器（UIImagePickerController）

在实际应用中，很多人都会自拍照片并分享给好友，或者扫描二维码实现支付或微信关注等。相应地，很多应用程序都需要具备摄影、摄像、选择照片等功能，这就需要操作摄像头和照片库。为此，iOS 系统提供了图片选择器（UIImagePickerController）类，接下来，围绕图片选择器的使用进行详细讲解。

UIImagePickerController 是一个控制器类，能够管理系统摄像头和照片库的视图。其中，图片选择视图如图 11-12 左图所示，摄像头视图如图 11-12 右图所示。

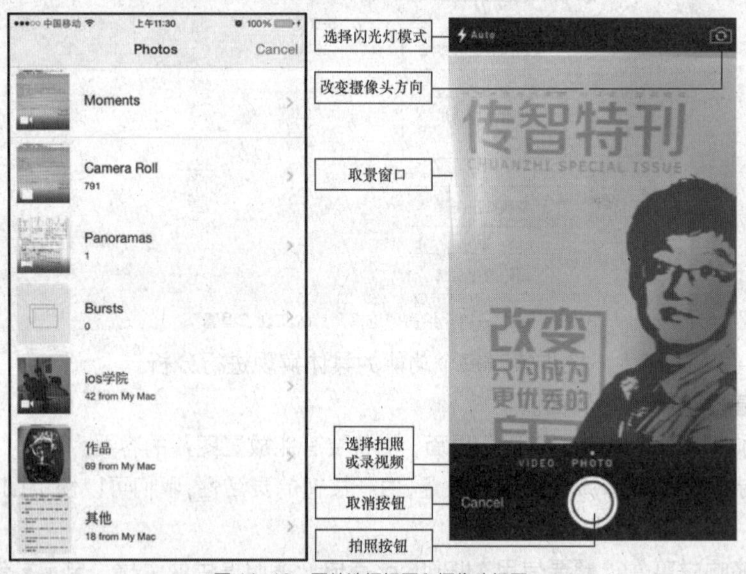

图 11-12　图片选择视图和摄像头视图

UIImagePickerController 既能显示图片库，也能拍摄照片和视频，这些功能的改变通过设置它的属性实现。接下来通过一个表来列举它的常用属性，如表 11-1 所示。

表 11-1　UIImagePickerController 的常见属性

属性声明	功能描述
public var sourceType: UIImagePickerControllerSourceType	用于设置或获取控制器的源类型，包括图片库、照片库和摄像头等类型，默认是图片库类型
public var mediaTypes: [String]	用于设置或获取控制器的媒体类型，包括图片和视频类型，默认是图片类型
public var allowsEditing: Bool	用于设置或获取是否允许编辑图片或视频，默认是 NO
public var cameraDevice: UIImagePickerControllerCameraDevice	用于设置或获取使用的摄像头，包括前置摄像头和后置摄像头，默认是后置摄像头

在表 11-1 中，比较重要的是 sourceType 属性，该属性指定了要显示的视图类型。它的取值范围如下。

- PhotoLibrary：显示图片库视图，这是默认值。
- Camera：显示摄像头视图，当要拍照或录制视频时使用。
- SavedPhotosAlbum：显示已存照片库。

还有一个重要的属性是 mediaTypes，用于设置图片库或者摄像头的媒体类型，是一个 NSArray 数组类型，可包含下列取值。

- kUTTypeImage：图片类型，是默认包含的类型。
- kUTTypeMovie：视频类型。

为了让初学者更好地掌握 UIImagePickerController 的使用，接下来分步骤进行演示，具体如下。

1. 创建 UIImagePickerController 控制器并显示

可以给创建的图片选择器指定它的源类型，是图片库或是摄像头；如果不指定，则默认打开的是图片库。还可以设置媒体类型是图片还是视频，如果不指定，则默认只显示图片，不显示视频。接下来创建一个按钮，单击之后跳转到 UIImagePickerController 控制器，如例 11-3 所示。

例 11-3 ViewController.swift

```
1  import UIKit
2  class ViewController: UIViewController{
3      override func viewDidLoad() {
4          super.viewDidLoad()
5          //创建一个按钮
6          let clickButton = UIButton(frame: CGRectMake(100,100,100,100))
7          clickButton.setTitle("选择照片", forState: .Normal)
8          clickButton.setTitleColor(UIColor.redColor(), forState: .Normal)
9          clickButton.setTitleColor(UIColor.grayColor(),
10         forState: .Highlighted)
11         self.view.addSubview(clickButton)
12         clickButton.addTarget(self, action:
13         #selector(ViewController.click),
14         forControlEvents: .TouchUpInside)
15     }
16     //按钮的单击方法
17     func click(){
18         let imagePickerVC = UIImagePickerController()
19         presentViewController(imagePickerVC, animated:true, completion: nil)
20     }
21 }
```

在上面的代码中，第 18~19 行代码创建了一个 UIImagePickerController 并跳转。运行程序，如图 11-13 所示。

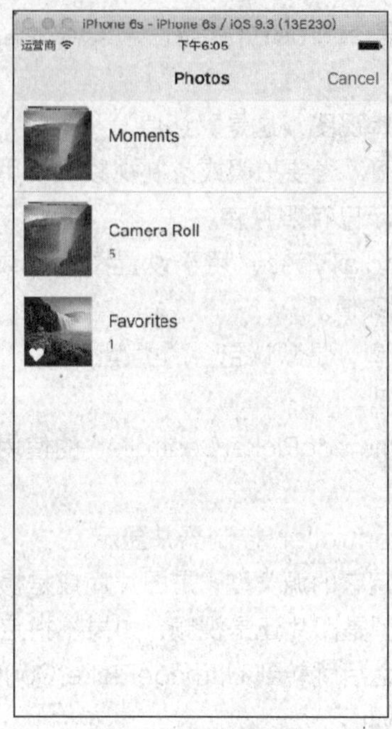

图 11-13 打开图片库

2. 显示控制器

可使用 presentViewController 方法将图片选择器以 modal 的方式展示出来，示例代码如下。

```
presentViewController(vc, animated:true completion:nil)
```

3. 获取用户的操作结果

要获取用户操作的结果，需要使用它的代理。当用户选择图片、拍照、录视频的操作完成或者取消时，UIImagePickerController 会调用它的代理方法。它的代理必须遵守两个协议：UINavigationControllerDelegate 和 UIImagePickerControllerDelegate。其中,UIImagePickerControllerDelegate 协议主要规定了以下方法。

```
optional public func imagePickerController(picker: UIImagePickerController,
didFinishPickingMediaWithInfo info: [String : AnyObject])
```

该方法在用户选择完图片、拍完照片或者录制完视频后调用，示例代码如下。

```
func imagePickerController(picker: UIImagePickerController,
didFinishPickingMediaWithInfo info: [String : AnyObject]) {
      let image = info[UIImagePickerControllerOriginalImage]
      picker.dismissViewControllerAnimated(true, completion: nil)
}
```

在上述代码中，参数 info 里包含了用户选择的图片，或者拍摄的照片、视频，使用 UIImagePickerControllerOriginalImage 键值就可以获取这个图片对象。同时，还要使用 dismissViewControllerAnimated 方法将图片选择器注销。

11.2.4 开发独立的照片选择项目

新建一个项目，命名为“SelectPhotos”。接下来删掉 StoryBoard 和 ViewController，并将 General 下的 Main Interface 中的 Main 删除。

接下来在右键菜单中选择“Show in Finder”，新建一个文件夹“PicturePicker”，如图 11-14 所示。

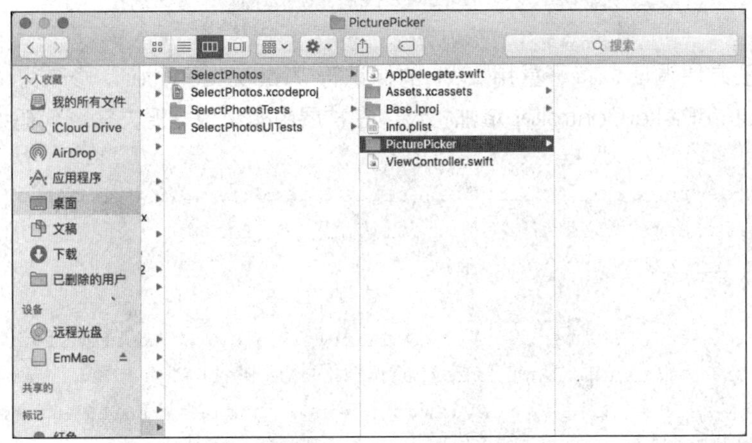

图 11-14　新建 PicturePicker 文件夹

接下来，将图 11-14 所示的 PicturePicker 文件夹拖到项目的对应目录下，如图 11-15 所示。

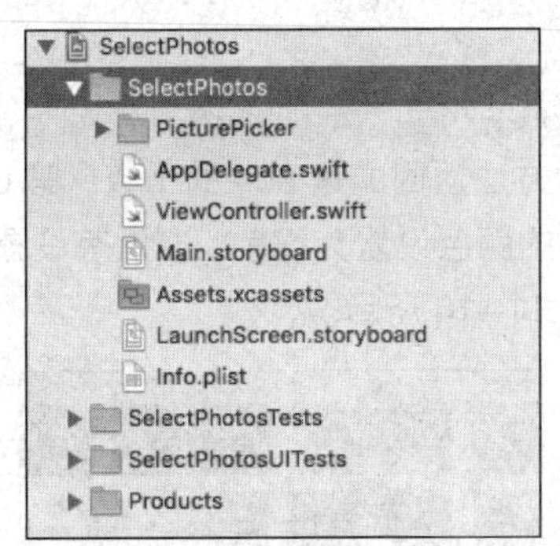

图 11-15　拖曳 PicturePicker 到项目目录

根据前面分析可知，图片的添加位置是一个 CollectionViewController，接下来在 Picture Picker 文件夹下新建一个继承自 UICollectionViewController 的类，命名为 PicturePicker Controller，接下来在 AppDelegate 中修改代码，显示 Window 并调用 PicturePickerController。代码如下。

```
func application(application: UIApplication, didFinishLaunchingWithOptions
launchOptions: [NSObject: AnyObject]?) -> Bool {
    window = UIWindow(frame: UIScreen.mainScreen().bounds)
    window?.backgroundColor = UIColor.whiteColor()
    window?.rootViewController = PicturePickerController()
    window?.makeKeyWindow()
    return true
}
```

接下来，在 PicturePickerController 中指定它的布局参数，代码如下。

```
init(){
    super.init(collectionViewLayout: UICollectionViewFlowLayout())
```

```
}
required init?(coder aDecoder: NSCoder) {
    fatalError("init(coder:) has not been implemented")
}
```

接下来为了方便调试，将可重用 cell 的标识符“reuseIdentifier”修改为“PicturePickerCellID”。为 PicturePickerController 增加扩展，在扩展中实现数据源方法，代码如下。

```
1  extension PicturePickerController{
2      override func collectionView(collectionView: UICollectionView,
3      numberOfItemsInSection section: Int) -> Int {
4          return 10
5      }
6      override func collectionView(collectionView: UICollectionView,
7      cellForItemAtIndexPath indexPath: NSIndexPath) -> UICollectionViewCell{
8          let cell = collectionView.dequeueReusableCellWithReuseIdentifier(
9          PicturePickerCellID, forIndexPath: indexPath)
10         cell.backgroundColor = UIColor.redColor()
11         return cell
12     }
13 }
```

在这个扩展中，第 2~5 行的方法返回的是 cell 的个数，第 6~12 行代码返回的是 cell，这里我们将 cell 个数修改为 10，cell 的颜色设置为红色，在没有设置 cell 的大小时，cell 的默认大小是 50*50。运行程序，界面如图 11-16 所示。

图 11-16　程序运行的效果图

接下来准备一下 cell 的布局，这里在进行布局的时候，可以通过一个类中类来完成。在 PicturePickerController 中新建一个继承自 UICollectionViewFlowLayout 的类，命名为 PicturePicker

Layout，并将上面的 init 方法中的 UICollectionViewFlowLayout 修改为 PicturePickerLayout。PicturePickerLayout 类的代码如下。

```
1      //照片选择器布局
2      private class PicturePickerLayout: UICollectionViewFlowLayout{
3          private override func prepareLayout() {
4              super.prepareLayout()
5              //通过分辨率计算
6              let count: CGFloat = 4
7              let margin = UIScreen.mainScreen().scale * 4
8              let w = (collectionView!.bounds.width - (count + 1) * margin) / count
9              itemSize = CGSize(width: w, height: w)
10             sectionInset = UIEdgeInsetsMake(margin, margin, 0, margin)
11             minimumInteritemSpacing = margin
12             minimumLineSpacing = margin
13         }
14     }
```

第 7 行代码中的 scale 表示分辨率，第 8 行计算 cell 的宽度，第 10 行 sectionInset 用于设定全局的区内边距，第 11 行 minimumInteritemSpacing 用于设定全局的 cell 间距，第 12 行 minimumLineSpacing 用于设定全局的行间距。

此时运行程序，模拟器的界面如图 11-17 所示。

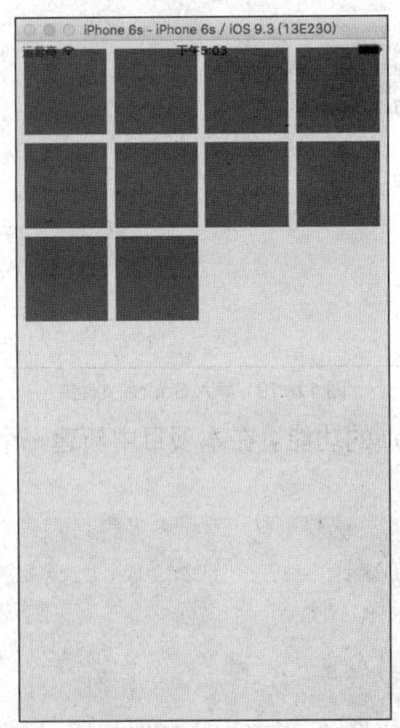

图 11-17　程序运行的效果图

接着来实现界面，选择照片界面需要的图片资源已经在 Assets.xcassets 的 Compose 文件夹中，无须再另行导入了。

接下来将微博项目中的 Extension 文件夹拖入本项目中，并将“Copy items if needed”取消勾选，因此 Extension 文件夹还是存在于微博项目中，这样做的好处是，如果我们在本项目中改了文件里的内容，不必再回到微博项目中进行重复改动。这是做独立应用程序开发时的一个技巧，如图 11–18 所示。

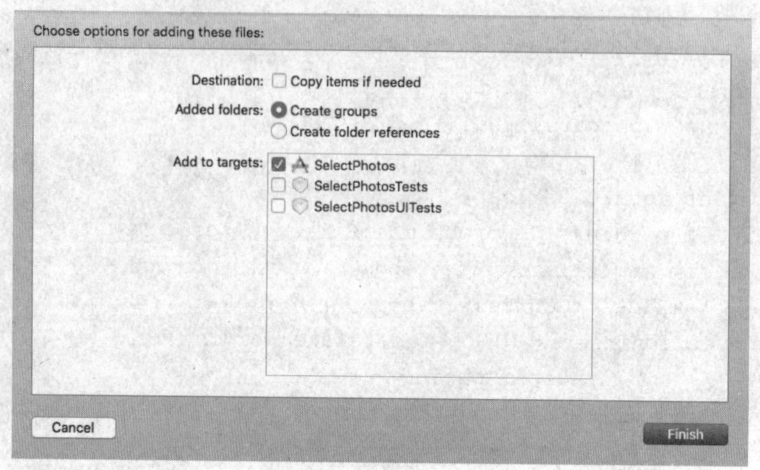

图 11–18　拖入 Extension 文件夹

将微博项目中 Pods 目录下的 SnapKit 框架导入本项目中，如图 11–19 所示。

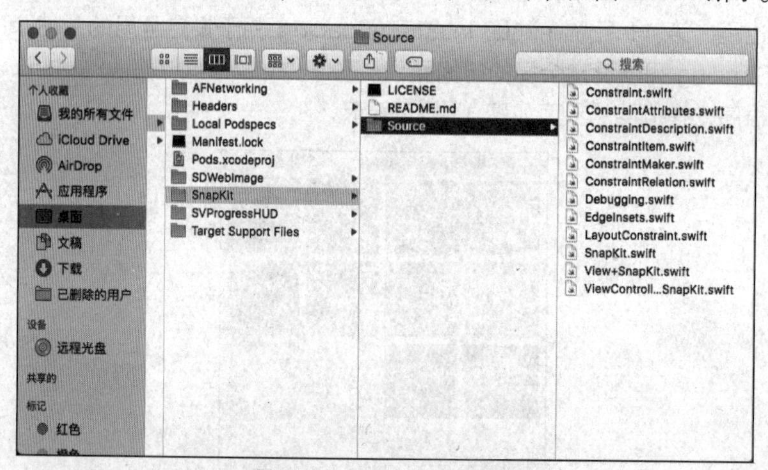

图 11–19　导入 Souce 文件夹

接下来我们来完成自定义 cell 的功能。在本项目中新建一个继承自 UICollectionViewCell 的类 PicturePickerCell，代码如下。

```
1  //照片选择 Cell
2  private class PicturePickerCell: UICollectionViewCell{
3      //MARK: - 监听方法
4      @objc func addPicture(){
5          print("添加照片")
6      }
7      @objc func removePicture(){
8          print("删除照片")
9      }
10     override init(frame: CGRect){
```

```
11          super.init(frame: frame)
12          setupUI()
13      }
14      required init?(coder aDecoder: NSCoder) {
15          fatalError("init(coder:) has not been implemented")
16      }
17      //设置控件
18      private func setupUI(){
19          //1.添加控件
20          contentView.addSubview(addButton)
21          contentView.addSubview(removeButton)
22          //2.设置布局
23          addButton.frame = bounds
24          //将删除按钮放在 cell 右上角
25          removeButton.snp_makeConstraints { (make) in
26              make.top.equalTo(contentView.snp_top)
27              make.right.equalTo(contentView.snp_right)
28          }
29          //3.监听方法
30          addButton.addTarget(self, action: #selector
31          (PicturePickerCell.addPicture), forControlEvents: .TouchUpInside)
32          addButton.addTarget(self, action: #selector
33          (PicturePickerCell.removePicture),
34          forControlEvents: .TouchUpInside)
35      }
36      //MARK: - 懒加载控件
37      //添加按钮
38      private lazy var addButton: UIButton =
39      UIButton(imageName:"compose_pic_add",backImageName: nil)
40      //删除按钮
41      private lazy var removeButton: UIButton = UIButton(imageName:
42      "compose_photo_close", backImageName: nil)
43 }
```

然后，把前面注册可重用 cell 处的 UICollectionViewCell 改为我们自定义的 PicturePickerCell，代码如下。

```
self.collectionView!.registerClass(PicturePickerCell.self,
    forCellWithReuseIdentifier: PicturePickerCellID)
```

接着，在扩展方法的代码中，将返回的 cell 指定为自定义 cell，代码如下。

```
let cell = collectionView.dequeueReusableCellWithReuseIdentifier(
    PicturePickerCellID,forIndexPath: indexPath) as! PicturePickerCell
```

此时运行程序，模拟器的界面如图 11-20 所示。

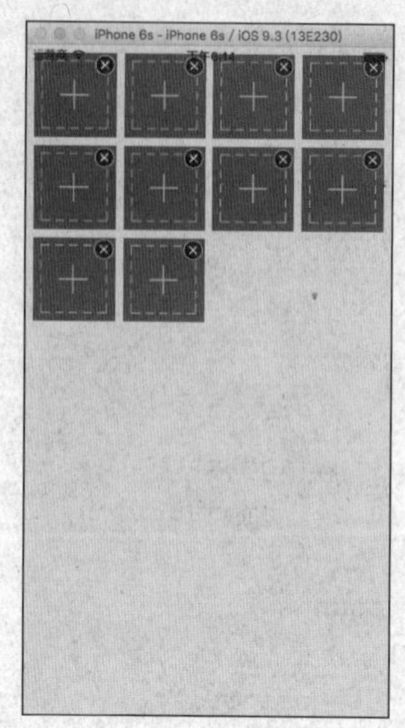

图 11-20　自定义的 cell

接下来，在 PicturePickerCell 类中添加 button 的监听方法，代码如下。

```
//MARK: - 监听方法
@objc func addPicture(){
    print("添加照片")
}
@objc func removePicture(){
    print("删除照片")
}
```

在上面的两个方法中，@objc 的作用是单击按钮时，可以在私有类中找到该方法。

接着在 PicturePickerCell 类的上方添加一个代理方法，用来实现单击按钮弹出照片选择控制器，代码如下。

```
@objc
private protocol PicturePickerCellDelegate: NSObjectProtocol{
    //添加照片
    optional func picturePickerCellDidAdd(cell: PicturePickerCell)
    //删除照片
    optional func picturePickerCellDidRemove(cell: PicturePickerCell)
}
```

在上面的代码中，由于协议中的方法包含了 optional 关键字，所以需要在代理前使用@objc。接下来在 PicturePickerCell 类中定义一个代理，修改的代码如下。

```
//照片选择器代理
weak var pictureDelegate: PicturePickerCellDelegate?
//MARK: - 监听方法
@objc func addPicture(){
    pictureDelegate?.picturePickerCellDidAdd?(self)
}
@objc func removePicture(){
```

```
        pictureDelegate?.picturePickerCellDidRemove?(self)
    }
```

接下来在 PicturePickerController 类的扩展中，在返回 cell 的方法中设置代理，具体如下。

```
cell.pictureDelegate = self
```

新建一个 PicturePickerController 的扩展，并遵循 PicturePickerCellDelegate 协议，在扩展中实现 picturePickerCellDidAdd 和 picturePickerCellDidRemove 方法，代码如下。

```
extension PicturePickerController: PicturePickerCellDelegate{
    @ objc private func picturePickerCellDidAdd(cell: PicturePickerCell) {
        //判断是否允许访问相册
        if !UIImagePickerController.isSourceTypeAvailable(.SavedPhotosAlbum){
            print("无法访问")
        }
        let picker = UIImagePickerController()
        picker.delegate = self
        presentViewController(picker, animated: true, completion: nil)
    }
    @objc private func picturePickerCellDidRemove(cell: PicturePickerCell) {
         print("删除照片")
    }
}
```

接下来新建一个 PicturePickerController 的扩展并遵循 UIImagePickerControllerDelegate 和 UINavigationControllerDelegate 协议，并实现代理方法，代码如下。

```
extension PicturePickerController: UIImagePickerControllerDelegate,
UINavigationControllerDelegate{
    func imagePickerController(picker: UIImagePickerController,
    didFinishPickingMediaWithInfo info: [String : AnyObject]){
        let image = info[UIImagePickerControllerOriginalImage]  as! UIImage
        //释放控制器
        dismissViewControllerAnimated(true , completion: nil)
    }
}
```

因为图片的显示是随添加的个数而改变，所以在 PicturePickerController 类中懒加载一个配图数组。

```
lazy var pictures = [UIImage]()
```

接下来修改 cell 的数据源方法，代码如下。

```
1    override func collectionView(collectionView: UICollectionView,
2    numberOfItemsInSection section: Int) -> Int {
3        return pictures.count + 1
4    }
5    override func collectionView(collectionView: UICollectionView,
6    cellForItemAtIndexPath indexPath: NSIndexPath) -> UICollectionViewCell{
7      let cell = collectionView.dequeueReusableCellWithReuseIdentifier(
```

```
8          PicturePickerCellID, forIndexPath: indexPath) as! PicturePickerCell
9          cell.image = (indexPath.item < pictures.count) ?
10             pictures[indexPath.item] : nil
11         //设置代理
12         cell.pictureDelegate = self
13         return cell
14     }
```

在上面的方法中，第 3 行修改了 cell 的显示个数为数组中照片的个数加 1，第 9~10 行通过三目运算符来判断数组是否越界。这时运行程序会发现没有显示“+”按钮，那么接下来在自定义 cell 类中定义一个 image 属性，当把照片传进来时，修改按钮的背景图片，代码如下。

```
var image: UIImage?{
    didSet{
        addButton.setImage(image ?? UIImage(named: "compose_pic_add"),
        forState: .Normal)
    }
}
```

在上面的代码中，如果从控制器传来一个空的图像，就使用后面的背景图片。运行程序，可以看到“+”按钮设置完成，如图 11-21 所示。

图 11-21　添加按钮

在选择照片之后，我们需要将照片放入数组中，接下来在照片选择的代理方法中将图像添加到数组，并在照片传入之后刷新 collectionView，代码如下。

```
//将图像添加到数组
pictures.append(image)
//刷新视图
collectionView?.reloadData()
```

运行程序，选择照片后，可以看到 button 的背景图片发生了修改，如图 11-22 所示。

图 11-22　设置 button 背景图像

接下来，在设置控件方法 setupUI()中修改一下照片的填充模式，代码如下。

```
// 设置填充模式
addButton.imageView?.contentMode = .ScaleAspectFill
```

添加照片时，如果我们选择第一张照片，需要将第一张照片替换掉，接下来在照片选择控制器中声明一个当前用户选中的照片索引，具体如下。

```
//当前用户选中的照片索引
private var selectedIndex = 0
```

然后，在 picturePickerCellAdd 方法中记录当前用户选中的照片索引，代码如下。

```
//记录当前用户的照片索引
selectedIndex = collectionView!.indexPathForCell(cell)?.item ?? 0
```

然后，将图像添加到数组的位置，判断当前选中的索引是否超出数组上限，改后的代码如下。

```
//将图像添加到数组
//判断当前选中的索引是否超出数组上限
if selectedIndex >= pictures.count{
     pictures.append(image)
}else{
     pictures[selectedIndex] = image
}
```

在照片导入的功能完成之后，接下来我们在 picturePickerCellDidRemove 方法中实现照片的删除功能，代码如下。

```
    @objc private func picturePickerCellDidRemove(cell: PicturePickerCell) {
        //1.获取照片索引
        let indexPath = collectionView!.indexPathForCell(cell)
        //2.判断索引是否超出上限
```

```
        if indexPath?.item >= pictures.count{
            return
        }
        //3.删除数据
        pictures.removeAtIndex(indexPath!.item)
        //4.刷新视图
        collectionView?.deleteItemsAtIndexPaths([indexPath!])
    }
```

接下来隐藏“+”按钮右上角的“删除”按钮，在 image 属性处修改代码。当图片为空时，隐藏“删除”按钮，代码如下。

```
var image: UIImage?{
    didSet{
        addButton.setImage(image ?? UIImage(named: "compose_pic_add"),
            forState: .Normal)
        //隐藏"删除"按钮
        removeButton.hidden = (image == nil)
    }
}
```

运行程序，程序运行的结果如图 11-23 所示。

图 11-23　隐藏“删除”按钮

在照片上传时，如果上传的照片太多，服务器的压力会很大。所以在这里我们会限制用户选择照片的数量，当照片显示到一定数量时，“+”按钮就不再显示。

首先，我们在最上方定义一个常量，用来设置选择照片的数量。

```
//选择照片的最大数量
private let PicturePickerMaxCount = 8
```

接着修改 cell 的数据方法，修改 cell 的返回个数，这里如果达到最大个数，则加 0，否则加 1，代码如下。

```
override func collectionView(collectionView: UICollectionView,
numberOfItemsInSection section: Int) -> Int {
    return pictures.count + (pictures.count == PicturePickerMaxCount ? 0 : 1)
}
```

运行程序，将照片添加 8 个之后，可以看到图 11-24 所示的界面。

图 11-24　设置 cell 最大个数

到这里为止，关于照片的选择功能已经完成，但是我们用到了相册的相关功能，所以需要注意程序的内存。运行程序，可以看到程序的内存如图 11-25 所示。

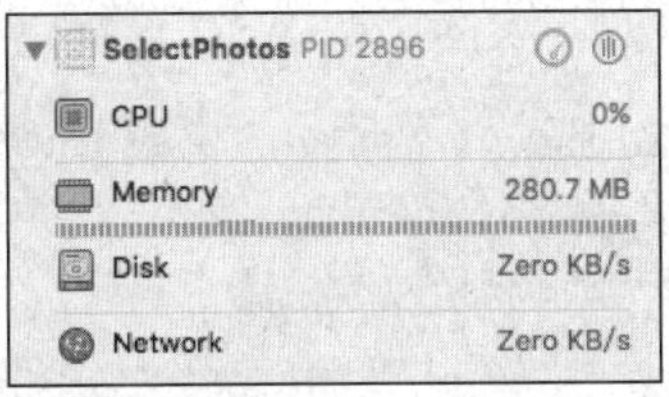

SelectPhotos PID 2896
CPU 0%
Memory 280.7 MB
Disk Zero KB/s
Network Zero KB/s

图 11-25　程序占用的内存情况

从图 11-25 中可以看到，程序的内存消耗很大，因为其中的图片很大，所以这里我们需要对它的内存进行控制。在这里有一个原则，当我们将照片发送到服务器时，无须显示那么大的图片，所以在这里我们需要对图片进行缩放处理。

接下来在 Extension 文件夹中新建一个分类，命名为 UIImage+Extension，将分类中引入的 Foundation 改为 UIKit，新建一个 UIImage 的扩展，并声明一个函数用于将图像缩放到指定宽度，代码如例 11-4 所示。

例 11-4　UIImge+Extension.swift

```
1  import UIKit
2  extension UIImage{
3      //将图像缩放到指定宽度，如果小于指定宽度直接返回
4      func scaleToWith(width: CGFloat) -> UIImage{
5          //1.判断宽度
6          if width > size.width{
7              return self
8          }
9          //2.计算比例
10         let height = size.height * width / size.width
11         let  rect = CGRect(x: 0, y: 0, width: width, height: height)
12         //3.使用核心绘图绘制新的图像
13         //1>开启上下文
14         UIGraphicsBeginImageContext(rect.size)
15         //2>绘图 - 在指定区域拉伸绘制
16         self.drawInRect(rect)
17         //3>取结果
18         let result = UIGraphicsGetImageFromCurrentImageContext()
19         //4>关闭上下文
20         UIGraphicsEndImageContext()
21         //5>返回结果
22         return result
23     }
24 }
```

在例 11-4 中，第 6~8 行代码判断如果图片的宽度大于指定宽度则直接返回，第 10~11 行计算图片比例，第 14~22 行使用核心绘图绘制新的图像并返回结果。

接下来回到前面选择照片的位置，新建一个属性 scaleImage，并设定图片的宽度为 600，将添加到数组中的图片修改为 scaleImage，代码如下。

```
let scaleImage = image.scaleToWith(600)
//将图像添加到数组
//判断当前选中的索引是否超出数组上限
if selectedIndex >= pictures.count{
      pictures.append(scaleImage)
}else{
      pictures[selectedIndex] = scaleImage
}
```

运行程序，添加几张照片，可以看到程序的内存始终被控制在 50 MB 左右，如图 11-26 所示。

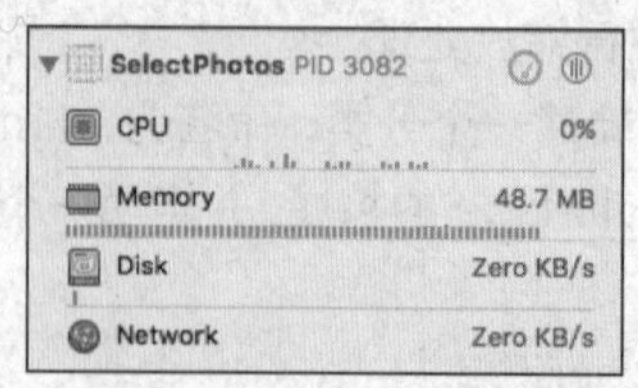

图 11-26　程序占用的内存情况

需要注意的是，一般的应用程序内存在 100 MB 左右都是可以接受的，如果再高就需要进行内存优化等处理。

11.2.5　将照片选择功能整合到微博项目

在照片选择器完成以后，我们需要将其整合到微博项目中。首先打开微博项目，由于在照片选择控制器项目中添加的 Extension 文件夹并没有选择 copy 项，所以我们修改的内容会在原文件处发生改变，但是在这里的 Extension 文件夹中并没有看到我们之前新建的 UIImage+Extension.swift 类。那么我们选择 Extension 文件夹，在右键菜单中选择“Show in Finder”命令，并将 UIImage+Extension 类拖入项目中的 Extension 文件夹中，这里我们需要选择 copy 项，如图 11–27 所示。

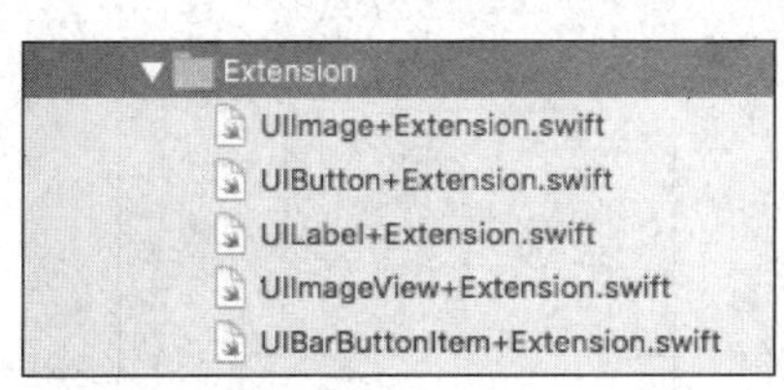

图 11–27　拖入 UIImage+Extension.swift

接下来将照片选择控制器文件夹导入微博项目中，如图 11–28 所示。

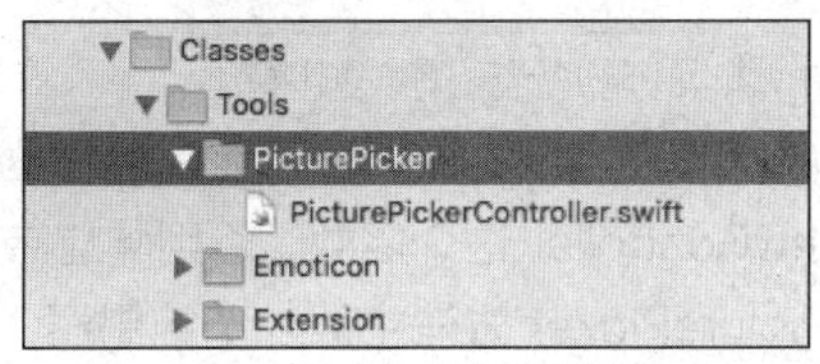

图 11–28　拖入照片选择控制器

我们需要将照片选择控制器整合到微博项目中，首先在 CompseViewController 类中懒加载一个照片选择控制器。

```
//照片选择控制器
private lazy var picturePickerController = PicturePickerController()
```

接下来在设置界面添加一个方法用于整合照片选择控制器，并设置自动布局，代码如下。

```
//准备照片选择控制器
private func preparePicturePicker(){
    //1.添加视图
    view.addSubview(picturePickerController.view)
    //2.自动布局
    picturePickerController.view.snp_makeConstraints { (make) in
        make.bottom.equalTo(view.snp_bottom)
        make.left.equalTo(view.snp_left)
        make.right.equalTo(view.snp_right)
        make.height.equalTo(view.snp_height).multipliedBy(0.6)
    }
    //3.动画更新约束
    UIView.animateWithDuration(0.25) {
```

```
            self.view.layoutIfNeeded()
        }
    }
```

在 setupUI 中调用该方法。此时运行程序并打开发送微博界面，如图 11-29 所示。

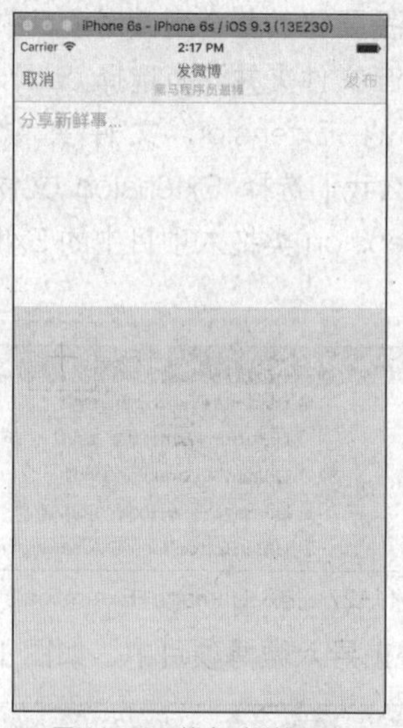

图 11-29　整合到微博界面

接下来单击加号选择图片，但是我们会发现添加的照片选择器消失，这里是因为添加了子控制器，一定要使用 addChildViewController 这个函数，否则响应者链条很可能中断，导致时间传递无法正常进行。在 preparePicturePicker 方法中添加子控制器，代码如下。

```
//添加子控制器
addChildViewController(picturePickerController)
```

此时运行程序，并给微博添加几张图片，如图 11-30 所示。

图 11-30　选择照片

从图 11-30 中可以看到，照片选择控制器添加完成。但是我们会发现，下方的工具栏消失了，这是因为照片选择控制器的 view 覆盖在 toolbar 上面。接下来，修改 preparePicturePicker 方法中添加视图的代码，让 toolbar 显示出来，代码如下。

```
//添加视图
view.insertSubview(picturePickerController.view, belowSubview: toolbar)
```

再次运行程序，可以看到下方的 toolbar 已经显示出来了，如图 11-31 所示。

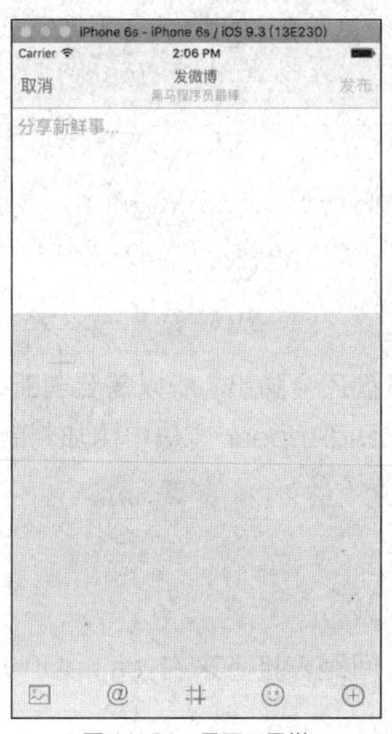

图 11-31　显示工具栏

在第一次进入发送微博界面的时候，我们不需要显示照片选择控制器。单击图 11-31 中左下角的按钮后可以提供弹出照片选择器的功能，所以这里我们首先需要将默认高度修改为 0。

```
make.height.equalTo(0)
```

找到 prepareToolbar 方法，在添加按钮处为第一个按钮添加监听方法 selectPicture，代码如下。

```
// 添加按钮
let itemSettings = [["imageName": "compose_toolbar_picture" ,
    "actionName" : "selectPicture"],
    ["imageName": "compose_mentionbutton_background"],
    ["imageName": "compose_trendbutton_background"],
    ["imageName": "compose_emoticonbutton_background", "actionName":
    "selectEmoticon"],
    ["imageName": "compose_addbutton_background"]]
```

接下来实现 selectPicture 方法，在我们之前写过的选择表情方法上面添加选择照片的方法，代码如下。

```
    //选择照片
    @objc private func selectPicture(){
        //退掉键盘
        textView.resignFirstResponder()
        //判断如果已经更新了约束，不在执行后续代码
```

```
        if picturePickerController.view.frame.height > 0{
            return
        }
        //修改照片选择控制器视图约束
        picturePickerController.view.snp_updateConstraints { (make) in
            make.height.equalTo(view.bounds.height * 0.6)
        }
        //修改文本视图约束，remake(重建约束)将之前所有的约束删除
        textView.snp_remakeConstraints { (make) in
            make.top.equalTo(self.snp_topLayoutGuideBottom)
            make.left.equalTo(view.snp_left)
            make.right.equalTo(view.snp_right)
            make.bottom.equalTo(picturePickerController.view.snp_top)
        }
    }
```

这里我们选择一张照片之后键盘还会弹出，所以需要判断，如果已经存在照片选择控制器视图，则不再激活键盘。因此在 viewDidAppear 方法中添加判断，修改激活键盘代码，代码如下。

```
// 激活键盘
if picturePickerController.view.frame.height == 0{
    textView.becomeFirstResponder()
}
```

这里将会自动调整滚动视图的间距，接下来在 setupUI 方法中取消自动调整滚动视图的间距，代码如下。

```
//取消自动调整滚动视图的间距
automaticallyAdjustsScrollViewInsets = false
```

运行程序，单击选择照片按钮，可以看到照片选择控制器已经整合到微博项目中，如图 11-32 所示。

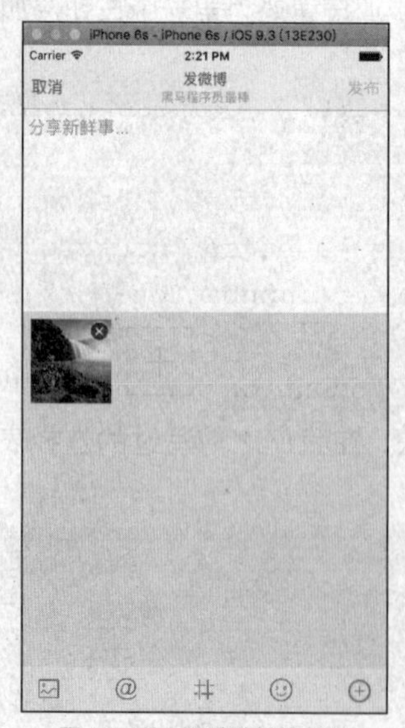

图 11-32 照片选择控制器

接下来修改发布微博照片的代码，完成照片发布功能。在 sendStatus 方法中修改 image 属性，代码如下。

```
let image = picturePickerController.pictures.last
```

这里黑马微博只支持上传一张照片，所以选择 last 属性。运行程序，并发布一个带图片的微博，如图 11-33 所示。

图 11-33　发布图片微博

11.3　本章小结

本章完成了发布微博的功能，同时让微博支持访问照片库。通过本章的学习，大家应该掌握如下开发技巧。

（1）针对独立的功能，可以抽取到单独的工程测试。

（2）做独立应用开发时，在项目中共同用到的文件无须复制操作，这样能保持两个项目使用的文件进行同步变化，节省了开发时间。

（3）掌握访问相册的技巧。

（4）学会处理滚动视图和键盘联动。

iOS App of Swift

12

第 12 章 给配图微博添加查看器

在微博首页展示带图微博时，每张图片都是缩略图。为了提高用户体验，本章将为配图微博添加一个图片查看器，当用户单击某张图片时，会使用图片查看器将选中的图片放大以清楚地显示图片的内容。当用户左右滑动屏幕，可以查看同一条微博下的其他配图的大图。如果图片过大，通过网络加载的图片无法快速展示，需要使用一个进度视图来展示加载进度。

学习目标

- 了解 Modal 形式控制器的跳转
- 掌握 UIScollView 和 UICollectionView 控件的特性和使用
- 会使用 UIBezierPath 绘图
- 掌握 UIViewControllerTransitioningDelegate 的使用
- 会自定义转场动画
- 理解不同视图之间坐标系的转换

12.1 照片查看器功能分析

12.1.1 了解照片查看器的功能

当用户单击微博中的图片时，从手机屏幕底部会弹出照片查看器，该照片查看器具备的功能如下。

（1）以轮播图的方式放大展示一组图片，如图 12-1 所示。

（2）如果图片过大，加载过程中会显示图片加载进度，如图 12-2 所示。

（3）放大或缩小图片的功能，如图 12-3 所示。

（4）保存到相册的功能，如图 12-4 所示。

图 12-1　轮播显示图片的场景

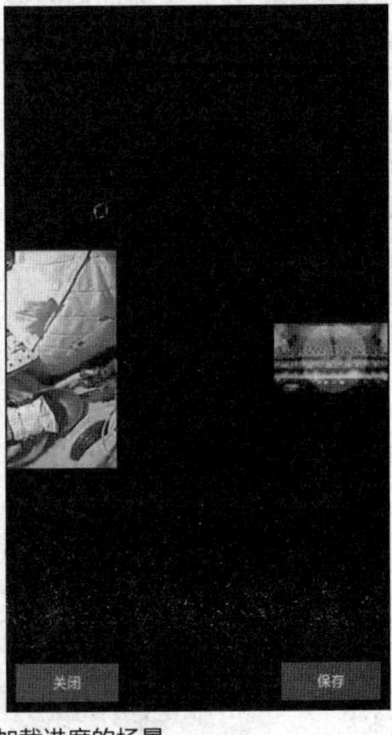

图 12-2　显示加载进度的场景

图 12-3　放大和缩小图片的场景

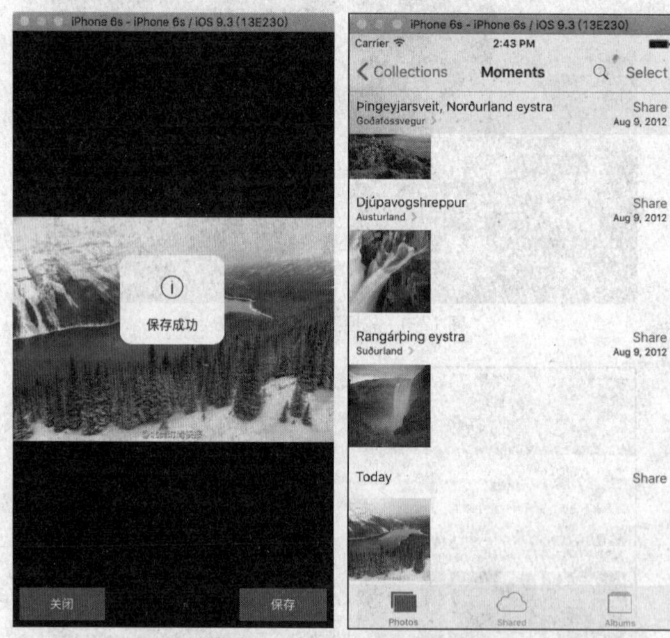

图 12-4　保存图片到相册的场景

12.1.2　分析图片数据的传递方式

当用户单击某一张图片时，需要将用户选中的图片放大，所以需要知道选中的图片的序号。用户在滑动屏幕时，可以在图片之间切换，所以要知道该条微博的所有图片的地址，才能从网上获取并显示所有的图片。

这些信息都可以从微博 Cell 中包含的图片集合视图中得到。得到信息之后，要由微博首页的控制器跳转到图片查看控制器。因此，要将这些信息从图片集合视图传递到最外层的微博首页控制器。图 12-5 所示为微博首页控件之间的包含关系。

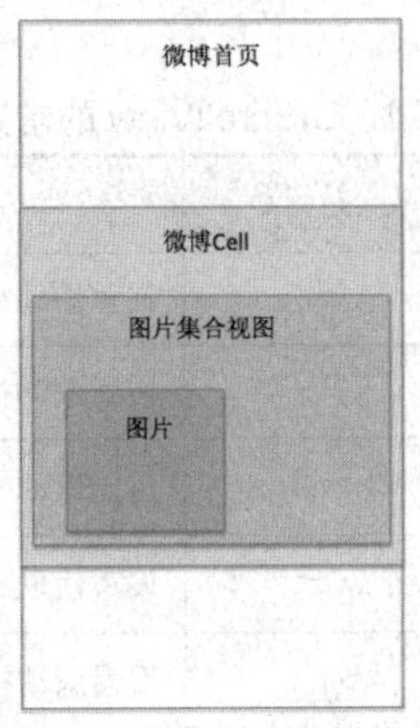

图 12-5　微博控件之间的关系

由图可知，微博首页控制器不能直接得到图片视图的消息，此时有两个常用的数据传递方法可供选择，一个是代理，另一个是通知。

代理是一对一的关系，如果使用代理，需要让微博首页控制器成为每个微博 Cell 的代理，显然不是理想的方式。通知是多对多的关系，通过通知中心发布和订阅消息，消息的发送方和接收方都可以是多个，更符合我们的需求，所以这里使用通知模式实现。

12.1.3　屏幕滚动控件（UIScrollView）

移动设备的屏幕大小是极其有限的，因此直接展示在用户眼前的内容也是有限的。当屏幕展示的内容较多、超出一个屏幕时，用户可以通过滚动的方式来查看屏幕外的内容。在 iOS 中，UIScrollView 是一个支持滚动的控件，它直接继承自 UIView，可以用来展示大量的内容，并且可以通过滚动的方式查看所有的内容。为了让大家更好地理解，接下来通过一张图片来展示 UIScrollView 的使用场景，如图 12-6 所示。

图 12-6　UIScrollView 的使用场景

图 12-6 所示是一个新闻页面，该页面有很多内容需要展示，因此，该页面中包含了一个

UIScrollView 控件，用户可以通过滚动的方式在有限的屏幕中查看更多内容。

UIScrollView 控件同其他控件一样，都包含很多属性，接下来通过一张表来列举 UIScrollView 的常见属性，如表 12-1 所示。

表 12-1 UIScrollView 的常见属性

属性声明	功能描述
var contentOffset: CGPoint	设置滚动视图的滚动偏移量
var contentSize: CGSize	设置滚动视图的滚动范围
var contentInset: UIEdgeInsets	设置滚动视图的额外滚动区域
weak var delegate: UIScrollViewDelegate?	设置代理
var scrollEnabled: Bool	设置滚动视图是否允许滚动
var pagingEnabled: Bool	设置滚动视图是否开启分页
var showsHorizontalScrollIndicator: Bool	设置滚动视图是否显示水平滚动条
var showsVerticalScrollIndicator: Bool	设置滚动视图是否显示垂直滚动条
var minimumZoomScale: a href="" CGFloat	设置滚动视图的最小缩放比例
var maximumZoomScale: a href="" CGFloat	设置滚动视图的最大缩放比例
var scrollsToTop: Bool	设置滚动视图是否滚动到顶部

表 12-1 列举了 UIScrollView 的常见属性，其中 contentSize、contentInset、contentOffset 是 UIScrollView 支持的三个控件显示区域属性， delegate 为代理属性，这些属性都比较重要，接下来针对这几个属性进行详细介绍。

1．contentSize

该属性是一个 CGSize 类型的值，CGSize 是一个结构体类型，它包含 width、height 两个成员变量，代表着该 UIScrollView 所需要显示内容的完整高度和完整宽度。例如，内容视图为灰色部分，它的大小为 320×544，而 ScrollView 视图的大小只有 320×460，由于内容视图超出了 ScrollView 可显示的大小，因此，需要滚动屏幕来查看内容，具体如图 12-7 所示。

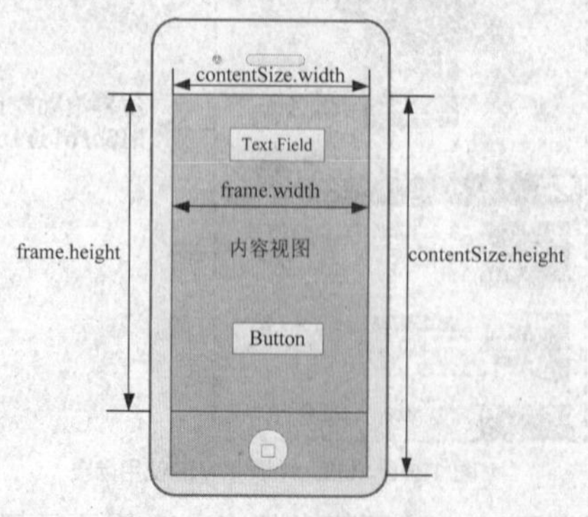

图 12-7 contentSize 属性

2. contentInset

该属性是一个 UIEdgeInsets 类型的值，UIEdgeInsets 也是一个结构体类型，它包含 top、left、bottom、right 4 个成员变量，分别代表着该 UIScrollView 所需要显示的内容在上、左、下、右的留白。例如，内容视图为灰色部分，它的大小为 320×480，而 ScrollView 的大小只有 320×460，由于内容视图超出了 ScrollView 可显示的大小，并且上方要留一部分空白显示其他控件，因此，需要滚动屏幕来查看内容，具体如图 12-8 所示。

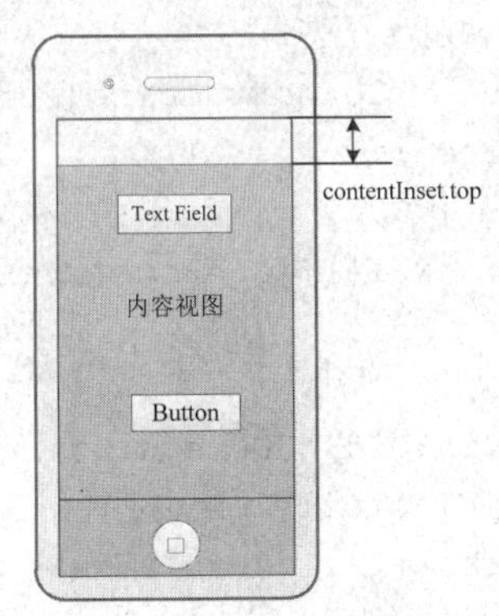

图 12-8 contentInset 属性

3. contentOffset

该属性是一个 CGPoint 类型的值，CGPoint 也是一个结构体类型，它包含 *x*、*y* 两个成员变量，代表内容视图的坐标原点与该 UIScrollView 坐标原点的偏移量，具体如图 12-9 所示。

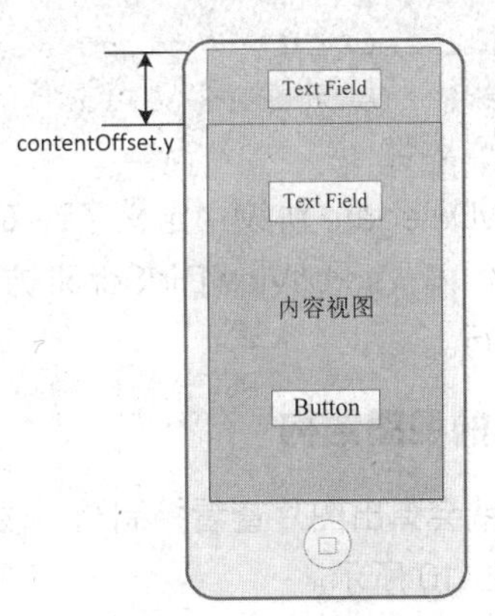

图 12-9 contentOffset 属性

4. delegate

该属性是一个 id 类型的值，它可以指定代理对象。在 ScrollView 中定义了一个 UIScrollViewDelegate 协议，该协议定义了许多可以监听 UIScrollView 滚动过程的方法，例如，要想监听 ScrollView 的缩放和拖曳，可以通过遵守 UIScrollViewDelegate 协议，指定 ScrollView 的代理对象来实现。UIScrollViewDelegate 协议的定义方式如下。

```
public protocol UIScrollViewDelegate : NSObjectProtocol {
// 滚动 UIScrollView 时就会调用该方法
optional public func scrollViewDidScroll(scrollView: UIScrollView)
// 缩放 UIScrollView 时就会调用该方法
```

```
optional public func scrollViewDidZoom (scrollView: UIScrollView)
// 即将拖曳 UIScrollView 时就会调用该方法
optional public func scrollViewWillBeginDragging (scrollView: UIScrollView)
// 即将停止拖曳 UIScrollView 时就会调用该方法
optional public func scrollViewWillEndDragging(scrollView: UIScrollView,
withVelocity velocity: CGPoint,
targetContentOffset: UnsafeMutablePointer<CGPoint>)
// 停止拖曳 UIScrollView 时就会调用该方法
optional public func scrollViewDidEndDragging(scrollView: UIScrollView,
willDecelerate decelerate: Bool)
// UIScrollView 即将减速时就会调用该方法
optional public func scrollViewWillBeginDecelerating(scrollView:
UIScrollView)
// UIScrollView 减速完成时就会调用该方法
optional public func scrollViewDidEndDecelerating (scrollView:UIScrollView)
// 返回缩放的视图，这个视图必须是 UIScrollView 的子视图
optional public func viewForZoomingInScrollView(scrollView: UIScrollView)
-> UIView?
// UIScrollView 即将缩放时就会调用该方法
optional public func scrollViewWillBeginZooming(scrollView: UIScrollView,
withView view: UIView?)
// UIScrollView 完成缩放时就会调用该方法
optional public func scrollViewDidEndZooming(scrollView: UIScrollView,
withView view: UIView?, atScale scale: CGFloat)
}
```

在上述定义中，UIScrollViewDelegate 协议中定义了许多供代理监听的方法，这些方法会在滚动视图的不同状态下被调用。例如，scrollViewDidScroll 方法是改变滚动视图偏移量时调用的方法，该方法会在视图滚动后执行。

12.1.4 分析图片查看器的视图结构

当用户单击某一个图片后，就会弹出图片查看控制器。根据查看图片的需求，图片查看控制器内的视图层次结构设计如图 12-10 所示。

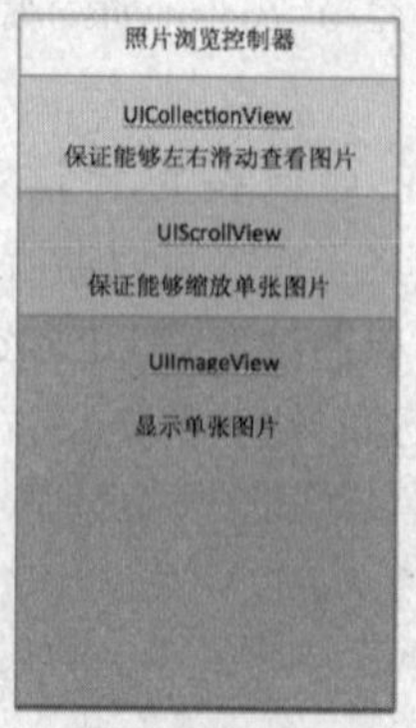

图 12-10 图片查看器的结构

关于图 12-10 的具体分析如下所示。

（1）由于能够左右滑动浏览照片，所以最外层是一个 Collection View 控件，每张图片显示在一个 Collection View 的单元格上。

（2）由于每张图片都可以缩放，所以在 Collection View 的单元格内要包含一个 Scroll View 控件，以实现图片放大和缩小的功能。

（3）由于每个单元格要显示一张图片，所以在单元格内要包含一个 Image View 控件，用于显示图片，并且 Image View 控件包含在 Scroll View 控件的内部。

在 Image View 的内部，默认按照屏幕宽度显示图片，可将图片分为以下两种。

- 短图：宽度与屏幕相同，居中显示。
- 长图：宽度与屏幕相同，显示照片的顶部内容。

另外，由于“关闭”和“保存”按钮在图片滑动时持续存在，所以这两个按钮直接放在了图片查看控制器的 View 上，在 Collection View 的上层显示。

12.2 照片查看器功能的实现

12.2.1 实现数据传递

在实现单击图片查看的功能时，需要明确如下两个信息。

（1）用户选中的是图片序号，根据图片序号决定要放大哪张图片。

（2）该条微博下的所有图片的 URL 数组。当放大图片后，用户可以在图片之间左右滑动，以查看该微博下的所有放大图片，所以需要根据其他图片的地址下载大图。

要得到这些信息，首先要监听图片的单击事件。打开 StatusPictureView.swift 文件，在 StatusPictureView 类的 init ()方法中设置 collectionView 的代理，代码如下。

```
// 设置代理
delegate = self
```

在 StatusPictureView 类的扩展中让它遵守 UICollectionViewDelegate 协议，并实现协议方法，代码如下。

```
extension StatusPictureView: UICollectionViewDataSource,
UICollectionViewDelegate {
    func collectionView(collectionView: UICollectionView,
    didSelectItemAtIndexPath indexPath: NSIndexPath) {
        print("单击照片 \(indexPath) \(viewModle?.thumbnailUrls)")
    }
}
```

从显示图片的 StatusPictureView 中得到的信息，要传递给 HomeTableViewController，由 HomeTableViewController 控制器负责跳转到图片浏览控制器。信息的传递可以采用通知的方式进行。

首先，在【Classes】→【Tools】目录下的 Common.swift 文件中添加通知中要使用的常量，包括通知名称、图片序号以及所有图片的 URL，代码如下。

```
/// 选中照片通知
let WBStatusSelectedPhotoNotification = "WBStatusSelectedPhotoNotification"
/// 选中照片的 KEY - IndexPath
let WBStatusSelectedPhotoIndexPathKey = "WBStatusSelectedPhotoIndexPathKey"
/// 选中照片的 KEY - URL 数组
let WBStatusSelectedPhotoURLsKey = "WBStatusSelectedPhotoURLsKey"
```

其次，在 StatusPictureView 的代理方法中发送通知，使用了通知中心的发送通知的方法 postNotificationName(_:object:userInfo:)，该方法有 3 个参数，分别如下。

- name：通知名，通知中心监听的字符串。
- object：通知时发送通知的对象。
- userinfo：发送通知时附加传递的数据字典。

其中图片序号和图片的 URL 数组都通过 userinfo 传递，具体代码如下。

```
/// 选中照片
func collectionView(collectionView: UICollectionView,
didSelectItemAtIndexPath indexPath: NSIndexPath) {
    print("单击照片 \(indexPath) \(viewModle?.thumbnailUrls)")
    // 通知：名字(通知中心监听)/object：发送通知的同时传递对象(单值)
    // userInfo 传递多值的时候，使用的数据字典 -> Key
    let userInfo = [WBStatusSelectedPhotoIndexPathKey: indexPath,
    WBStatusSelectedPhotoURLsKey: viewModle!.thumbnailUrls!]
    NSNotificationCenter.defaultCenter().postNotificationName(
    WBStatusSelectedPhotoNotification,
    object: self,
    userInfo: userInfo)
}
```

再次，在 HomeTableViewController 类的 viewDidLoad 方法中添加监听通知的方法，代码如下。

```
NSNotificationCenter.defaultCenter().addObserverForName(
WBStatusSelectedPhotoNotification,
object: nil,
queue: nil) {
    print(n)
    print(NSThread.currentThread())
}
```

在 deinit 方法中注销通知，代码如下。

```
deinit {
    // 注销通知
    NSNotificationCenter.defaultCenter().removeObserver(self)
}
```

运行程序，单击微博上的图片，可以看到 HomeTableViewController 已经接收到通知的内容，并打印出通知的信息。

12.2.2　准备图片查看控制器

接下来创建图片查看控制器，打开 Finder，在【Classes】→【Tools】目录下新建一个目录，取名为“PhotoBrowser”。将 PhotoBrowser 目录拖入 Xcode 中的对应目录下，并在该目录下新建类 PhotoBrowserViewController，继承自 UIViewController，用作照片查看的控制器。

在 PhotoBrowserViewController 中添加属性 urls 和 selectedIndexPath，用于存储照片的 URL 数组和被选中的照片索引，并添加一个接收这两个参数的构造函数，代码如下。

```
/// 照片浏览器
class PhotoBrowserViewController: UIViewController {
    /// 照片 URL 数组
    private var urls: [NSURL]
    /// 当前选中的照片索引
    private var currentIndexPath: NSIndexPath
    // MARK: - 构造函数，属性都可以是必选，不用后续考虑解包的问题
    init(urls: [NSURL], indexPath: NSIndexPath) {
        self.urls = urls
        self.currentIndexPath = indexPath
        // 调用父类方法
        super.init(nibName: nil, bundle: nil)
    }
    required init?(coder aDecoder: NSCoder) {
        fatalError("init(coder:) has not been implemented")
    }
}
```

在 HomeTableViewController 中实现，接收到通知后，加载照片查看视图控制器，并且传递数据，代码如下。

```
NSNotificationCenter.defaultCenter().addObserverForName(
WBStatusSelectedPhotoNotification,
object: nil,
queue: nil) { [weak self] (n) -> Void in
    guard let indexPath = n.userInfo?[WBStatusSelectedPhotoIndexPathKey] as?
    NSIndexPath else {
        return
    }
    guard let urls = n.userInfo?[WBStatusSelectedPhotoURLsKey] as? [NSURL]
    else {
        return
    }
    let vc = PhotoBrowserViewController(urls: urls, indexPath: indexPath)
    // Modal 展现
    self?.presentViewController(vc, animated: true, completion: nil)
}
```

需要注意的是，如果使用通知中心的闭包监听，其中的 self 一定要弱引用。因为通知中心在

程序运行期间不会被销毁，如果对 self 强引用，则 self 所指向的对象（HomeTableViewController 对象）也不会被销毁。

此时运行程序，弹出了照片查看器的界面。

12.2.3 使用贝塞尔路径（UIBezierPath）绘图

除了可以使用已有的图形图片之外，iOS 中还可以绘制自定义的简单图形。其中常用的是使用 UIBezierPath 类。UIBezierPath 类可用于绘制直线、简单图形（如正方形、椭圆形、圆弧形）以及由直线和简单图形组合而成的复杂图形，并显示到视图上。

使用 UIBezierPath 类在指定位置绘制一段弧形的构造函数定义如下。

```
convenience init(arcCenter center: CGPoint,
radius radius: CGFloat,
startAngle startAngle: CGFloat,
endAngle endAngle: CGFloat,
clockwise clockwise: Bool)
```

从定义可以看出，该方法有 5 个参数，分别介绍如下。

- center：表示弧形的圆心。
- radius：表示弧形的半径。
- startAngle：表示弧形的起始角度。
- endAngle：表示弧形的终止角度。
- clockwise：表示弧形的绘制方向，是顺时针还是逆时针。

构造完成以后，还可以调用它的方法添加其他线条或图形，常用的方法如表 12-2 所示。

表 12-2 UIBezierPath 类的常见方法

方法声明	功能描述
func moveToPoint(_ point: CGPoint)	将当前路径的结束点移动到指定位置
func addLineToPoint(_ point: CGPoint)	为当前路径添加一条直线
func addArcWithCenter(_ center: CGPoint, radius radius: CGFloat, startAngle startAngle: CGFloat, endAngle endAngle: CGFloat, clockwise clockwise: Bool)	为当前路径添加一条弧线
func closePath()	结束路径的绘制，并将路径的起点和终点连线
func fill()	使用设置的颜色等属性填充当前路径绘制的区域

另外，还可以使用 UIColor 类的实例方法 setFill()为绘图路径添加颜色，包括线条的颜色和填充的颜色。

12.2.4 手势识别（UIGestureRecognizer）

在 iOS 开发中，手势识别器使用 UIGestureRecognizer 类表示，它直接继承于 NSObject

基类，并且定义了所有手势的基本行为，因此，要想学好手势识别，必须掌握 UIGesture Recognizer 定义的一些重要属性和方法，具体如下。

1. UIGestureRecognizer 类的属性

UIGestureRecognizer 类定义了一些常用的属性，用于获取手势识别发生的视图，表 12-3 列举了 UIGestureRecognizer 类常见的属性。

表 12-3　UIGestureRecognizer 类的常见属性

属性声明	功能描述
var state: UIGestureRecognizerState	获取手势识别当前的状态
var delegate: UIGestureRecognizerDelegate?	设置代理属性
var view: UIView?	获取手势识别发生的视图

表 12-3 列举了 UIGestureRecognizer 类的常见属性，其中，state 是 UIGestureRecognizer State 类型的，它是一个枚举类型，该枚举类型的定义格式如下。

```
enum UIGestureRecognizerState : Int {
    case Possible        // 没有触摸事件发生，所有手势识别的默认状态
    case Began           // 一个手势已经开始但尚未改变或者完成
    case Changed         // 手势状态发生改变
    case Ended           // 手势完成
    case Cancelled       // 手势取消，恢复至默认状态
    case Failed          // 手势失败，恢复至默认状态
    static var Recognized: UIGestureRecognizerState { get } // 识别到手势
}
```

从上述代码可以看出，手势识别包括七种状态，根据用户触摸的手势变化，这些状态会根据它们是否符合特定条件来决定是否过渡到下一个状态。接下来，通过一张图来描述手势识别状态的变化，具体如图 12-11 所示。

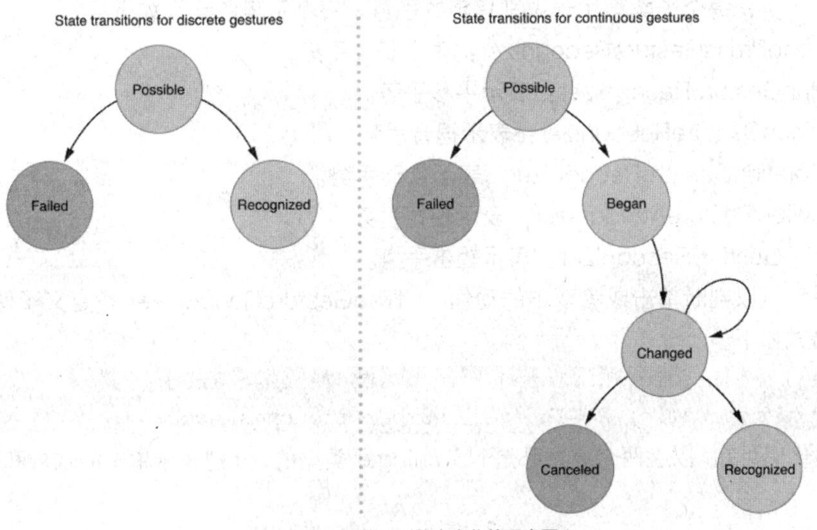

图 12-11　手势识别状态变化的示意图

图 12-11 是手势识别状态发生变化的示意图，由图可知，左部分是一个分离的手势，右半部分是一个连续的手势，默认都是 Possible 状态，符合一定的条件后，从一个状态转入到另一个状态。

2. UIGestureRecognizer 的方法

UIGestureRecognizer 类不仅定义了属性，而且还定义了一些方法，其中最常用的方法具体如下。

```
init(target target: AnyObject?, action action: Selector)
func addTarget(_ target: AnyObject, action action: Selector)
func removeTarget(_ target: AnyObject, action action: Selector)
```

关于上述三个方法的具体讲解如下。

➢ init(target: action:)：初始化一个带有触摸执行事件的手势识别器。

➢ addTarget(_: action:)：添加一个触摸执行事件。

➢ removeTarget(_: action:)：移除触摸执行事件。

既然 UIGestureRecognizer 类作为手势识别器的基类，它必定有很多子类，一般情况下，我们都会选择子类来处理不同的手势，接下来，通过一张图来描述 UIGestureRecognizer 的继承体系，具体如图 12-12 所示。

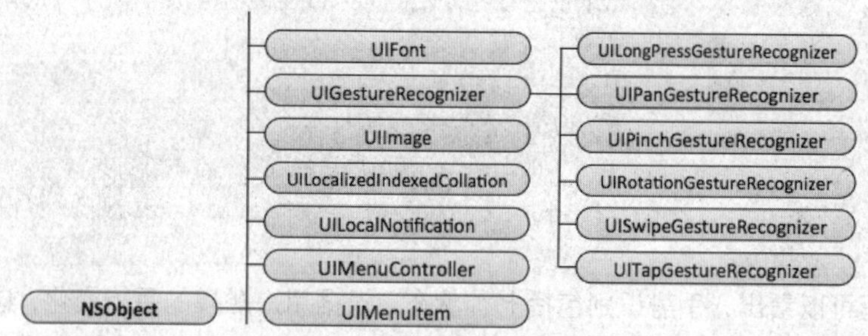

图 12-12 UIGestureRecognizer 类的继承体系结构

图 12-12 是 UIGestureRecognizer 类的继承体系结构图，由图可知，UIGestureRecognizer 类包含六个子类，每个子类都用于识别指定的手势。每个手势的含义如下。

➢ UILongPressGestureRecognizer：表示长按手势。

➢ UIPanGestureRecognizer：表示平移手势。

➢ UIPinchGestureRecognizer：表示捏合手势。

➢ UIRotationGestureRecognizer：表示转动手势。

➢ UISwipeGestureRecognizer：表示轻扫手势。

➢ UITapGestureRecognizer：表示轻击手势。

轻击手势可以判断单击或者双击的动作。UITapGestureRecognizer 类定义了两个属性，它们的定义格式如下。

```
@property (nonatomic) NSUInteger  numberOfTapsRequired;
@property (nonatomic) NSUInteger  numberOfTouchesRequired;
```

从上述代码可知，以上两个属性都是 NSUInteger 类型的，分别表示单击的次数和手指的个数。

12.2.5　搭建图片查看界面

图片查看控制器创建完以后，就可以搭建界面了，包括用于展示图片的 collectionView 控件、"关闭"按钮和"保存"按钮。

由于两个按钮都有背景色，所以修改 UIButton+Extension.swift 文件中的便利构造函数的定义，使它增加一个背景色的参数，代码如下。

```
convenience init(title: String, fontSize: CGFloat, color: UIColor,
imageName: String?, backColor: UIColor? = nil) {
    self.init()
    setTitle(title, for: UIControlState())
    setTitleColor(color, for: UIControlState())
    if let imageName = imageName {
        setImage(UIImage(named: imageName), for: UIControlState())
    }
    // 设置背景颜色
    backgroundColor = backColor
    titleLabel?.font = UIFont.systemFont(ofSize: fontSize)
    sizeToFit()
}
```

然后在 PhotoBrowserViewController 类中添加 collectionView、closeButton 和 saveButton 这些属性，分别用于表示展示图片的 collectionView 控件、"关闭"按钮和"保存"按钮，代码如下。

```
// MARK: - 懒加载控件
private lazy var collectionView: UICollectionView = UICollectionView(frame:
CGRect.zero, collectionViewLayout: UICollectionViewFlowLayout())
/// 关闭按钮
private lazy var closeButton: UIButton = UIButton(title: "关闭", fontSize: 14,
color: UIColor.white(), imageName: nil, backColor: UIColor.darkGray())
/// 保存按钮
private lazy var saveButton: UIButton = UIButton(title: "保存", fontSize: 14,
color: UIColor.white(), imageName: nil, backColor: UIColor.darkGray())
```

添加 setupUI()方法，用于将这些控件添加到控制器的视图上，并设置控件的位置和尺寸，代码如下。

```
private func setupUI() {
    // 1. 添加控件
    view.addSubview(collectionView)
    view.addSubview(closeButton)
    view.addSubview(saveButton)
    // 2. 设置布局
    collectionView.frame = view.bounds
    closeButton.snp_makeConstraints { (make) -> Void in
        make.bottom.equalTo(view.snp_bottom).offset(-8)
        make.left.equalTo(view.snp_left).offset(8)
```

```
        make.size.equalTo(CGSize(width: 100, height: 36))
    }
    saveButton.snp_makeConstraints { (make) -> Void in
        make.bottom.equalTo(view.snp_bottom).offset(-8)
        make.right.equalTo(view.snp_right).offset(-8)
        make.size.equalTo(CGSize(width: 100, height: 36))
    }
}
```

重写 loadView()方法，在该方法内设置控制器的视图和界面，代码如下。

```
override func loadView() {
    // 1. 设置根视图
    view = UIView(frame: UIScreen.main().bounds)
    // 2. 设置界面
    setupUI()
}
```

为按钮添加监听方法，首先在 setupUI()方法中为两个按钮添加单击监听方法，代码如下。

```
// 3. 监听方法
closeButton.addTarget(self, action: #selector( close), for: .touchUpInside)
saveButton.addTarget(self, action: #selector(save), for: .touchUpInside)
```

然后在 PhotoBrowserViewController 类中提供 close 和 save 方法的实现。

```
// MARK: - 监听方法
@objc private func close() {
    dismiss(animated: true, completion: nil)
}
/// 保存照片
@objc private func save() {
    print("保存照片")
}
```

至此，图片查看器界面搭建完成，目前界面上包含集合视图和两个按钮（保存和关闭）。

12.2.6 实现图片查看的功能

界面搭建完成以后，接下来在界面上实现图片查看的功能，包括图片的缩放、显示加载进度及保存图片到相册的功能，具体实现步骤如下。

1. 实现 collectionView 的功能

首先在 PhotoBrowserViewController.swift 文件的头部添加对可重用 cell 的定义，代码如下。

```
/// 可重用 Cell 标示符号
private let PhotoBrowserViewCellId = "PhotoBrowserViewCellId"
```

然后添加 prepareCollectionView()方法，用于注册 collectionView 的可重用 cell 和设置数据源，代码如下。

```
/// 准备 collectionView
private func prepareCollectionView() {
    // 1. 注册可重用 cell
```

```
    collectionView.register(UICollectionViewCell.self,
    forCellWithReuseIdentifier: PhotoBrowserViewCellId)
    // 2. 设置数据源
    collectionView.dataSource = self
}
```

在 setupUI()方法中调用 prepareCollectionView 方法，代码如下。

```
// 准备控件
prepareCollectionView()
```

然后为 PhotoBrowserViewController 类添加扩展，让 PhotoBrowserViewController 类实现 UICollectionViewDataSource 协议，然后实现 collectionView 的数据源方法，代码如下。

```
extension PhotoBrowserViewController: UICollectionViewDataSource {
    func collectionView(_ collectionView: UICollectionView,
    numberOfItemsInSection section: Int) -> Int {
        return urls.count
    }
    func collectionView(_ collectionView: UICollectionView,
    cellForItemAt indexPath: IndexPath) -> UICollectionViewCell {
        let cell = collectionView.dequeueReusableCell(withReuseIdentifier:
        PhotoBrowserViewCellId, for: indexPath)
        cell.backgroundColor = UIColor.black()
        return cell
    }
}
```

接下来自定义 collectionView 的布局，在 PhotoBrowserViewController 类中添加属性 PhotoBrowserViewLayout，继承自 UICollectionViewFlowLayout，代码如下。

```
// MARK: - 自定义流水布局
private class PhotoBrowserViewLayout: UICollectionViewFlowLayout {
    private override func prepare() {
        super.prepare()
        itemSize = collectionView!.bounds.size
        minimumInteritemSpacing = 0
        minimumLineSpacing = 0
        scrollDirection = .horizontal
        collectionView?.isPagingEnabled = true
        collectionView?.bounces = false
        collectionView?.showsHorizontalScrollIndicator = false
    }
}
```

修改 collectionView 的属性，将它的布局设置为 PhotoBrowserViewLayout，代码如下。

```
private lazy var collectionView: UICollectionView = UICollectionView(frame:
CGRect.zero, collectionViewLayout: PhotoBrowserViewLayout())
```

此时运行程序，可以看到图片查看器的按钮可以单击，并且也可以拖动 collectionView，以显示多个页面。

2. 自定义照片查看 Cell

自定义一个照片查看的 Cell，用于显示照片。在 Xcode 中新建一个类 PhotoBrowserCell，继承自 UICollectionViewCell。然后修改 PhotoBrowserViewController 的代码，使用 PhotoBrowserCell 类代替 UICollectionViewCell 类进行 collectionView 的注册和创建 cell。修改后的代码如下。

注册 Cell：

```
collectionView.register(UICollectionViewCell.self,
forCellWithReuseIdentifier: PhotoBrowserViewCellId)
```

创建可重用 Cell：

```
let cell = collectionView.dequeueReusableCell(withReuseIdentifier:
PhotoBrowserViewCellId, for: indexPath) as! PhotoBrowserCell
```

在 PhotoBrowserCell 中添加 scrollView 和 imageView 属性，用于表示单元格上的 ScrollView 子控件和 ImageView 子控件，然后添加 setupUI()方法，在该方法中将 scrollView 和 imageView 添加到单元格上。需要注意的是，scrollView 的大小与单元格相同，但是 imageView 的大小现在无法确定。

```
class PhotoBrowserCell: UICollectionViewCell
    override init(frame: CGRect) {
        super.init(frame: frame)
        setupUI()
    }
    required init?(coder aDecoder: NSCoder) {
        fatalError("init(coder:) has not been implemented")
    }
    private func setupUI() {
        // 1. 添加控件
        contentView.addSubview(scrollView)
        scrollView.addSubview(imageView)
        // 2. 设置位置
        scrollView.frame = rect
    }
    // MARK: - 懒加载控件
    private lazy var scrollView: UIScrollView = UIScrollView()
    private lazy var imageView: UIImageView = UIImageView()
}
```

给 PhotoBrowserCell 添加一个属性 imageURL，用于表示单元格上显示的图片 URL，并在它的 didSet 方法中根据 URL 从网上下载图片，显示在单元格上，代码如下。

```
var imageURL: URL? {
    didSet {
        guard let url = imageURL else {
            return
```

```
        }
        imageView.sd_setImageWithURL(url) { (image, _, _, _) in
            // 自动调整大小
            self.imageView.sizeToFit()
        }
    }
}
```

然后在 PhotoBrowserViewController 类的数据源方法中，在创建完 PhotoBrowserCell 以后，给单元格的 imageURL 属性赋值，代码如下。

```
cell.imageURL = urls[(indexPath as NSIndexPath).item]
```

运行程序，单击微博里的图片，可以查看图片，但是图片尺寸太小，原因是我们拿到的 URL 是缩略图的 URL。在代码里打印一下 URL，可以看到它的 URL 格式，其中一个 URL 的范例如下。

```
http://ww1.sinaimg.cn/thumbnail/bfc243a3gw14xen3kg24bj20n40yokjl.jpg
```

从新浪公司的接口文档可以看出，它的图片分为缩略图、中图和大图（原图）3 种，这里的 URL 存储的是缩略图，我们将它改成中图就可以了。方法是将 URL 中的 thumbnail 改为 bmiddle，为此，增加 bmiddleURL(_:)方法，代码如下。

```
/// 返回中等尺寸图片 URL
/// - parameter url: 缩略图 url
/// - returns: 中等尺寸 URL
private func bmiddleURL(url: URL) -> URL {
    // 1. 转换成 string
    var urlString = url.absoluteString
    // 2. 替换单词
    urlString = urlString?.replacingOccurrences(of: "/thumbnail/",
    with: "/bmiddle/")
    return URL(string: urlString!)!
}
```

对 imageURL 的 didSet 进行修改，使用中图的 URL 来下载图片，修改后的代码如下。

```
imageView.sd_setImageWithURL(bmiddleURL (url)) { (image, _, _, _) in
```

此时运行程序，可以看到显示的是中图了。

但是如果网速不快，从网上下载中图时会有等待期，此时可以先显示缩略图，等中图下载完后再替代缩略图。显示缩略图的代码如下。

```
// 1. 得到缩略图，url 是缩略图的地址
// 1> 从磁盘加载缩略图的图像
imageView.image = SDWebImageManager.sharedManager().imageCache.
imageFromDiskCacheForKey(url.absoluteString)
// 2> 设置大小
imageView.sizeToFit()
// 3> 设置中心点
imageView.center = scrollView.center
```

3. 调整长短图的尺寸

显示中图时，各个图片的尺寸都可能与手机屏幕不一致，有的图片较宽，有的图片较长，此时应调整一下图片控件的尺寸，使得中图在屏幕的中心显示，并且让图片的宽度充满整个屏幕，然后按图片自身比例调节图片显示的高度。为此，增加 displaySize(_:)方法，用于设置图片的显示尺寸，代码如下。

```
/// 根据 scrollView 的宽度计算等比例缩放之后的图片尺寸
private func displaySize(image: UIImage) -> CGSize {
    let w = scrollView.bounds.width
    let h = image.size.height * w / image.size.width
    return CGSize(width: w, height: h)
}
```

根据屏幕宽度进行调整后的图片比例不变，仍然有的较宽，有的较长。对于较宽的图片，直接将图片显示在屏幕中心即可，对于较长的图片，则先显示图片的上部内容，然后在屏幕滚动时显示完整内容。为此，添加 setPosition()方法，代码如下。

```
/// 设置 imageView 的位置
private func setPosition(_ image: UIImage) {
    // 计算的大小
    let size = self.displaySize(image)
    // 判断图片高度
    if size.height < scrollView.bounds.height {
        // 上下居中显示
        imageView.frame = CGRect(x: 0, y: 0, width: size.width,
        height: size.height)
        // 内容边距 — 会调整控件位置，但是不会影响控件的滚动
        let y = (scrollView.bounds.height - size.height) * 0.5
        scrollView.contentInset = UIEdgeInsets(top: y, left: 0, bottom: 0,
        right: 0)
    }
    else {          //较长图片
        imageView.frame = CGRect(x: 0, y: 0, width: size.width,
        height: size.height)
        scrollView.contentSize = size
    }
}
```

在 imageURL 对应的 didSet 中修改加载图片的代码，在加载完中图以后，调用 setPositon()方法，设置图片的显示位置，代码如下。

```
//异步加载中图
imageView.sd_setImageWithURL(bmiddleURL(url)) { (image, _, _, _) in
    // 设置图像视图位置
    self.setPositon(image)
}
```

此时运行程序，可以看到已经能够较好地显示微博的图片了。

4. 实现图片缩放功能

在 PhotoBrowserCell 类的 setupUI()方法中添加代码，将自己设置为 scrollView 的代理，并设置最小和最大缩放比例，代码如下。

```
// 3. 设置 scrollView 缩放
scrollView.delegate = self
scrollView.minimumZoomScale = 0.5
scrollView.maximumZoomScale = 2.0
```

然后新建 PhotoBrowserCell 类的扩展，使它遵守 UIScrollViewDelegate 协议，并返回被缩放的视图，代码如下。

```
extension PhotoBrowserCell: UIScrollViewDelegate {
    /// 返回被缩放的视图
    func viewForZooming(in scrollView: UIScrollView) -> UIView? {
        return imageView
    }
}
```

此时，运行程序，发现查看图片时，图片可以进行放大和缩小查看。

但是有一个问题，当图片缩小以后，没有显示在屏幕的正中间。为此，在滚动结束后进行设置，让缩小后的图片显示在屏幕的中央，让放大后的图片位置在左上角，代码如下。

```
/// 缩放完成后执行一次
/// - parameter scrollView: scrollView
/// - parameter view: 被缩放的视图
/// - parameter scale: 被缩放的比例
func scrollViewDidEndZooming(_ scrollView: UIScrollView, with view: UIView?,
atScale scale: CGFloat) {
    var offsetY = (scrollView.bounds.height - view!.frame.height) * 0.5
    //如果 offsetY 小于 0，说明图片 Y 值超出屏幕，此时让 offsetY 为 0
    offsetY = offsetY < 0 ? 0 : offsetY
    var offsetX = (scrollView.bounds.width - view!.frame.width) * 0.5
    //如果 offsetX 小于 0，说明图片 X 值超出屏幕，此时让 offsetX 为 0
    offsetX = offsetX < 0 ? 0 : offsetX
    // 设置间距
    scrollView.contentInset = UIEdgeInsets(top: offsetY, left: offsetX,
    bottom: 0, right: 0)
}
```

Collection View 控件的单元格采用了复用机制，但是被复用的单元格在用户使用过程中发生了属性的改变，例如在图片缩放时，修改了 scrollView 的 contentInset 属性；在下载图片时，修改了它的 contentSize 属性等。在 Collection View 控件复用单元格时，需要将这些属性恢复成默认值，否则会使得复用的单元格显示出错。为此，增加 resetScrollView()方法，用于恢复可能被修改的属性值，代码如下。

```
/// 重设 scrollView 内容属性
private func resetScrollView() {
   // 重设 imageView 的 transform 属性
```

```
    imageView.transform = CGAffineTransformIdentity
    //重设 scrollView 的属性
    scrollView.contentInset = UIEdgeInsetsZero
    scrollView.contentOffset = CGPoint.zero
    scrollView.contentSize = CGSize.zero
}
```

在 imageURL 属性的 didSet 中，在下载图片之前调用 resetScrollView()方法，使得 scrollView 的相关属性在每次下载图片之前都已恢复成功，调用代码如下。

```
// 恢复 scrollView
resetScrollView()
```

5. 调整照片的间距

图片查看器中，两张相邻的图片在切换时是有间隙的，并不是紧挨着显示。而切换完成后，单张图片与屏幕之间没有间隙，这样的设计对用户更加友好。为了实现这个效果，可以让 Collection View 的每个单元格的宽度比屏幕多 20pt，而单元格内的 Scroll View 控件则与屏幕大小一致。为此，在 PhotoBrowserViewController 类中修改 loadView()方法，在该方法内将 View 的宽度设置为比屏幕宽 20pt，代码如下。

```
override func loadView() {
    // 1. 设置根视图
    var rect = UIScreen.main().bounds
    rect.size.width += 20
    view = UIView(frame: rect)
    // 2. 设置界面
    setupUI()
}
```

这样，Collection View 的单元格与 View 的宽度一致，都比屏幕宽 20pt。

在 Collection View 的单元格界面设置中，将 Scroll View 的宽度在单元格宽度的基础上减少 20pt，使之与屏幕宽度相同。PhotoBrowserCell 的 setupUI()方法修改前和修改后的代码如下。

修改前：

```
// 设置位置
scrollView.frame = rect
```

修改后：

```
// 设置位置
var rect = bounds
rect.size.width -= 20
scrollView.frame = rect
```

6. 占位图片的处理

如果网速较慢，在照片查看器查看大图时有一个等待期，此时可以用图片的缩略图作为占位图片，并且使用一个进度条来显示大图下载的进度。为此，可以给 Collection View 的单元格添加一个单独的 Image View 控件，用于显示占位图片和进度条。首先在 PhotoBrowserCell 类中添加属性 placeHolder，用于显示占位图像，代码如下。

```
/// 占位图像
private lazy var placeHolder: UIImageView = UIImageView()
```

在 setupUI()方法中将 placeholder 控件添加到视图上，代码如下。

```
scrollView.addSubview(placeHolder)
```

增加一个用于设置占位图像视图内容和位置等信息的方法，代码如下。

```
/// 设置占位图像视图的内容
/// - parameter image: 本地缓存的缩略图，如果缩略图下载失败，image 为 nil
private func setPlaceHolder(image: UIImage?) {
    //显示占位视图
    placeHolder.hidden = false
    //设置占位视图的图像、位置和尺寸
    placeHolder.image = image
    placeHolder.sizeToFit()
    placeHolder.center = scrollView.center
}
```

修改 imageURL 对应的 didSet，首先显示占位图像控件，当大图下载完成后隐藏占位图像控件，修改后的代码如下。

```
var imageURL: NSURL? {
    didSet {
        guard let url = imageURL else {
            return
        }
        // 恢复 scrollView
        resetScrollView()
        // 从磁盘加载缩略图的图像
        let placeholderImage = SDWebImageManager.sharedManager().imageCache
        .imageFromDiskCacheForKey(url.absoluteString)
        setPlaceHolder(placeholderImage)
        // 异步加载大图
        imageView.sd_setImageWithURL(bmiddleURL(url),
            placeholderImage: nil,
            options: [SDWebImageOptions.RetryFailed,
            SDWebImageOptions.RefreshCached],
            progress: { (current, total) -> Void in
                //后续在这里，得到下载进度，并显示进度条
            }) { (image, _, _, _) -> Void in
                // 判断图像下载是否成功，如果不成功，则提示用户
                if image == nil {
                    SVProgressHUD.showInfoWithStatus("您的网络不给力")
                    return
                }
                // 隐藏占位图像
                self.placeHolder.hidden = true
```

```
            // 设置图像视图位置
            self.setPosition(image)
        }
    }
}
```

此时运行程序，可以看到，图片查看器可以成功地显示占位图片了。如果图片下载失败，会弹出提示框，提示“您的网络不给力”。

7. 显示下载进度

为了减缓用户等待的焦急，通常在加载数据时，都会显示下载进度。接下来，在占位图片上显示下载进度，为此，新建一个类 ProgressImageView，继承自 UIImageView，用于表示占位图像视图。

修改之前的代码，使用 ProgressImageView 类替代原来的 UIImageView，代码如下。

```
/// 占位图像
private lazy var placeHolder: ProgressImageView = ProgressImageView()
```

由于 UIImageView 及其子类无法使用 drawRect()方法绘图，所以创建一个新类 ProgressView，继承自 UIView，用于绘制进度条。并在 ProgressImageView 类中添加一个 ProgressView 类型的属性 progressView，用于表示进度条。

然后在 ProgressImageView 类中增加一个属性 progress，用于接收外部传来的进度值。

最后在 PregressView 类中绘制进度条，代码如下。

```
class ProgressImageView: UIImageView {
    /// 外部传递的进度值 0~1
    var progress: CGFloat = 0 {
        didSet {
            progressView.progress = progress
        }
    }
    // MARK: - 构造函数
    init() {
        super.init(frame: CGRectZero)
        setupUI()
    }
    required init?(coder aDecoder: NSCoder) {
        fatalError("init(coder:) has not been implemented")
    }
    private func setupUI() {
        addSubview(progressView)
        progressView.backgroundColor = UIColor.clearColor()
        // 设置布局
        progressView.snp_makeConstraints { (make) -> Void in
            make.edges.equalTo(self.snp_edges)
        }
    }
```

```
    // MARK: - 懒加载控件：进度条
    private lazy var progressView: ProgressView = ProgressView()
}
/// 进度视图
private class ProgressView: UIView {
    /// 内部使用的进度值 0~1
    var progress: CGFloat = 0 {
        didSet {
            // 重绘视图
            setNeedsDisplay()
        }
    }
    // 根据进度值绘制进度条
    override func drawRect(rect: CGRect) {
        let center = CGPoint(x: rect.width * 0.5, y: rect.height * 0.5)
        let r = min(rect.width, rect.height) * 0.5
        let start = CGFloat(-M_PI_2)
        let end = start + progress * 2 * CGFloat(M_PI)
        /**
            参数:
            1. 中心点
            2. 半径
            3. 起始弧度
            4. 截止弧度
            5. 是否顺时针
        */
        let path = UIBezierPath(arcCenter: center, radius: r,
        startAngle: start, endAngle: end, clockwise: true)
        // 添加到中心点的连线
        path.addLineToPoint(center)
        path.closePath()
        UIColor(white: 1.0, alpha: 0.3).setFill()
        path.fill()
    }
}
```

占位视图的进度条功能已经准备好，接下来就是在下载大图时设置进度条的进度值了，打开 PhotoBrowserCell 类，在 imageURL 属性的 didSet 中，在下载图片得到下载进度时更新进度条的进度值，代码如下。

```
imageView.sd_setImageWithURL(bmiddleURL(url),
    placeholderImage: nil,
    options: [SDWebImageOptions.RetryFailed,
    SDWebImageOptions.RefreshCached],
    progress: { (current, total) -> Void in
```

```
        // 更新进度
        dispatch_async(dispatch_get_main_queue(), { () -> Void in
            self.placeHolder.progress = CGFloat(current) / CGFloat(total)
        })
    }){省略其他代码}
```

此时，运行程序，可以看到下载大图时已经能显示进度条了。

然而，此时无论选中哪张图片，查看到的大图都是第一张，所以要对照片查看器进行设置，让它显示用户选中的图片。方法是在 PhotoBrowserViewController 类的 viewDidLoad()方法中添加代码，让 collectionView 滚动到用户选中的图片，代码如下。

```
override func viewDidLoad() {
    super.viewDidLoad()
    // 让 collectionView 滚动到指定位置
    collectionView.scrollToItemAtIndexPath(currentIndexPath,
    atScrollPosition: .CenteredHorizontally, animated: false)
}
```

8. 实现图片的保存功能

接下来实现保存图片的功能，来到 PhotoBrowserViewController 类，当用户单击“保存”按钮时，会调用 save()方法。在这个方法中，将图片保存到本地相册，具体代码如下。

```
/// 保存照片
@objc private func save() {
    // 1. 拿到图片
    let cell = collectionView.visibleCells()[0] as! PhotoBrowserCell
    // imageView 中很可能会因为网络问题没有图片 -> 下载需要提示
    guard let image = cell.imageView.image else {
        return
    }
    // 2. 保存图片
    UIImageWriteToSavedPhotosAlbum(image, self,
    #selector("image:didFinishSavingWithError:contextInfo:"), nil)
}
//当保存图片完毕后执行这个方法
@objc private func image(image: UIImage, didFinishSavingWithError
error: NSError?, contextInfo: AnyObject?) {
    let message = (error == nil) ? "保存成功" : "保存失败"
    //用进度条显示保存进度
    SVProgressHUD.showInfoWithStatus(message)
}
```

由于 PhotoBrowserViewController 类要访问 PhotoBrowserCell 类的 imageView 属性，所以要修改 imageView 属性的访问权限，去掉 private，变成默认的 internal 级别，代码如下。

```
lazy var scrollView: UIScrollView = UIScrollView()
lazy var imageView: UIImageView = UIImageView()
```

9. 单击图片退出图片查看器

目前只有在单击“关闭”按钮时才能退出图片查看器，但为了方便用户的使用，在单击图片时也能退出图片查看器，回到微博主页面。为此，需要让图片查看控制器成为 PhotoBrowserCell 的代理，当用户单击，可以给单元格的 imageView 控件添加一个单击手势识别器，用于识别单击手势。在 PhotoBrowserCell 类的 setupUI()方法中添加代码，具体如下。

```
// 添加手势识别
let tap = UITapGestureRecognizer(target: self, action: "tapImage")
imageView.userInteractionEnabled = true
imageView.addGestureRecognizer(tap)
```

在上述代码中，当用户单击 imageView 控件时，会调用 tapImage 方法。在 tapImage 方法中，要让图片查看控制器 PhotoBrowserViewController 自己从屏幕退出。为此，需要让 PhotoBrowserViewController 成为 PhotoBrowserCell 类的代理，并实现代理方法，在代理方法中关闭自己。首先在 PhotoBrowserCell.swift 文件的上部添加 PhotoBrowserCellDelegate 协议，它有一个 photoBrowserCellDidTapImage 方法，代码如下。

```
protocol PhotoBrowserCellDelegate: NSObjectProtocol {
    func photoBrowserCellDidTapImage()
}
```

在 PhotoBrowserCell 类中添加属性 photoDelegate，表示它的代理，代码如下。

```
weak var photoDelegate: PhotoBrowserCellDelegate?
```

实现 tapImage()方法，在该方法中调用代理方法，代码如下。

```
@objc private func tapImage() {
    photoDelegate?.photoBrowserCellDidTapImage()
}
```

然后来到 PhotoBrowserViewController.swift 文件，添加 PhotoBrowserViewController 类的扩展，在扩展中遵守 PhotoBrowserCellDelegate 协议，并实现协议方法，在协议方法中调用 close()方法将自己关闭，代码如下。

```
extension PhotoBrowserViewController: PhotoBrowserCellDelegate {
    func photoBrowserCellDidTapImage() {
        close()
    }
}
```

此时，运行程序可以看到，单击图片查看器上的图片，会退出图片查看器，回到微博主页面。至此，图片查看器的所有功能都完成了。

12.3 为照片查看器添加转场动画

前面从首页到照片查看器的跳转是从屏幕底部弹出来的，通常我们更希望的是，无论单击屏幕任意位置的图片，它都能够渐渐地放大显示，最终停留在屏幕中央。当浏览完以后，单击放大后的图片又会缩回到原来的位置，这样给人更直观的查看效果。接下来，本节将带领大家为照片查看器添加自定义的转场动画。

12.3.1 什么是转场动画

CATransition 类表示转场动画，一般情况下，转场动画是通过 CALayer 控制 UIView 内子控件的过渡动画，从而实现移出屏幕或者移入屏幕的效果，例如导航控制器将视图推入屏幕的效果。针对转场动画的过渡效果，CATransition 类提供了一些属性供外界修改，接下来，通过一张表来列举 CATransition 类的常见属性，具体如表 12-4 所示。

表 12-4 CATransition 类的常见属性

属性声明	功能描述
public var type: String	指定动画过渡的类型
public var subtype: String?	指定动画过渡的方向
public var startProgress: Float	设置动画的起点，默认为 0.0
public var endProgress: Float	设置动画的终点，默认为 1.0
public var filter: AnyObject?	添加一个可选的滤镜，默认为 nil

表 12-4 列举了 CATransition 类的常见属性，其中，type 和 subtype 两个属性比较重要，关于这两个属性的具体介绍如下。

1. Type 属性

Type 隶属于 String 类型，用于控制动画过渡的类型，它支持如下几个值。

- kCATransitionFade：通过渐隐效果控制子组件的过渡，这是默认值。
- kCATransitionMoveIn：通过移入动画控制子组件的过渡。
- kCATransitionPush：通过推入动画控制子组件的过渡。
- kCATransitionReveal：通过揭开动画控制子组件的过渡。

2. subtype 属性

subtype 也是一个 String 类型的值，用于指定预定义的过渡方向，它支持如下值。

- kCATransitionFromRight：从右边开始过渡。
- kCATransitionFromLeft：从左边开始过渡。
- kCATransitionFromTop：从顶部开始过渡。
- kCATransitionFromBottom：从底部开始过渡。

Type 属性不仅能够控制动画过渡的类型，而且支持私有动画，具体如表 12-5 所示。

表 12-5 Type 属性支持私有动画

字符串	效果说明
cube	通过立方体旋转动画控制子组件的过渡
oglFlip	通过翻转动画控制子组件的过渡
suckEffect	通过收缩动画控制子组件的过渡，类似于吸入
rippleEffect	通过水波动画控制子组件的过渡

续表

字符串	效果说明
pageCurl	通过页面揭开动画控制子组件的过渡
pageUnCurl	通过放下页面动画控制子组件的过渡
cameraIrisHollowOpen	通过镜头打开动画控制子组件的过渡
cameraIrisHollowClose	通过镜头关闭动画控制子组件的过渡

表 12-5 列举了多个字符串，每个字符串都代表着一种过渡效果。例如，cube 表示通过立方体旋转动画来控制子组件的过渡。

为了展示各种各样的转换动画，很多 iOS 应用都会自定义转场动画。iOS 7 新增加的自定义转场动画，让开发者能够在应用中，从一个场景切换到另一个场景的时候，创建自定义的动画效果。要想创建自定义转场动画，大致可以分为如下 3 个步骤。

（1）指定一个类，实现 UIViewControllerAnimatedTransitioning 协议。在这个类中，我们编写执行动画的代码，这个类充当动画控制器。

（2）在呈现另一个控制器前，设置这个控制器的 transitioningDelegate 属性为某个对象。该对象在呈现这个控制器的过程中将被调用，用于获取转场时应该使用什么对象作为动画控制器。

（3）实现回调方法，用于返回一个在第一步中创建的动画控制器对象。

12.3.2　了解照片查看器的转场功能

在为照片查看器添加转场动画之前，先来了解我们要实现的动画效果是什么样的。当用户单击微博中间的图片时，图片渐渐地放大到屏幕中央，如图 12-13 所示。

图 12-13　图片放大到屏幕中央

当用户单击放大后的图片时，图片渐渐地缩小到原来的位置，如图 12-14 所示。

图 12-14　图片缩小到原始位置

12.3.3　分析转场过程中视图的层次结构

转场动画主要分为两个过程，由首页过渡到照片查看器，再由照片查看器过渡到首页。当产生动画的时候，需要添加一个 UITransitionView 层专门负责动画。为此，UIViewControllerContextTransitioning 对象作为转场动画的上下文，它里面有一个容器视图，用来添加或者删除参与动画的子视图。此时，自定义转场过程中的视图结构如图 12-15 所示。

图 12-15 自定义转场模式示意图

动画过程中，并非是控制器上面的图像参加转场动画，而是中间会产生一个跟跳转前控制器上面的图像大小相同的副本，这个副本与首页上面的图片一样大，就是展现的过程。这个副本与图片浏览器上面的图片一样大，就是解除消失的过程。

12.3.4 分析图像的起始位置和目标位置

要想实现图片缩放的动画效果，从某个 frame 的值改变到另一个 frame 的值。为此，我们需要了解图像从首页过渡到照片查看器，再从照片查看器回到首页的过程中，图像的起始值和目标值该如何确定，如图 12-16 和图 12-17 所示。

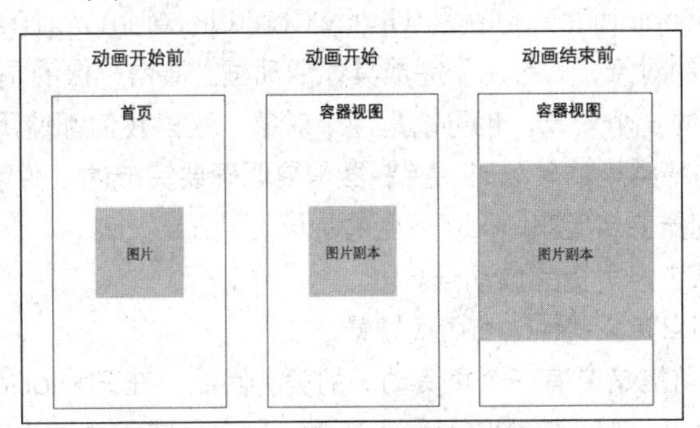

图 12-16 从起始位置到目标位置的示意图

图 12-16 讲述的是从首页到照片查看器的过程中图片大小的变化。当动画开始前，单击首页上面的这张图片会产生动画。动画刚刚开始的时候，会产生一个与首页同样位置和大小的图片副本。动画结束之前，图片副本跟照片查看器中对应的图片一样大。因此，它的初始的 frame 由首页提供，目标位置跟照片查看器中保持一致。

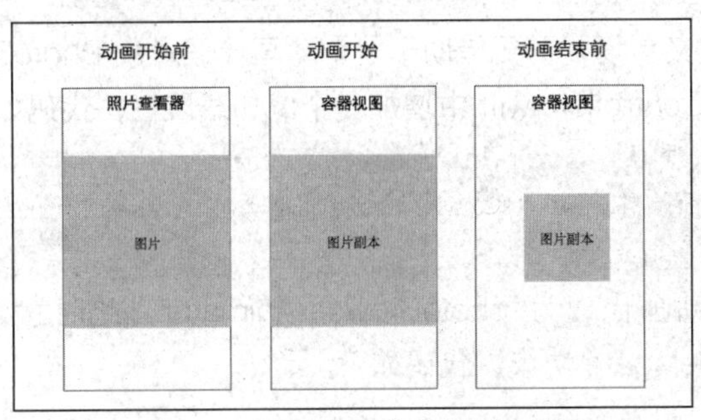

图 12-17 从目标位置到起始位置的示意图

图 12-17 描述的是从照片查看器到首页的过程中，图片由大到小的变化。动画开始前，单击照片查看器的某张图片，触发解除转场动画。开始时，会产生一个与照片查看器中同样大小的图片副本，直到动画结束前，图片副本缩小到与首页对应的图片一样小。因此，它的初始 frame 由照片查看器提供，目标 frame 由首页提供。

12.3.5 初步完成自定义转场动画

由于系统默认的 modal 转场不符合场景，为此需要自定义转场动画，实现由首页过渡到照片查看器。为此，iOS 为开发者提供了自定义 modal 转场的代理模式，示意图如图 12-18 所示。

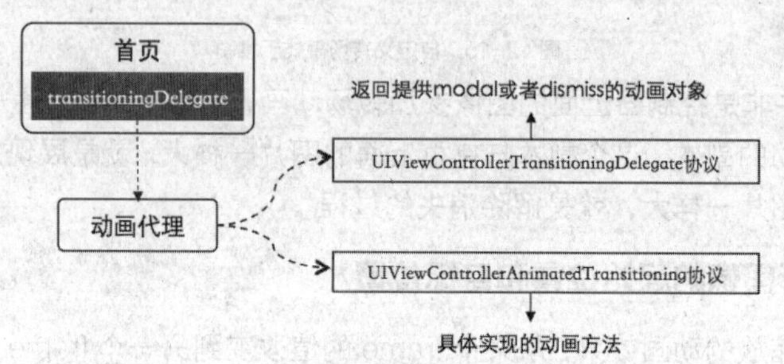

图 12-18 自定义转场模式示意图

由图可知，通过设置 transitioningDelegate 的值给首页设置动画代理，为此，iOS 提供了 UIViewControllerTransitioningDelegate 和 UIViewControllerAnimatedTransitioning 两个协议，前者用于指定提供动画的对象，后者用于完成具体的动画。值得一提的是，提供动画的对象与具体实现的对象既可以是同一个对象，也可以是两个对象，这里我们都使用动画代理。

在实现自定义 modal 类型的转场时，控制器需要明确要完成的 3 件事情，具体如下。

- 告诉系统，控制器要自定义modal类型的转场。
- 告诉系统，由某个类负责完成动画。
- 告诉系统，使用自定义的modal切换场景。

根据上面的步骤，前提是要有一个负责动画的类。因此，在 PhotoBrowser 分组下增加一个 PhotoBrowserAnimator 类，继承自 NSObject 基类。自定义转场动画的实现步骤如下。

1. 定义动画代理对象，负责控制转场动画

首先，控制器需要设置 modal 的类型是自定义。在 HomeTableViewController.swift 文件的 viewDidLoad()方法中，在注册通知的闭包里面设置自定义 modal 类型，代码如下。

```
// 设置 modal 的类型是自定义类型 Transition(转场)
vc.modalPresentationStyle = UIModalPresentationStyle.Custom
```

要想让 vc 实现自定义转场，需要借助于一个动画代理对象 PhotoBrowserAnimator 类。因此，在 HomeTableViewController.swift 中增加一个懒加载属性，代码如下。

```
/// 照片查看转场动画代理
private lazy var photoBrowserAnimator: PhotoBrowserAnimator =
    PhotoBrowserAnimator()
```

其次，设置 vc 的动画代理为 photoBrowserAnimator，此时它必须已经遵守了 UIViewControllerTransitioningDelegate 协议，代码如下。

```
// 设置动画代理
vc.transitioningDelegate = self?.photoBrowserAnimator
```

最后，依然使用 presentViewController 方法切换场景，注册通知最终的代码如下。

```
// 注册通知 — 如果使用通知中心的 block 监听，其中的 self 一定要弱引用
NSNotificationCenter.defaultCenter().addObserverForName(
    WBStatusSelectedPhotoNotification,
    object: nil, queue: nil) { [weak self] (n) -> Void in
    guard let indexPath = n.userInfo?[WBStatusSelectedPhotoIndexPathKey]
        as? NSIndexPath else {
        return
    }
    guard let urls = n.userInfo?[WBStatusSelectedPhotoURLsKey] as?
        [NSURL] else {
        return
    }
    let vc = PhotoBrowserViewController(urls: urls, indexPath: indexPath)
    // 1. 设置 modal 的类型是自定义类型 Transition(转场)
    vc.modalPresentationStyle = UIModalPresentationStyle.Custom
    // 2. 设置动画代理
    vc.transitioningDelegate = self?.photoBrowserAnimator
    // 3. Modal 展现
    self?.presentViewController(vc, animated: true, completion: nil)
}
```

2. 指定提供动画的对象

采纳了协议后，需要实现协议的某些方法。UIViewControllerTransitioningDelegate 协议提供了如下两个必须实现的方法。

- animationControllerForPresentedController：返回提供modal展现的动画对象。
- animationControllerForDismissedController：返回让控制器消失的动画对象。

PhotoBrowserAnimator 类作为控制器的动画代理，需要实现上述两个方法返回具体提供动画的对象。接下来，在 PhotoBrowserAnimator.swift 文件中，实现上述第 1 个方法，代码如下。

```
import UIKit
/// 提供动画转场的"代理"
class PhotoBrowserAnimator: NSObject,
UIViewControllerTransitioningDelegate {
    // 返回提供 modal 展现的"动画的对象"
    func animationControllerForPresentedController(presented:
        UIViewController, presentingController presenting:
        UIViewController, sourceController source: UIViewController) ->
        UIViewControllerAnimatedTransitioning? {
        return self
    }
}
```

此时，程序编译出现了错误信息，这是因为上述方法的返回值需要采纳 UIViewController AnimatedTransitioning 协议。所以增加 PhotoBrowserAnimator 类的扩展，采纳 UIViewController AnimatedTransitioning 协议，该协议提供了实现动画的具体方法，具体如下。

- transitionDuration(transitionContext: UIViewControllerContextTransitioning?)：动画执行的时间。
- animateTransition(transitionContext: UIViewControllerContextTransitioning)：动画执行的效果。

只要采纳了该协议，上述两个方法是必须要实现的。一旦实现了 animateTransition 方法，系统提供的动画效果就会失效，所有的动画效果全部交由程序员负责。此时运行程序，单击任意一张图片，无法切换到照片查看器界面。

在上述实现动画的方法中，它们都包含 UIViewControllerContextTransitioning 参数，它是转场动画的上下文，提供了动画所需要的素材。为此，该协议提供了 4 个比较重要的方法，具体如下。

- viewControllerForKey(key: String)：根据提供的 key 返回对应的控制器。key 有 UITransitionContextFromViewControllerKey 和 UITransitionContextToViewControllerKey 两个值，分别表示来源控制器和目的控制器。
- viewForKey(key:String)：根据提供的key返回对应的视图。Key有UITransitionContext FromViewKey和UITransitionContextToViewKey两个值，分别代表来源视图和目的视图。
- containerView()：控制器切换所发生的视图容器，开发者应该将切出的视图移除，将切入的视图加入容器中。
- completeTransition(didComplete: Bool)：告诉上下文切换完成。

3. 展现简单的转场动画

为了能够更快地测试是否能够实现自定义转场，接下来，完成一个由隐藏到显示的渐变切换效果。在扩展中定义方法，往容器视图中添加目的视图，再添加改变透明度的动画，代码如下。

```
/// 展现动画
private func presentAnimation(transitionContext:
UIViewControllerContextTransitioning) {
    // 1.获取 modal 要展现的控制器的根视图
    let toView = transitionContext.viewForKey(
        UITransitionContextToViewKey)!
    // 2. 将视图添加到容器视图中
    transitionContext.containerView()?.addSubview(toView)
    toView.alpha = 0
    // 3. 开始动画
    UIView.animateWithDuration(transitionDuration(transitionContext),
        animations: { () -> Void in
            toView.alpha = 1
        }) { (_) -> Void in
            // 告诉系统转场动画完成
            transitionContext.completeTransition(true)
```

```
    }
}
```

需要注意的是，一定要调用 completeTransition 方法告诉系统完成动画，否则 Modal 出来的视图无法正常返回。

在扩展的 animateTransition 方法中调用上述方法，实现设定的动画效果，代码如下。

```
// 实现具体的动画方法
extension PhotoBrowserAnimator: UIViewControllerAnimatedTransitioning {
    func animateTransition(transitionContext:
    UIViewControllerContextTransitioning) {
        presentAnimation(transitionContext)
    }
}
```

为了更好地展现动画的效果，需要指定动画执行的时长。在扩展中，增加 transitionDuration 方法的实现，代码如下。

```
// 动画时长
func transitionDuration(transitionContext:
UIViewControllerContextTransitioning?) -> NSTimeInterval {
    return 2
}
```

运行程序，单击任意一张图片，渐隐地出现了查看浏览器中对应的图片，如图 12-19 所示。

图 12-19　展现简单的转场动画

4. 展现简单的转场动画

要想让 modal 出来的控制器消失，同时要采用自定义的切换效果，同样要指定动画对象。切换到 PhotoBrowserAnimator.swift 文件，在 PhotoBrowserAnimator 类增加 animation Controller ForDismissedController 方法的实现，用来返回提供消失的动画对象，代码如下。

```
// 返回提供 dismiss 的"动画对象"
func animationControllerForDismissedController(dismissed:
UIViewController) -> UIViewControllerAnimatedTransitioning? {
    return self
}
```

不管是展现或者退出控制器，都会调用 self（PhotoBrowserAnimator）的 animateTransition 方法。因此，为了区分是展现还是退出，需要记录是否展现的标记。在 PhotoBrowserAnimator 类中增加标记属性，代码如下。

```
/// 是否 modal 展现的标记
private var isPresented = false
```

接着根据不同的情况，在 animationControllerForPresentedController 和 animationControllerForDismissedController 方法中改变 isPresented 的值，改后的代码如下。

```
// 返回提供 modal 展现的"动画的对象"
func animationControllerForPresentedController(
    presented: UIViewController, presentingController presenting:
    UIViewController, sourceController source: UIViewController) ->
    UIViewControllerAnimatedTransitioning? {
    isPresented = true
    return self
}
// 返回提供 dismiss 的"动画对象"
func animationControllerForDismissedController(dismissed:
    UIViewController) -> UIViewControllerAnimatedTransitioning? {
    isPresented = false
    return self
}
```

然后，在扩展中定义解除动画的方法，先获得要消失的视图，使用 UIView 类的动画将来源视图移出容器，代码如下。

```
/// 解除转场动画
private func dismissAnimation(transitionContext:
UIViewControllerContextTransitioning) {
    // 1. 获取要 dismiss 的控制器的视图
    let fromView = transitionContext.viewForKey(
        UITransitionContextFromViewKey)!
    UIView.animateWithDuration(transitionDuration(transitionContext),
        animations: { () -> Void in
            fromView.alpha = 0
        }) { (_) -> Void in
            // 将 fromView 从父视图中删除
            fromView.removeFromSuperview()
            // 告诉系统动画完成
            transitionContext.completeTransition(true)
    }
}
```

最后，在 animateTransition 方法中依据标记判断，如果 isPresented 为 true，会调用 presentAnimation 方法，反之则调用 dismissAnimation 方法，改后的代码如下。

```
func animateTransition(transitionContext:
UIViewControllerContextTransitioning) {
    isPresented ? presentAnimation(transitionContext) :
        dismissAnimation(transitionContext)
}
```

此时运行程序，单击任意图片，图片以渐隐的方式切换到大图；单击“关闭”按钮，大图渐隐地切换到首页页面。部分场景如图 12-20 所示。

图 12-20 解除简单的转场动画

由图可知，由于自动布局对根视图没有约束，导致“保存”按钮的位置偏移了 20 个单位。为此，需要重新布局该按钮的位置。切换至 PhotoBrowserViewController.swift 文件，在 setupUI() 方法中重新设置“保存”按钮的布局，代码如下。

```
saveButton.snp_makeConstraints { (make) -> Void in
    make.bottom.equalTo(view.snp_bottom).offset(-8)
    make.right.equalTo(view.snp_right).offset(-28)
    make.size.equalTo(CGSize(width: 100, height: 36))
}
```

运行程序，“保存”按钮又恢复了正确的位置。

12.3.6 通过代理展现转场动画

上面通过自定义转场动画，实现了渐隐渐现的切换效果，在这个基础上，我们将进一步完善动画的效果，让照片从某个位置开始动画到放大图片的位置。

图像从 HomeTableViewController 展现到 PhotoBrowserViewController 时，动画代理需要知道参与动画的图像、起始位置和目标位置，这些信息都封装在 StatusPictureView 中，StatusPictureView 位于 HomeTableViewController 的 StatusCell 中。为此，让 StatusPictureView 对象

成为动画代理的委托对象，帮助动画代理完成展现动画，示意图如图 12-21 所示。

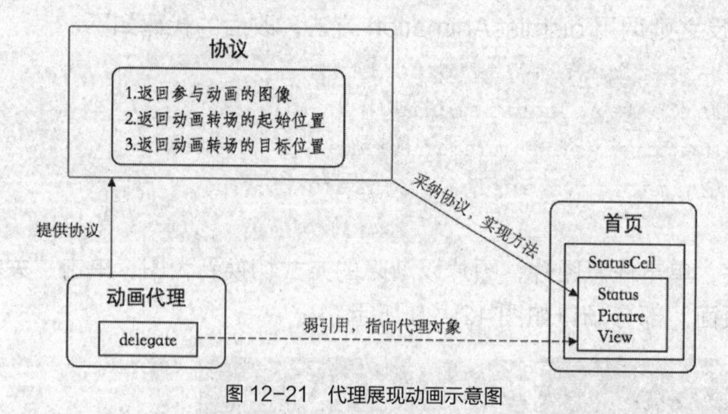

图 12-21 代理展现动画示意图

按照图 12-21 的描述，通过代理模式实现自定义转场动画的展现，具体内容如下。

1. 制定协议

为了能够拿到照片的 frame 值，PhotoBrowserAnimator 类需要制定一个协议，该协议里面包含如下三个需求。

（1）获取对应的图像视图。

（2）获取动画的起始位置。

（3）获取动画的目标位置。

为此，在 PhotoBrowserAnimator.swift 文件中添加展现动画的协议，该协议内部声明三个方法，依次用于获取对应索引的图像视图、起始位置和目标位置，代码如下。

```
// MARK: - 展现动画协议
protocol PhotoBrowserPresentDelegate: NSObjectProtocol {
    /// 指定 indexPath 对应的 imageView，用来做动画效果
    func imageViewForPresent(indexPath: NSIndexPath) -> UIImageView
    /// 动画转场的起始位置
    func photoBrowserPresentFromRect(indexPath: NSIndexPath) -> CGRect
    /// 动画转场的目标位置
    func photoBrowserPresentToRect(indexPath: NSIndexPath) -> CGRect
}
```

2. 遵守协议，实现方法

转场动画由 HomeTableViewController 发起，实质上图像视图是位于 cell 里面，为此要让 StatusPictureView 类实现方法。在 StatusPictureView.swift 文件中，增加一个扩展类，遵守 PhotoBrowserPresentDelegate 协议。

（1）获取图像的起始位置

由于图像的坐标以 cell 为基准，frame 的 X 和 Y 值以 cell 的左上角为原点，应该让其以整个屏幕为参考，以屏幕的左上角为原点。为此，需要在不同的视图之间转换坐标系，代码如下。

```
1 // MARK: - 照片查看器的展现协议
2 extension StatusPictureView: PhotoBrowserPresentDelegate {
3 /// 动画起始位置
4     func photoBrowserPresentFromRect(indexPath: NSIndexPath) -> CGRect {
5         // 1. 根据 indexPath 获得当前用户选择的 cell
```

```
6           let cell = self.cellForItemAtIndexPath(indexPath)!
7           // 2. 通过 cell 知道 cell 对应在屏幕上的准确位置
8           let rect = self.convertRect(cell.frame, toCoordinateSpace:
9               UIApplication.sharedApplication().keyWindow!)
10          // 3. 测试转换 rect 的位置
11          let v = UIView(frame: rect)
12          v.backgroundColor = UIColor.redColor()
13          UIApplication.sharedApplication().keyWindow?.addSubview(v)
14          return rect
15      }
16 }
```

在上述代码中，convertRect 方法能够在不同的视图之间实现坐标系的转换，self 是 cell 的父视图，由 collectionView 将 cell 的 frame 转换为 keyWindow 对应的 frame 的值。

为了能够直观地看到是否正确获得了照片的 frame，会执行第 11~13 行的测试代码，根据 frame 创建了红色的视图，然后添加到 UIWindow 上。

当选中图片的时候，会调用 collectionView(collectionView:UICollectionView, didSelectItemAtIndexPath indexPath: NSIndexPath)方法。在该方法的开头调用 photoBrowserPresentFromRect 方法测试，代码如下。

```
photoBrowserPresentFromRect(indexPath)
```

此时运行程序，单击任意一张图片，在屏幕上出现和图片同样的红块覆盖了图片，如图 12-22 所示。

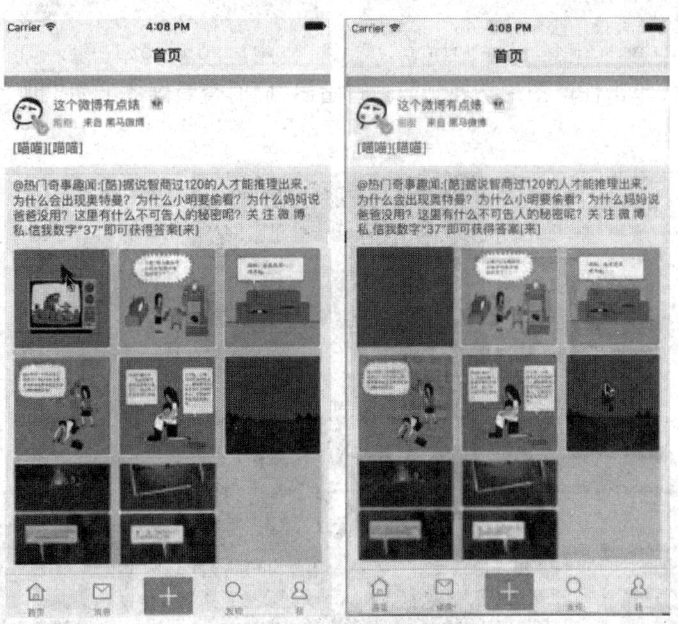

图 12-22　红块覆盖图片

由此证明，我们成功得到了照片在屏幕上面的起始位置。

（2）获取参与动画的图像视图

由视图层次结构看出，照片所处的层次结构是比较复杂的。如果要拿到动画所产生的图片对象，需要一层一层地获取。实际上，可以先建立一个与图片拥有相同 frame 的副本，然后添加到容器视图中，造成一种视觉上的假象。

接下来，在扩展中增加 imageViewForPresent 方法的实现，创建一个图像视图，并且为其设置图像，代码如下。

```
/// 创建一个参与动画的 imageView
func imageViewForPresent(indexPath: NSIndexPath) -> UIImageView {
    let iv = UIImageView()
    // 1. 设置内容填充模式
    iv.contentMode = .ScaleAspectFill
    iv.clipsToBounds = true
    // 2. 设置图像（缩略图的缓存）- SDWebImage 如果已经存在本地缓存，不会发起网络请求
    if let url = viewModle?.thumbnailUrls?[indexPath.item] {
        iv.sd_setImageWithURL(url)
    }
    return iv
}
```

由于之前的图像视图设置了填充模式，如果不设置的话会出现等比例拉伸，尽可能地让图像视图仿照得一模一样。

为了能够看到是否出现了图片副本，继续在 photoBrowserPresentFromRect 方法中，注释刚刚的测试代码，再次增加测试是否产生副本的代码，具体如下。

```
let v = imageViewForPresent(indexPath)
v.frame = rect
UIApplication.sharedApplication().keyWindow?.addSubview(v)
```

此时运行程序，单击任意图片切换到照片查看器，同时查看器的上面出现了单击图片的副本，如图 12-23 所示。

图 12-23 查看器出现图片副本

测试完成后，注释或者删除用于测试的代码。

（3）获取照片的目标位置

照片查看器使用的是中图，它与缩略图的大小是一样的，直接使用缩略图计算即可。在扩展中，增加 photoBrowserPresentToRect 方法的实现，根据图像大小计算全屏的位置，代码如下。

```
1 /// 目标位置
2 func photoBrowserPresentToRect(indexPath: NSIndexPath) -> CGRect {
3     // 根据缩略图的大小，等比例计算目标位置
4     guard let key = viewModle?.thumbnailUrls?[indexPath.item].
5         absoluteString else {
6         return CGRectZero
7     }
8     // 从 sdwebImage 获取本地缓存图片
9     guard let image = SDWebImageManager.sharedManager().imageCache.
10        imageFromDiskCacheForKey(key) else {
11        return CGRectZero
12    }
13    // 根据图像大小，计算全屏的大小
14    let w = UIScreen.mainScreen().bounds.width
15    let h = image.size.height * w / image.size.width
16    // 对高度进行额外处理
17    let screenHeight = UIScreen.mainScreen().bounds.height
18    var y: CGFloat = 0
19    if h < screenHeight {       // 图片短，垂直居中显示
20        y = (screenHeight - h) * 0.5
21    }
22    let rect = CGRect(x: 0, y: y, width: w, height: h)
23    return rect
24    // 测试位置
25    let v = imageViewForPresent(indexPath)
26    v.frame = rect
27    UIApplication.sharedApplication().keyWindow?.addSubview(v)
28 }
```

在上述代码中，第 4~7 行处理了没有缩略图的情况，第 9~12 行处理了本地没有缓存图片的情况，下面接着对高度进行了额外调整，第 25~27 行是测试代码。

为了能够检测是否获得了目标位置，同样在 collectionView(collectionView: UICollectionView, didSelectItemAtIndexPath indexPath: NSIndexPath)方法中，注释测试初始位置的代码，调用 photoBrowserPresentToRect 方法测试，代码如下。

```
photoBrowserPresentToRect(indexPath)
```

此时运行程序，屏幕出现了大图的副本，如图 12-24 所示。

图 12-24　首页出现大图副本

测试完成后，可以看到目标位置已经成功捕获到。需要注意的是，一定要注释或者删除测试的代码，以免影响后面的效果。

3. 添加代理属性，设置代理

在 PhotoBrowserAnimator 类中，增加两个属性，分别表示展现动画代理和动画图像的索引，代码如下。

```
/// 展现动画代理
weak var presentDelegate: PhotoBrowserPresentDelegate?
/// 动画图像的索引
var indexPath: NSIndexPath?
```

接下来，给上述两个属性设置初始值。在 PhotoBrowserAnimator 类中，增加设置代理相关属性的方法，代码如下。

```
/// 设置代理相关属性 - 让代码放在合适的位置
/// - parameter presentDelegate: 展现代理对象
/// - parameter indexPath: 图像索引
func setDelegateParams(presentDelegate: PhotoBrowserPresentDelegate,
    indexPath: NSIndexPath) {
    self.presentDelegate = presentDelegate
    self.indexPath = indexPath
}
```

接着需要设置代理和索引属性，StatusPictureView 类是 PhotoBrowserAnimator 的代理对象，但是 HomeTableViewController 负责管理 StatusPictureView 类，为此让 HomeTableViewController 类设置代理属性。

切换至 HomeTableViewController.swift 文件，在 viewDidLoad()方法的注册通知部分，设置代理参数，代码如下。

```
1 // 注册通知—如果使用通知中心的 block 监听，其中的 self 一定要弱引用！
2 NSNotificationCenter.defaultCenter().addObserverForName
3     (WBStatusSelectedPhotoNotification,
4     object: nil,
5     queue: nil) { [weak self] (n) -> Void in
6         guard let indexPath = n.userInfo?[WBStatusSelectedPhotoIndexPathKey]
7         as? NSIndexPath else {
8             return
9         }
10        guard let urls = n.userInfo?[WBStatusSelectedPhotoURLsKey]
11        as? [NSURL] else {
12            return
13        }
14        // 判断 cell 是否遵守了展现动画协议！
15        guard let cell = n.object as? PhotoBrowserPresentDelegate else {
16            return
17        }
18        let vc = PhotoBrowserViewController(urls: urls, indexPath: indexPath)
19        // 1. 设置 modal 的类型是自定义类型 Transition(转场)
20        vc.modalPresentationStyle = UIModalPresentationStyle.Custom
21        // 2. 设置动画代理
22        vc.transitioningDelegate = self?.photoBrowserAnimator
23        // 3. 设置 animator 的代理参数
24        self?.photoBrowserAnimator.setDelegateParams(cell, indexPath:
25            indexPath)
26        // 4. Modal 展现
27        self?.presentViewController(vc, animated: true, completion: nil)
28 }
```

上述代码中，第 15~17 行确保能够获取遵守 PhotoBrowserPresentDelegate 协议的单元格，第 24~25 行设置了动画的代理参数。

4. 实现照片查看效果的切换

准备工作完成后，就能够根据起始位置和目标位置完成动画了。在 PhotoBrowserAnimator.swift 文件的 presentAnimation 方法中，先把目标视图添加到容器中，再把图像视图添加到容器中，最后让 frame 设置为目标位置，改后的代码如下。

```
/// 展现动画
private func presentAnimation(transitionContext:
UIViewControllerContextTransitioning) {
    // 判断参数是否存在
    guard let presentDelegate = presentDelegate,
        indexPath = indexPath else {
        return
    }
    // 1. 目标视图
    // 获取 modal 要展现的控制器的根视图
    let toView =
        transitionContext.viewForKey(UITransitionContextToViewKey)!
    // 将视图添加到容器视图中
    transitionContext.containerView()?.addSubview(toView)
    // 2. 图像视图
    let iv = presentDelegate.imageViewForPresent(indexPath)
    // 指定图像视图位置
    iv.frame = presentDelegate.photoBrowserPresentFromRect(indexPath)
    // 将图像视图添加到容器视图
    transitionContext.containerView()?.addSubview(iv)
    toView.alpha = 0
    // 3. 开始动画
    UIView.animateWithDuration(transitionDuration(transitionContext),
    animations: { () -> Void in
        iv.frame = presentDelegate.photoBrowserPresentToRect(indexPath)
        toView.alpha = 1
    }) { (_) -> Void in
        // 将图像视图删除
        iv.removeFromSuperview()
        // 告诉系统转场动画完成
        transitionContext.completeTransition(true)
    }
}
```

此时运行程序，单击任意一张图片，图片副本以非常缓慢的速度呈现出来，但是底部照片查看器的照片早于副本。因此，需要调整转场动画的时长，更新的 transitionDuration 方法的代码如下。

```
// 动画时长
func transitionDuration(transitionContext:
UIViewControllerContextTransitioning?) -> NSTimeInterval {
    return 0.5
}
```

运行程序，单击任意一张图片，它能够从单击的位置向四周扩大，直到铺满了整个屏幕的宽度或者高度，如图 12-25 所示。

图 12-25　展现自定义转场动画

12.3.7　通过代理解除转场动画

照片查看器浏览完成后，无论此时浏览的是哪张照片，关闭后会过渡到照片原来的位置。图像由 PhotoBrowserViewController 返回到 HomeTableViewController 时，动画代理需要知道参与动画的图像和当前图像的索引，这些是 PhotoBrowserViewController 类最清楚的。为此，让 PhotoBrowserViewController 对象成为动画代理的委托对象，帮助动画代理完成解除动画，示意图如图 12-26 所示。

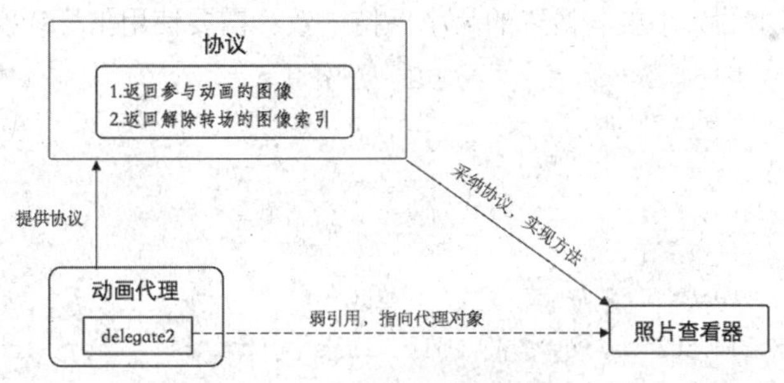

图 12-26　代理解除动画示意图

按照展现转场动画的思维，依旧使用代理模式来完成解除，具体实现步骤如下。

1. 制定协议

要想解除转场动画，从大图的 frame 转换到起始的位置，大致需要准备如下数据。

- 参与动画的图像视图（替身）。
- 动画的起始位置（参照整个屏幕）。
- 用户选中的当前照片的索引。

按照上面的步骤，在 PhotoBrowserAnimator 类中增加解除动画的协议，里面包含两个方法用于实现上述两个功能，代码如下。

```
// MARK: - 解除动画协议
protocol PhotoBrowserDismissDelegate: NSObjectProtocol {
```

```
    /// 解除转场的图像视图（包含起始位置）
    func imageViewForDismiss() -> UIImageView
    /// 解除转场的图像索引
    func indexPathForDismiss() -> NSIndexPath
}
```

2. 采纳协议，实现方法

接下来，让 PhotoBrowserViewController 类采纳 PhotoBrowserDismissDelegate 协议，成为代理对象。增加 PhotoBrowserViewController 类的扩展，采纳了上述定义的协议，并且实现两个方法，代码如下。

```
// MARK: - 解除转场动画协议
extension PhotoBrowserViewController: PhotoBrowserDismissDelegate {
    func imageViewForDismiss() -> UIImageView {
    }
    func indexPathForDismiss() -> NSIndexPath {
    }
}
```

获取单元格索引比较简单，只需要拿到可视的单元格所在的索引即可，indexPathForDismiss()方法的具体实现如下。

```
func indexPathForDismiss() -> NSIndexPath {
    return collectionView.indexPathsForVisibleItems()[0]
}
```

要想得到负责解除动画的视图，同样要创建一个与查看器中同样大小的副本。由于照片在查看器中能够缩放，副本的大小要与最终的大小保持一致，需要使用坐标转换实现，代码如下。

```
func imageViewForDismiss() -> UIImageView {
    let iv = UIImageView()
    // 设置填充模式
    iv.contentMode = .ScaleAspectFill
    iv.clipsToBounds = true
    // 设置图像 - 直接从当前显示的 cell 中获取
    let cell = collectionView.visibleCells()[0] as! PhotoBrowserCell
    iv.image = cell.imageView.image
    // 设置位置 - 坐标转换(由父视图进行转换)
    iv.frame = cell.scrollView.convertRect(cell.imageView.frame,
        toCoordinateSpace: UIApplication.sharedApplication().keyWindow!)
    return iv
}
```

此时，要想尽快地测试方法是否可行，在上述代码 return 语句的前面，增加测试代码，把 iv 添加到主窗口上，具体如下。

```
// 测试代码
UIApplication.sharedApplication().keyWindow?.addSubview(iv)
```

当单击图片退出查看器后，就能够看到创建的大图副本。因此，在 close()方法前面调用上述方法，代码如下。

```
func photoBrowserCellDidTapImage() {
    imageViewForDismiss()
    close()
}
```

此时运行程序，单击任意一张图片进入查看器浏览，完成后单击图片，首页上层出现了同样的大图。假如缩小了图片，首页同样展示了缩小后的大图，如图 12-27 所示。

图 12-27　首页显示大图副本

值得一提的是，测试完成以后，需要注释或者删除测试代码。

3. 设置代理

按照前面的思路，在 PhotoBrowserAnimator 类中增加一个代表解除代理的属性，代码如下。

```
/// 解除代理
weak var dismissDelegate: PhotoBrowserDismissDelegate?
```

接着要给 dismissDelegate 属性赋值，在 setDelegateParams 方法中增加一个参数，用于接收负责解除动画的代理，并且赋值。最终的 setDelegateParams 方法如下。

```
/// 设置代理相关属性 - 将代码放在合适的位置
/// - parameter presentDelegate: 展现代理对象
/// - parameter indexPath: 图像索引
func setDelegateParams(presentDelegate: PhotoBrowserPresentDelegate,
    indexPath: NSIndexPath,
    dismissDelegate: PhotoBrowserDismissDelegate) {
        self.presentDelegate = presentDelegate
        self.dismissDelegate = dismissDelegate
        self.indexPath = indexPath
}
```

在 HomeTableViewController.swift 文件中，更新调用 setDelegateParams 方法的代码，具体如下。

```
// 3. 设置 animator 的代理参数
self?.photoBrowserAnimator.setDelegateParams(cell,
    indexPath: indexPath, dismissDelegate: vc)
```

4. 解除转场动画

照片查看器的照片浏览完成后，同样要以渐隐的效果返回，这时会执行 animateTransition 方法中调用的 dismissAnimation 方法。为此，在 PhotoBrowserAnimator.swift 文件的 dismiss Animation 方法中，将获取到的图像视图添加到容器视图，获取图像的索引，实现动画效果，改后的代码如下。

```
1  /// 解除转场动画
2  private func dismissAnimation(transitionContext:
3  UIViewControllerContextTransitioning) {
4      // guard let 会把属性变成局部变量，后续的闭包中不需要 self，也不需要考虑解包！
5      guard let presentDelegate = presentDelegate,
6          dismissDelegate = dismissDelegate else {
7          return
8      }
9      // 1. 获取要 dismiss 的控制器的视图
10     let fromView =
11         transitionContext.viewForKey(UITransitionContextFromViewKey)!
12     fromView.removeFromSuperview()
13     // 2. 获取图像视图
14     let iv = dismissDelegate.imageViewForDismiss()
15     // 添加到容器视图
16     transitionContext.containerView()?.addSubview(iv)
17     // 3. 获取 dismiss 的 indexPath
18     let indexPath = dismissDelegate.indexPathForDismiss()
19     UIView.animateWithDuration(transitionDuration(transitionContext),
20     animations: { () -> Void in
21         UIView.animateWithDuration(transitionDuration(transitionContext),
22         iv.frame = presentDelegate.photoBrowserPresentFromRect(indexPath)
23     }) { (_) -> Void in
24         // 将 iv 从父视图中删除
25         iv.removeFromSuperview()
26         // 告诉系统动画完成
27         transitionContext.completeTransition(true)
28     }
29 }
```

在上述代码中，第 10~12 行调用 viewForKey 方法获取了来源视图，然后在父视图中清除它。

第 14~16 行获取了图像副本，并且添加到容器视图中。

第 18 行获取了要消失图像的索引，接着使用 UIView 的动画，先让 iv 运动到目标位置（展现转场时的起始位置），然后从父视图中删除，最后告诉系统动画设置完成。

此时运行程序，单击任意一张图像进入照片查看器浏览，使用手指切换屏幕照片。浏览完毕后，单击图像或者关闭照片查看器，图像缩回到该图像在首页所在的位置，部分场景如图 12-28 所示。

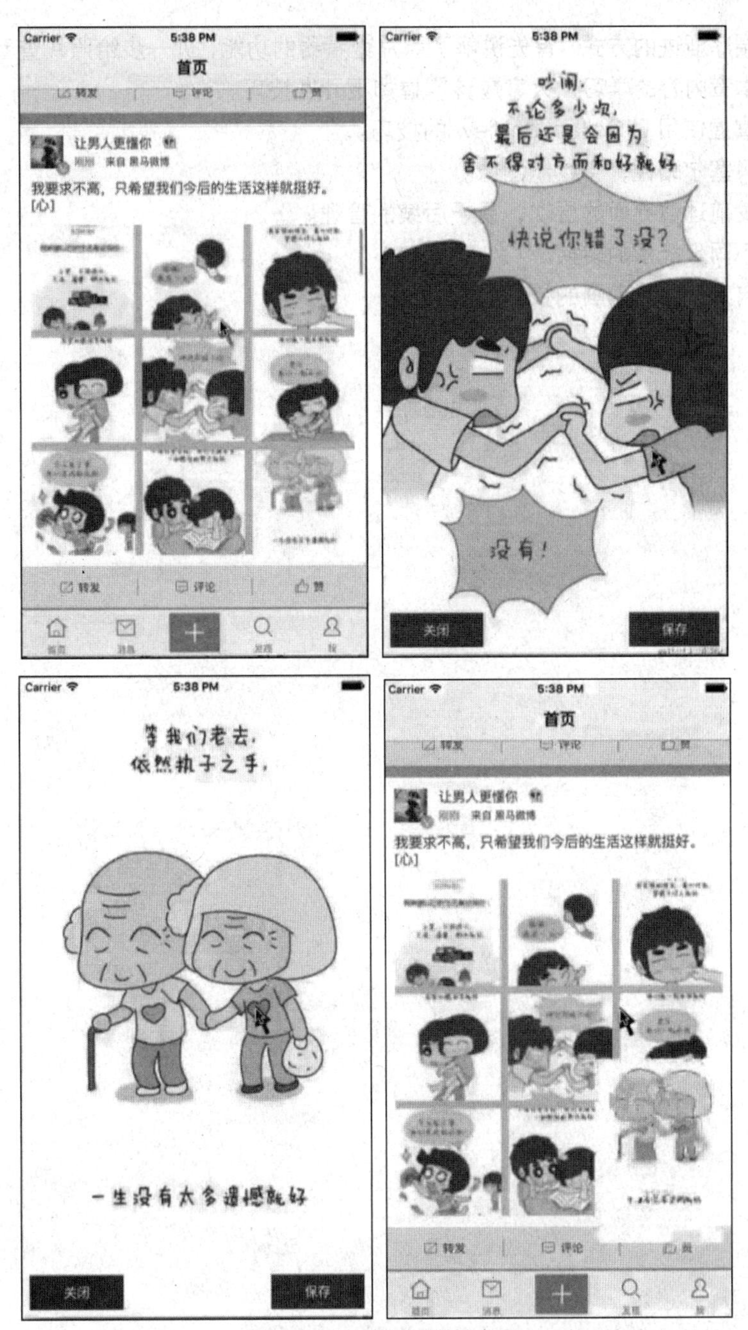

图 12-28　解除自定义转场动画

到此为止，为照片查看器添加自定义转场动画的功能就全部完成了。

12.4 本章小结

本章按照循序渐进的方式，首先讲解了照片查看器的功能，进一步给照片查看器添加了转场动画。通过对本章内容的学习，大家应该掌握如下开发技巧。

（1）熟练掌握使用 UICollectionView 的技巧。

（2）了解贝塞尔路径，会绘制图像。

（3）在开发前理清界面的层次，易于后续的管理。

（4）理解不同坐标系的转换。

（5）掌握自定义转场动画的技巧。

13

第 13 章 数据缓存

每次启动微博应用，都要到网络上重新加载数据。为了节省用户的流量，可以把浏览过的微博缓存到本地，当再次打开应用时优先到本地获取。本章主要讲解如何在微博项目中借助于 FMDB 第三方框架导入本地数据以及如何清理缓存的数据。

学习目标

- 了解 SQLite 的使用
- 会使用 FMDB 框架缓存数据
- 了解清除数据缓存的机制

iOS App of Swift

13.1 SQLite 数据库

13.1.1 SQLite 数据库简介

在 iOS 应用中，有时需要存储大量的数据，如果使用 plist 文件存储，这些数据都会存放在内存中，造成大量内存被占用，影响程序性能。为此，iOS 提供了一个轻量级的数据库 SQLite，它是一个嵌入式的数据库，诞生于 2000 年 5 月，具备可移植性强、可靠性高、小而容易使用等特点。目前，SQLite 最新版本是 SQLite 3，它是市面上使用 SQLite 的主流版本。

虽然 SQLite 是轻量级的，但它在存储和检索大量数据方面非常有效，与使用对象存储数据相比，SQLite 数据库获取结果的方式更快，它运行时与使用它的应用程序共享相同的进程空间，而不是单独的两个进程；与加载网络数据相比，SQLite 数据库获取数据的方式也很便捷，具体如图 13-1 所示。

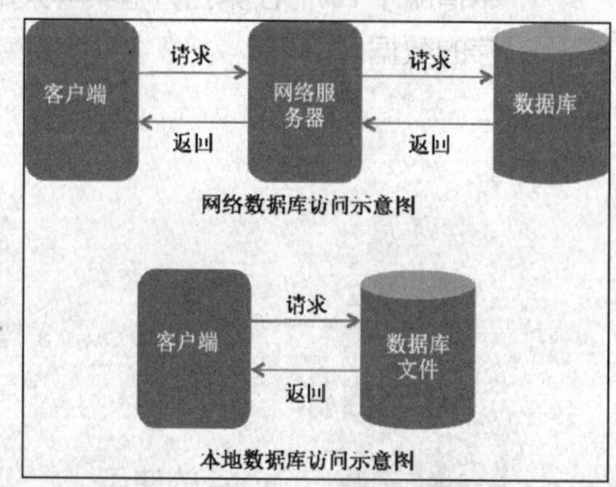

图 13-1 访问网络与本地数据库的区别

由图 13-1 可知，访问网络数据时，需要先经过网络服务器，然后才能访问到数据库，而本地数据库则可以直接访问。在 iOS 中，数据库和本地应用程序都是存放在 MainBundle 中或沙盒中的。

在 SQLite 数据库中，一个数据库是由一张或者多张表组成的，每张数据表主要由 row 和 column 组成，用于记录某一类信息的完整记录，具体结构如图 13-2 所示。

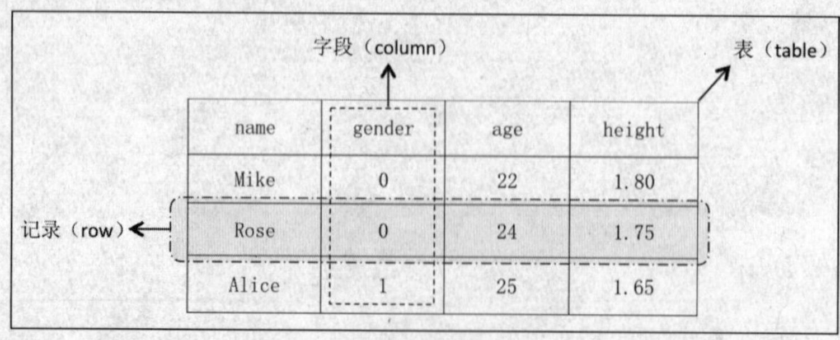

图 13-2 SQLite 数据表的存储结构

图 13-2 所示的整个表格就是一张数据表，表格中的每一行表示一条记录，每一列表示一个字段。在 SQLite 中，字段的本质是不区分数据类型的，但为了编码规范，在定义数据结构的时候一定要指明字段的数据类型，SQLite 将字段的数据类型分为 5 种，具体如表 13-1 所示。

表 13-1　SQLite 字段数据类型

数据类型	描述
NULL	表示该值为 NULL 值
INTEGER	无符号整型值
REAL	浮点值
TEXT	文本字符串
BLOB	二进制数据

13.1.2　SQL 语句介绍

操作数据库，就需要用到 SQL 语句。读者要想掌握好 SQLite3 的使用，必须对 SQL 语句有一定的了解，最起码要会基本的增删改查。下面根据功能的不同，列举一些常用的 SQL 语句，具体如下。

1. 创建表

创建表的基本格式 1：

```
CREATE TABLE 表名 (字段名 1 字段类型 1, 字段名 2 字段类型 2, …) ;
```

创建表的基本格式 2：

```
CREATE TABLE IF NOT EXISTS 表名 (字段名 1 字段类型 1, 字段名 2 字段类型 2, …) ;
```

上述格式都是创建表的基本格式，不同的是，格式 2 添加了 IF NOT EXISTS 判断创建的表是否存在，如果不存在新表才会创建，这样就不会对原表中的数据进行覆盖。需要注意的是，在对数据表命名时，要避免和关键字的命名冲突。

2. 删除表

删除表的基本格式 1：

```
DROP TABLE 表名;
```

删除表的基本格式 2：

```
DROP TABLE IF EXISTS 表名;
```

上述格式都是删除表的基本格式，不同的是，格式 2 添加了 IF EXISTS 判断删除的表是否存在，如果存在，则删除表。

3. 向表中插入数据

向一个数据表插入数据的基本格式：

```
insert into 表名 (字段 1, 字段 2, …) values (字段 1 的值, 字段 2 的值, …) ;
```

4. 更新数据

修改数据表中的某条数据的基本格式：

```
update 表名 set 字段1 = 字段1的值，字段2 = 字段2的值，… ；
```

需要注意的是，如果只想更新或者删除某些固定的记录，可以在后面添加 WHERE 语句来过滤条件，例如，将数据表中年龄大于 23 ，并且姓名不是 Rose 的记录，年龄都改为 20，SQL 语句如下：

```
update t_student set age = 20 where age > 23 and name != 'Rose' ;
```

5. 查询数据

查询指定字段详细信息的基本格式：

```
SELECT 字段1,字段2, … FROM 表名;
```

查询表中所有字段信息的基本格式：

```
SELECT * FROM 表名;
```

需要注意的是，在“FROM 表名”中也可以添加 WHERE 语句进行选择性查询，例如查询 t_student 表中 age 大于 23 的所有数据，SQL 语句如下：

```
SELECT * FROM t_student WHERE age > 23 ;
```

13.1.3 使用 SQLite3 存储对象

SQLite3 支持 C 语言，我们就是使用一套 C 语言接口才能在 Xcode 中使用 SQLite3。在 Xcode 中操作数据库需要经过三个步骤，并且每个步骤都需要调用特定的 C 函数，具体如下。

（1）使用 SQLite3_open( )函数打开数据库。

（2）使用 SQLite_exec( )函数执行非查询的 SQL 语句，包括创建数据库、创建数据表、增删改查等操作。

（3）使用 SQLite_close()函数释放资源。

由于在 Xcode 中使用 SQLite3 时，目前的工程还不支持 SQLite3，我们需要在程序中添加一个 libsqlite3.tbd 包，它包含了使用 SQLite3 所需的 C 函数接口。

13.2 FMDB 框架的使用

iOS 原生的 SQLite API 是 C 语言的，使用起来相当不便利。因此，这里推荐使用一个第三方框架 FMDB，它是对 libsqlite3 框架的封装，使用步骤跟 SQLite 非常类似，并且对多线程同时操作一个表格进行了处理，这意味着线程是安全的。FMDB 是轻量级的框架，使用灵活，它是很多企业开发的首选。

13.2.1 获取 FMDB 框架

按照 https://github.com/ccgus/fmdb 路径进入 GitHub 网站，可以看到 FMDB 框架最新的版本为 2.6.2，里面还介绍了该框架的一些使用信息，具体如图 13-3 所示。

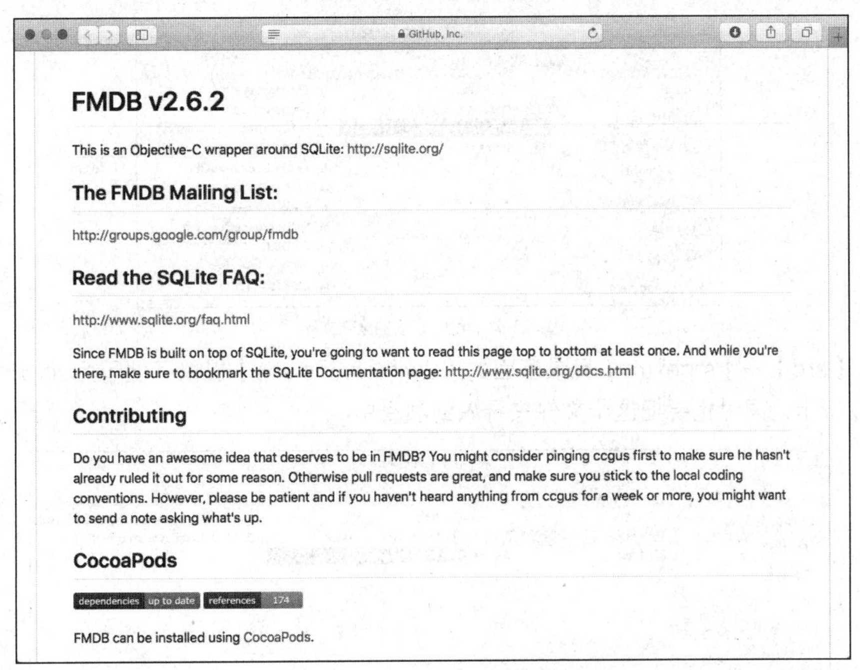

图 13-3　SQLite 数据表的存储结构

滑动至图 13-3 所在页面的顶部，能够看到“Clone or download”按钮，单击该按钮直接将该框架添加到“下载”列表。

13.2.2　FMDB 框架核心类

FMDB 框架主要包含 3 个主要的类，具体如下。

（1）FMDatabase：一个 FMDatabase 对象代表一个单独的 SQLite 数据库，用于执行 SQL 语句。

（2）FMResultSet：使用 FMDatabase 执行查询后的结果集。

（3）FMDatabaseQueue：用于在多线程中执行多个查询或者更新，它是线程安全的。

其中，FMDatabase 是核心对象，它提供了数据库操作的一些方法；FMDatabaseQueue 是以串行队列的方式调用数据库操作的，因此是线程安全的；数据库查询的功能相对比较烦琐一些，因此提供了 FMResultSet 执行查询操作。

13.2.3　使用 FMDB 框架操作数据库

FMDB 框架既可以用于 Objective-C 工程，也可以在 Swift 工程中使用。这里，主要以 Swift 为例，给大家讲解一下如何使用 FMDB 框架操作数据库，具体步骤如下。

1. 导入 FMDB 框架

（1）创建一个 Single View Application，命名为 01-FMDB 演示。

（2）下载 FMDB 框架，把【src】目录下面的【fmdb】拖曳到项目中，里面仅仅包含了 OC 所要使用的文件，如图 13-4 所示。

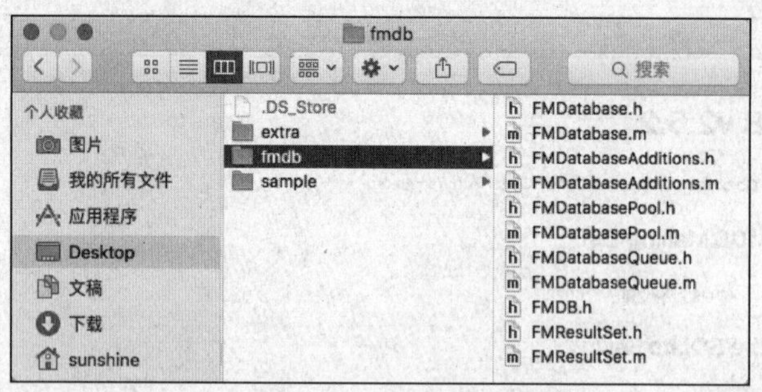

图 13-4　mdb 目录的全部文件

另外，【src】→【srcextra】目录下面的【Swift extensions】提供了便于 Swift 开发的扩展，如图 13-5 所示，同时也要把这个文件夹导入到项目中。

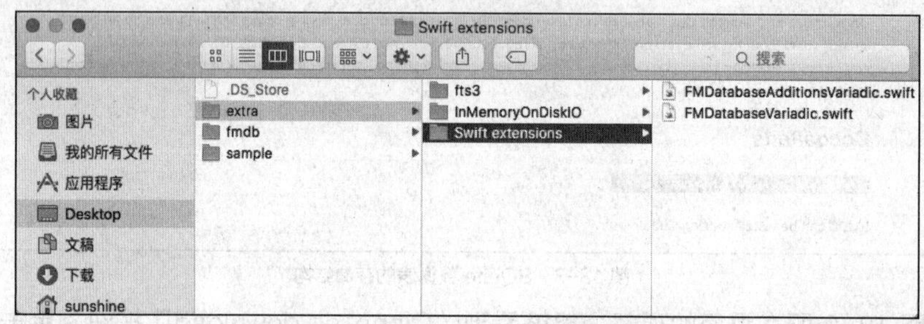

图 13-5　Swift extensions 目录的全部文件

（3）由于 FMDB 框架是依赖于 SQLite，同样要导入 libsqlite3 动态库。选中项目的根目录，默认会进入 General 对应的面板，滑动至底部会看到“Linked Frameworks and Libraries”，如图 13-6 所示。

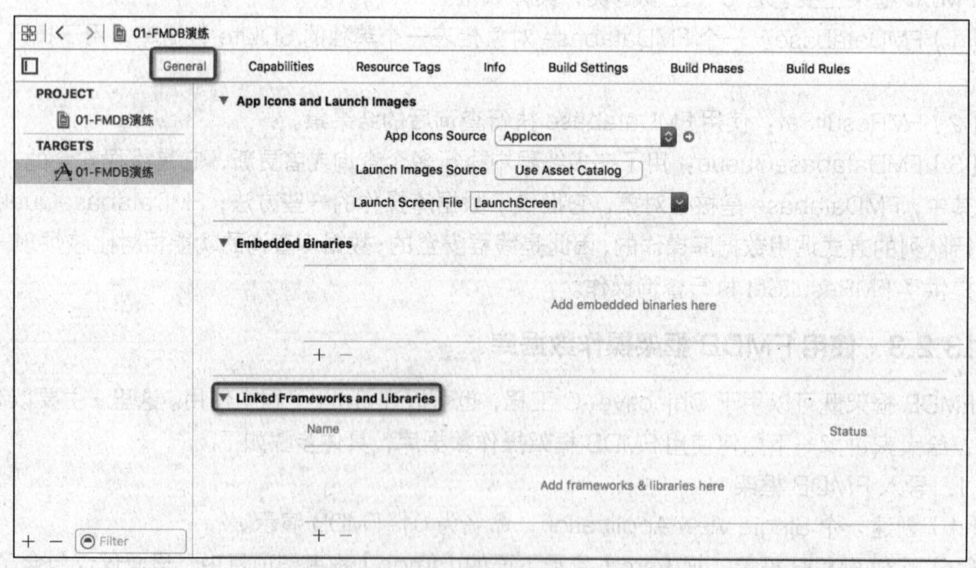

图 13-6　打开添加库的面板

（4）单击图 13-6 最下面的“+”按钮，弹出查询且添加动态库或者框架的窗口。在搜索栏内输入 libsqlite3，下面会显示查询后的结果，如图 13-7 所示。

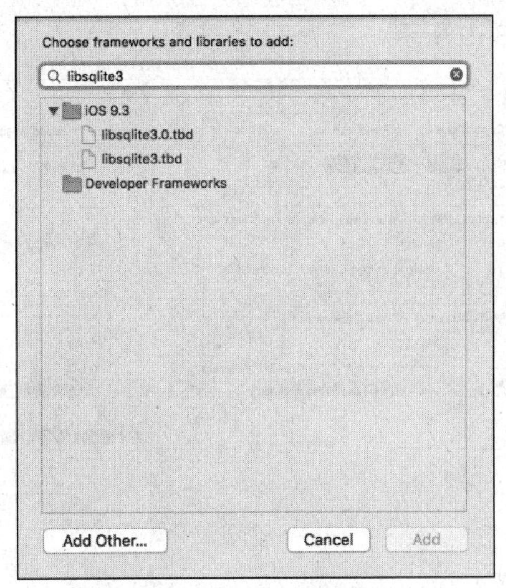

图 13-7　查询并添加库的窗口

（5）选中图 13-7 的“libsqlite3.tdb”，单击“Add”按钮，返回到图 13-6 所在的面板。此时，最下方位置增加了 libsqlite3.tdb 动态库，如图 13-8 所示。

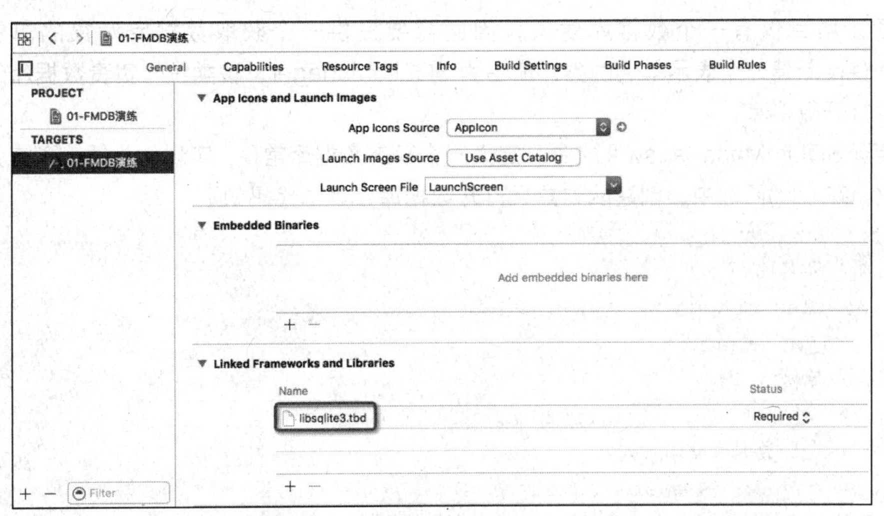

图 13-8　成功添加了 libsqlite3.tdb 动态库

与此同时，导航面板左侧也增加了 libsqlite3.tdb 库。

2. 建立桥接文件

（1）使用 command+N 打开新建窗口，选择【iOS】→【Source】→【Header File】，单击“Next”按钮，打开选择存放位置的窗口，输入文件的名称为 FMDB-Bridge，单击“Create”按钮创建成功。

（2）在 FMDB-Bridge.h 文件中，使用 import 关键字引入 FMDB 框架的主头文件，代码如下。

```
#import "FMDB.h"
```

（3）为了让 Swift 文件识别头文件，选中项目的根目录，在右侧面板中选择“Build Settings”选项。在该选项的搜索栏中，输入“bridge”关键字，面板会自动筛选符合条件的设置选项。在“Objective-C Bridging Header”选项后面双击，在弹出的框内输入“01-FMDB 演练

/FMDB-Bridge.h”，如图 13-9 所示。

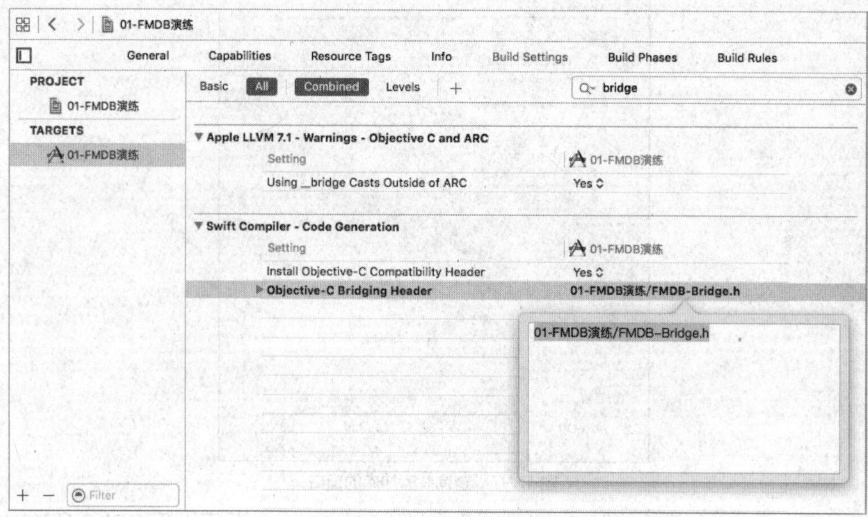

图 13-9 设置桥接头文件

3. 操作数据库

为了让项目仅有一个数据库对象，因此需要提供一个获取数据库对象的单例。使用 command+N 新建一个表示单例的类，命名为 SQLiteManager，该类统一负责数据库的操作。

（1）打开数据库

切换至 SQLiteManager.swift 文件，定义一个静态数据库常量，实现作为唯一入口点的 init() 构造函数。在 init()函数中，创建队列并且打开数据库，具体代码如下。

```
1  import Foundation
2  /// 数据库名称
3  private let dbName = "my.db"
4  class SQLiteManager {
5      /// 单例
6      static let sharedManager = SQLiteManager()
7      /// 全局数据库操作队列
8      let queue: FMDatabaseQueue
9      private init() {
10         //数据库路径 - 全路径(可读可写)
11         var path = NSSearchPathForDirectoriesInDomains
12         (.DocumentDirectory, .UserDomainMask, true).last!
13         path = (path as NSString).stringByAppendingPathComponent(dbName)
14         print("数据库路径 " + path)
15         //打开数据库队列
16         // 如果数据库不存在，会建立数据库，然后，再创建队列并且打开数据库
17         // 如果数据库存在，会直接创建队列并且打开数据库
18         queue = FMDatabaseQueue(path: path)
19     }
20 }
```

在上述代码中，第 3 行定义了表示数据库名称的常量，能够被全局访问。

第 4~20 行是 SQLiteManager 类，其中第 6 行创建了 SQLiteManager 对象，并且赋值给 static 修饰的常量。

第 9~19 行是 init()函数，它是 private 修饰的，保证单例对象只能使用 sharedManager 获得。

第 11~13 行调用 NSString 类的 stringByAppendingPathComponent 方法，拼接了数据库的全路径。接着第 18 行根据全路径创建了 FMDatabaseQueue 对象，并且打开了数据库。

运行程序，控制台输出了数据库所在的全路径。复制全路径信息，在 Finder 中前往对应的沙盒目录，能够看到成功创建的 my.db 文件，如图 13-10 所示。

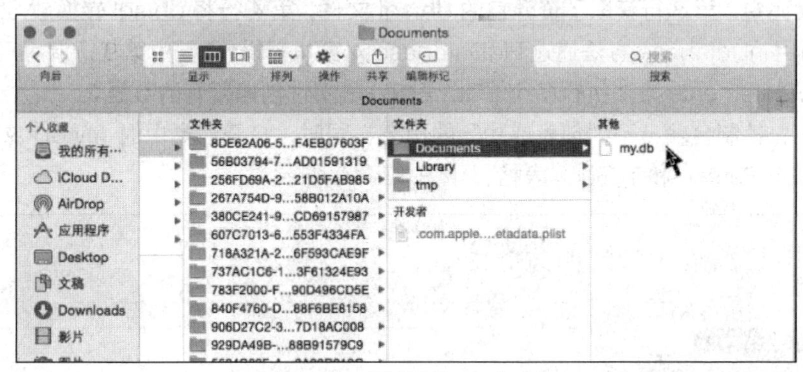

图 13-10　成功创建的 my.db 文件

（2）创建数据表

数据库是由一张或者多张表组成的，接下来需要创建一张表格。该框架提供了 inDatabase 和 inTransaction 两个方法，inDatabase 是以数据库的方式操作，inTransaction 能够自动开启事务。

创建表需要使用 SQL 语句，为此需要准备包含 SQL 语句的素材。将 db.sql 文件导入项目里面，打开该文件后里面有两个创建表的 SQL 语句，分别用于创建个人表和图书表，具体如图 13-11 所示。

```
01-FMDB演练 〉 01-FMDB演练 〉 db.sql 〉 No Selection
1
2  -- 创建个人表 --
3  CREATE TABLE IF NOT EXISTS "T_Person" (
4      "id" INTEGER NOT NULL PRIMARY KEY AUTOINCREMENT,
5      "name" TEXT,
6      "age" INTEGER,
7      "height" REAL
8  );
9
10 -- 创建图书表 --
11 CREATE TABLE IF NOT EXISTS "T_Book" (
12     "id" INTEGER NOT NULL PRIMARY KEY AUTOINCREMENT,
13     "bookName" TEXT
14 );
15
```

图 13-11　Xcode 打开的 db.sql 文件

切换至 SQLiteManager.swift 文件，定义一个创建表格的方法，具体代码如下。

```
1 private func createTable() {
2     // 1. 准备 SQL(只读，创建应用程序时，准备的素材)
3     let path = NSBundle.mainBundle().pathForResource("db.sql", ofType: nil)!
4     let sql = try! String(contentsOfFile: path)
5     // 2. 执行 SQL
6     queue.inDatabase { (db) -> Void in
```

```
7          // 创建数据表的时候，最好选择 executeStatements，可以执行多个 SQL
8          // 保证能够一次性创建所有的数据表！
9          if db.executeStatements(sql) {
10             print("创表成功")
11         } else {
12             print("创表失败")
13         }
14     }
15 }
```

在上述代码中，第 3 行获取了资源包的 db.sql 文件，第 4 行将 db.sql 转换成 String。接着，第 6~14 行调用 inDatabase 方法通过 FMDatabase 对象执行操作，其中第 9 行调用 FMDatabase 类的 executeStatements 方法执行多个 SQL 语句，一次性创建所有的数据表。

运行程序，控制台输出了"创表成功"的信息。同时，打开沙盒中的 my.db 文件，能够看到成功创建的 T_Person 和 T_Book 表格，如图 13-12 所示。

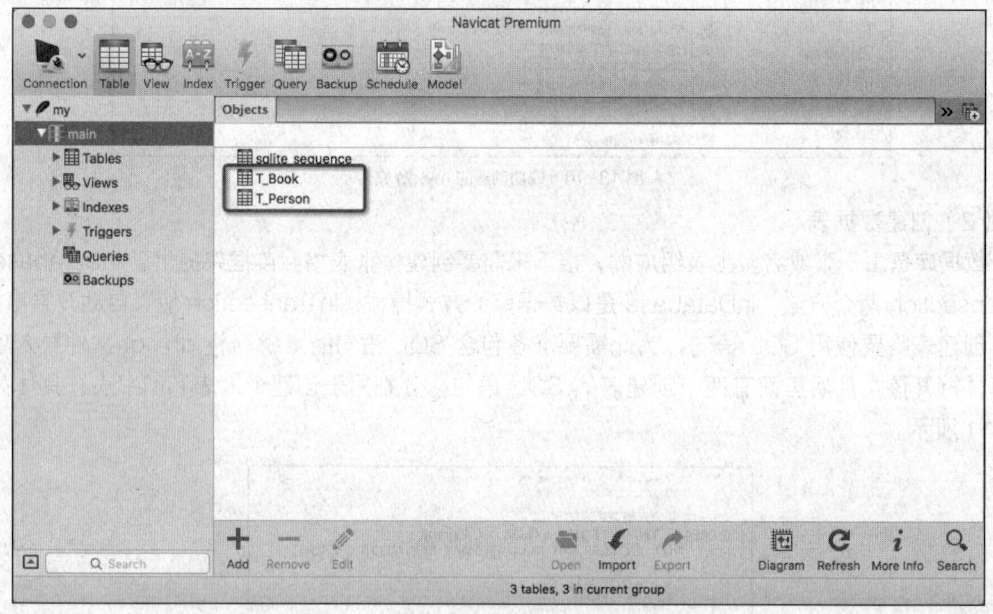

图 13-12 成功创建的 T_Person 和 T_Book 表

（3）插入数据

要想往表里面插入数据，可以使用 FMDatabase 类的 executeUpdate 方法执行单个 SQL 语句。关于插入数据，既可以直接执行插入的 SQL 语句，也可以通过绑定参数的形式插入数据。

首先，在 ViewController.swift 文件中，定义一个方法，采用直接执行 SQL 语句的方式插入数据，具体代码如下。

```
1 func demoInsert1() {
2     // SQL
3     let sql = "INSERT INTO T_Person (name, age, height) VALUES ('张三',
4         18, 1.8);"
```

```
5     // 执行 SQL
6     SQLiteManager.sharedManager.queue.inDatabase { (db) -> Void in
7         db.executeUpdate (sql)
8     }
9 }
```

上述代码用于直接执行单条 SQL 语句插入数据。其中，第 3 行创建了一条插入语句，用于向 T_Person 表中插入 3 个数值，分别为“张三”、18、1.8，第 7 行获得了 SQLiteManager 对象的 queue，调用 inDatabase 方法来执行单条 SQL 语句。

然后，同样在 ViewController.swift 文件中，定义一个方法，通过绑定参数的形式往表格中插入数据，即使用“? ”号作为占位符来代替值，真正的值会以参数的形式传递，代码如下。

```
1 /// 由于注入的原因，现在开发中，数据操作时，通常会使用绑定参数的形式
2 func demoInsert2() {
3     // 1. SQL
4     /**
5         ? 表示占位符号
6         - SQLite 首先编译 SQL，再执行的时候，动态绑定数据，同样可以避免`注入`
7         - 使用占位符操作，不需要单引号
8     */
9     let sql = "INSERT INTO T_Person (name, age, height) VALUES (?, ?, ?);"
10    SQLiteManager.sharedManager.queue.inDatabase { (db) -> Void in
11        if db.executeUpdate(sql, "网舞',18, 1.9) {
12            print("插入成功")
13        } else {
14            print("插入失败")
15        }
16    }
17 }
```

在上述代码中，第 9 行创建了一条需要绑定参数的 SQL 语句，第 10 行调用 inDatabase 方法执行插入的操作，第 11~15 行使用 if else 语句进行判断，首先调用 executeUpdate 方法以多个参数的形式拼接了多个值，如果成功插入，会执行第 12 行打印输出“插入成功”的信息；如果没有成功插入，执行第 14 行打印输出“插入失败”的信息。

接着在 viewDidLoad()方法中，依次调用 demoInsert1()和 demoInsert2()方法，代码如下。

```
override func viewDidLoad() {
    super.viewDidLoad()
    demoInsert1()
    demoInsert2()
}
```

运行程序，控制台输出了“插入成功”的信息。与此同时，打开 my.db 文件的 T_Person 表，单击“刷新”按钮，能够看到成功添加的两条数据，如图 13-13 所示。

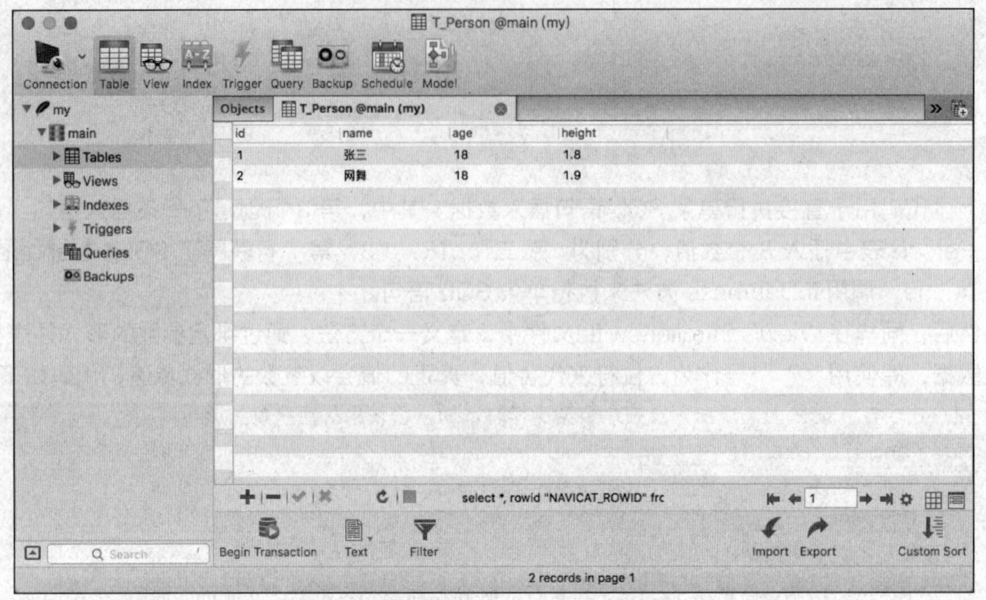

图 13-13　向 T_Person 表插入两条数据

（4）更新数据

要想更新表里面的数据，同样需要调用 executeUpdate 方法实现。在 ViewController.swift 文件中，定义一个更新表数据的方法，代码如下。

```
1  func demoUpdate(dict: [String: AnyObject]) {
2      // 1. 准备 SQL
3      let sql = "UPDATE T_Person set name = :name, age = :age,
4          height = :height \n" +
5          "WHERE id = :id;"
6      SQLiteManager.sharedManager.queue.inDatabase { (db) -> Void in
7          if db.executeUpdate(sql, withParameterDictionary: dict) {
8              print("更新成功修改了 \(db.changes()) 行")
9          } else {
10             print("失败")
11         }
12     }
13 }
```

在上述代码中，第 3~5 行创建了用于更新数据的 SQL 语句，根据 id 值更新其对应的信息。第 6 行调用 inDatabase 方法执行闭包的操作，接着第 7 行调用 executeUpdate(_: withParameterDictionary:)方法更新了某行的信息。

在 viewDidLoad()方法中，注释前面调用的代码，调用 demoUpdate 方法更新数据，代码如下。

```
demoUpdate(["id": 2, "name": "李四", "age": 18, "height": 1.9])
```

运行程序，控制台输出了"更新成功修改了 1 行"。单击 Navicat Premium 软件的刷新按钮，成功更新了 id 为 2 的数据，如图 13-14 所示。

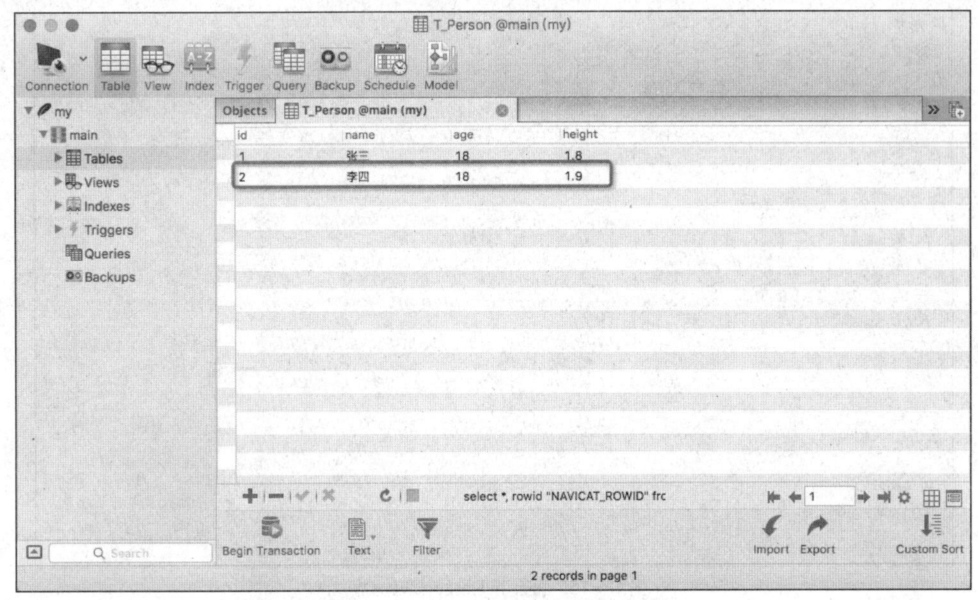

图 13-14　更新 T_Person 表的第 2 条数据

（5）删除数据

要想删除表里面的数据，同样需要调用 executeUpdate 方法实现。在 ViewController.swift 文件中，定义一个从表里面删除数据的方法，代码如下。

```
1  func demoDelete(id: Int) {
2      // 准备 SQL
3      let sql = "DELETE FROM T_Person WHERE id = :id;"
4      // 执行 SQL
5      SQLiteManager.sharedManager.queue.inDatabase { (db) -> Void in
6          if db.executeUpdate(sql, id) {
7              print("删除成功修改了 \(db.changes()) 行")
8          } else {
9              print("失败")
10         }
11     }
12 }
```

在上述代码中，第 3 行创建了根据 id 值删除对应数据的 SQL 语句，第 5 行调用 inDatabase 方法执行闭包的操作，第 6 行调用 executeUpdate(sql:String, _ values: AnyObject...)方法删除了某行的信息。

在 viewDidLoad()方法中，注释前面调用的代码，调用 demoDelete 方法删除指定的数据，代码如下。

```
demoDelete(2)
```

运行程序，控制台输出了“删除成功修改了 1 行”。单击 Navicat Premium 软件的刷新按钮，成功删除了 id 为 2 的数据，如图 13-15 所示。

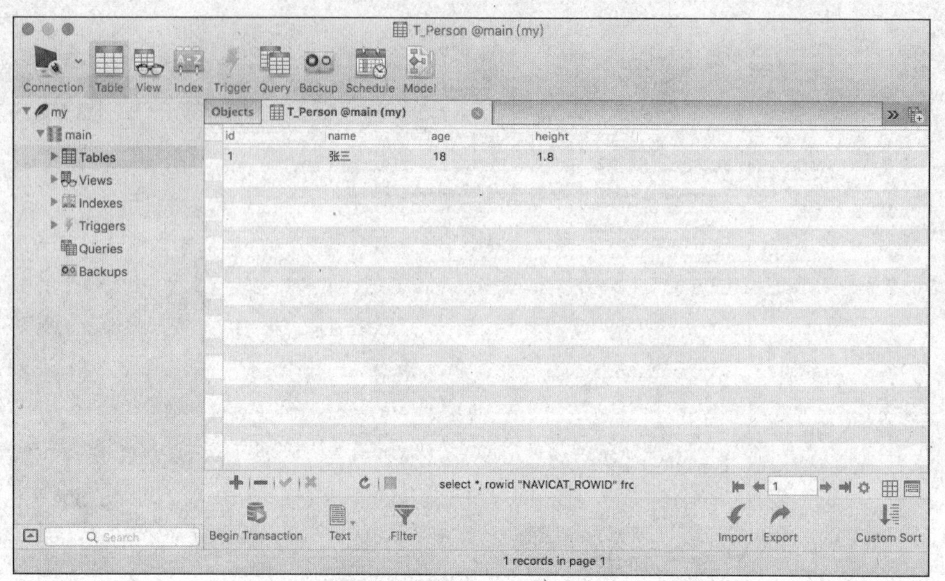

图 13-15　删除 T_Person 表的数据

（6）查询数据

要想查询表里面的数据，需要调用 executeQuery 方法实现，它的定义格式如下。

```
func executeQuery(sql:String, _ values: AnyObject...) -> FMResultSet? {
    return executeQuery(sql, withArgumentsInArray: values as [AnyObject]);
}
```

上述代码中，executeQuery 方法有两个参数，sql 表示查询的 SQL 语句，values 表示多个参数值，以逗号的方式拼接到第 1 个值的后面，返回值是 FMResultSet 集合。

● 固定SQL语句的查询方式。

根据表的字段，可以获取其分别对应的每个结果。由于字段的类型是不同的，FMResultSet 类提供了不同类型的方法，以获得每个字段包含的值。在 ViewController.swift 文件中，定义一个方法，用来获取每个字段的值，代码如下。

```
1  func persons1() {
2  // 1. 准备 SQL
3      let sql = "SELECT id, name, age, height FROM T_Person;"
4      // 2. 执行
5      SQLiteManager.sharedManager.queue.inDatabase { (db) -> Void in
6          guard let rs = db.executeQuery(sql) else {
7              print("没有结果")
8              return
9          }
10         // 逐行便利所有的数据结果 next 表示还有下一行
11         while rs.next() {
12             // 使用的函数名称取决于，需要的`返回值`
13             let id = rs.intForColumn("id")
14             let name = rs.stringForColumn("name")
15             let age = rs.intForColumn("age")
```

```
16              let height = rs.doubleForColumn("height")
17              print("\(id) \(name) \(age) \(height)")
18          }
19      }
20 }
```

上述代码中，首先创建了用于查询的 SQL 语句，接着调用 inDatabase 方法执行闭包操作。其中，第 6 行调用 executeQuery 方法获得查询的结果集，并且使用 guard let 语句处理了没有结果的情况，第 11~18 行调用 next()方法获取下一个，使用 while 无限循环下去，直到没有下一个为止。第 13~16 行根据不同的类型，调用相应的方法获得每个字段对应的值。

在 viewDidLoad()方法的末尾，调用 persons1()方法，代码如下。

```
persons1()
```

运行程序，控制台输出了每个字段包含的内容，如图 13-16 所示。

```
数据库路径 /Users/sunshine/Library/Developer/CoreSimulator/Devices/
00805737-3BB9-4C5D-BD78-DB5B2812ED40/data/Containers/Data/
Application/6748B1A0-B99B-4686-801A-496A866E9062/Documents/my.db
创表成功
1 张三 18 1.8
```

图 13-16　控制台的输出结果

● 动态SQL语句的查询方式。

使用固定 SQL 语句查询数据时，非常依赖 SQL 语句。使用 FMResultSet 类提供的 columnCount()和 columnNameForIndex 方法，获取结果集的数量及每列对应的字段名称，动态地获得每个字段及其对应的值，代码如下。

```
1  func persons2() {
2      // 1. 准备 SQL
3      let sql = "SELECT id, name, age, height FROM T_Person;"
4      // 2. 执行
5      SQLiteManager.sharedManager.queue.inDatabase { (db) -> Void in
6          guard let rs = db.executeQuery(sql) else {
7              print("没有结果")
8              return
9          }
10         while rs.next() {
11             // 1. 列数
12             let colCount = rs.columnCount()
13             // 2. 遍历每一列
14             for col in 0..<colCount {
15                 // 1>列名
16                 let name = rs.columnNameForIndex(col)
17                 // 2>值
18                 let obj = rs.objectForColumnIndex(col)
19                 print("\(name) \( obj)")
20             }
21         }
```

```
22     }
23 }
```

上述代码中，第 12 行调用 columnCount()方法获取了总共的列数，第 14~20 行使用 for in 遍历结果集，通过 columnNameForIndex 方法获取了列名，通过 objectForColumnIndex 方法获取了列名对应的值。

在 viewDidLoad()方法的末尾，调用 persons2()方法，代码如下。

```
persons2()
```

运行程序，控制台输出了每行每个字段以及其对应的值，如图 13-17 所示。

图 13-17　控制台的输出结果

● 封装查询的功能。

把查询的功能封装到单例类中，在原有的基础上增加部分功能，即把返回的结果集包装成一个字典数组。在 SQLiteManager.swift 文件中，定义一个方法，用于查询并且返回字典数组，代码如下。

```
1  /// 执行 SQL 返回字典数组
2  /// - parameter sql: SQL
3  /// - returns: 字典数组
4  func execRecordSet(sql: String) -> [[String: AnyObject]] {
5      // 定义结果[字典数组]
6      var result = [[String: AnyObject]]()
7      // `同步`执行数据库查询 - FMDB 默认情况下，都是在主线程上执行的
8      SQLiteManager.sharedManager.queue.inDatabase { (db) -> Void in
9          guard let rs = db.executeQuery(sql) else {
10             print("没有结果")
11             return
12         }
13         while rs.next() {
14             // 1. 列数
15             let colCount = rs.columnCount()
16             // 创建字典
17             var dict = [String: AnyObject]()
18             // 2. 遍历每一列
19             for col in 0..<colCount {
20                 // 1>列名
21                 let name = rs.columnNameForIndex(col)
22                 // 2>值
23                 let obj = rs.objectForColumnIndex(col)
24                 // 3>设置字典
25                 dict[name] = obj
```

```
26            }
27            // 将字典插入数组
28            result.append(dict)
29        }
30    }
31    // 返回结果
32    return result
33 }
```

在上述代码中，第 6 行定义了一个可变字典，第 25 行使用下标给字典添加元素，第 28 行调用 append 方法把字典添加到数组中，第 32 行返回了装有字典的数组。

在 ViewController.swift 文件中，调用单例类的 execRecordSet 方法，具体代码如下。

```
let sql = "SELECT id, name, age, height FROM T_Person;"
let array = SQLiteManager.sharedManager.execRecordSet(sql)
print(array)
```

运行程序，控制台输出了字典数组的内容，如图 13-18 所示。

```
01-FMDB演练
数据库路径 /Users/sunshine/Library/Developer/CoreSimulator/Devices/
00805737-3BB9-4C5D-BD78-DB5B2812ED40/data/Containers/Data/Application/
99C7F1C4-DE7C-4477-BBF8-16BA415D092A/Documents/my.db
创表成功
[["height": 1.8, "age": 18, "id": 1, "name": 张三]]
All Output
```

图 13-18　控制台的输出结果

13.3　使用 FMDB 缓存微博数据

13.3.1　分析微博缓存的原理

前面我们在访问微博数据的时候，只是单纯地通过网络渠道获取。这里，我们要在本地增加一个数据库支持，把用户已经浏览过的微博数据暂时缓存到本地，打开另外一个渠道。这在一定程度上既节省了用户的流量，又提高了程序的效率。

与数据库的交互相对比较独立，需要封装到一个数据访问层里面，从而实现缓存微博数据的功能。接下来，通过一张图来描述增加数据访问层的原理，如图 13-19 所示。

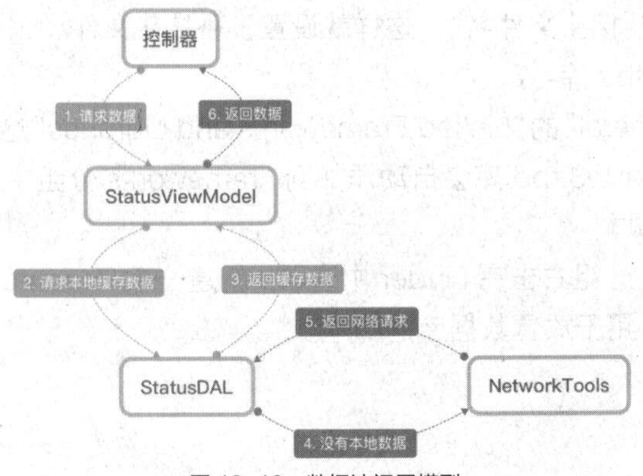

图 13-19　数据访问层模型

图 13-19 描述了数据访问层的模型。在增加数据访问层前，控制器作为需求方，当被要求显示数据时，会发送一个请求数据的动作，到 StatusViewModel 模型中获得数据。StatusViewModel 会直接找网络框架，网络框架就会把数据给 StatusViewModel 类，该类会把拿到的数据返回给控制器。

由于需求发生了变化，提供了一个隔离访问层 StatusDAL 来实现本地支持数据。当 StatusViewModel 需要数据的时候，会优先到 StatusDAL 里面查找数据，如果数据库里面存在这些数据，就会直接返回，如果没有找到这些数据，就会找 NetworkTools 请求网络数据。其中，NetworkTools 会把获取到的数据以字典的形式返回给 StatusDAL，StatusDAL 保存到本地后再返回给 StatusViewModel 类，该类会把字典转换为模型对象，然后再反馈给控制器。

控制器对象已经存在，视图模型也是存在的，NetworkTools 已经封装完成。从整体流程来看，要想实现请求本地缓存数据并保存网络返回的数据，我们只需要封装一个 StatusDAL 类即可。在下面的小节将会详细介绍该类的封装方式。

13.3.2 实现微博缓存

1. 设计数据表

数据库以表为单位来存储数据，所以要先设计数据表，该表格里面包含如下 3 个字段。

- statusId：主键，与新浪微博生成的id保持一致。
- userId：保证同一个数据库中能够缓存多人的微博信息。
- status：保存从服务器返回的完整微博JSON字符串。

2. 准备工作

（1）导入 FMDB 框架

在 Tools 分组中，将前面使用的 fmdb 文件夹（包含 FMDB 框架的全部文件）拖曳到该分组。

（2）导入单例类

同样在 Tools 分组，导入前面封装好的用于数据库操作的 SQLiteManager.swift 文件。

（3）创建和设置桥接头文件

使用 command+N 快捷键，创建一个 Header File 文件，命名为 Weibo-Bridge。在 Weibo-Bridge.h 文件中，使用 import 导入 FMDB 框架的主头文件，具体如下。

```
#import "FMDB.h"
```

接着选中项目根目录，在“Build Settings”下面的“Objective-C Bridging Header”选项中，双击输入“项目名/桥接头文件名”，这样就设置了桥接头文件。

（4）添加 libsqlite3.tbd 库

选中根目录，在“General”的“Linked Frameworks and Libraries”选项中，添加 libsqlite3.tbd 库。值得一提的是，libsqlite3.tbd 库会自动添加到 Frameworks 分组中。

（5）添加数据库的脚本

首先，选中 Classes 分组右击在 Finder 中查看。新建一个 Resource 文件夹，将其拖曳到与 Classes 同级的分组内，用于放置数据库的脚本。

接着选中 Resource 分组，使用 command+N 打开新建窗口，选择【iOS】→【Other】→【Empty】，成功在该分组中添加了空模板 db.sql。

在 db.sql 文件中，添加创建表的脚本语言，具体如下。

```
-- 微博数据表 --
CREATE TABLE IF NOT EXISTS "T_Status" (
    "statusId" INTEGER NOT NULL,
    "status" TEXT,
    "userId" INTEGER,
    "createTime" TEXT DEFAULT (datetime('now', 'localtime')),
    PRIMARY KEY("statusId")
);
```

（6）修改数据库的名称

在 SQLiteManager.swift 文件中，把数据库的名称替换为“readme.db”，以用户的逆反心理确保数据库的安全，具体代码如下。

```
/// 数据库名称 - 关于数据名称 readme.txt
private let dbName = "readme.db"
```

（7）测试是否创建表

切换至 AppDelegate.swift 文件，在 application(application: didFinishLaunching With Options launchOptions:)方法的末尾位置，获取数据库的单例对象，代码如下。

```
SQLiteManager.sharedManager
```

控制台提示“创表成功”。复制控制台输出的数据库路径，在 Finder 中前往到 readme.db 文件所在的位置，双击在 Navicat Premium 软件中打开，如图 13-20 所示。

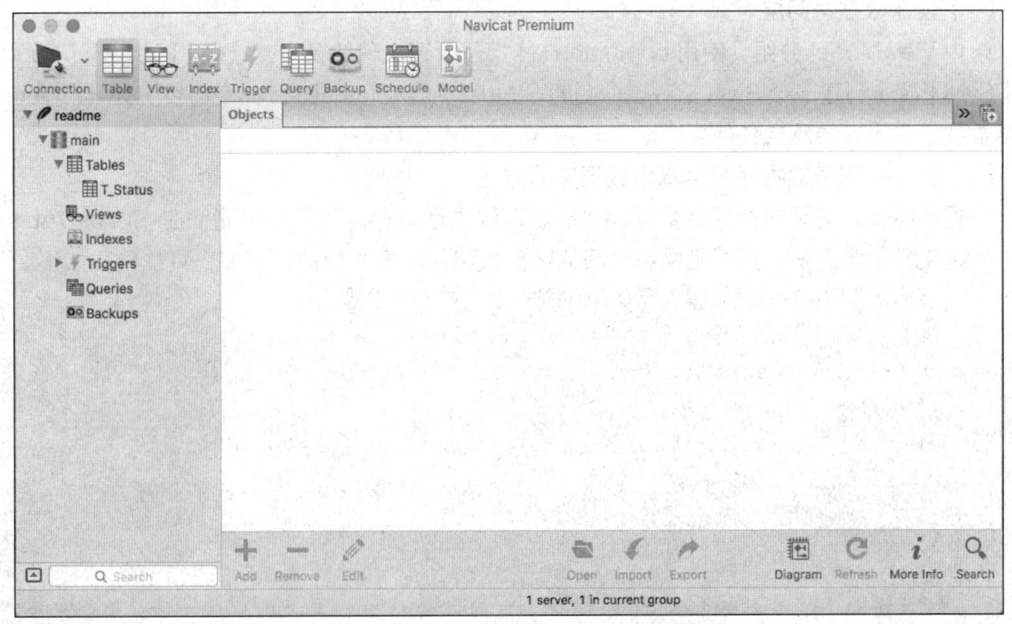

图 13-20 在 Navicat Premium 中打开 readme.db 文件

在图 13-20 中看到了 readme 目录，打开 Tables 目录下面的“T_Status”表格，如图 13-21 所示。

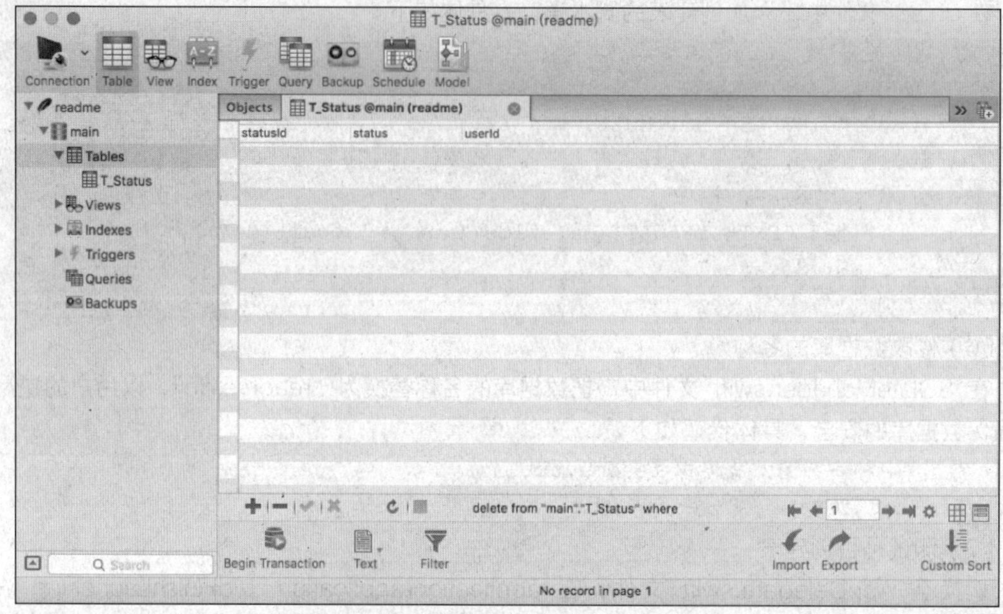

图 13-21　在 Navicat Premium 中打开 T_Status 表格

3. 数据访问层对象实现数据缓存

下面创建一个数据访问层对象，让 StatusViewModel 能够获取本地缓存的数据，并且数据访问层能够保存网络返回的数据，具体实现步骤如下。

（1）创建数据访问层对象

选中 ViewModel 分组，使用 command+N 打开新建文件的窗口，选择【iOS】→【Source】→【Swift File】创建一个 Swift 文件，命名为 StatusDAL。StatusDAL 类专门负责处理 SQLite 和网络数据，它没有继承自任何类。

（2）定义把网络数据保存至本地数据库的方法

数据访问层首先要缓存网络数据，才能获取到本地缓存的数据。因此，在 StatusDAL.swift 文件中定义一个类方法，用于把网络返回的字典数组保存至本地的数据库，具体代码如下。

```
1  /// 目标：将网络返回的数据保存至本地数据库
2  /// 参数：网络返回的字典数组
3  class func saveCacheData(array: [[String: AnyObject]]) {
4      // 用户 id
5      guard let userId = UserAccountViewModel.sharedUserAccount.
6          account?.uid else {
7          print("用户没有登录")
8          return
9      }
```

```
10    // 准备 SQL
11    /**
12     a. 微博 id -> 通过字典获取
13     b. 微博 json -> 字典序列化
14     c. userId -> 登录的用户
15    */
16    let sql = "INSERT OR REPLACE INTO T_Status (statusId, status, userId)
17        VALUES (?, ?, ?);"
18    // 遍历数组 - 如果不能确认数据插入的消耗时间，可以在实际开发中，写测试代码
19    SQLiteManager.sharedManager.queue.inTransaction {
20        (db, rollback) -> Void in
21        for dict in array {
22            // 1> 微博 id
23            let statusId = dict["id"] as! Int
24            // 2> 序列化字典 -> 二进制数据
25            let json = try! NSJSONSerialization.dataWithJSONObject(dict,
26            options: [])
27            // 3> 插入数据
28            if !db.executeUpdate(sql, statusId, json, userId) {
29                print("插入数据失败")
30                // 回滚
31                rollback.memory = true
32                break
33            }
34        }
35    }
36    print("数据插入完成！")
37 }
```

在上述代码中，第5~9行代码使用guard let语句确保得到当前登录用户uid，如果userId没有值的话，代表用户没有登录。

第16~17行定义了插入的SQL语句，REPLACE用于检测重复的数据。如果指定的主键不存在，新增加一条记录；如果指定的主键是存在的，修改之前的记录。

第21~34行使用for-in循环遍历字典数组。其中，第23行获取了微博id，第25~26行获取了序列化字典，第28行调用executeUpdate方法向数据库插入数据。如果失败的话，执行第31行回滚。

为了尽快地检验方法的可行性，切换至StatusListViewModel.swift文件，在loadStatus方法中找到获得字典数据的位置，调用StatusDAL类的saveCacheData方法，具体代码如下。

```
StatusDAL.saveCacheData(array)
```

运行程序，此时刷新T_Status表后增加了20条记录，如图13-22所示。

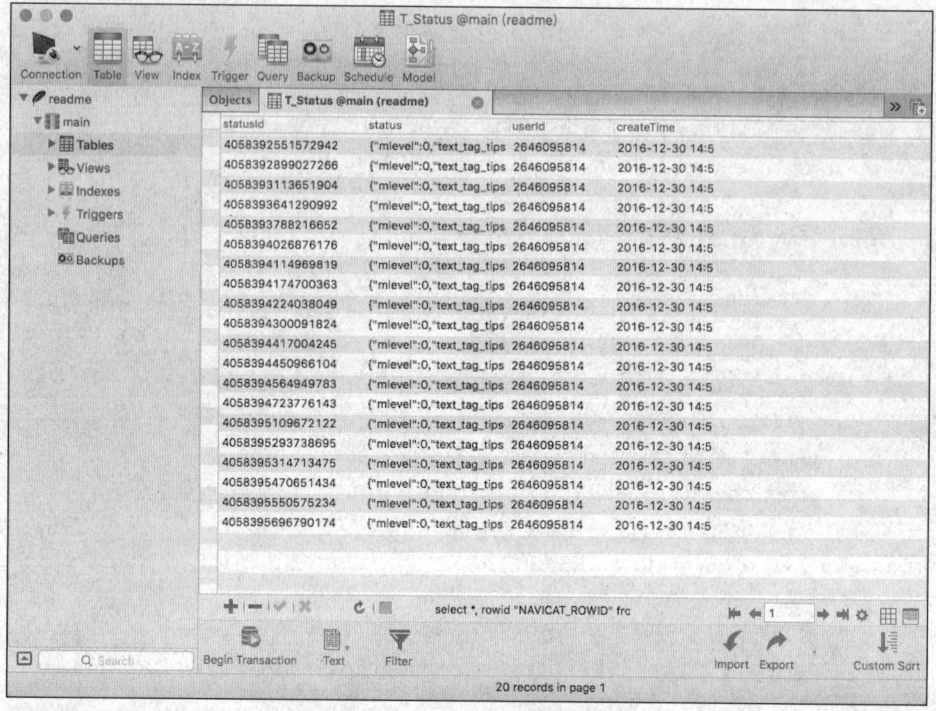

图 13-22　数据访问层模型设计

值得一提的是，上述调用代码是测试代码，当不再使用的时候，直接注释或者删除即可。

（3）检测本地是否存在需要的数据

数据库能够缓存数据以后，接着可以检测数据库是否包含需要的数据。同样，在 StatusDAL.swift 文件中，定义一个类方法，用于检查本地数据库中是否存在需要的数据，具体代码如下。

```
1  /// 目标：检查本地数据库中，是否存在需要的数据
2  /// 参数：下拉 / 上拉 id
3  class func checkChacheData(since_id: Int, max_id: Int) ->
4  [[String: AnyObject]]? {
5     // 0. 用户 id
6     guard let userId = UserAccountViewModel.sharedUserAccount.
7        account?.uid else {
8        print("用户没有登录")
9        return nil
10    }
11    // 1. 准备 SQL
12    var sql = "SELECT statusId, status, userId FROM T_Status \n"
13    sql += "WHERE userId = \(userId) \n"
14    if since_id > 0 {            // 下拉刷新
15       sql += "   AND statusId > \(since_id) \n"
16    } else if max_id > 0 {       // 上拉刷新
17       sql += "   AND statusId < \(max_id) \n"
18    }
```

```
19    sql += "ORDER BY statusId DESC LIMIT 20;"
20    print("查询数据 SQL -> " + sql)
21    // 2. 执行 SQL ->返回结果集合
22    let array = SQLiteManager.sharedManager.execRecordSet(sql)
23    // 3. 遍历数组 -> dict["status"] JSON 反序列化
24    var arrayM = [[String: AnyObject]]()
25    for dict in array {
26        let jsonData = dict["status"] as! NSData
27        // 反序列化 ->一条完整微博数据字典
28        let result = try! NSJSONSerialization.
29        JSONObjectWithData(jsonData, options: [])
30        // 添加到数组
31        arrayM.append(result as! [String : AnyObject])
32    }
33    // 返回结果－如果没有查询到数据，会返回一个空的数组
34    return arrayM
35 }
```

在上述代码中，第6~10行使用guard let语句确保了userId有值，如果没有值，就返回nil。

第12~19行是用于查询的SQL语句。其中，第12行定义了查询的SQL语句，接着在第13行拼接了userId，确保是当前登录用户的微博信息。第14~18行使用else if语句判断，如果是下拉刷新，查询微博id比since_id大的数据；如果是上拉加载更多，查询微博id比max_id小的数据。最后，第19行设置了表格按照降序排列，而且限制数据最多为20条。需要注意的是，在进行数据库操作的时候，一定要确保SQL语句是能正确执行的。因此，在第20行打印输出了拼接好的SQL语句，将SQL语句在Navicat Premium软件中测试。

第22行调用execRecordSet方法获取了结果集array，第25~32行遍历了array，并且将遍历后的数据转换成字典后，添加到可变数组arrayM中。其中，第26行强制转换AnyObject类型为NSData，第28行使用try！打破错误传播链条。

切换至StatusListViewModel.swift文件，在loadStatus方法获取since_id和max_id的后面，检查本地缓存的数据，代码如下。

```
StatusDAL.checkChacheData(since_id, max_id)
```

为了验证arrayM是否拿到了数据，使用print函数输出打印，此时控制台成功输出了拿到的数据，如图13-23所示。值得一提的是，需要注释上述测试代码。

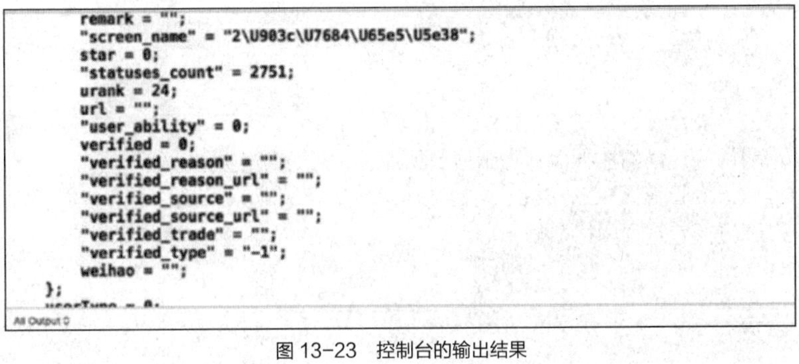

```
        remark = "";
        "screen_name" = "2\U903c\U7684\U65e5\U5e38";
        star = 0;
        "statuses_count" = 2751;
        urank = 24;
        url = "";
        "user_ability" = 0;
        verified = 0;
        "verified_reason" = "";
        "verified_reason_url" = "";
        "verified_source" = "";
        "verified_source_url" = "";
        "verified_trade" = "";
        "verified_type" = "-1";
        weihao = "";
    };
All Output ◇
```

图13-23　控制台的输出结果

（4）整合本地数据和网络数据

当控制器要求加载微博的时候，需要先检查本地是否有缓存，如果没有，再到网络上加载，具体分为如下几步。

① 检查本地是否存在相应的缓存数据。

② 如果有缓存，直接返回缓存数据。

③ 如果没有缓存，加载网络的数据。

④ 将网络返回的数据保存到本地数据库，以便后续使用。

⑤ 返回网络数据。

接下来，按照上述步骤整合本地数据和网络数据。同样，切换至 StatusDAL.swift 文件，定义一个类方法，用于根据不同的情况加载微博数据，代码如下。

```
1 /// 加载微博数据
2 class func loadStatus(since_id: Int, max_id: Int,
3 finished: (array: [[String: AnyObject]]?)->()) {
4     // 检查本地是否存在缓存数据
5     let array = checkChacheData(since_id, max_id: max_id)
6     // 如果有，返回缓存数据
7     if array?.count > 0 {
8         print("查询到缓存数据 \(array!.count)")
9         // 回调返回本地缓存数据
10        finished(array: array!)
11        return
12    }
13    // 如果没有，加载网络数据
14    NetworkTools.sharedTools.loadStatus(since_id: since_id,
15    max_id: max_id) { (result, error) -> () in
16        if error != nil {
17            print("出错了")
18            finished(array: nil)
19            return
20        }
21        // 判断 result 的数据结构是否正确
22        guard let array = result?["statuses"] as? [[String: AnyObject]]
23        else {
24            print("数据格式错误")
25            finished(array: nil)
26            return
27        }
28        // 将网络返回的数据保存在本地数据库，以便后续使用
29        StatusDAL.saveCacheData(array)
30        // 通过闭包返回网络数据
31        finished(array: array)
32    }
33 }
```

在上述代码中，第 5 行调用 checkChacheData 方法获取了缓存的数据，接着第 7~12 行使用 if 语句判断，如果 array 有值，即有缓存数据，则第 10 行调用 finished 闭包，返回本地数据。

如果没有缓存的数据，会执行第 14~32 行代码加载网络数据。其中，第 16~20 行使用 if 语句判断，如果出现网络错误，直接返回 nil；第 22~27 行使用 guard let 语句确保数据结构是正确的，如果出现格式错误，直接返回 nil；第 29 行调用 saveCacheData 方法把网络数据保存到本地数据库；第 31 行通过闭包返回网络加载的数据。

（5）调用数据访问方法

无论是上拉还是下拉刷新，都会调用 StatusListViewModel 类的 loadStatus 方法加载网络数据。因此，需要在 loadStatus 方法中调用 StatusDAL 类的 loadStatus 方法，用来区分数据库和网络的两种情况。

切换至 StatusListViewModel.swift 文件，在 loadStatus 方法中加访问层的数据，改后的代码如下。

```
1  /// 加载微博数据库
2  /// - parameter isPullup: 是否上拉刷新
3  /// - parameter finished: 完成回调
4  func loadStatus(isPullup isPullup: Bool, finished:
5  (isSuccessed: Bool)->()) {
6      // 下拉刷新 - 数组中第一条微博的 id
7      let since_id = isPullup ? 0 : (statusList.first?.status.id ?? 0)
8      // 上拉刷新 - 数组中最后一条微博的 id
9      let max_id = isPullup ? (statusList.last?.status.id ?? 0) : 0
10     StatusDAL.loadStatus(since_id, max_id: max_id) { (array) -> () in
11         // 如果数组为 nil，表示有错误
12         guard let array = array else  {
13             finished(isSuccessed: false)
14             return
15         }
16         // 遍历字典的数组，字典转模型
17         // 可变的数组
18         var dataList = [StatusViewModel]()
19         // 遍历数组
20         for dict in array {
21             dataList.append(StatusViewModel(status: Status(dict: dict)))
22         }
23         // 记录下拉刷新的数据
24         self.pulldownCount = (since_id > 0) ? dataList.count : nil
25         // 拼接数据
26         // 判断是否是上拉刷新
27         if max_id > 0 {
28             self.statusList += dataList
29         } else {
30             self.statusList = dataList + self.statusList
```

```
31          }
32          // 缓存单张图片
33          self.cacheSingleImage(dataList, finished: finished)
34      }
35 }
```

在上述代码中，第 10~34 行是变动的代码，首先调用 loadStatus 方法加载访问层的数据，接着处理了数组为 nil 的情况。第 18 行之后是以前的代码，这里就不再赘述了。

（6）改为私有方法

由于外界无须调用 checkChacheData 和 saveCacheData 方法，因此需要在方法的前面加上 private 关键字，让它们仅能够在本类使用。

总的来说，微博是一个实时性比较高、不可控因素比较多的应用，一般不建议做数据库缓存。但是，微博项目可以做少量的缓存，这样能够保证用户在断网的情况下，看到少量的微博信息。

13.4 清理数据存储

数据库的内存是有限的，如果无限制地往里面塞东西，最终会导致内存空间不足。因此，需要适时地清理不必要的信息，以腾出空间。要想实现这个功能，接下来，分步骤为大家讲解如何清理一周内的全部微博。

1. 调整创建表的 SQL 语句，增加一个创建时间的字段

数据库需要反馈每条数据的创建时间，以时间段来划分微博。因此，需要给表增加一个字段，用于记录创建此条微博的时间，调整后的 SQL 语句如下。

```
CREATE TABLE IF NOT EXISTS "T_Status" (
    "statusId" INTEGER NOT NULL,
    "status" TEXT,
    "userId" INTEGER,
    "createTime" TEXT DEFAULT (datetime('now', 'localtime')),
    PRIMARY KEY("statusId")
);
```

在 db.sql 文件中，删除以前的 SQL 语句，替换调整后的 SQL 语句。

2. 测试最大缓存时间

由于我们这里要清理一周内的数据，因此在 StatusDAL.swift 文件中，需要定义一个最大缓存时间的属性。为了能够尽快测试程序，将最大存储时间暂时设定为一分钟，代码如下。

```
/// 最大缓存时间
private let maxCacheDateTime: NSTimeInterval = 60
```

测试完成后，可以将缓存时间设置的长一点，比如，将最大存储时间设置为一周，即 7*24*60*60。

当程序进入后台时，需要 StatusDAL 类响应清除缓存的消息。为此，定义一个清除缓存的方法，打印输出最大的存储时间，代码如下。

```
/// 清理“早于过期日期”的缓存数据
class func clearDataCache() {
```

```
    // 准备日期
    let date = NSDate(timeIntervalSinceNow: -maxCacheDateTime)
    print(date)
}
```

程序进入后台的时候，会调用 AppDelegate 对象的 applicationDidEnterBackground 方法。为此，在该方法中调用 clearDataCache()方法清除缓存，具体代码如下。

```
//// 应用程序进入后台
func applicationDidEnterBackground(application: UIApplication) {
    // 清除数据库缓存
    StatusDAL.clearDataCache()
}
```

运行程序，此时控制台输出了一个日期，如图 13-24 所示。

```
刷新到 20 条数据
开始缓存图像 http://ww3.sinaimg.cn/thumbnail/86a17422jw1exj9l2mrchj20hs18swnd.jpg
开始缓存图像 http://ww3.sinaimg.cn/thumbnail/006aybhCgw1eu4rp5ht2sj30b0086t9g.jpg
开始缓存图像 http://ww1.sinaimg.cn/thumbnail/a28691a9jw1exj9j4785vj20cs09idg3.jpg
开始缓存图像 http://ww3.sinaimg.cn/thumbnail/61e89b74jw1exj9ge0j8wj20go08wgmc.jpg
nil
缓存完成 90 K
2015-10-23 09:04:35 +0000
```

图 13-24 打印日期信息

3. 转换日期格式，进行测试

由控制台的输出看出，日期是没有以东八区的时区显示的，并且与数据库日期的字符串有冲突。为此，在 clearDataCache()方法中创建一个 NSDateFormatter 对象，设置 dateFormat 的格式为“yyyy-MM-dd HH:mm:ss”，具体代码如下。

```
// 日期格式转换
let df = NSDateFormatter()
// 指定区域 - 在模拟器不需要，但是真机一定需要
df.locale = NSLocale(localeIdentifier: "en")
// 指定日期格式
df.dateFormat = "yyyy-MM-dd HH:mm:ss"
// 获取日期结果
let dateStr = df.stringFromDate(date)
print(dateStr)
```

上述代码中，首先创建了 NSDateFormatter 日期格式对象，接着指定了区域、日期格式，最后将 NSDate 转换成 String 输出。

运行程序，此时控制台输出了指定格式的日期，如图 13-25 所示。

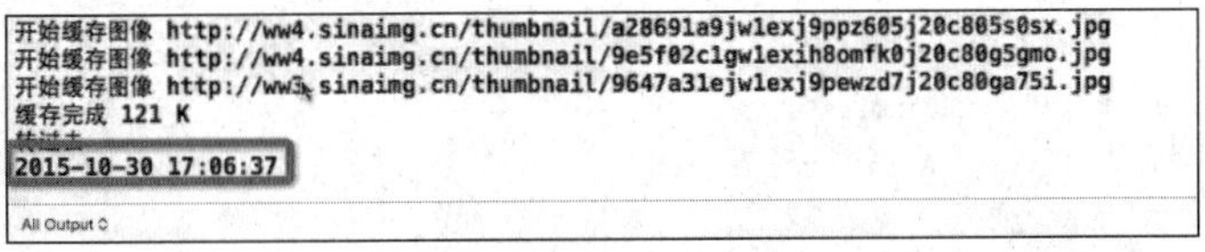

```
开始缓存图像 http://ww4.sinaimg.cn/thumbnail/a28691a9jw1exj9ppz605j20c805s0sx.jpg
开始缓存图像 http://ww4.sinaimg.cn/thumbnail/9e5f02c1gw1exih8omfk0j20c80g5gmo.jpg
开始缓存图像 http://ww3.sinaimg.cn/thumbnail/9647a31ejw1exj9pewzd7j20c80ga75i.jpg
缓存完成 121 K
2015-10-30 17:06:37
All Output
```

图 13-25 打印日期信息

4. 删除缓存

筛选出某个时间段以前的微博后，直接删除即可。在 clearDataCache()方法中，创建用于删除的 SQL 语句，使用单例对象执行该 SQL 语句，代码如下。

```
// 执行 SQL
// 提示：开发调试删除 SQL 的时候，一定先写"SELECT *"，确认无误之后，再替换成"DELETE"
let sql = "DELETE FROM T_Status WHERE createTime < ?;"
SQLiteManager.sharedManager.queue.inDatabase { (db) -> Void in
    if db.executeUpdate(sql, dateStr) {
        print("删除了 \(db.changes()) 条缓存数据")
    }
}
```

上述代码中，使用“? ”替代了时间参数，接着调用 executeUpdate 时拼接了 dateStr 参数。

运行程序，数据库缓存了 20 条数据，一分钟后下拉刷新首页，数据库增加到 61 条数据。使用 command+shift+H 让应用进入后台，此时控制台输出了图 13-26 所示的内容。

```
数据插入完成!
刷新到 16 条数据
开始缓存图像 http://ww2.sinaimg.cn/thumbnail/701cac0cjw1exj9xy4d8fj20h80acabm.jpg
开始缓存图像 http://ww3.sinaimg.cn/thumbnail/a716fd45gw1exj8ywtx0xj20gr0gswg6.jpg
开始缓存图像 http://ww2.sinaimg.cn/thumbnail/624c6377gw1exj9x9z362j20c830qtmd.jpg
缓存完成 47 K
转过去
删除了 45 条缓存数据
```

图 13-26　删除微博信息

刷新数据库查看，此时只剩余了 16 条数据。由此看出，删除缓存微博的功能也已经实现了。

13.5 本章小结

本章完成了数据缓存的功能，同时在程序进入后台时清除缓存。通过对本章内容的学习，大家应该掌握如下开发技巧。

（1）理解数据缓存的原理。

（2）理解数据访问层的使用技巧。

（3）理解清理缓存的机制。

（4）在以后使用 FMDB 框架开发时，可以单独封装数据库的操作，使得每个类的工作更加分明。

iOS App of Swift

14

第 14 章 微博优化

微博的主要功能都已经实现了，但是针对这些功能的某些细节，前面并没有及时做完整的处理，例如微博发布的时间、微博的来源信息等。本章将针对未处理的细节进行优化，以便项目能够呈现出更好的效果。

学习目标

- 掌握 NSDate 和 NSCalendar 的使用
- 了解正则表达式，会使用正则过滤字符串
- 会使用 FFLabel 框架响应链接
- 理解添加最近表情的思路

14.1 和日期相关的类

14.1.1 NSDate 类（日期和时间）

NSDate 对象代表着日期和时间。在 Swift 中提供了如下几种常见的方法来创建 NSDate 对象，具体如下。

（1）获取当前时刻对象，示例如下。

```
let now = NSDate()
```

在上述代码中，使用无参构造函数获取到本地的时间。

（2）初始化一个明天当前时间的对象，示例如下。

```
let tomorrow = NSDate(timeIntervalSinceNow: 24*60*60)
```

上述代码中，多了一个以秒为单位的 NSTimeInterval 参数。从当前时间开始，初始化比当前时间多 24*60*60 秒的对象，即明天当前时间的对象。

（3）初始化一个昨天当前时刻的对象，示例如下。

```
let now = NSDate()
let yestoday = NSDate(timeInterval: -24*60*60, sinceDate: now)
```

上述代码使用包含两个参数的构造函数，创建了比 now（当前时间）早 24*60*60 秒的时间对象，即昨天当前时间的对象。

（4）初始化一个“2001-01-01 08:00:00”1 小时后的时刻对象，示例如下。

```
let date1 = NSDate(timeIntervalSinceReferenceDate: 60*60)
```

（5）初始化一个“ 1970-01-01 08:00:00”1 小时后的时刻对象，示例如下。

```
let date2 = NSDate(timeIntervalSince1970: 60*60)
```

14.1.2 NSDateFormatter 类（日期格式器）

NSDateFormatter 代表着日期格式器，它的功能就是完成 NSDate 与 NSString 之间的转换，既可以使用已有的日期格式进行转换，也可以自定义日期格式进行转换，下面针对这两种情况简单地介绍，具体如下。

1．用已有日期格式转换

要想使用已有日期格式转换 NSDate 或者 NSString，大致分为如下步骤。

（1）创建一个 NSDateFormatter 对象。

（2）设置 NSDateFormatter 的 dateStyle、timeStyle 属性设置格式化日期、时间的风格，日期和时间支持如下几个枚举值。

- NoStyle：不显示日期、时间的风格。
- ShortStyle：显示“短”的日期、时间风格。
- MediumStyle：显示“中等”的日期、时间风格。
- LongStyle：显示“长”的日期、时间风格。
- FullStyle：显示“完整”的日期、时间风格。

（3）如果需要把 NSDate 转换成 NSString，需要调用 stringFromDate 方法执行格式化；如果需要把 NSString 转换成 NSDate，需要调用 dateFromString 方法执行格式化。

为了大家更好地理解，下面通过一个示例代码，讲解如何使用已有的日期格式将 NSDate 转换成 NSString，或者将 NSString 转换成 NSDate，代码具体如下。

```
1    import UIKit
2    var dateFormatter = NSDateFormatter()
3    dateFormatter.dateStyle = NSDateFormatterStyle.MediumStyle
4    dateFormatter.timeStyle = NSDateFormatterStyle.MediumStyle
5    var now = NSDate()
6    // Date 转 String
7    var nowString = dateFormatter.stringFromDate(now)
8    // nowString 的结果为 Jul 27, 2016, 2:52:40 PM
9    // String 转 Date
10   now = dateFormatter.dateFromString(nowString)!
11   // now 的结果为 Jul 27, 2016, 2:52 PM
```

在上述代码中，第 2 行创建了日期格式对象，第 3~4 行设置了 dateStyle 和 timeStyle 为中等的日期、时间风格。

第 5 行获取了当前的日期，第 7 行调用 stringFromDate 方法把当前日期转换成字符串，结果为 Jul 27, 2016, 2:52:40 PM；第 10 行调用 dateFromString 方法把上述字符串转换成日期，结果为 Jul 27, 2016, 2:52 PM。

2. 自定义日期格式转换

人们习惯的日期格式类似于“年月日”这样的顺序，比较符合逻辑思维。因此，可以按照一定的格式要求自定义日期格式，设置 dateFormat 的值就行。下面是一个示例代码。

```
1 var dateFormatter1 = NSDateFormatter()
2 dateFormatter1.dateFormat = "yyyy-MM-dd HH:mm:ss"
3 // Date 转 String
4 nowString = dateFormatter1.stringFromDate(now)
5 // 结果为 2016-07-27 14:52:40
6 // String 转 Date
7 now = dateFormatter1.dateFromString(nowString)!
8 // 结果为 Jul 27, 2016, 2:52 PM
```

在上述示例中，第 1~2 行创建了另一个日期格式对象，并且把日期格式设为“年-月-日 时：分：秒”。

第 4 行调用 stringFromDate 方法把当前日期转换成字符串，结果为 2016-07-27 14:52:40；第 7 行调用 dateFromString 方法把上述字符串转换成日期，结果为 Jul 27, 2016, 2:52 PM。

14.1.3 NSCalendar 类

假设有如下场景，程序提供三个输入框，分别让用户输入年、月、日的数值，接下来需要将这三个数值转换成 NSDate；或者有另外一个场景，得到 NSDate 对象后，程序需要获取该 NSDate 对象中包含的年份、月份和第几日。针对这两个需求，都要将 NSDate 的各个字段数据分开提取。

为了能够分别处理 NSDate 各个字段的数据，Foundation 框架提供了 NSCalendar 对象，该对象提供了如下两个方法。

- components(unitFlags: NSCalendarUnit, fromDate date: NSDate)：从NSDate对象提取年、月、日、时、分、秒各个时间字段的信息。
- dateFromComponents(comps: NSDateComponents)：使用comps对象包含的年、月、日、时、分、秒各时间字段的信息创建NSDate对象。

上述第 2 个方法使用到了 NSDateComponents 对象，它主要负责封装年、月、日、时、分、秒各时间字段的信息。该对象是非常简单的，只包含 year、month、day、date、hour、minute、second、weekday 等与字段对应的属性。

要想从 NSDate 对象中分开获取各时间字段的数值，具体步骤如下。

（1）创建 NSCalendar 对象。

（2）调用 NSCalendar 对象的 components 方法获取 NSDate 对象中各时间字段的数值，该方法返回一个 NSDateComponents 对象。

（3）访问 NSDateComponents 对象相应的属性。

使用各时间字段的数值来初始化 NSDate 对象，具体步骤如下。

（1）创建 NSCalendar 对象。

（2）创建一个 NSDateComponents 对象，依次给各时间字段的属性赋值。

（3）调用 NSCalendar 的 dateFromComponents 方法来初始化 NSDate 对象，该方法会返回一个 NSDate 对象。

14.2 微博日期处理

14.2.1 了解微博的日期的显示方式

微博发布的时间不同，其对应的时间标签显示的格式也不尽相同。分析新浪微博可知，微博中显示的日期格式分为以下情况。

- 刚刚：发布微博的时间处于一分钟以内。
- ×分钟前：发布微博的时间超出一分钟，而且在一小时范围以内，例如，1分钟前。
- ×小时前：发布微博的时间超出一小时，而且是在当天范围以内，例如，2小时前。
- 昨天 XX：xx：处于昨天的范围内，既要标志为昨天，也要标志出小时和分钟，例如，昨天17:34
- XX月xx日 xx:xx：处于一年范围内，既要标志月份和日期，也要标志出时间，例如，12月2日 15:00
- XXXX年xx月xx日 xx:xx：超出一年范围，需要标志年份、月份、日期、时钟和分钟，例如，2016年10月1日 12:20。

14.2.2 处理微博日期格式

调整日期的格式是一个相对独立的功能，可以先在独立的工程里面测试，完成后再移植到微博项目中，具体步骤如下。

1. 创建 NSDate 的扩展，用于将日期字符串转换成 NSDate 对象

（1）使用 Xcode 工具，新建一个 Single View Application 工程，命名为“测试-时间”。

（2）新建一个 NSDate 类的扩展，在该扩展中定义一个供外界调用的方法，将微博时间的字符串转换成指定的日期格式，代码如例 14-1 所示。

例 14-1　NSDate+Extension.swift

```
1  import Foundation
2  extension NSDate {
3      /// 将新浪微博格式的字符串转换成日期
4      class func sinaDate(string: String) -> NSDate? {
5          // 转换成日期
6          let df = NSDateFormatter()
7          df.locale = NSLocale(localeIdentifier: "en")
8          df.dateFormat = "EEE MMM dd HH:mm:ss zzz yyyy"
9          return df.dateFromString(string)
10     }
11 }
```

在例 14-1 中，第 4~10 行定义了一个类方法，将调用方传递的字符串转换成 NSDate 对象输出，其中，第 6 行创建了日期格式器，第 7 行根据本地标识创建了本地化对象，第 8 行设定了日期的格式。为了避免接收不符合条件的字符串，需要将返回值改为“NSDate? ”。

2. 测试 NSDate 扩展类是否能够正常处理日期

在 ViewController.swift 文件中，定义一个微博日期的字符串（在微博项目中输出 created_at 字段的值，得出微博的日期字符串样式），接着调用 sinaDate 类方法，将该字符串转换成 NSDate 对象，代码如例 14-2 所示。

例 14-2　ViewController.swift

```
1  import UIKit
2  class ViewController: UIViewController {
3      override func viewDidLoad() {
4          super.viewDidLoad()
5          let str = "Sat Oct 31 11:28:49 +0800 2015"
6          print(NSDate.sinaDate(str))
7      }
8  }
```

运行程序，此时控制台输出了转换后的日期，如图 14-1 所示。值得一提的是，如果测试成功了，最好直接注释或者删除第 5~6 行代码，避免影响后续其他代码测试的效果。

图 14-1　控制台打印的日期信息

3. 根据时间段处理日期

如果发布微博的时间属于当天范围内，根据当天不同的时间段，显示为不同的日期信息；如果超出了当天的时间范围，根据超出部分的多少，显示为固定的日期格式。

（1）处理不同时间段的日期信息

在 NSDate+Extension.swift 文件中，定义一个用于处理日期信息的计算型属性，使用 NSCalendar 对象提供的方法，通过比较日期来区分时间段，代码如下。

```
1  /**
2  返回当前日期的描述信息
3  */
4  var dateDescription: String {
5      // 取出当前日历 - 提供了大量的日历相关的操作函数
6      let calendar = NSCalendar.currentCalendar()
7      // 处理今天的日期
8      if calendar.isDateInToday(self) {
9          let delta = Int(NSDate().timeIntervalSinceDate(self))
10         if delta < 60 {
11             return "刚刚"
12         }
13         if delta < 3600 {
14             return "\(delta / 60) 分钟前"
15         }
16         return "\(delta / 3600) 小时前"
17     }
18     // 非今天的日期
19     var fmt = " HH:mm"
20     if calendar.isDateInYesterday(self) {
21         fmt = "昨天" + fmt
22     } else {
23         fmt = "MM-dd" + fmt
24         // 直接获取`年`的数值
25         // 比较两个日期之间是否有一个完整的年度差值
26         let comps = calendar.components(.Year, fromDate: self,
27         toDate: NSDate(), options: [])
28         if comps.year > 0 {
29             fmt = "yyyy-" + fmt
30         }
31      }
32     // 根据格式字符串生成描述字符串
33     let df = NSDateFormatter()
34     df.dateFormat = fmt
35     df.locale = NSLocale(localeIdentifier: "en")
36     return df.stringFromDate(self)
37 }
```

在上述代码中，第 6 行代码获取了当前的日历对象，第 8~17 行处理了当天范围内的日期信息。第 9 行调用 timeIntervalSinceDate 方法返回了当前系统时间与创建微博的时间的差值。如果间隔在 60 秒以内，返回“刚刚”；如果在 3600 秒范围内，返回“×分钟前”；其他情况下，返回“×小时前”。

第19~31行代码处理了当天范围外的情况。其中，第19行代码定义了小时和分钟的日期格式，如果微博发布的时间是昨天，执行第21行拼接“昨天”的字符串；如果在一年范围内，执行第23行代码日期拼接月份；如果超出了一年范围，执行第29行代码，微博的发布日期包含年份。

第33行创建了一个日期格式对象，将fmt赋值给dateFormat属性，根据本地标识创建了本地化对象。

（2）测试日期信息

在ViewController.swift文件中，找到viewDidLoad()方法。在该方法中，调用sinaDate方法转换成日期，再获取该日期的描述信息，最后打印输出，代码如下。

```
override func viewDidLoad() {
super.viewDidLoad()
  print(NSDate.sinaDate("Sat Oct 31 11:28:49 +0800 2015")?.dateDescription)
  print(NSDate.sinaDate("Sat Oct 31 15:06:49 +0800 2015")?.dateDescription)
  print(NSDate.sinaDate("Sat Oct 31 15:00:49 +0800 2015")?.dateDescription)
  print(NSDate.sinaDate("Sat Oct 31 04:00:49 +0800 2015")?.dateDescription)
  print(NSDate.sinaDate("Sat Oct 30 11:28:49 +0800 2015")?.dateDescription)
  print(NSDate.sinaDate("Sat May 31 11:28:49 +0800 2015")?.dateDescription)
  print(NSDate.sinaDate("Sat Oct 31 15:28:49 +0800 2014")?.dateDescription)
  print(NSDate.sinaDate("Sat Oct 31 11:28:49 +0800 2014")?.dateDescription)
}
```

运行程序，此时控制台输出了比较后的结果，如图14-2所示。

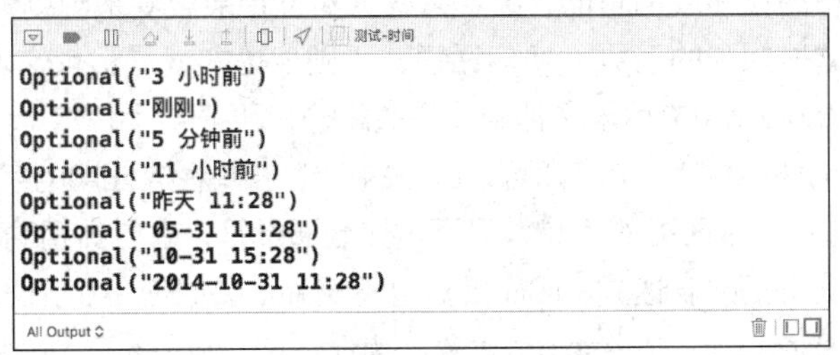

图14-2 控制台输出的结果

4. 在微博项目中导入NSDate扩展，添加计算型属性来设置微博的时间

（1）展开Extension分组目录，把NSDate+Extension.swift文件拖曳到该目录下面。

（2）首先在StatusViewModel.swift文件中，增加一个微博创建时间的计算型属性，代码如下。

```
/// 微博发布日期 - 计算型属性
var createAt: String? {
   return NSDate.sinaDate(status.created_at ?? "")?.dateDescription
}
```

（3）切换至StatusCellTopView.swift文件，在viewModle模型的属性观察器中，设置timeLabel的内容为处理后的日期信息，代码如下。

```
// 时间
timeLabel.text = viewModle?.createAt
```

运行程序，程序运行的效果如图14-3所示。

图 14-3　正确显示微博发布时间

14.3 使用正则表达式处理微博来源

14.3.1 了解正则表达式处理字符串

在编写处理字符串的程序或网页时，经常会有查找符合某些复杂规则的字符串的需求，正则表达式就是用于描述这些规则的工具。换句话说，正则表达式就是记录文本规则的代码。

大家应该都知道 Windows 中用于文件查找的通配符，即“*”和“？”。例如，要查找某个目录下所有的 Word 文档，搜索“*.doc”即可，这里的“*”被解释成任意的字符串。和通配符类似，正则表达式也是用来进行文本匹配的工具，只不过比起通配符，它能更精确地描述你的需求。

很多开发工具都支持正则表达式，iOS 自然也不例外。要想使用正则表达式查询符合的字符串，需要创建一个 NSRegularExpression 对象。为此，NSRegularExpression 类提供了构造方法，代码如下。

```
public init(pattern: String, options: NSRegularExpressionOptions) throws
```

在上述代码中，pattern 参数是正则表达式，options 参数隶属于 NSRegular Expression Options 类型，该类型是一个枚举类型，包含如下一些值。

- CaseInsensitive：不区分字母大小写的模式。
- AllowCommentsAndWhitespace：忽略正则表达式中的空格和#号后面的字符。
- IgnoreMetacharacters：将正则表达式整体作为字符串处理。
- DotMatchesLineSeparators：允许匹配任何字符，包括换行符。
- AnchorsMatchLines：允许^和$符号匹配行的开头和结尾。
- UseUnixLineSeparators：设置\n为唯一的行分隔符，否则所有的都有效。
- UseUnicodeWordBoundaries：使用Unicode TR#29标准作为词的边界，否则所有传统正则表达式的词边界都有效。

初始化完毕正则表达式的处理类以后，我们需要进行正则表达式的查询。iOS 提供了如下几种常见的方法来获取查询到的结果，具体如下。

- matchesInString方法：返回一个结果数组，将所有匹配的结果返回。
- firstMatchInString方法：返回第一个查询到的结果，这个NSTextCheckingResult对象中有一个range属性，可以得到匹配到的字符串的范围。
- numberOfMatchesInString方法：返回匹配到的字符串的个数。
- rangeOfFirstMatchInString方法：直接返回匹配到的范围。

14.3.2 使用正则表达式过滤接口的来源信息

用户发布微博后，会显示微博的出处。例如，如果是官方的微博，会显示“weibo.com”；如果是第三方应用，就会显示使用的设备型号等，具体场景如图 14-4 所示。

图 14-4 微博显示的几种来源信息

接下来分步骤为大家讲解如何使用正则表达式过滤接口的来源信息。

1. 创建 String 的扩展，用于过滤字符串

（1）使用 Xcode 工具，新建一个 Single View Application 工程，命名为“测试-来源”。

（2）创建一个 String 类型的扩展，命名为 String+Regex。在该扩展中定义一个过滤字符串的方法，代码如例 14-3 所示。

例 14-3 String+Regex.swift

```
1  import Foundation
2  extension String {
3      /// 从当前字符串中，过滤链接和文字
4      func href() -> (link: String, text: String)? {
5          // 创建正则表达式
6          // 匹配方案-专门用来过滤字符串
```

```
7          let pattern = "<a href=\"(.*?)\".*?>(.*?)</a>"
8          // throws 针对 pattern 是否正确的异常处理
9          let regex = try! NSRegularExpression(pattern: pattern, options: [])
10         //保证查找到第一个和 pattern 符合的字符串
11         guard let result = regex.firstMatchInString(self, options: [],
12         range: NSRange(location: 0, length: self.characters.count)) else{
13             print("没有匹配项目")
14             return nil
15         }
16         // 转换成 NSString 类型
17         let str = self as NSString
18         // 根据匹配的第 2 个范围，截取链接字符串
19         let r1 = result.rangeAtIndex(1)
20         let link = str.substringWithRange(r1)
21         // 根据匹配的第 3 个范围，截取来源字符串
22         let r2 = result.rangeAtIndex(2)
23         let text = str.substringWithRange(r2)
24         return (link, text)
25     }
26 }
```

在例 14-3 中，第 7 行指定了过滤字符串的匹配方案，并且在第 9 行创建了具有匹配方案的正则表达式，而且使用强 try 检验方案是否正确。

第 11~15 行代码使用 guard else 语句，处理了 result 为 nil 的情况。调用 rangeAtIndex 方法获取匹配的范围，接着使用 String 类根据范围截取链接和来源字符串。

2. 测试 String 扩展能否正常过滤字符串

在 ViewController.swift 文件中，定义一个微博来源的字符串，使用 print 函数输出调用 href() 方法的结果，代码如例 14-4 所示。

例 14-4 ViewController.swift

```
1  import UIKit
2  class ViewController: UIViewController {
3      override func viewDidLoad() {
4          super.viewDidLoad()
5          // 被匹配的字符串
6          let str = "AAAA<a href=\"http://weibo.com/\">微博 weibo.com</a>BBBB"
7          print(str.href()?.link)
8          print(str.href()?.text)
9      }
10 }
```

在例 14-4 中，第 6 行定义了微博来源字符串，第 7 行调用 href()方法获取了元组，接着获取了元组的 link 的值，第 8 行代码同样获取了 text 的值。

运行程序，此时控制台输出了匹配的字符串，如图 14-5 所示。

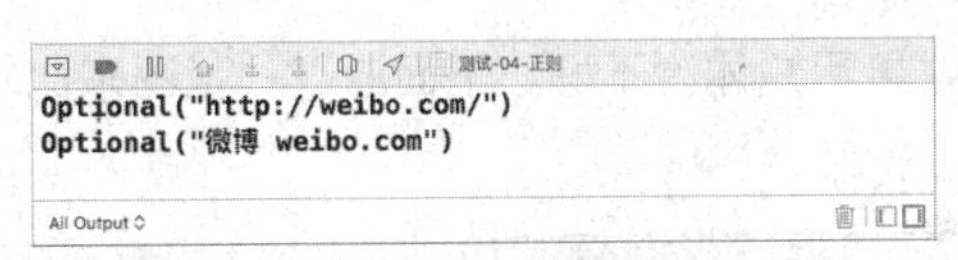

图 14-5　控制台输出的结果

3. 微博项目导入 String 扩展

（1）把 String+Regex.swift 文件拖曳到 Extension 目录下面。

（2）微博来源的信息只要操作一次，在 Model 分组的 Status.swift 文件中，给 source 属性增加 didSet 属性观察者，过滤出来源的文本信息，改后的代码如下。

```
var source: String? {
    didSet {
        // 过滤出文本，并且重新设置 source
        // 注意：在 didSet 内部重新给属性设置数值，不会再次调用 didSet
         source = source?.href()?.text
    }
}
```

切换至 StatusCellTopView.swift 文件，在 viewModle 的属性观察器的末尾位置，设置来源信息，改后的代码如下。

```
// 来源
sourceLabel.text = viewModle?.status.source
```

运行程序，程序运行的效果如图 14-6 所示。值得一提的是，微博处理的来源有些是空的，所以无法显示微博的来源信息。

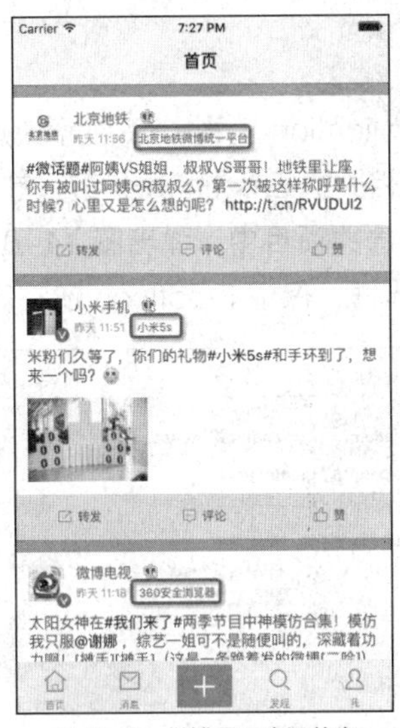

图 14-6　微博显示来源信息

14.4　使用表情文字

在发布微博界面中，使用表情键盘键入的是表情图片，但是发布后的微博显示的却是表情文字，例如【哈哈】，这样的效果用户体验不好。下面通过一张图来比较完成前与完成后的效果，如图 14-7 所示。

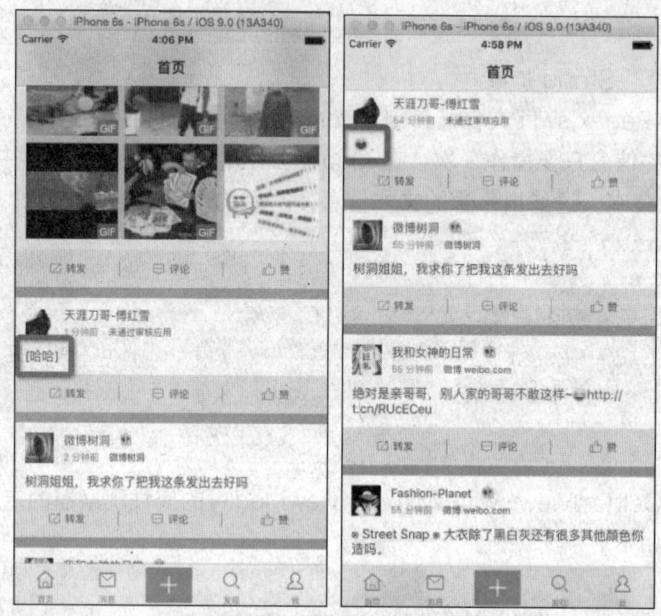

图 14-7　微博显示表情符号

混排微博包括文字和表情符号两种内容，首页要展示表情符号，需要把普通字符串转换成带表情的属性字符串，同样使用正则表达式过滤出来。

14.4.1　准备工作

（1）新建一个 Single View Application 工程，命名为“测试-表情”。

（2）在微博项目中选中与表情相关的 Emoticon 分组，单击鼠标右键，选择“在 Finder 中显示”。把 Emoticon 文件夹拖曳到新建的项目中，弹出图 14-8 所示的窗口。值得一提的是，无须勾选“Copy items if needed”复选框，保证 Emoticon 还在微博项目的目录中。

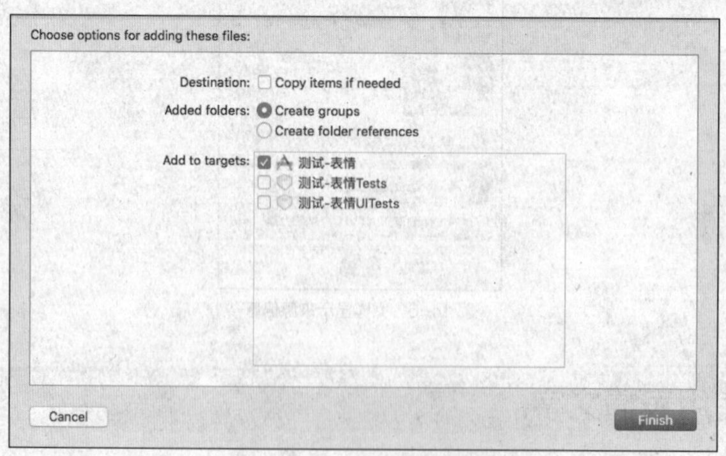

图 14-8　添加文件时弹出的窗口

（3）单击图 14-8 的“Finish”按钮。运行程序，程序出现报错信息而运行失败，查看报错信息得知，原因在于缺失 SnapKit 框架。同样在 Finder 中显示 Pods 目录，依次打开【SnapKit】→【Source】目录会看到全部的源代码，如图 14-9 所示。

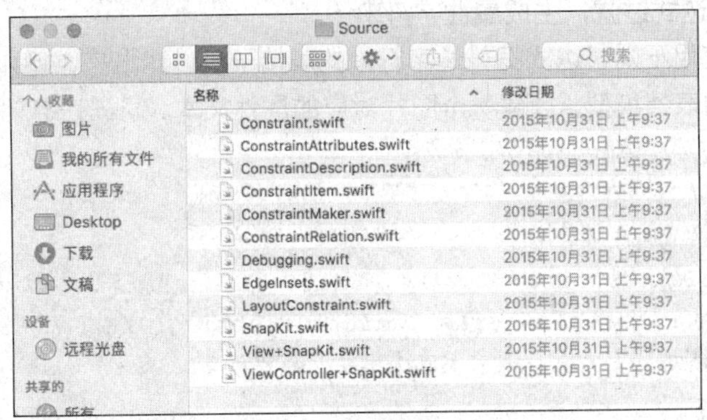

图 14-9　Source 目录

（4）把 Source 文件夹拖曳到新建的项目中，编译后程序运行成功。

（5）在 Main.storyboard 文件中，从对象库拖曳一个 Label 到 View Controller 上，尽量让 Label 的高度大一些，并且采用拖曳的方式，给 Label 对象添加一个属性。

14.4.2　测试普通字符串转换成属性字符串

假设有一个普通字符串“我[爱你]啊[笑哈哈]”，首先应该先使用正则表达式得到匹配的表情子串，例如[爱你]，然后在表情包中查找与子串对应的表情模型，最终使用表情附件把表情模型转换成属性字符串，具体内容如下。

1. 查找对应的表情模型

切换至新项目的 ViewController.m，定义一个供外界调用的方法，用于根据某个表情字符串，在表情包中查找其对应的表情，代码如下。

```
1 /// 根据表情字符串，在表情包中查找对应的表情
2 /// - parameter string: 表情字符串
3 /// - returns: 表情模型
4 private func emoticonWithString(string: String) -> Emoticon? {
5     // 遍历表情包数组
6     for package in EmoticonManager.sharedManager.packages {
7         // 过滤 emoticons 数组，查找 em.chs == string 的表情模型
8         if let emoticon =
9         package.emoticons.filter({ $0.chs == string }).last {
10            return emoticon
11        }
12    }
13    return nil
14 }
```

在上述代码中，第 4~14 行定义了查找表情的方法，该方法有一个 String 参数和 Emoticon 类型的返回值。

其中，第 6~12 行使用 for-in 循环遍历了表情包数组，接着使用 if let 语句判断，如果发现了过滤后的数组元素和 string 相同，就直接返回表情模型，反之则返回 nil。

值得一提的是，第 9 行代码是一个简化形式的闭包。

2. 使用正则表达式过滤，生成属性字符串

接下来，需要使用正则表达式把普通字符串的表情子串过滤出来，例如[笑哈哈]，并在表情包中找到子串对应的表情模型，创建一个图片对应的属性文本。同样，定义一个将普通字符串生成属性字符串的方法，具体代码如下。

```
1  // MARK: - 生成属性字符串
2  /// 将字符串转换成属性字符串
3  func emoticonText(string: String, font: UIFont) -> NSAttributedString {
4      let strM = NSMutableAttributedString(string: string)
5      // 1. 正则表达式 [] 是正则表达式关键字，需要转义
6      let pattern = "\\[.*?\\]"
7      let regex = try! NSRegularExpression(pattern: pattern, options: [])
8      // 2. 匹配多项内容
9      let results = regex.matchesInString(string, options: [],
10         range: NSRange(location: 0, length: string.characters.count))
11     // 3. 得到匹配的数量
12     var count = results.count
13     // 4. 倒着遍历查找到的范围
14     while count > 0 {
15         let range = results[--count].rangeAtIndex(0)
16         // 1>从字符串中获取表情子串
17         let emStr = (string as NSString).substringWithRange(range)
18         // 2>根据 emStr 查找对应的表情模型
19         if let em = emoticonWithString(emStr) {
20             // 3>根据 em 建立一个图片属性文本
21             let attrText = EmoticonAttachment(emoticon: em).imageText(font)
22             // 4>替换属性字符串中的内容
23             strM.replaceCharactersInRange(range,
24                 withAttributedString: attrText)
25         }
26     }
27     return strM
28 }
```

在上述代码中，第 3~28 行是把表情字符串转换成属性字符串的方法，该方法包含一个 String 参数，代表被转换的字符串；还包含一个 UIFont 类型的参数，代表图片属性文本的字体大小。

其中，第 4 行代码创建了一个可变的属性字符串，第 6 行代码指定了匹配方案，并且使用“\\”转义了方括号，第 7 行代码根据指定的匹配方案创建了正则表达式对象。

第 9~10 行代码检索了字符串匹配的内容，并且将结果放置到数组中，第 12 行代码获取了匹配的数量。

一旦 count 的数值大于 0，就会执行 while 循环里面的语句。第 15 行获取了匹配字符串的

范围，第 17 行根据得到的范围获取了表情子串。

第 19~25 行使用 if let 语句判断，如果能够查找到对应的表情模型，就根据模型建立一个图片属性文本，接着调用 replaceCharactersInRange 方法替换属性字符串的内容。

3. 测试代码

在 viewDidLoad()方法中，定义一个带有表情字符串的常量，调用 emoticonText 方法获取属性文本，代码如下。

```
@IBOutlet weak var label: UILabel!
override func viewDidLoad() {
    super.viewDidLoad()
    let str = "我[爱你]啊[笑哈哈]! "
    label.attributedText = emoticonText(str, font: label.font)
}
```

此时运行程序，程序运行的结果如图 14-10 所示。

图 14-10　模拟器显示的结果

14.4.3　将功能代码移到 EmoticonManager 类里面

到此为止，已经成功拿到了属性文本。接下来，将 emoticonWithString 和 emoticonText 两个功能移到 EmoticonManager.swift 文件，能够让微博项目使用到。

此时，粘贴过来的代码出现两个报错信息。第一个错误信息停留在 UIFont 位置，直接使用 import 改为引入 UIKit 框架即可。在 EmoticonManager.swift 文件中，根据提示更新 emoticonWithString 方法的代码，具体如下。

```
/// 根据表情字符串，在表情包中查找对应的表情
/// - parameter string: 表情字符串
/// - returns: 表情模型
```

```
private func emoticonWithString(string: String) -> Emoticon? {
    // 遍历表情包数组
    for package in packages {
        // 过滤 emoticons 数组，查找 em.chs == string 的表情模型
        if let emoticon =
        package.emoticons.filter({ $0.chs == string }).last {
            return emoticon
        }
    }
    return nil
}
```

14.4.4 微博项目整合表情字符串功能

回到微博项目中，Emoticon 分组没有复制到其他工程。因此，Emoticon 分组的变化跟微博工程是同步的，即 EmoticonManager 类发生了同样的变化。

在 StatusCell.swift 文件中，找到 viewModle 属性，把 contentLabel 的文本替换为表情属性文本，改后的代码如下。

```
1  /// 微博视图模型
2  var viewModle: StatusViewModel? {
3      didSet {
4          topView.viewModle = viewModle
5          let text = viewModle?.status.text ?? ""
6          contentLabel.attributedText = EmoticonManager.sharedManager.
7          emoticonText(text, font: contentLabel.font)
8          // 设置配图视图一设置视图模型之后，配图视图有能力计算大小
9          pictureView.viewModle = viewModle
10         pictureView.snp_updateConstraints { (make) -> Void in
11             make.height.equalTo(pictureView.bounds.height)
12             // 直接设置宽度数值
13             make.width.equalTo(pictureView.bounds.width)
14         }
15     }
16 }
```

在上述代码中，第 4~7 行代码是更新的代码。第 5 行处理了文本为空的情况，接着第 6 ~ 7 行设置了 contentLabel 的属性文本。

在 StatusRetweetedCell.swift 文件中，同样找到 viewModle 属性，把 retweetedLabel 的文本替换成表情属性文本，改后的代码如下。

```
1  /// 微博视图模型
2  override var viewModle: StatusViewModel? {
3      didSet {
4          // 转发微博的文字
5          let text = viewModle?.retweetedText ?? ""
6          retweetedLabel.attributedText = EmoticonManager.sharedManager.
```

```
7             emoticonText(text, font: retweetedLabel.font)
8         pictureView.snp_updateConstraints { (make) -> Void in
9             // 根据配图数量，决定配图视图的顶部间距
10            let offset = viewModle?.thumbnailUrls?.count > 0 ?
11            StatusCellMargin : 0
12            make.top.equalTo(retweetedLabel.snp_bottom).offset(offset)
13        }
14    }
15 }
```

在上述代码中，第 4~6 行代码是更新后的代码。第 5 行处理了文本为空的情况，接着第 6 行设置了 retweetedLabel 的属性文本。

此时运行程序，程序的运行结果如图 14-11 所示。

图 14-11 模拟器显示的结果

14.5 使用 FFLabel 框架响应超链接

假设微博里面有链接文字，单击后能跳转到对应到网页；假设微博里面带有“@昵称”的文字，单击后跳转到与昵称对应的微博界面；假设微博里面有“#关注#”文本，单击后跳转到该话题到详细页面。

为了和普通文本区分开，这种特殊的文本默认是蓝色的。本节主要识别这 3 种类型的特殊文本，同时响应链接的跳转。下面列举这 3 种类型的场景，如图 14-12 所示。

图 14-12　微博使用特殊文本的场景

要想自动识别上述三种特殊的文本，需要借助一个第三方框架 FFLabel。FFLabel 框架是为 UILabel 提供交互的第三方框架，使得 UILabel 可以自动检测 URL（路径）、用户名和#话题#。为了响应链接文字的单击事件，FFLabel 框架提供了 FFLabelDelegate 协议，实现协议内部的 labelDidSelectedLinkText 方法就能够响应单击后的行为。下面的小节将为大家详细讲解 FFLabel 响应超链接文本。

14.5.1 导入 FFLabel 框架

选中 Pods 目录下的 Podfile 文件，使用 pod 关键字引入 FFLabel 框架，具体如下。

```
pod 'FFLabel'
```

关闭微博工程，打开终端程序。在终端中输入“cd”命令，把 Finder 打开的“黑马微博”文件夹（包括 Podfile、Pods、黑马微博.xcodeproj 等）拖曳到终端，终端自动识别了该文件所在的路径，如图 14-13 所示。

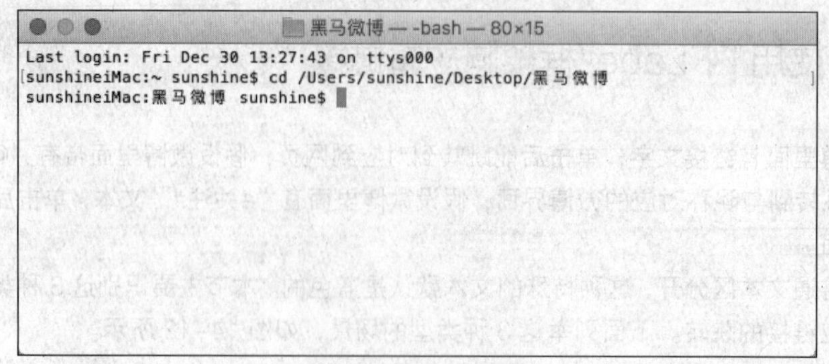

图 14-13　终端切换目录

按回车键切换到下一行，继续输入更新的命令，具体如下。

```
pod update --no-repo-update
```

按回车键，终端执行了更新所有第三方框架的命令，终端会显示“pods installed”字样提示安装成功，如图 14-14 所示。

```
黑马微博 — -bash — 80×17
Last login: Fri Dec 30 13:27:43 on ttys000
sunshineiMac:~ sunshine$ cd /Users/sunshine/Desktop/黑马微博
sunshineiMac:黑马微博 sunshine$ pod update --no-repo-update
Update all pods
Analyzing dependencies
Downloading dependencies
Using AFNetworking (3.1.0)
Using FFLabel (0.0.3)
Using SDWebImage (3.7.5)
Using SVProgressHUD (2.0.3)
Using SnapKit (0.20.0)
Generating Pods project
Integrating client project
Sending stats
Pod installation complete! There are 5 dependencies from the Podfile and 5 total
pods installed.
sunshineiMac:黑马微博 sunshine$
```

图 14-14　终端更新框架

重新打开微博项目，在 StatusCell.swift 文件中导入 FFLabel 框架，代码如下。

```
import FFLabel
```

运行程序，验证程序是否能够正常运行。如果能够编译通过的话，表示成功地引入了框架。

14.5.2　替换系统的 UILabel 控件

涉及显示微博信息的地方，包括微博正文的标签和转发微博的标签，因此需要替换这两个 UILabel 控件为 FFLabel 控件。在 StatusCell.swift 文件中，重新给 contentLabel 属性赋值，代码如下。

```
/// 微博正文标签
lazy var contentLabel: FFLabel = FFLabel(title: "微博正文",
    fontSize: 15,
    color: UIColor.darkGrayColor(),
    screenInset: StatusCellMargin)
```

在上述代码中，由于 FFLabel 类继承自 UILabel 类，可以直接使用 UILabel 类的构造函数创建对象。

同样在 StatusRetweetedCell.swift 文件中，导入 FFLabel，重新给 retweetedLabel 属性赋值，代码如下。

```
private lazy var retweetedLabel: FFLabel = FFLabel(
    title: "转发微博",
    fontSize: 14,
    color: UIColor.darkGrayColor(),
    screenInset: StatusCellMargin)
```

运行程序，此时程序的运行效果如图 14-15 所示。

图 14-15 程序运行的结果

14.5.3 监听链接的单击

单击图 14-15 的任意一个链接，会出现高亮的选中效果。为此，采纳 FFLabelDelegate 协议，成为 FFLabel 对象的代理，就能够激发选中链接文本的方法，实现该方法可以处理选中后的行为。

1. 响应原创微博的链接

要想监听 contentLabel 中链接文本的单击，需要让 StatusCell 成为代理对象。切换至 StatusCell.swift 文件，在 setupUI()方法的末尾，设置 contentLabel 的代理为 StatusCell，代码如下。

```
// 设置代理
contentLabel.labelDelegate = self
```

增加一个 StatusCell 类的扩展，用于处理 FFLabelDelegate 协议的内容。采纳 FFLabelDelegate 协议，实现 labelDidSelectedLinkText 方法，代码如下。

```
// MARK: - FFLabelDelegate
extension StatusCell: FFLabelDelegate {
    func labelDidSelectedLinkText(label: FFLabel, text: String) {
        print(text)
    }
}
```

此时运行程序，单击任意链接控制台打印了链接地址的信息，如图 14-16 所示。

```
[fg120,120,120;StatusCell.labelDidSelectedLinkText(_:text:)
[132]:[; [fg0,150,0;http://t.cn/RVilNlE[;
http://t.cn/RVilNlE
All Output
```

图 14-16 控制台输出的链接地址信息

2. 响应转发微博的链接

要想监听 retweetedLabel 中链接文本的单击，需要让 StatusRetweetedCell 成为代理对象。切换至 StatusRetweetedCell.swift 文件，在 setupUI()方法的末尾，设置 contentLabel 的代理为 StatusCell，代码如下。

```
// 设置代理
retweetedLabel.labelDelegate = self
```

StatusCell 作为 StatusRetweetedCell 的父类，默认也采纳了 FFLabelDelegate 协议。运行程序，此时控制台输出了转发微博的用户昵称，如图 14-17 所示。

```
[fg120,120,120;StatusCell.labelDidSelectedLinkText(_:text:)
[132]:[; [fg0,150,0;@包贝尔[;
@包贝尔
All Output ◇
```

图 14-17 控制台输出的用户昵称

值得一提的是，如果子类没有实现协议的方法，父类实现了对应的方法，默认会直接调用父类的方法。

14.5.4 响应超文本的链接

如果链接文本是以“http://”开头的，单击后能够跳转到其对应的界面。此时捕获到的链接文本在 StatusCell 类中，而页面的跳转需要控制器来处理，可以使用代理模式实现，将单元格的超链接传递给控制器。

1. 定义协议

切换至 StatusCell.swift 文件，在顶部位置定义一个供代理采纳的协议，协议内部有一个供代理实现的方法，用于接收超链接的地址，代码如下。

```
1  /// 微博 Cell 代理
2  protocol StatusCellDelegate: NSObjectProtocol {
3      /// 微博 Cell 单击 URL
4      func statusCellDidClickUrl(url: NSURL)
5  }
```

在上述代码中，第 4 行代码定义了代理方法，包括一个 NSURL 类型的参数，接收超链接文本。

2. 定义代理属性

在 UITableViewCell 类中，定义一个代理属性，代码如下。

```
/// Cell 的代理
weak var cellDelegate: StatusCellDelegate?
```

3. 通知代理做事情

如果单击了超链接文本，需要将路径信息传递给控制器对象。在 labelDidSelectedLinkText 方法中，注释使用 print 函数的代码，调用 statusCellDidClickUrl 方法，代码如下。

```
1  func labelDidSelectedLinkText(label: FFLabel, text: String) {
2      // 判断 text 是否是 url
3      if text.hasPrefix("http://") {
4          guard let url = NSURL(string: text) else {
5              return
```

```
6            }
7            cellDelegate?.statusCellDidClickUrl(url)
8        }
9    }
```

在上述代码中，第 3 行代码调用 hasPrefix 方法，判断 text 是否以“http://”开头。如果是的话，会执行第 4~6 行代码，根据 text 创建了一个 NSURL 对象，同时用 guard let 语句确保 url 不为空，接着执行第 7 行代码，调用 statusCellDidClickUrl 方法传递 url 路径。

4. 设置代理

要想让 HomeTableViewController 对象成为代理，需要设置 StatusCell 的代理属性为 HomeTableViewController。因此，切换至 HomeTableViewController.swift 文件，在 tableView(tableView: UITableView, cellForRowAtIndexPath indexPath: NSIndexPath)方法的末尾，添加设置代理的代码，具体如下。

```
override func tableView(tableView: UITableView, cellForRowAtIndexPath
indexPath: NSIndexPath) -> UITableViewCell {
    // 1. 获取视图模型
    let vm = listViewModel.statusList[indexPath.row]
    // 2. 获取可重用 Cell 会调用行高方法
    let cell = tableView.dequeueReusableCellWithIdentifier(vm.cellId,
        forIndexPath: indexPath) as! StatusCell
    // 3. 设置视图模型
    cell.viewModle = vm
    // 4. 判断是否是最后一条微博
    if indexPath.row == listViewModel.statusList.count - 1
        && !pullupView.isAnimating() {
        // 开始动画
        pullupView.startAnimating()
        // 上拉刷新数据
        loadData()
    }
    // 5. 设置 cell 的代理
    cell.cellDelegate = self
    return cell
}
```

5. 采纳协议，实现协议方法

同样，增加一个 HomeTableViewController 类的扩展，用于处理链接的跳转。实现 status CellDidClickUrl 方法，跳转到新创建的控制器，呈现链接对应的 Web 页面，代码如下。

```
1  // MARK: - StatusCellDelegate
2  extension HomeTableViewController: StatusCellDelegate {
3      func statusCellDidClickUrl(url: NSURL) {
4          // 建立 webView 控制器
5          let vc = HomeWebViewController(url: url)
6          vc.hidesBottomBarWhenPushed = true
```

```
7         navigationController?.pushViewController(vc, animated: true)
8     }
9 }
```

在上述代码中，第 5 行代码创建了 HomeWebViewController 类的对象，表示跳转后的控制器，第 6 行代码设置了跳转后隐藏底部的标签项，第 7 行调用 pushViewController 方法动画地推出了指定控制器。

6. 创建跳转后的控制器

为了能够呈现链接对应的页面，需要一个控制器来管理。选中 StatusCell 分组，新建一个继承自 UIViewController 的子类 HomeWebViewController，它就是要跳转的控制器。

定义一个 url 属性，用于记录传递过来的路径。接着，在构造函数中进行初始化，代码如下。

```
import UIKit
class HomeWebViewController: UIViewController {
    private var url: NSURL
    // MARK: - 构造函数
    init(url: NSURL) {
        self.url = url
        super.init(nibName: nil, bundle: nil)
    }
    required init?(coder aDecoder: NSCoder) {
        fatalError("init(coder:) has not been implemented")
    }
}
```

为了能够显示网页，需要一个用于放置网页的 UIWebView 对象。因此，定义一个 webView 属性，同时设置控制器的根视图为 webView，代码如下。

```
1     private lazy var webView = UIWebView()
2     override func loadView() {
3         view = webView
4         title = "网页"
5     }
```

每当访问控制器的根视图且根视图为 nil 的时候，就会调用 loadView()方法，它主要负责创建控制器的根视图。第 2~5 行重写了 loadView()方法，设置了 view 的值为 webView，即根视图改为 webView。

在 viewDidLoad()方法中，加载 Web 视图要显示的内容，代码如下。

```
1 override func viewDidLoad() {
2     super.viewDidLoad()
3     webView.loadRequest(NSURLRequest(URL: url))
4 }
```

在上述代码中，第 3 行根据 url 创建了请求对象，接着调用 loadRequest 方法根据请求加载到 Web 视图。

此时运行程序，程序的运行结果如图 14-18 所示。

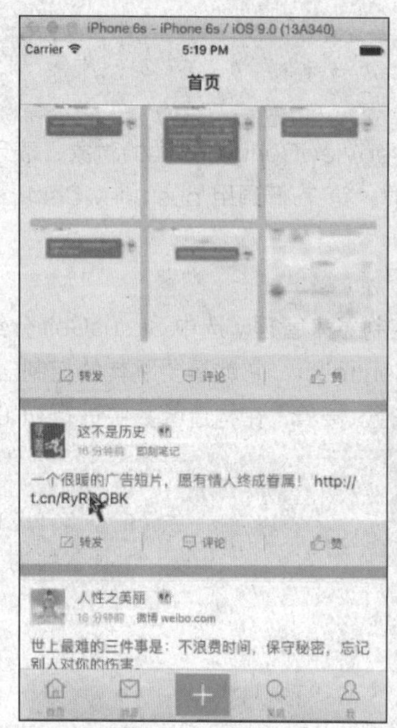

图 14-18　首页响应链接

14.6　开发最近使用表情的功能

用户在编写微博时，每次使用表情键盘输入一个表情，就会记录到最近选项里面，并且根据使用的先后顺序和使用的次数进行排序。该功能的实现包括添加和排序两部分，它们的具体细节如下。

（1）在最近选项记录表情。

将表情模型添加到最近选项所在的数组，由于每个数组仅仅能够容纳 17 个表情，而且最后一个必须是“删除”按钮。因此需要每增加一个表情到第 1 个位置，就要删除倒数第 2 个空白的位置。

（2）对最近选项进行排序。

为了让最近表情根据使用次数排序，需要给表情模型增加一个记录次数的属性，一旦某个表情的属性值最大，就排序第 0 个数组，调整这个表情到第 1 个位置。

下面分别从上述两个方面，实现最近使用表情的功能，具体步骤如下。

1. 定义添加最近表情的方法

切换至 EmoticonView.swift 文件，在 collectionView(collectionView: didSelectItemAtIndexPath:)方法的末尾位置，调用 addFavorite 方法添加最近表情，代码如下。

```
EmoticonManager.sharedManager.addFavorite(em)
```

对于选择了同样的表情，数组只会加载一次。在 EmoticonManager.swift 文件中，定义一个添加最近使用的表情的方法，把表情模型添加到索引为 0（最近 A 选项）的表情数组里面，代码如下。

```
1  // MARK: - 最近表情
```

```
2 /// 添加最近表情 -> 表情模型添加到 packages[0] 的表情数组
3 func addFavorite(em: Emoticon) {
4     // 判断表情是否被添加
5     if !packages[0].emoticons.contains(em) {
6        packages[0].emoticons.insert(em, atIndex: 0)
7        // 删除倒数第二个按钮
8        packages[0].emoticons.removeAtIndex(packages[0].emoticons.count - 2)
9     }
10 }
```

在上述代码中，第 3~10 行定义了添加表情模型的方法。第 5~9 行使用 if 语句判断，如果“最近 A”数组不包含这个表情，就向下执行第 6 行，调用 insert 方法把新添加的表情插入到第 1 个位置，接着执行第 8 行，调用 removeAtIndex 方法把倒数第二个按钮删除。

2. 给最近表情排序

除了选择表情的顺序之外，根据表情使用次数的不同，需要对最近表情数组排序。使用的次数越多表示经常使用，应该排在最前面。因此在 Emoticon.swift 文件中，定义一个记录表情使用次数的属性，代码如下。

```
/// 表情使用次数
var times = 0
```

接着，切换至 EmoticonManager.swift 文件，在 addFavorite 方法的末尾增加排序的代码，具体如下。

```
1 // MARK: - 最近表情
2 /// 添加最近表情 -> 表情模型添加到 packages[0] 的表情数组
3 /// 内存排序的处理方法
4 func addFavorite(em: Emoticon) {
5     // 表情次数 +1
6     em.times++
7     // 判断表情是否被添加
8     if !packages[0].emoticons.contains(em) {
9        packages[0].emoticons.insert(em, atIndex: 0)
10       // 删除倒数第二个按钮
11       packages[0].emoticons.removeAtIndex(packages[0].emoticons.count - 2)
12    }
13    // 排序当前数组
14    packages[0].emoticons.sortInPlace { $0.times > $1.times }
15 }
```

在上述代码中，第 6 行代码记录了表情使用的次数，第 14 行代码调用 sortInPlace 方法对当前的数组排序，只要某个表情的 times 的值大就排到前面。

3. 最近选项表情单击处理

打开表情键盘的最近选项，随意单击任意多个同样的表情，会出现错乱的现象，例如连续单击【哈哈】表情，偶尔会出现【可爱】或者【惊讶】的表情。出现这种现象，主要是由于根据单击次数排序了模型数组，但是界面上没有及时刷新显示，而在使用最近分组键入表情的时候，无须再根据单击的次数排序键盘。

因此，如果选择的不是最近分组的表情，才会添加排序表情。切换至 EmoticonView.swift 文件，在 collectionView(collectionView: UICollectionView, didSelectItemAtIndexPath indexPath: NSIndexPath)方法的末尾位置进行判断，具体代码如下。

```
1  func collectionView(collectionView: UICollectionView,
2  didSelectItemAtIndexPath indexPath: NSIndexPath) {
3      // 获取表情模型
4      let em = packages[indexPath.section].emoticons[indexPath.item]
5      // 执行"回调"
6      selectedEmoticonCallBack(emoticon: em)
7      // 添加最近表情
8      // 第 0 个分组不参加排序
9      if indexPath.section > 0 {
10         EmoticonManager.sharedManager.addFavorite(em)
11     }
12 }
```

在上述代码中，第 9~11 行代码使用 if 语句判断，除第 0 个分组以外，其他都需要添加最近表情。此时运行程序，程序运行的效果如图 14-19 所示。

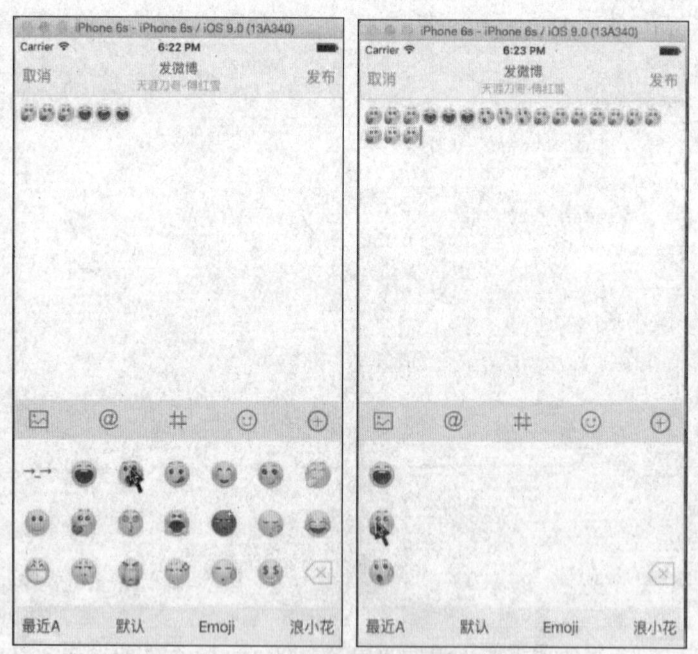

图 14-19　表情键盘最近选项

14.7 本章小结

本章对微博的部分功能进行了优化，包括发布微博的时间、微博来源信息、微博使用表情文字、微博链接文字及最近使用表情的功能。通过对本章的学习，大家应该掌握如下开发技巧。

（1）理解 NSDate 的使用，会显示任意格式的时间。

（2）了解正则表达式，会使用正则表达式过滤字符串。

（3）对于一些不依赖项目的功能，可以在单独的工程里面测试，然后再整合到项目里面。

15

第15章 项目调试和发布

微博项目的开发已经接近尾声。每次测试程序的可行性时，都是在模拟器上面进行测试的。而在实际工作中，项目的运行都必须在真机上面进行调试，这样能够准确地捕获出现的报错信息，并且及时地解决。待到程序检测无误后，把程序打包并且发布到 App Store 上面。本章将针对项目的真机调试和发布进行讲解。

学习目标

- 熟悉真机调试的流程
- 熟悉发布程序到 App Store 的流程
- 会打包 Xcode 项目

iOS App of Swift

15.1 真机测试

实际开发中，必须在多个真机设备上面对项目进行运行测试，以确保能够准确地捕获错误信息，并且及时解决这些问题。由于我们的设备条件有限，所以这里把微博项目当做一个参考示例，演示如何在 iPhone 6 设备上进行真机测试。

程序要想运行到真机，必须花 99 美元购买开发者账号，而且步骤是相当烦琐的。Xcode 7 以后，开发者无须再付费就能够在苹果设备上运行调试程序，仅仅需要一个 Apple ID 即可，具体的调试步骤如下。

1. 在 Xcode 中添加 Apple ID

（1）打开 Xcode 程序，在菜单栏的【Xcode】→【Preference】→【Accounts】目录下单击“+”号，在弹出的菜单中选择“Add Apple ID...”命令，如图 15-1 所示。

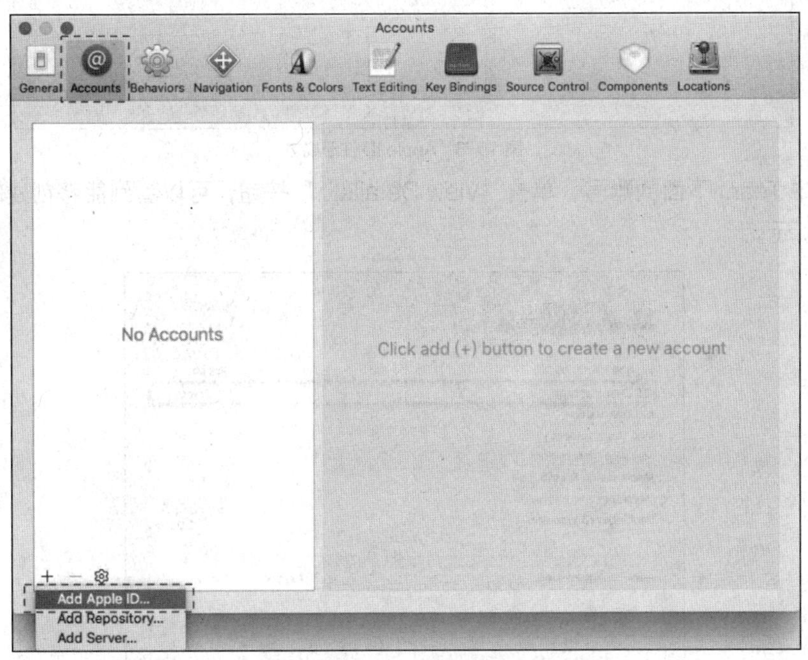

图 15-1 在 Xcode 中添加 Apple ID

（2）此时，弹出一个对话框，用于注册开发者的 Apple ID，如图 15-2 所示。

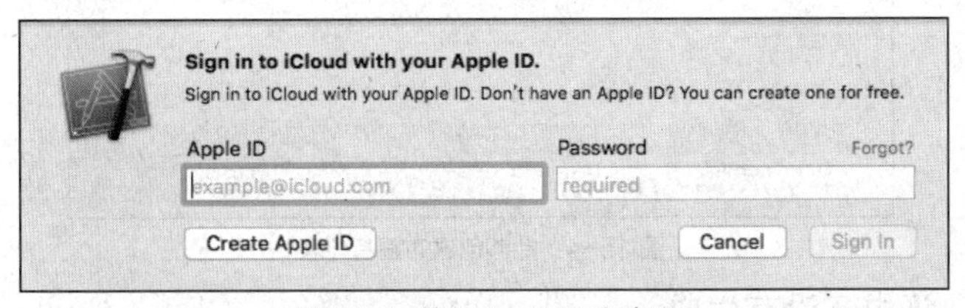

图 15-2 输入 Apple ID 和密码

（3）在对话框里输入 Apple ID 和密码，注意这个 Apple ID 要与参与调试的设备的 Apple ID 相同。然后单击“Sign In”按钮，此时注册成功的 Apple ID 显示在左边的“Apple IDs”栏目上，并且可以看到账号的“Free”标记，如图 15-3 所示。

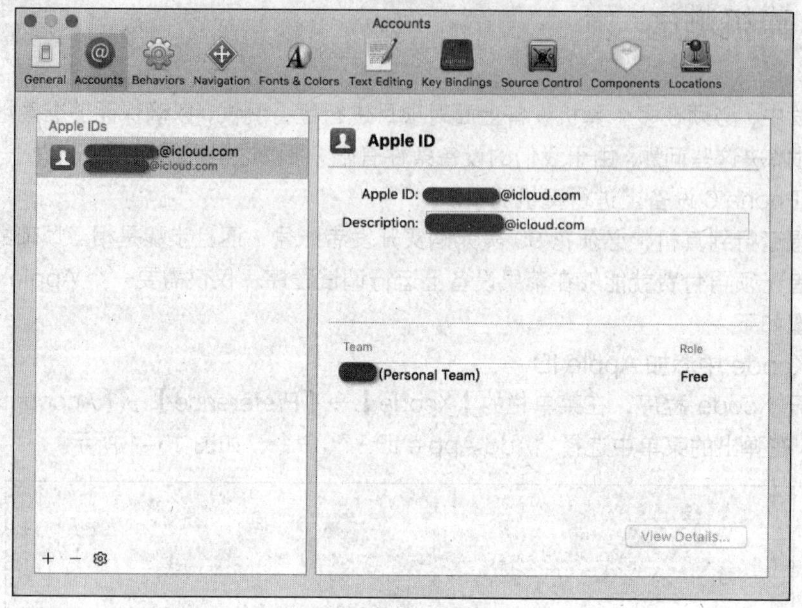

图 15-3 Apple ID 注册成功

（4）选中 Team 下面的账号，单击“View Details...”按钮，可以看到能够创建的签名列表，如图 15-4 所示。

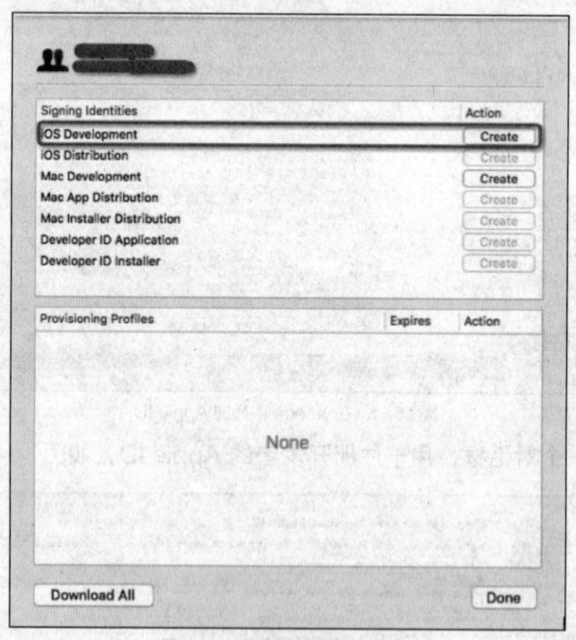

图 15-4 能够创建的签名列表

此时可以看到，证书还没有生成。

2. 选择项目

在项目导航栏中选择需要真机调试的项目，在工作区的 Targets 中选择要调试的 Target，然后选择【General】→【Identity】命令。在 Team 选项中选择刚才添加的 Apple ID，如图 15-5 所示。

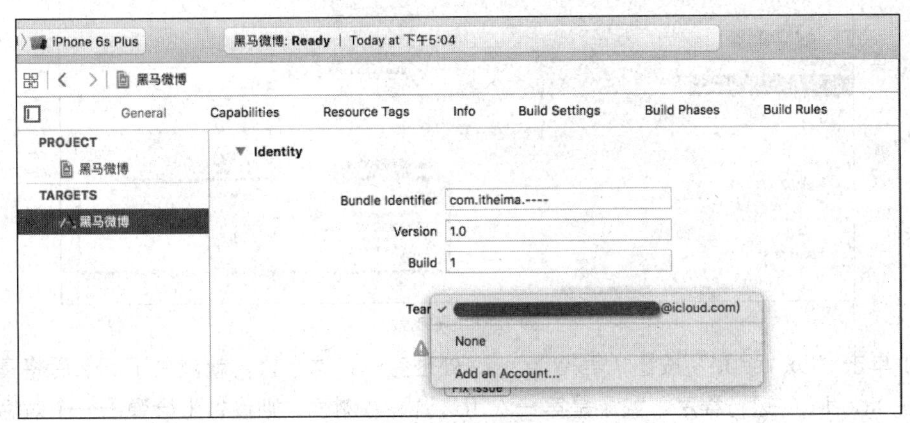

图 15-5 选择开发者身份

值得一提的是，一定要确保 Deployment Target 所显示的 iOS 版本低于或等于用于测试的设备的 iOS 版本，如图 15-6 所示。

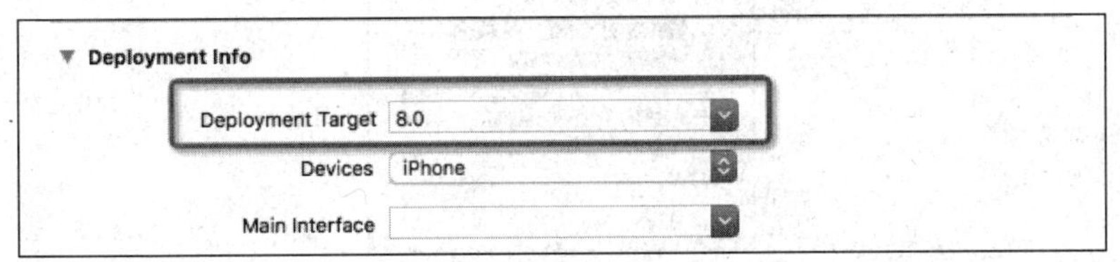

图 15-6 设置项目的部署目标版本

3. 连接真机并调试

（1）使用数据线，将要用于调试的 iPhone 设备连接到计算机。在 Xcode 的工具栏里选择调试的目标设备为真机，如图 15-7 所示。

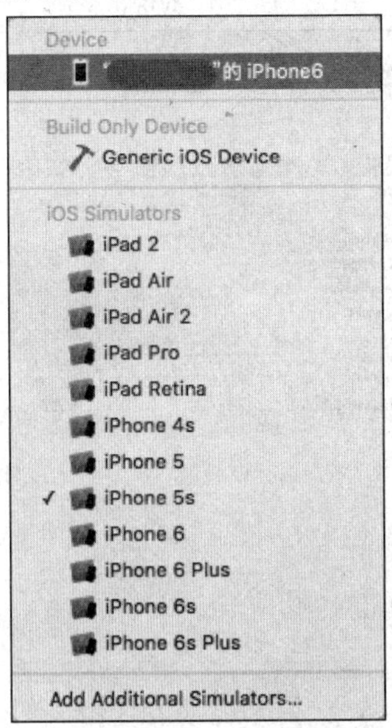

图 15-7 选择真机进行调试

（2）此时，在 Team 下面多了一个警告，如图 15-8 所示。

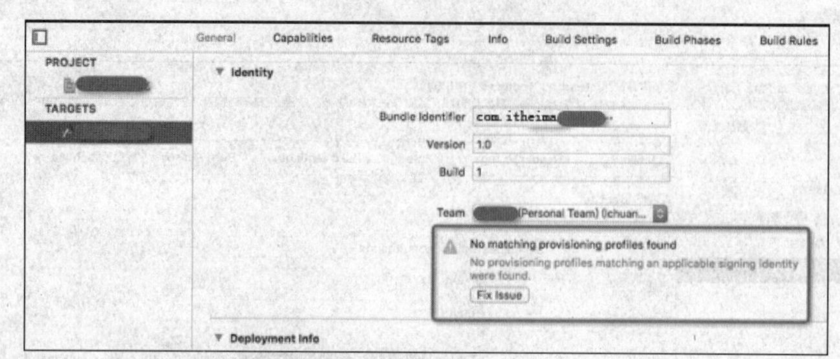

图 15-8　警告信息

（3）单击“Fix Issue”按钮，等待 Xcode 处理完毕，这个警告就消失了。然后将真机设备解锁，在 Xcode 中运行程序。如果是第一次用这台设备测试，则设备上会弹出一个对话框，提示用户是否要信任该应用，如图 15-9 所示。

图 15-9　提示是否信任该计算机上的应用

（4）选择图 15-9 所示的“信任”按钮，则程序开始在真机上运行，就可以在真机上进行调试了。

（5）当真机调试成功时，可以在 Xcode 中看到已经生成的描述文件，如图 15-10 所示。

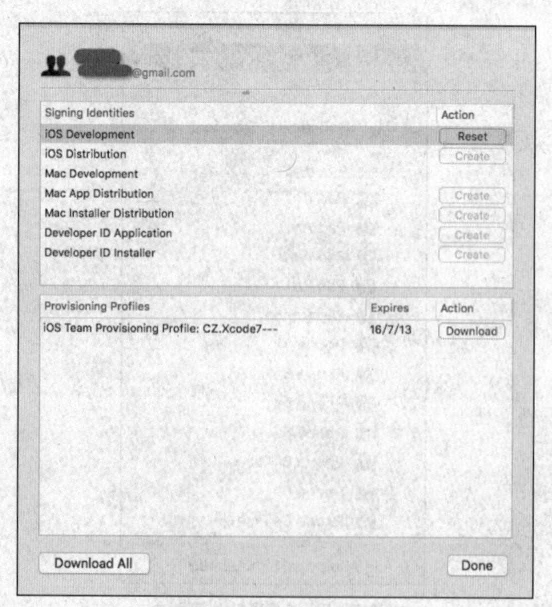

图 15-10　生成的描述文件

15.2 发布 App 到 App Store 流程

实际开发中，经过测试审查无误后，就能够把程序发布到 App Store 上面，供用户下载使用。由于黑马微博是仿新浪微博的项目，是无法发布到 App Store 上的。所以本章只是以黑马微博为例，介绍发布程序到 App Store 的流程。

15.2.1 申请开发者账号

苹果开发者注册主要有两种账户，分为标准的开发者账户和企业账户，两者的具体情况如下。

（1）标准的开发者：一年费用为 99 美元。苹果开发者希望在 App Store 上发布应用程序，则可以加入 iOS 开发者标准计划，开发者可以选择以个人或者公司的名义加入该计划。

（2）企业账户：一年费用为 299 美元，还要注册一个公司 Dun&Bradstreet（D-U-N-S）码，这个账户可以注册任意多个设备。如果开发者希望创建部署于公司内部的应用，并且其公司雇员不少于 500 人，则可以加入 iOS 开发者企业计划。

自 iOS 9 开始，只要有 Apple ID，免费会员可以在真机上面调试程序。但是要发布程序，必须要交费成为收费会员。

15.2.2 登录开发者中心

访问 https://developer.apple.com 进入苹果开发者网站，单击顶部菜单“Account”登录开发者账号，如图 15-11 所示。

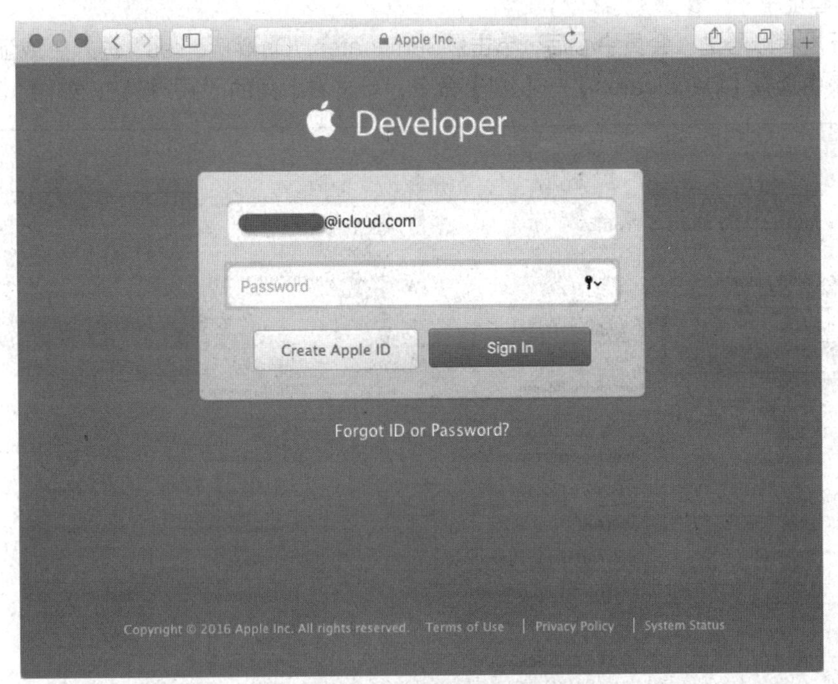

图 15-11 登录开发者账号

使用开发者账号登录成功后，会直接进入会员中心，如图 15-12 所示。

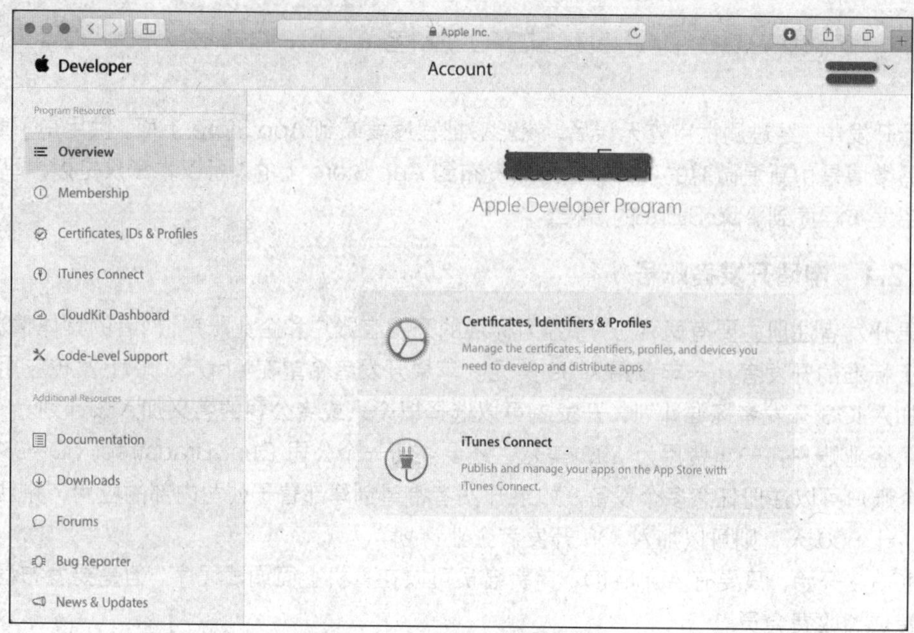

图 15-12　登录 Member Center

15.2.3　生成发布证书

发布应用程序必须用到证书，所以接下来要生成发布证书，具体步骤如下。

1．创建证书

登录开发者账号进入会员中心后，单击“Certificates, IDs & Profiles”进入生成证书的界面。在左侧列表中选择【Certificates】→【All】命令，单击右上角的“+”按钮，如图 15-13 所示。

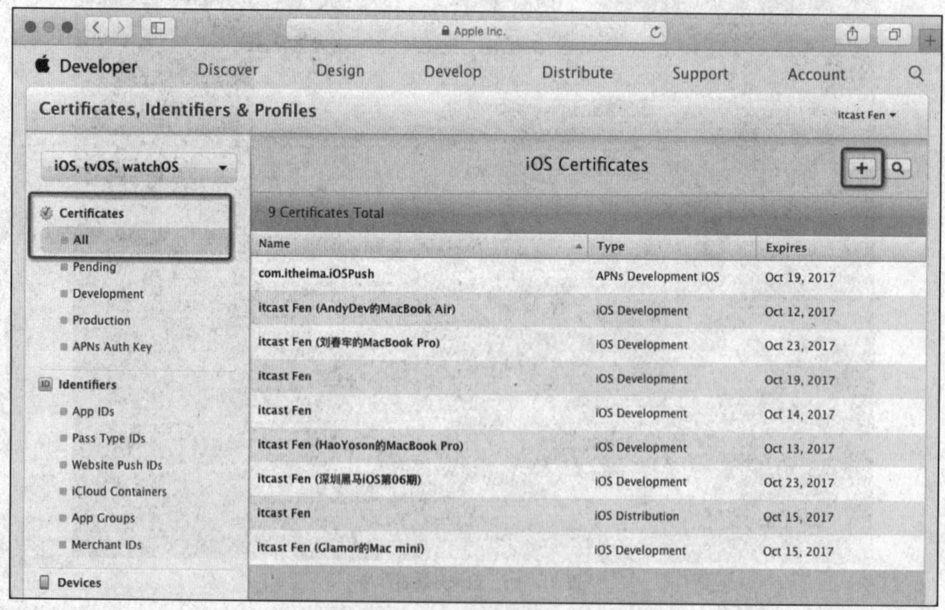

图 15-13　生成证书的页面

然后，继续单击“Continue”按钮进入创建发布证书界面。在“Production”中选择“App

Store and Ad Hoc”，如图 15-14 所示。

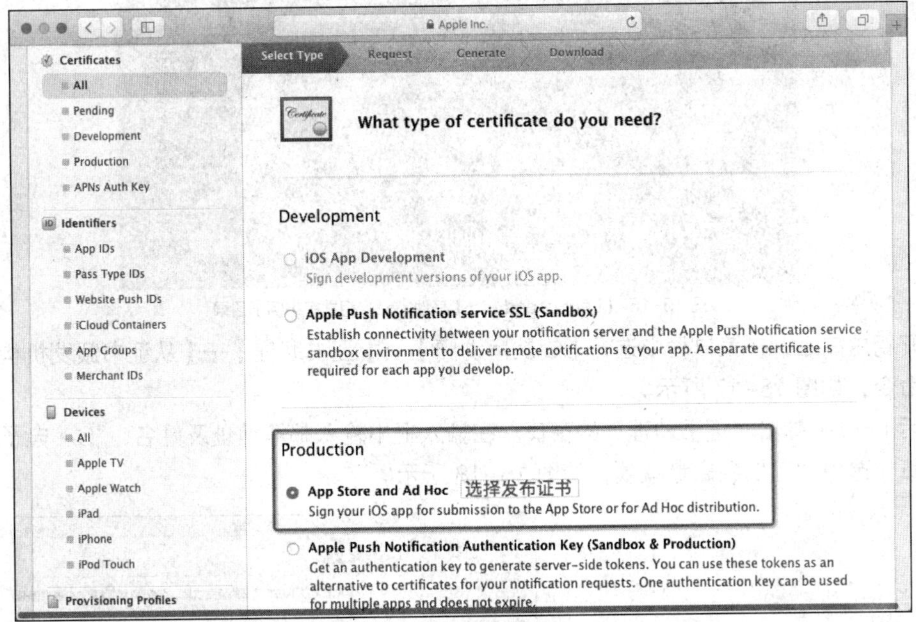

图 15-14 选择发布证书

继续单击图 15-14 所在页面的“Continue”按钮，进入添加 CSR 的页面，如图 15-15 所示。

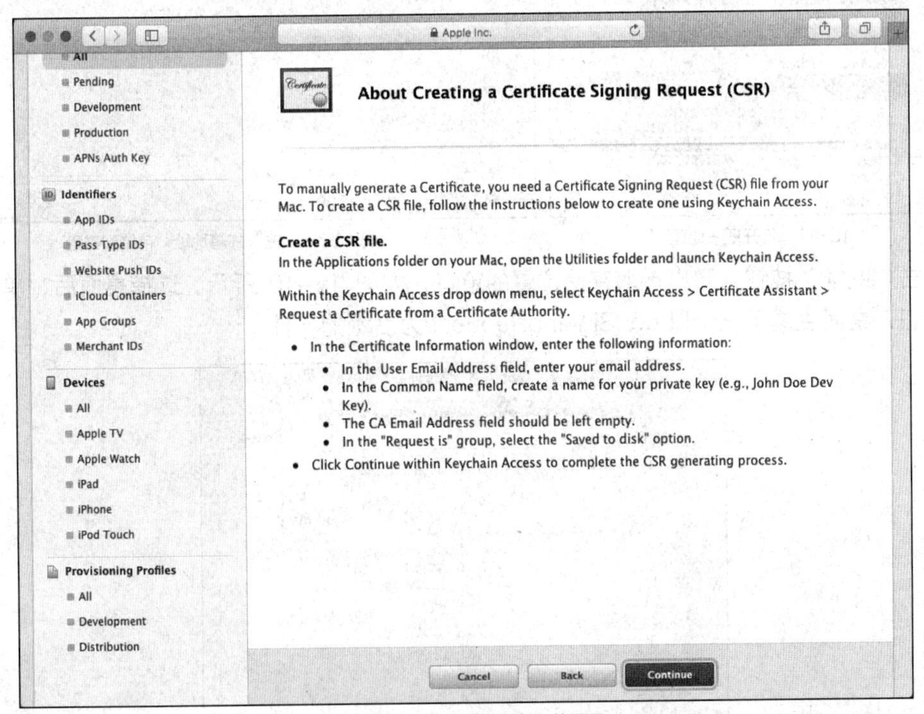

图 15-15 介绍创建 CSR 的页面

在 Launchpad 的【其他】→【钥匙串访问】目录中，打开钥匙串程序，如图 15-16 所示。

图 15-16 【Launchpad】→【其他】→【钥匙串访问】目录

打开钥匙串后，在菜单栏中选择【钥匙串访问】→【证书助理】→【从证书颁发机构请求证书...】命令，如图 15-17 所示。

然后 Finder 弹出“证书助理”的窗口。在输入框中输入邮箱地址及姓名，“CA 电子邮件地址”不填，选中“存储到磁盘”项，如图 15-18 所示。

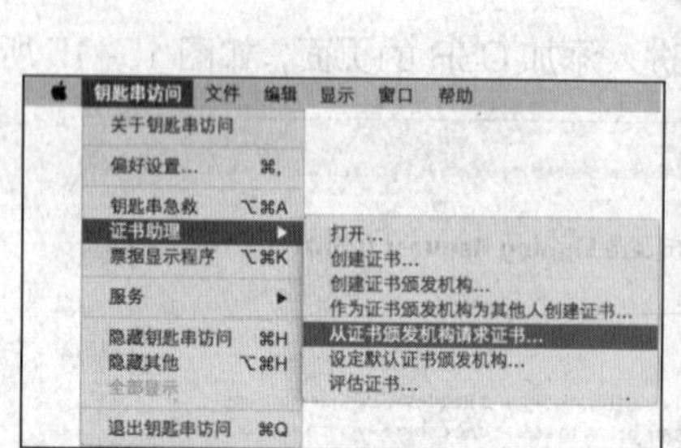

图 15-17 打开证书助理

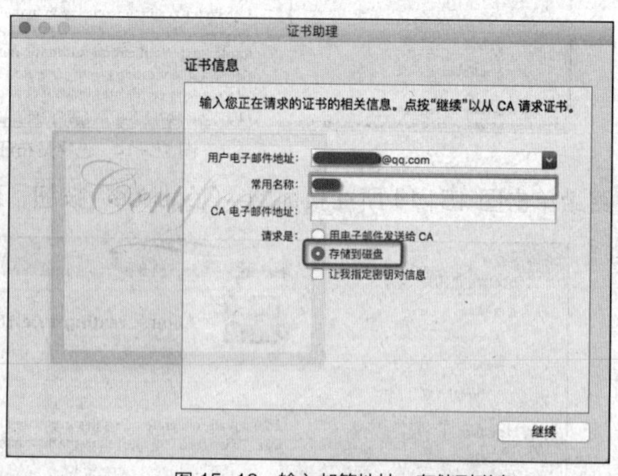

图 15-18 输入邮箱地址，存储到磁盘

单击“继续”按钮，弹出选取存储位置的窗口，如图 15-19 所示。选择桌面后，单击“存储”按钮，桌面生成了一个以.certSigningRequest 为后缀的文件。

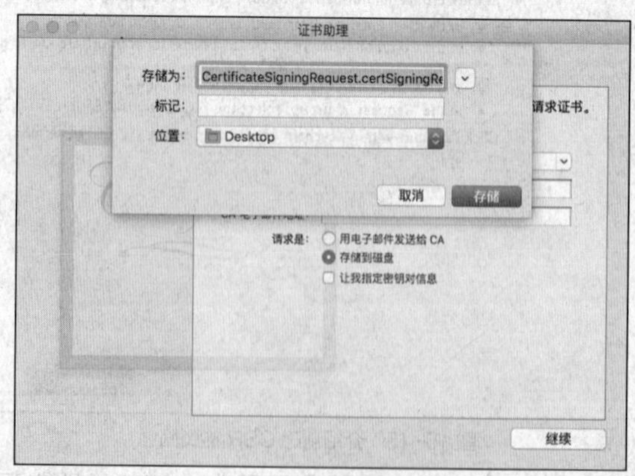

图 15-19 将证书存放到 Desktop

回到图 15-15 所示的浏览器，单击“Continue”按钮后，再单击【Choose File...】命令添

加桌面上的 CSR 文件，如图 15-20 所示。

图 15-20 添加 CSR 文件

单击页面下方的“Gontinue”按钮后，会将证书请求文件上传，最终生成证书如图 15-21 所示。

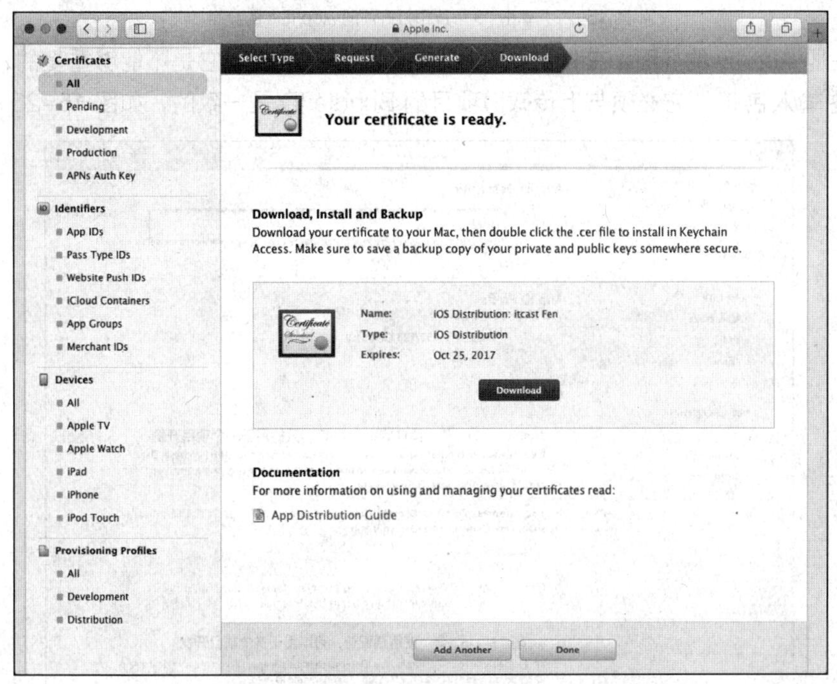

图 15-21 证书生成的界面

单击图 15-21 所示的“Download”按钮，将其下载到计算机上。双击该文件，证书图标闪动了一下，表示安装成功。

一般情况下，一个开发者账号创建一个发布证书就够了，如果以后需要在其他计算机上上架 App，只需要在钥匙串访问中创建 p12 文件，把 p12 文件安装到其他计算机上，相当于给予其他设备发布 App 的权限。

2. 生成 App IDs

选择左侧列表的【Identifiers】→【App IDs】目录，同样单击右上角的“+”按钮，如图 15-22 所示。

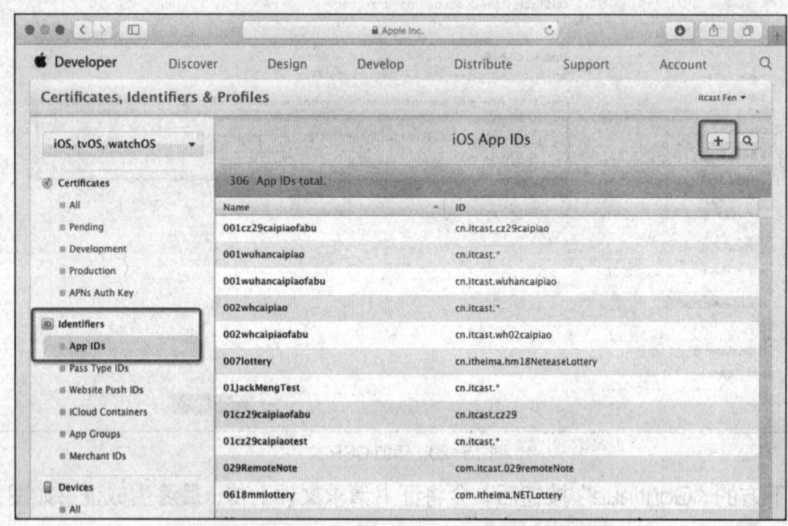

图 15-22 单击“+”按钮打开注册 App IDs 的页面

打开注册 App ID 的界面。在 Name 输入框中输入描述信息，它是不能够重复的，在 Bundle ID 输入框中输入包 ID，它必须与上传微博项目的 Bundle ID 是一致的，如图 15-23 所示。

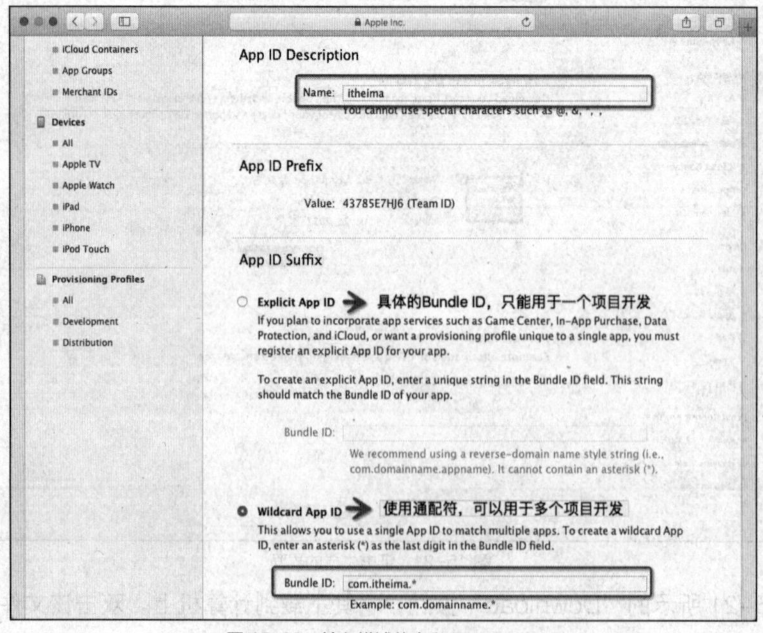

图 15-23 输入描述信息和 Bundle ID

确认无误后，单击“Continue”按钮，进入确认 App ID 的界面，然后单击“Register”按钮提交注册即可。

3. 生成描述文件

单击左侧的【Provisioning Profiles】→【All】目录，继续单击右上角的“+”按钮，选择描述文件的类型为【Distribution】→【App Store】，如图 15-24 所示。

图 15-24　选择描述文件的类型

然后单击“Continue”按钮，进入选择 App ID 的页面。选择上一步骤中创建的 App ID，如图 15-25 所示。

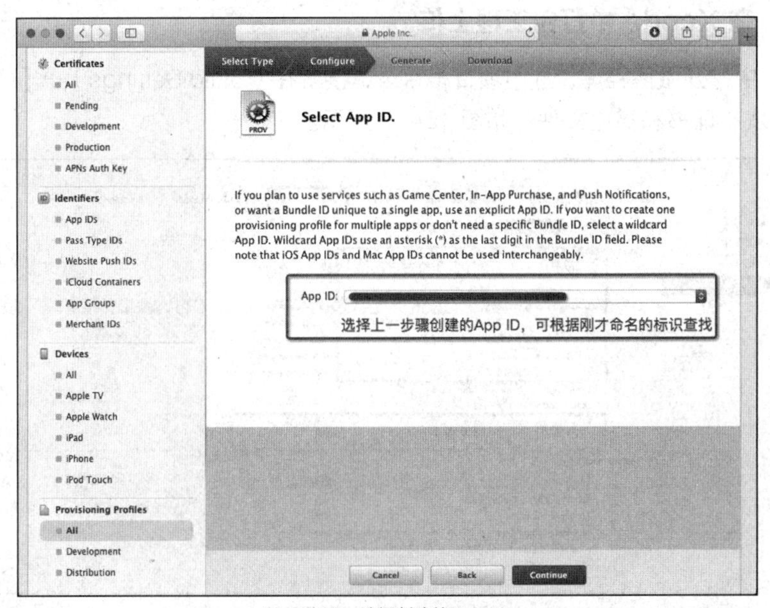

图 15-25　选择创建的 App ID

再次单击“Continue”按钮，进入配置证书的页面。选择第 1 步骤中安装的证书文件，或者生成 p12 文件的发布证书，如图 15-26 所示。

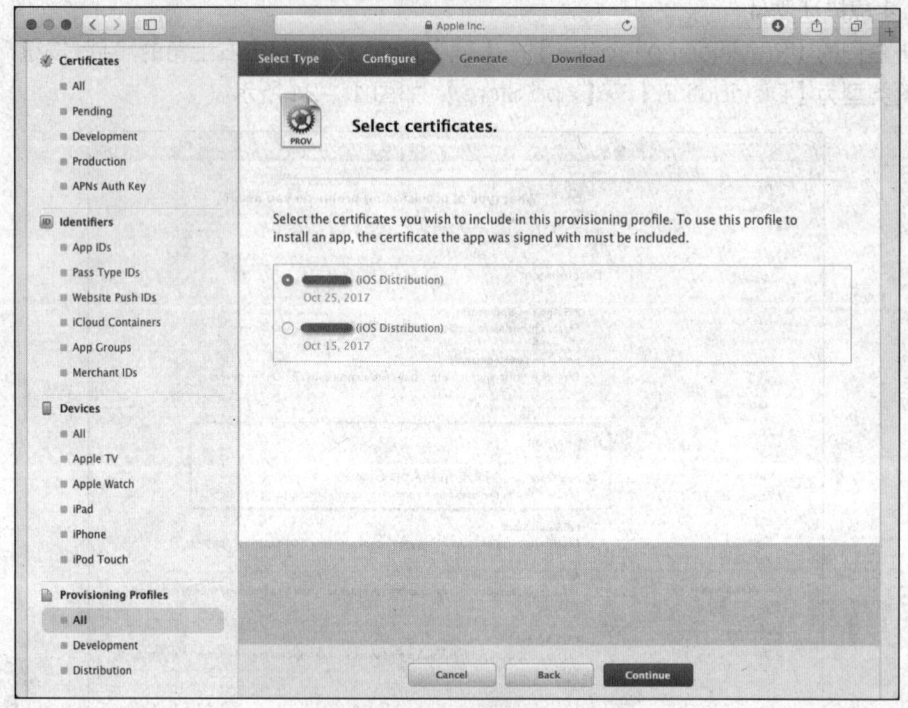

图 15-26　选择配置证书概要文件

继续单击“Continue”按钮生成描述文件，给配置文件随意起个名称，在这里使用工程的名字便于区分。单击“Generate”可以看到创建好的描述文件，然后单击“Download”下载安装即可。

至此，证书已经申请成功了。

15.2.4　在 Xcode 中打包工程上传

在 Xcode 中打开微博程序，选中项目根目录，接着在【Build Settings】→【Code Signing】中配置创建的发布证书和描述文件，如图 15-27 所示。

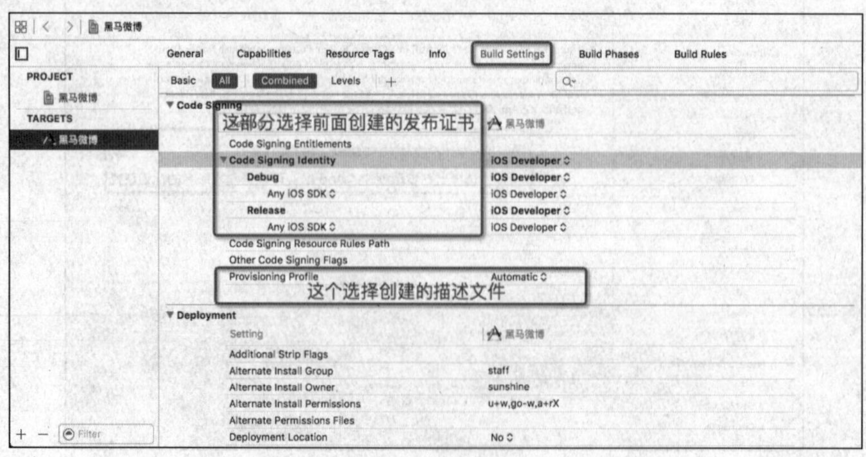

图 15-27　安装发布证书

接着，在【Info】→【Custom iOS Target Properties】中配置“Bundle Identifier”和“Bundle name”，其中 Bundle Identifier 与证书的 Apple ID 一致，Bundle name 与 iTunes connect 的名称保存一致，如图 15-28 所示。

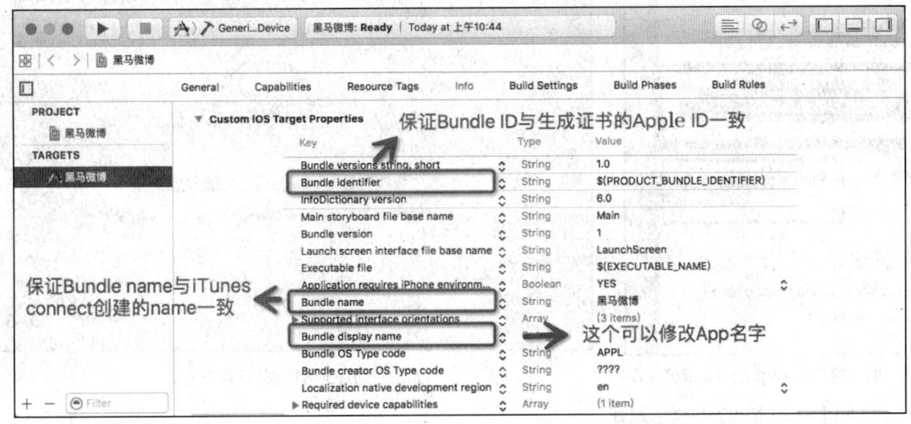

图 15-28　配置 Bundle Identifier 和 Bundle name

接着在 Xcode 配置运行方案的位置，依次选择【黑马微博】→【Edit Scheme...】命令，弹出图 15-29 所示的窗口。在【Test】→【Info】→【Build Configuration】中设置真机调试为 Release 状态。

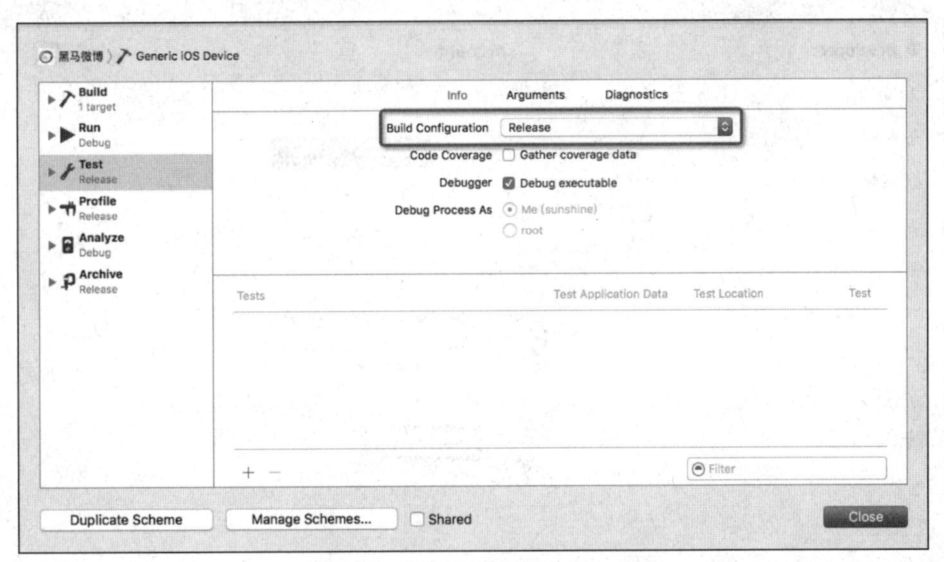

图 15-29　设置真机调试状态为 Release

接着在运行方案中选择“Generic iOS Device”，接着在菜单栏选择【Product】→【Archive】打包程序，完成后弹出列表，最上面的是刚才归档的。单击右侧的“Submit to App Store...”提交到 App Store 审核，如图 15-30 所示。

值得一提的是，个人账号发布程序的唯一途径是 App Store，导出的.ipa 包只能安装到注册的 iOS 设备中。而对于企业账号而言，可以单击图 15-30 所示的“Export”按钮导出.ipa 安装包，它能够直接发布，也能够安装到任意设备。但是一般会提示不信任证书，要在设置中设置信任后方可使用。

提交到 App Store 以后，会出现上传成功的提示，如图 15-31 所示。

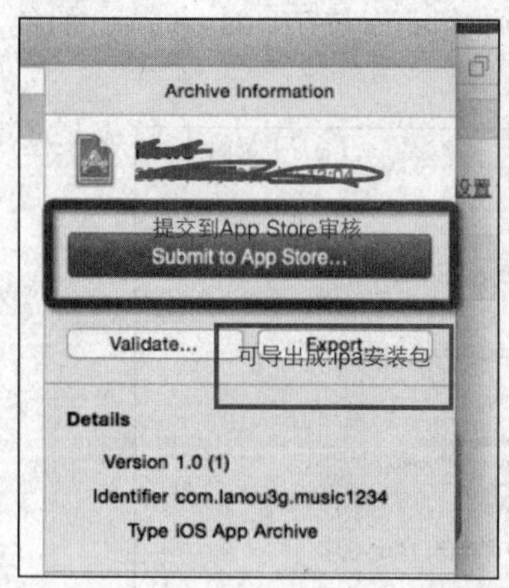

图 15-30　提交到 App Store 审核

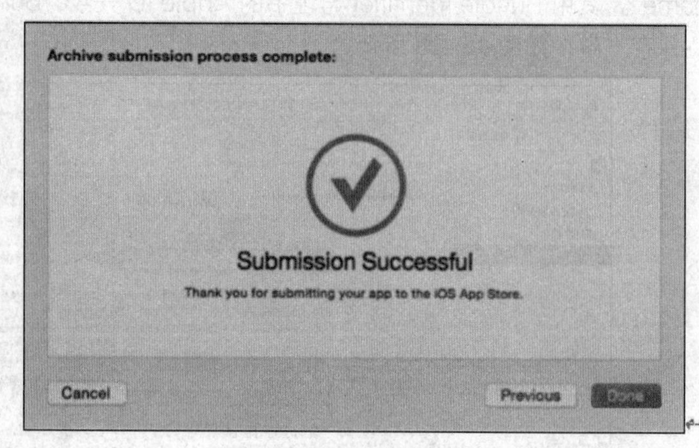

图 15-31　提示提交成功

至此，项目已经打包上传成功。

15.2.5　在 App Store 上开辟空间

回到登录账号的首页，单击【iTunes Connect】项，如图 15-32 所示。

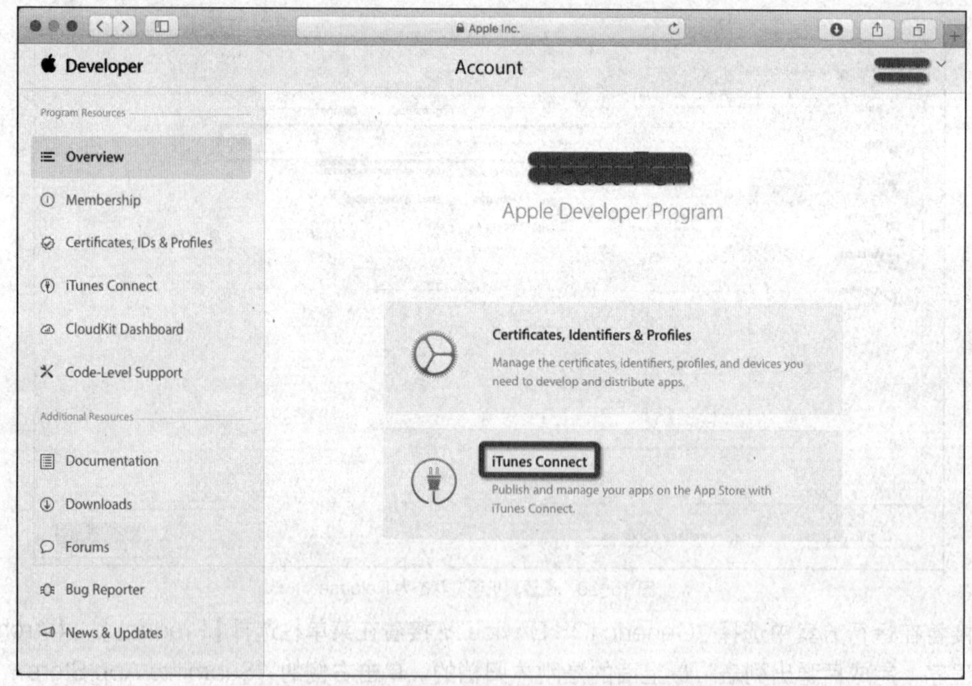

图 15-32　Member Center 单击 iTunes Connect

进入 iTunes Connect 所在的页面，接着单击【我的 App】，再单击右上角的“+”按钮，在下拉列表中选择【新建 App】命令，弹出填写新应用信息的窗口，如图 15-33 所示。

图 15-33 填写新 App 的信息

在图 15-33 中，每个选项需要填写的信息如下。

（1）平台：App 搭载的系统环境。

（2）名称：App 的名字，如果已经有了相同名称的软件，它会提示“您输入的 App 名称已被使用”。

（3）主要语言：我们选择 Simplified Chinese 简体中文。

（4）套装 ID：选择我们刚才创建的 App ID。

（5）版本：版本号只要和 Xcode 的【TARGET】→【General】→【Version】保持一致即可。

（6）SKU：这里填写的是 Bundle ID。

填写无误后，单击“创建”按钮跳转到刚创建的 App 的详情界面，然后按照每个步骤的提示，填写项目描述等内容后就可以提交到 App Store 请求审核上线。

15.3 本章小结

本章介绍了项目完成后的操作，包括真机调试及发布 App 到 App Store 上。通过本章的学习，大家应该掌握如下开发技巧。

（1）掌握真机测试的流程。

（2）掌握发布程序到 App Store 上的流程。